U0181041

国家出版基金资助项目
"十三五"国家重点出版物出版规划项目
先进制造理论研究与工程技术系列

机器人先进技术研究与应用系列

柔顺机构设计在机器人学及精密工程中的应用

Compliant Mechanism Design for Robotics and Precision Engineering

董 为 著

哈尔滨工业大学出版社
HARBIN INSTITUTE OF TECHNOLOGY PRESS

内 容 简 介

本书主要介绍柔顺机构设计在机器人学及精密工程中的应用,涵盖小行程精密柔顺机构和大行程、高精度的跨尺度柔顺机构的设计、建模和控制等问题。本书内容主要包括基于柔性铰链的多自由度微动空间指向机构系统设计、基于大行程柔性铰链的宏微并联机器人系统设计、大行程柔性铰链建模及其在平面柔顺并联机器人中的应用和基于柔顺放大机构的高精度、大行程压电驱动器设计与控制研究。本书基于作者多年来取得的科研成果撰写而成,可以使读者比较全面地了解柔顺机构设计的前沿知识及其在机器人学和精密工程中的应用进展。

本书可作为柔顺机构学相关专业方向的本科生和研究生的学习用书,也可作为科研人员的参考资料。

图书在版编目(CIP)数据

柔顺机构设计在机器人学及精密工程中的应用/董为著. —哈尔滨:哈尔滨工业大学出版社,2023.1
(机器人先进技术研究与应用系列)
ISBN 978 - 7 - 5603 - 9305 - 6

Ⅰ.①柔… Ⅱ.①董… Ⅲ.①柔性结构－应用－机器人学Ⅳ.①TP24

中国版本图书馆 CIP 数据核字(2021)第 014190 号

策划编辑　王桂芝　张　荣
责任编辑　王会丽　丁桂焱
出版发行　哈尔滨工业大学出版社
社　　址　哈尔滨市南岗区复华四道街 10 号　邮编 150006
传　　真　0451-86414749
网　　址　http://hitpress.hit.edu.cn
印　　刷　辽宁新华印务有限公司
开　　本　720 mm×1 000 mm　1/16　印张 25　字数 490 千字
版　　次　2023 年 1 月第 1 版　2023 年 1 月第 1 次印刷
书　　号　ISBN 978 - 7 - 5603 - 9305 - 6
定　　价　136.00 元

(如因印装质量问题影响阅读,我社负责调换)

国家出版基金资助项目

机器人先进技术研究与应用系列

编 审 委 员 会

序

机器人技术是涉及机械电子、驱动、传感、控制、通信和计算机等学科的综合性高新技术,是机、电、软一体化研发制造的典型代表。随着科学技术的发展,机器人的智能水平越来越高,由此推动了机器人产业的快速发展。目前,机器人已经广泛应用于汽车及汽车零部件制造业、机械加工行业、电子电气行业、医疗卫生行业、橡胶及塑料行业、食品行业、物流和制造业等诸多领域,同时也越来越多地应用于航天、军事、公共服务、极端及特种环境下。机器人的研发、制造、应用是衡量一个国家科技创新和高端制造业水平的重要标志,是推进传统产业改造升级和结构调整的重要支撑。

《中国制造 2025》已把机器人列为十大重点领域之一,强调要积极研发新产品,促进机器人标准化、模块化发展,扩大市场应用;要突破机器人本体、减速器、伺服电机、控制器、传感器与驱动器等关键零部件及系统集成设计制造等技术瓶颈。2014 年 6 月 9 日,习近平总书记在两院院士大会上对机器人发展前景进行了预测和肯定,他指出:我国将成为全球最大的机器人市场,我们不仅要把我国机器人水平提高上去,而且要尽可能多地占领市场。习总书记的讲话极大地激励了广大工程技术人员研发机器人的热情,预示着我国将掀起机器人技术创新发展的新一轮浪潮。

随着我国人口红利的消失,以及用工成本的提高,企业对自动化升级的需求越来越迫切,"机器换人"的计划正在大面积推广,目前我国已经成为世界年采购机器人数量最多的国家,更是成为全球最大的机器人市场。哈尔滨工业大学出版社出版的"机器人先进技术研究与应用系列"图书,总结、分析了国内外机器人技术的最新研究成果和发展趋势,可以很好地满足机器人技术开发科研人员的需求。

　　"机器人先进技术研究与应用系列"图书主要基于哈尔滨工业大学等高校在机器人技术领域的研究成果撰写而成。系列图书的许多作者为国内机器人研究领域的知名专家和学者,本着"立足基础,注重实践应用;科学统筹,突出创新特色"的原则,不仅注重机器人相关基础理论的系统阐述,而且更加突出机器人前沿技术的研究和总结。本系列图书重点涉及空间机器人技术、工业机器人技术、智能服务机器人技术、医疗机器人技术、特种机器人技术、机器人自动化装备、智能机器人人机交互技术、微纳机器人技术等方向,既可作为机器人技术研发人员的技术参考书,也可作为机器人相关专业学生的教材和教学参考书。

　　相信本系列图书的出版,必将对我国机器人技术领域研发人才的培养和机器人技术的快速发展起到积极的推动作用。

蔡鹤皋

2020 年 9 月

前　言

　　传动系统一直是机械装备的基础,而精密传动机构更是现代机器人和精密工程领域需要迫切发展的关键技术之一。常规的机械传动系统通过刚性运动副进行力和位移的传递,由于构件间不可避免地存在着间隙、摩擦和磨损,因此很难达到微米/纳米级的运动精度。相反地,柔顺机构通过材料的弹性变形来传递力和位移,彻底消除了运动副传动过程中的空程和机械摩擦,从而可以获得超高的位移分辨率和重复定位精度。鉴于其高精度传动特性,柔顺机构在现代特种加工、光栅拼接、生物和遗传工程、材料科学、微创手术及航空航天等尖端科学技术领域得到广泛应用。

　　传统的柔顺机构普遍使用缺口形柔性铰链作为运动副,具有较高的运动精度,但是受限于材料屈服强度和应力集中的客观限制,其运动范围往往局限在微观尺度。然而,随着现代精密光学、生物和遗传工程、显微观测及航空航天等领域的快速发展,要求新型的传动装置能够在更大的运动范围内提供超高的运动精度。例如,在大型光栅拼接中,需要调节机构在毫米级的运动范围内实现六个自由度的超精密位姿调整,要求直线和回转精度分别为纳米级和微弧度级;在生物医学研究中,需要多自由度的精密操作平台在厘米级的运动范围内实现细胞乃至分子级别的精密操作;在共焦显微镜中,需要精密运动平台在厘米级的范围内达到微米级的定位精度以实现样本的精确位置控制;在深空探测技术中,也需要多自由度的精密传动装置实现光束的大范围指向控制。这类大行程、高精度的"跨尺度集成"要求,为柔顺机构的应用提供了新的机遇,同时也使得柔顺机构设计面临新的挑战。

全书共分为 5 章,第 1 章概述了柔顺机构设计在机器人学及精密工程中的应用现状和发展;第 2 章讲述了基于柔性铰链的六自由度精密微动空间指向机构,旨在介绍传统的、典型的小行程高精度柔顺机构设计过程,读者可以与后续章节大行程柔顺机构设计进行对比阅读;第 3 章讲述了基于大行程柔性铰链的并联机器人系统设计,研究对象相比于第 2 章的六自由度精密微动空间指向机构,在方案上采用了大行程柔性铰链和宏微双重驱动的概念,在保证同等定位精度的同时具有更大的行程,其设计、建模方法与第 2 章截然不同;第 4 章介绍大行程柔性铰链建模及其在平面柔顺并联机构中的应用,主要探索了特殊结构和特殊材料在柔顺机构设计和非线性建模方面的难题,并进一步地针对基于该柔性铰链的大行程并联机构开展了高精度运动控制研究;第 5 章讲述了基于柔顺放大机构的压电驱动器设计与控制研究,旨在针对压电陶瓷驱动器精度高但行程小这一矛盾问题,通过设计柔顺放大机构使其位移得到高达两个数量级的提升,从而满足大行程、高精度应用需求。由于本书主要聚焦大行程柔顺机构设计,读者在阅读第 3～5 章时可以对其设计方法予以关注,同时对比其与第 2 章传统小行程柔顺机构设计方法的区别。

本书是作者在国家自然科学基金(51475113)的支持下,基于所取得的科研成果撰写而成的。哈尔滨工业大学的孙立宁教授为本书的撰写给予了大力支持,学生杨淼、陈方鑫和张前军参与了书稿的订正工作,在此一并表示衷心的感谢。另外,本书的撰写和相关内容的研究参阅了大量相关文献和书籍,在此也向这些研究者致以诚挚的谢意!

由于作者水平有限,在理论和技术方面尚有不足,还未能将更多的国内外最新成果涵盖其中,衷心希望广大读者批评指正! 作者将努力在后续的工作中对该专著做进一步完善。

董 为

2022 年 11 月

于哈尔滨工业大学

目 录

第 1 章

绪　论

　　本章概述了柔顺机构这一特殊传动机构在机器人学及精密工程中的应用现状和发展前景,指出传统柔顺机构的小行程特性成为其进一步应用的瓶颈,凝练出弹性变形与大行程之间的矛盾是基于柔顺机构的精密机构领域面临的核心科学问题。同时针对这一科学问题,简要介绍了本书后续章节的内容安排。

1.1　柔顺机构与机器人

从 1920 年，"机器人"一词诞生；到 20 世纪 60 年代，真正意义上的工业机器人出现；再到 1980 年，工业机器人广泛地应用于工业现场；直至 21 世纪的今天，与人类发展的漫长历史相比，机器人的发展也不过短短百余年的时间，但对人类的影响却超乎人类历史上的任何一个百年。

随着机器人技术的逐步完善，适于特殊作业的机器人种类也日益增多。近年来，为满足人类向微小世界探寻的需要，作为机器人技术发展的一个重要分支，微纳米驱动机器人成为机器人学中十分活跃的研究领域。

微纳米驱动机器人是机器人学的重要研究分支之一。对微纳米驱动机器人的研究，涵盖了机器人学研究所涉及的机构、驱动、传感和控制全部基本的单元技术；微纳米驱动机器人系统的运动精度（或运动范围）达到了微米甚至是纳米级，这是其他类型机器人系统无法企及的性能，所以相对于机器人学其他研究分支，微纳米驱动机器人的研究确实有其"与众不同"之处，因此获得了国内外学者和业界人士的广泛关注。特别是近些年来，微纳米驱动机器人系统正在国内外的重大核心关键工程中起着举足轻重的作用，俨然成为机器人学领域一股不可忽视的创新力量。

微纳米驱动机器人是将机器人技术引入微观领域后形成的一种微纳米级作业装备。它除了具有机器人的基本特征外，还能够适应未知作业环境并具有远程控制能力，通过集成精密机械、计算机技术、自动控制技术、光学技术来实现对微米、亚微米甚至纳米级被操作对象的制造、定位、装配等操作处理。在 20 世纪 60 年代，美国科学家首先提出了微纳米驱动机器人的概念和雏形设计，但是，微纳米驱动机器人技术迅猛长足的发展还是近几十年的事。当然，这主要依赖于智能材料科学、精密传感技术、柔顺机构学及控制理论等相关领域的协同发展。随着机器人学相关单元技术的日臻成熟，编写一本系统地介绍微纳米驱动机器人技术，与科研人员分享这个领域的科研经历的书，是作者写作的最初动力。

从尺度角度上着眼，对微纳米驱动机器人一般要求微米级或纳米级的运动精度、分辨率或重复定位精度,可见这样的要求远远超出人所能及的范围。而传统的机器人系统所采用的各种运动副,由于存在着间隙问题,因此无法满足精密微操作的要求,导致这方面研究一度陷入困境,甚至有学者一度将间隙建模、误差补偿作为精密微操作机器人的热点问题进行研究,很可惜当时的研究一直没有解决这个问题的根本——间隙的存在。

有记载,公元前4世纪希腊人开始使用柔顺机构——弹弓;更有考古学家证实,早在大约公元前8000年,人类就已经开始使用柔顺机构——木质或者动物筋腱制成的弓箭。柔顺机构,终于在其使用的近一万年里,重新得到了结构设计工程人员的极大重视——研制基于柔顺机构的微纳米驱动机器人。

对基于柔顺机构的微纳米驱动机器人的研究最初主要集中在串联的、平面的、单自由度或少自由度的系统,随着这类系统在超精密加工、光学调整、军事工程等领域的不断应用,对基于柔顺机构的微纳米驱动机器人系统的研究逐渐扩充到并联的、空间的、多自由度的系统,最典型最为成功的应用就是基于柔顺机构的多自由度并联机器人系统。

由于并联结构本身具有精度高、刚度高、结构紧凑等一系列优点,加之柔性铰链具有结构简单、无须润滑、无间隙、无摩擦、精度高等优点,所以基于柔性铰链的并联机器人通常会使并联机构高精度的特性发挥到纳米甚至亚纳米的极致。但采用柔性铰链作为运动副的机器人系统,其末端的位移是各支链驱动位移由柔性铰链变形传输所得到的,柔性铰链的变形量极为有限,这就必然导致机器人的末端工作空间相对狭小,其末端的工作空间多在立方微米级。这也是基于柔顺机构的并联机器人系统进一步应用的瓶颈。

1.2　柔顺机构与精密机构

精密机械的驱动与传动一直是装备制造业的基础,现代精密机械驱动与传动更是微电子制造、光电子、航天装备、超精密加工、微—纳操作机器人、生物医学工程领域迫切需要的支撑技术。上述领域苛刻的应用环境对驱动与传动装置提出了更严苛的要求,如航空遥感相机像移补偿需要采用回转精度为微弧度以上的精密传动机构;在激光约束核聚变工程中需要实现多个自由度的超精密位姿调整,直线和回转精度要求分别为纳米级和微弧度级;在深空探测的继镜技术中,也需要多自由度的精密传动装置,用于实现光束的指向控制,对其传动精度、动态响应的要求分别在微弧度和百赫兹级。可见,在国防和国民经济重大装备需求的牵引下,探索发展新型精密驱动与传动机构的原理和方法对相关高精尖装备研制具有重要意义。

　　传动机构一直是机械装备实现功能的基础,而精密传动机构更是现代精密工程领域需要迫切发展的关键技术之一。传统刚性机构依靠运动副进行力和位移的传递,由于构件间不可避免地存在着间隙、摩擦和磨损,因而很难达到微米或者微米以下的运动精度。柔顺并联机构通过结构的弹性变形来传递力和位移,彻底消除了运动副传动过程中的空程和机械摩擦,可以获得超高的位移分辨率和重复定位精度。根据工作原理的不同,柔顺并联机构可以分为集中柔度柔顺并联机构和分布式柔度柔顺并联机构。基于切口型柔性铰链构建而成的集中柔度柔顺并联机构由于结构最薄处存在明显的应力集中,很难实现毫米级以上的运动范围。分布式柔度柔顺并联机构以弹性簧片为基本传动单元,载荷作用下结构内的弹性变形分布更加均匀,可以大幅提高柔顺并联机构的运动范围,解决精密运动平台工作空间与运动精度之间的矛盾,逐渐成为现阶段柔顺并联机构领域的研究热点。

　　近年来,传统精密机械驱动与传动的内涵和外延正不断深化和拓展,柔顺机构、功能材料、现代设计制造和传感控制等多学科领域的技术成果越来越多的用于精密驱动和传动技术研究。以柔性铰链为代表的基于集中柔度的柔顺机构得到了大量的应用。与传统刚性零件和运动副构成的传动部件不同,柔顺传动利用其构件的弹性变形,通过对变形的精确控制实现精密传动,能够使系统在几十至几百微米级的运动范围内达到纳米级的定位精度。从基础研究的角度出发,柔顺机构的几何创成、数学建模以及性能评价体系的建立成为这类系统研究与应用的基本科学问题。另外,随着典型精密机械的跨尺度集成概念的提出,要求新型精密驱动与传动装置能够在更大的运动范围内提供超高的定位精度。由于柔性铰链受到屈服强度的客观限制,其弹性变形量极其微小,所以导致基于此类集中柔度的柔顺机构仅能提供微米级的运动范围。设计出大行程柔顺机构,能从根本上解决在柔顺机构中存在的大行程与高精度之间的矛盾,则成为新的理论难题与技术挑战。这种柔性铰链的大行程特性,甚至能够在一定程度上代替传统机械中的运动副,构建出基于无间隙关节的超精密装备。但是,无间隙的特性是依靠柔性铰链自身变形而实现的,很显然弹性变形与大行程之间的矛盾是基于柔顺机构的精密机构领域面临的核心科学问题。

1.3　章节内容介绍与安排

　　为解决上述共性瓶颈问题,经过作者团队近年的科研攻关,在基于柔顺机构的机器人与精密装备等领域的研究,取得的一些创新性工作,包括:①建立了柔性铰链数学模型,提出了柔性铰链的性能特征分析方法,建立了基于中心偏移、相对柔度和运动范围的柔性铰链性能评价体系；②建立了大行程柔顺精密机器人系统的研究框架，在分布柔度、超弹性材料、放大机构、宏微驱动四个技术途径上，均开展了创新性的研究工作；③实现了基于高精度柔顺机器人的系统综合与集成，在多自由度精密光学对准、镜面多自由度精密调整等方面，实现了典型的系统应用与工程实践。

针对精密机械"跨尺度集成"应用场景，设计出具有较大工作空间、并能同时保证系统运动精度的多自由度精密操作机器人系统，满足各种工程领域的迫切需要，已经成为微操作机器人领域的全新挑战。

本书首先介绍了基于柔顺机构的微动精密平台的研究工作，即基于柔性铰链的六自由度精密微动空间指向机构，目的在于介绍传统的、典型的小行程高精度柔顺机构的主要设计过程，借鉴这部分的内容，可以开展类似的微动平台设计与研制，读者也可以与后续章节大行程柔顺机构设计进行对比阅读。

其次，当精密定位系统有大行程运动需求时，很直接的一个思路是通过柔顺机构截面尺度上的改变提供更大的位移。所以，就形成了一类基于大行程柔性铰链的精密定位系统。与前面微动精密平台系统对比，大行程柔性铰链并联机器人系统的设计上有所不同，其建模方法也有极大的不同之处。特别是在通盘考虑行程和精度的情况下，作者在同一个并联系统中提出了宏微驱动的概念，是这部分工作的另一个主要特色。

然后，柔顺机构材料的选择也是改变精密系统运动的一个很直接的思路，所以，具有超弹性特性的一类大行程柔性铰链的研究成为这部分内容的重点。主要探索了特殊结构和特殊材料在柔顺机构设计和非线性建模方面的难题，并进一步针对基于该柔性铰链的大行程并联机构开展了高精度运动控制研究。

最后，针对压电陶瓷驱动器精度高但行程小这一问题，主要介绍了另外一种思路，即通过设计柔顺放大机构使其位移得到高达两个数量级的提升。对基于柔顺放大机构的压电驱动器设计与控制方面的工作进行了较为详细的介绍。当然，这类系统也可以采用宏微驱动的思路，构建同时兼顾大行程和高精度的系统。

可以说，章节内容的安排从逻辑上讲遵从了从微动到大行程的思路，而每一部分内容从设计、建模到控制又相对独立。这样的安排，便于读者的学习和阅读，既可以从学习的角度做到循序渐进，又可以从应用的角度做到有的放矢。

本章参考文献

[1] 国家自然科学基金委员会工程与材料学部. 机械工程学科发展战略报告

(2011—2020)[M]. 北京:科学出版社,2010.

[2] 中国机械工程学会. 中国机械工程技术路线图[M]. 北京:中国科学技术出版社,2011.

[3] CHEN G M, XIONG B T, HUANG X B. Finding the optimal characteristic parameters for 3R pseudo-rigid-body model using an improved particle swarm optimizer[J]. Precision Engineering, 2011, 35 (3): 505-511.

[4] GAO W, SATO S J, ARAI Y. A linear-rotary stage for precision positioning[J]. Precision Engineering, 2010, 34(2): 301-306.

[5] LEE W R, LEE J H, YOU K H. Augmented sliding-mode control of an ultra-precision positioning system[J]. Precision Engineering, 2011, 35(3): 521-524.

[6] VILLAR F, DAVID J, GENEVÈS G. 75 mm stroke flexure stage for the LNE watt balance experiment[J]. Precision Engineering, 2011, 35(4): 693-703.

[7] TING Y, LI C C, LIN C M. Controller design for high-frequency cutting using a piezo-driven microstage[J]. Precision Engineering, 2011, 35(3): 455-463.

[8] PARLAKTAŞ V, TANIK E. Partially compliant spatial slider-crank (RSSP) mechanism[J]. Mechanism and Machine Theory, 2011, 46(11): 1707-1718.

[9] TANIK E, PARLAKTAŞ V. A new type of compliant spatial four-bar (RSSR) mechanism[J]. Mechanism and Machine Theory, 2011, 46(5): 593-606.

[10] CHAE K W, KIM W B, JEONG Y H. A transparent polymeric flexure-hinge nanopositioner, actuated by a piezoelectric stack actuator[J]. Nanotechnology, 2011, 22(33): 335501.

[11] MEJIA-ARIZA J M, MURPHEY T W, DUMM H P. Deployable trusses based on large rotation flexure hinges[J]. Journal of Spacecraft and Rockets, 2010, 47(6): 1053-1062.

[12] LIU C H, JYWE W Y, JENG Y R, et al. Design and control of a long-traveling nano-positioning stage[J]. Precision Engineering, 2010, 34(3): 497-506.

[13] YANG C, ZHANG Z. Study on precision positioning system of two-dimensional platform based on high-speed and large-range [C]//

International Conference on Integration and Commercialization of Micro and Nanosystems. Kowloon: ASME, 2008: 689-696.

[14] DONG W, SUN L N, DU Z J. Stiffness research on a high-precision, large-workspace parallel mechanism with compliant joints[J]. Precision Engineering, 2008, 32(3): 222-231.

[15] DONG W, SUN L N, DU Z J. Design of a precision compliant parallel positioner driven by dual piezoelectric actuators [J]. Sensors and Actuators A: Physical, 2007, 135(1): 250-256.

[16] DONG W, TANG J, ELDEEB Y. Design of a linear-motion dual-stage actuation system for precision control [J]. Smart Materials and Structures, 2009, 18(9): 95035.

[17] KAYACIK Ö, BRUCH JR J C, SLOSS J M, et al. Integral equation approach for piezo patch vibration control of beams with various types of damping[J]. Computers & Structures, 2008, 86(3-5): 357-366.

[18] SPIER C, BRUCH JR J C, SLOSS J M, et al. Placement of multiple piezo patch sensors and actuators for a cantilever beam to maximize frequencies and frequency gaps[J]. Journal of Vibration and Control, 2009, 15(5): 643-670.

[19] CHAN K W, LIAO W. Precision positioning of hard disk drives using piezoelectric actuators with passive damping [C]//2006 International Conference on Mechatronics and Automation. Luoyang: IEEE, 2006: 1269-1274.

[20] CHAN K W, LIAO W H. Self-sensing actuators with passive damping for adaptive vibration control of hard disk drives[J]. Microsystem Technologies, 2009, 15(3): 355-366.

[21] DHURI K D, SESHU P. Multi-objective optimization of piezo actuator placement and sizing using genetic algorithm[J]. Journal of Sound and Vibration, 2009, 323(3-5): 495-514.

第 2 章

基于柔性铰链的空间指向机构

本章主要介绍一种典型的精密柔顺机器人系统——空间指向机构，内容涉及柔性铰链的建模、性能分析；空间并联柔顺机构的参与优化、性能分析等。针对高精度空间指向机构的设计需求，本章给出了一种基于柔性铰链和空间并联机构的新型精密机器人系统的具体设计方案，旨在通过个案举例的方式让读者了解如何应用数学建模、结构优化等技术手段解决实际的工程设计问题，了解如何应用系统综合的方法最大化地体现设计者的设计意图。

刚刚接触工程实践的研究人员经常会遇到这样的问题——尽管学习了很多的基础知识和基本理论,也阅读了很多的相关资料,但是面对一个具体的工程设计问题时,还是觉得无从下手,也就是常说的"基础学习"与"理论应用"衔接不够紧密、不够充分。考虑到这一点,本书作者将近年来在柔性机构与精密机器人系统方面的主要研究工作加以提炼和总结,以个案举例的方式,通过实际的工程设计案例,与读者分享具体的设计经验与感受,希望能够对读者在"基于柔性机构的机器人与精密系统"方向上的研究工作具有一定的指导意义。

2.1　概　述

2.1.1　研究的背景及意义

　　随着无线激光通信、对地观察、天文观测、光学测量等工程领域的迅猛发展,天线指向机构、高分辨率观测设备以及高精准定向能装置等成为备受关注的研究热点,大大促进了精密工程的快速发展。在空间目标指向装置、激光发射瞄准装置、红外跟踪捕捉装置、天线搜索对准装置、光通信中的 APT(捕获、瞄准及跟踪)等精密装置中,高可靠性、高精度的多自由度空间指向机构得到了广泛的应用。

　　由于信号的空间传输距离远、宽度窄,为保证上述任务实施的准确性与可靠性,要求采用的精密设备对目标的指向精度需达到 $1\,\mu\mathrm{rad}$ 量级,且需保持极高的运动稳定性。然而,在轨航天器不可避免地受到各种干扰,如噪声、热辐射、作用轮及附件机构运动以及动力源产生的振动等,这些扰动会引发指向机构的变形和振动,甚至激起共振。此外,航天器平台逐渐趋向高柔性,这无疑增大了结构的不稳定性,这些因素都给上述任务的顺利实现带来了极大的挑战。

　　采用串联式或积木式的多自由度指向机构,随着自由度数的增多,会造成误差积累、精度下降、刚度变小、响应速度变慢、承载能力下降等问题;与之相比,并联式指向机构(简称并联机构)具有误差均化、精度高、刚度大、响应速度快、承载能力强、自重与负荷比小等优点,而且很容易实现六自由度运动,更适合作为微动指向机构的基本构建形式。

然而,并联指向机构中的关节通常采用传统的刚性运动副,其会导致系统产生关节内部摩擦、运动回程存在间隙,甚至产生爬行等问题,大大降低了系统高精度的特性。为了减少并联机构的精度损失,设计者通常采用柔性铰链代替传统的刚性运动副。由于柔性铰链拥有很多优点,如运动精度高、结构简单、无摩擦、无间隙、不需要润滑等,因此整体并联指向机构拥有很高的运动分辨率和重复定位精度。柔性铰链的引入,为实现高精度空间指向机构提供了结构方面最基本的保障。

此外,对驱动元件而言,空间指向机构需要稳定且可靠的驱动器来提供高精度、高分辨率运动输入。压电陶瓷(PZT)驱动器利用逆压电效应,即陶瓷在电场作用下可产生精细微粒位移的特性,实现力和位移的输出。压电陶瓷驱动器的运动分辨率可以达到纳米甚至亚纳米级,并且具有响应速度快、结构紧凑、体积小、无机械摩擦、无间隙、出力大、刚度大、控制方便等优点,并且在内置微位移传感器的实时位移反馈下,可以实现驱动端的闭环控制,是微动机构的理想驱动元件。通常,在合理的结构设计下,压电陶瓷驱动器输出的微位移可以转换为微调平台末端输出的微小角位移,从而实现指向机构的指向微调动作,保证了此类系统的指向精度。压电陶瓷驱动器的能量转换效应效率极高,且响应速度快,因此不存在发热和噪声等问题,压电陶瓷驱动器对环境的适应能力高,可在各种特殊环境内正常工作,所以其是目前最为理想的驱动元件。

综上所述,随着并联技术、柔性铰链技术与压电陶瓷驱动技术的发展,研究在一般噪声环境中为空间设备提供具有高分辨率、可重复性的轻小型精密空间并联指向机构,是具有重大理论研究意义和实际应用价值的重要课题。

2.1.2　国内外研究现状

空间指向机构在多种工程应用中得到了广泛的应用,指向机构在不同的应用环境中具有不同的专属概念,如星载天线指向机构、星间通信终端精瞄微定位机构以及空间并联微动机器人等。尽管专属称谓不同,但都起到指向定位的作用。伴随着相关新兴技术的产生与应用,空间指向机构功能日趋完善,性能逐步提高。

1. 空间指向机构的发展及国内外研究现状

在星间通信领域,欧、美等国对空间指向机构方面的研究起步较早[1],整体研发实力较强,目前已经实现了从理论研究进入应用基础研究的实验阶段[2]。2001 年欧洲航天局(ESA)的激光通信系统(SILEX)首次实现了低轨道卫星与同步卫星之间的激光通信,之后又实现了地光链路实验[3]。英国 Surrey 卫星技术公司研制的天线指向机构[4]——盘式天线自动对准机构,如图 2.1 所示,该机构通过基座的转动和齿轮涡轮传动的转动,实现双轴转动,可达到一定的指向精度(优于 4.4 mrad)和分辨率(优于 0.42 mrad),用于低轨卫星与地面工作站在 X 波段的通信,单位传输量是普通指向机构的 10 倍。希腊雅典国家技术大学设计了一种新型的两自由度卫星天线指向机构[5],如图 2.2 所示,该机构利用动态平衡的设计使得没有反力作用到基座上,每个自由度由两个驱动输入实现运动控制,提高了机构的鲁棒性,且采用驱动器作为平衡块,降低了机构的总体质量。

图 2.1　盘式天线自动对准机构

图 2.2　两自由度卫星天线指向机构

　　美国加州理工学院的喷气推进实验室(JPL)研制的光通信演示器(OCD)完成激光通信演示[6],如图 2.3 所示,之后应用于星地通信系统(STRV−2),其跟踪精度可达到 2 μrad。林肯实验室采用的倾斜镜装备,在激光通信演示实验中指向精度可达到 0.2 μrad。美国 Ball 航天技术公司研制的星体跟踪仪,采用冗余设计使得系统性能整体提高,指向精度可达到 0.15 μrad。卡内基梅隆大学设计出一种较高精度的天线指向机构[7]——单自由度天线指向机构,如图 2.4 所示,可实现移动机器人系统与卫星间的高带宽通信,通过机构设计、性能分析、传感器配置以及实验验证等过程降低机器人在崎岖路面运动对指向精度的影响。

　　日本宇宙航空研究开发机构(JXAX)在指向机构方向的研究属于后起之秀。日本 NEC 公司设计的基于电磁驱动的空间指向机构(WFPM),其指向精度为 30 μrad,控制系统采用光电传感器实现控制反馈,精度可以提高至 10 μrad。载有激光通信系统(LUCE)的 OICETS 卫星于 2005 年与 ARTEMIS 卫星成功完成了双向激光通信[8],推进了卫星激光通信工程应用的进程。

　　20 世纪 70 年代,国内相关院校及科研单位开始对空间指向机构进行研究,到了 90 年代初,国内加大对空间技术领域的投资。目前国内主要展开理论研究和虚拟实验[9-10]。2002 年,哈尔滨工业大学首次研发了卫星激光通信地面模拟

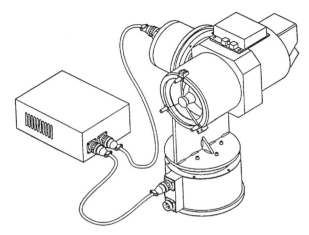

图 2.3　光通信演示器

仿真系统[11]，该系统经过不断的改进已经进入工程化阶段，2011 年研究完成了星地激光链路双向捕获跟踪及高速激光通信实验。中国科学院长春光学精密机械与物理研究所研制了一台大型指向跟瞄系统[12]，对轴系及关键部件的设计给出了定性及定量的分析，受当时技术所限制，其指向精度仅为 $17.5\ \mu rad$。中国科学院上海光学精密机械研究所设计了一台新型的大口径、高精度的卫星轨迹光学模拟装置[13]，用于对同步卫星与低轨道卫星之间相对轨道跟瞄过程的参数模拟测试，该装置的转动角度误差可控制在 $10\ \mu rad$。北京理工大学

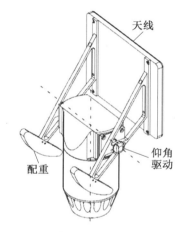

图 2.4　单自由度天线指向机构

张锋等人[14]探讨了星载卫星天线指向机构的误差源，结合方位俯仰型天线座，建立误差模型，并分析不同误差因素对天线指向精度的影响，从而为实现该天线座的设计精度要求提供了理论依据。

2. 并联机构的发展及国内外研究现状

并联机构的产生最早可追溯到 1895 年，Cauchy 构造了一种用关节连接的八面体[15]；直到 1949 年，Gough 将并联机构用作轮胎测试装置[16]，并联机构才开始得到初步的应用。直到 20 世纪六十七年代才开始进行具体的理论研究，1965 年，Stewart 描述了一种用于飞行模拟器的机构[17]；1978 年，澳大利亚 Hunt 建立了 Stewart 并联平台的运动学模型[18]，自此并联机构开始得到研究人员的关注。

自 20 世纪 80 年代末特别是 90 年代以来,并联机构受到学者的广泛关注,成为当下热门的研究方向。相对于串联机构而言,并联机构具有结构紧凑、刚度高、承载能力强、惯量小、动态特性好等特点[19],正是由于并联机构独有的诸多优点,因此被广泛地应用于精密空间指向机构的设计中[20-21]。德国、日本、美国等在该领域展开了深入的研究;我国一些院校,如燕山大学、哈尔滨工业大学、清华大学等,也先后开展了相关研究,并研究出多台样机。

　　德国 PI 公司作为微纳高精密定位技术的引领者,在高精度并联指向机构方面开展了大量的研制工作,其产品针对定位精度、承载能力、运动范围的不同,拥有多种规格和种类的精密指向产品。该公司设计应用于 ALMA(阿塔卡马大型毫米波/亚毫米波阵列)毫米射电望远镜的六自由度指向机构,如图 2.5 所示,该机构承载能力为 200 kg,可达到微弧度级分辨率。主反射器直径为 12 m,从主反射器接收的外星信号反射给六足指向机构,通过其姿态的调整,可以接收不同方向的反射信号。图 2.6 所示为 PI 公司研制的六支链小型并联指向机构[22],该机构工作空间为 40 mm×40 mm×13 mm,重复定位精度可达到 0.5 μm。此外,PI 研制的高速高精度光学精瞄系统,主要采用复合指向系统(包括粗指向机构和精指向机构)。复合空间指向机构示意图如图 2.7 所示,其中粗指向机构的带宽比较低,起到抑制外部低频干扰的作用;而精指向机构的指向精度将决定整个系统的指向精度,其提供的带宽非常高,一般为几百赫兹甚至上千赫兹。带宽越高,对干扰的抑制能力就越强,系统的反应速度就越快,整体系统的指向精度也就越高。

图 2.5　六自由度指向机构及射电望远镜　　　图 2.6　六支链小型并联指向机构

　　新西兰坎特伯雷大学的 Dunlop 和 Jones 设计了一种用于光瞄准的两自由度并联指向机构[23],如图 2.8 所示,支链通过转动关节与固定平台和运动平台相连,支链中的两个杆件通过球副相连,上下平台相连的中心杆约束机构保持两个自由度。驱动固定平台上的任意两个转动副可实现目标方位指向,并给出了该机构的运动学正逆解的求解。

图 2.7　复合空间指向机构示意图

图 2.8　两自由度并联指向机构

美国海军研究院的飞船研究设计中心研发了一种用于空间光学通信的高稳定和高精密的并联机构[24]——激光通信六支链并联机构,如图 2.9 所示,该机构是一个音圈电机驱动的六足并联机构,还可以起到振动隔离的作用。在该六足并联机构上,通过激光测量系统测量六足并联机构的位姿。

北京航空航天大学宇航学院的黄海等人通过对指向机构进行设计与动力学建模仿真,研制出了高精度和具有振动控制能力的并联 Hexapod 平台[25-27]。其样机如图 2.10 所示,实验验证样机的转动范围超过 $\pm10°$,最高开环转动速度大于 5 (°)/s,经过压电微动部分补偿后指向误差小于 5 μrad,可用于驱动有效载荷以较快的速度在较大范围内进行较准确和稳定的指向。此外,他们还针对 Stewart 平台的发展状况进行了研究[28],总结出了一系列关键技术。

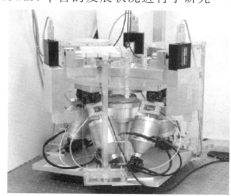

图 2.9　激光通信六支链并联机构

图 2.10　Hexapod 平台样机

3. 柔性铰链与压电驱动的发展及国内外研究现状

随着高精密系统和微纳操作技术的发展,对能在较小空间运动的元件有了迫切的需求,要求其不仅保证可以实现高的运动精度和高的分辨率,还对其形状的小型化和疲劳强度的最大化给定了很高的指标。而上述提及的并联指向机构绝大部分的关节是传统的刚性运动副,如移动副、转动副、虎克铰、球副等,不可避免地存在摩擦、回程间隙、爬行等问题,这是此类机械机构不易获得高精度的主要原因之一。有学者设计了大量不同种类的小型运动元件,经过对比研究实验,最终设计出了可以实现高精度运动的柔性铰链,其可以实现小范围内没有摩擦的运动[29-31]。随着研究的深入,柔性铰链得到了广泛的应用,并获得了前所未有的高精度和稳定性[32-33]。柔性铰链一体化的结构设计使其拥有超高的运动灵敏度,非常适合用于绕特定轴线完成单轴或多轴的转动。

对于运动范围在微米级、运动分辨率为纳米级的空间精密指向机构,其通常使用柔性铰链结构来代替传统的运动副,柔性铰链在高精度的控制系统下,通过自身材料力学性能产生变形,可实现没有间隙和摩擦的精密微小运动的输出。空间并联指向机构在应用中,往往需要有较大的负载能力从而带动较大的部件。在光学调整操作时,更需要有较高的运动定位精度和位移分辨率。传统的交流/直流伺服电机很难满足要求,考虑到压电陶瓷驱动器具有响应快、驱动力大、工作频率宽、控制精度高等优点,特别是在运动范围非常小的情况下,因而采用压电陶瓷驱动完全能够满足这些要求。

欧洲航天局研制的两种类型的 FPTM(精细指向和微调机构)天线指向机构[34],如图 2.11 所示,应用于同步卫星激光通信覆盖。该机构是基于柔性铰链和线性压电陶瓷驱动器的、可实现两轴转动的机构,指向范围为 ±35 mrad,使用寿命为 15 年。该机构通过消除间隙和滞后问题提高精度,其分辨率高于 35 μrad。

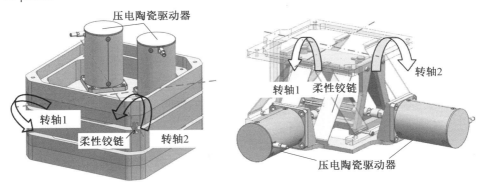

图 2.11　两种类型的 FPTM 天线指向机构

德国的 PI 公司较早地将叠堆压电陶瓷驱动器和柔性铰链应用于并联机构中,研制了多种规格、应用于不同领域的压电陶瓷微定位机构以及精密空间并联机构系统,并实现了批量生产。图 2.12 所示为单驱动、双驱动空间指向机构(光学空间指向机构),该机构完全能够胜任光学调整等高精度的操作任务。实验研究表明,双驱动方式鲁棒性要比单驱动方式好,其获得的精度和稳定性相对更好一些。图 2.13 所示为 PI 公司研制的型号为 N-515K 的六自由度压电驱动的精密并联机构,该并联机构尺寸小,可实现纳米级运动分辨率。

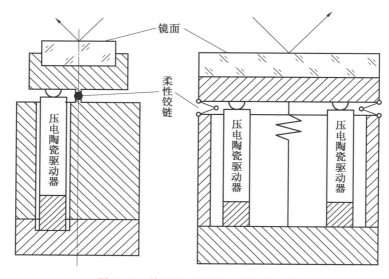

图 2.12　单驱动、双驱动空间指向机构

图 2.13　六自由度压电驱动的精密并联机构

Aoki 等人设计了一种应用于空间通信的大范围精密指向机构[35],如图 2.14所示,该机构采用电磁驱动方式,柔性工作平台由一个中心扭转弹簧和 4 个并联的柔性铰链组成。该机构结构紧凑,质量轻,定位精度达到±1 μm。

瑞士电子和微技术公司研发的超大望远镜干涉仪[36],采用 4 个直径为 8 m的望远镜干涉观测。而作为直径为 1.8 m 的次镜光学镜片,则需极高的定向精

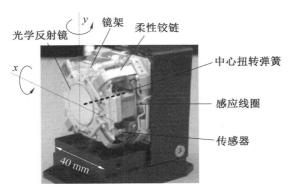

图 2.14　大范围精密指向机构

度及稳定度,为了满足要求,采用压电陶瓷驱动的、基于柔性铰链的高精度六自由度并联机构,进行六自由度的精确定向、振动隔离及稳定性的保持。该机构沿 z 轴最大位移为 1.5 mm,精度优于 6 μm,分辨率高于 0.6 μm;沿 x、y 轴最大位移为 0.7 mm,精度优于 20 μm,分辨率高于 5 μm。图 2.15 所示为大行程精密指向机构,它是美国陆军工程公司与喷气推进实验室(JPL)合作研制的适合高低温及真空环境的精确指向机构[37],其沿三个轴向的线位移为 31～37 mm,线位移精度为 0.05 mm,绕三个轴线的角位移为 0.084～0.093 rad,角位移精度为 87 μrad。

图 2.15　大行程精密指向机构

在国内,一些科研单位也陆续开展了基于柔性铰链的空间并联指向机构方面的研究,其中哈尔滨工业大学的孙立宁等人较早地对压电陶瓷驱动并联指向机构进行了研究[38],实现了微驱动技术与并联机器人的集成[39-42]。他们研制的六自由度集成式并联指向机构可实现 10 nm 平动重复定位精度和 0.000 1°转动重复定位精度。邵兵等人研制的空间指向机构采用叠堆压电陶瓷驱动[43]、平板型柔性铰链作为弹性元件,并开发了驱动、检测、主控模块集成一体化的数字式控制器,图 2.16 所示为指向机构的三维模型,该机构的转角范围约为 2 mrad,精度约为 1 μrad,分辨率约为0.1 μrad。徐敏[44]在此基础上,对三点压电陶瓷驱动的指向机构进行力学分析及尺寸优化,并采用闭合斜率理论进行控制补偿,使得控制系统具有较好的静态偏转输出特性和动态指向特性。

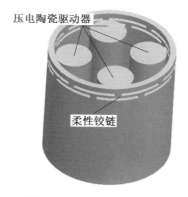

图 2.16　指向机构的三维模型

2.1.3　设计要求与主要研究内容

尽管国内外在并联指向机构方面的研究有了很大的进展,但是前人所设计的机构都会存在某些方面的不足。邵兵等人研制的空间指向机构三维模型综合并联机构、柔性铰链和压电陶瓷等关键技术,通过深入的理论分析,从而实现高精度空间指向机构样机的优化设计与系统集成。针对设计目标,本章通过设计详尽的样机实验,构建一套完整的在亚毫弧度角位移范围内实现亚微弧度分辨率和微弧度重复转动精度的指向机构系统,为此类系统在空间指向工程中的实际应用提供坚实的理论依据与实践基础。本章主要研究内容如下。

(1)柔性铰链的结构设计与运动特性分析。

柔性铰链包括很多类型,本章首先采用卡式第二定理建立了柔性铰链中心点和末端点的柔度矩阵方程,并综合考虑所有独立的柔度后,提出三个评价柔性铰链性能的指标,如转动能力、相对柔度和相对转动误差等。然后通过比对不同类型的铰链,选择性能较优的圆角直梁型柔性铰链为设计基础,设计了一种新型的圆角直梁型柔性铰链,考虑了加工误差因素对铰链的影响,并绘制出结构参数和加工误差对指标的影响曲线,从而设计出同时具有高运动精度和大行程的柔性铰链,最后通过有限元分析方法和实验方法验证整体理论分析的正确性。

(2)并联机构的尺寸优化与性能分析。

本章首先选用 Stewart 并联机构(6-SPS),建立运动学模型,决定机构最终形状的共有四个设计变量,分别为上下平台半径、初始杆长和关节夹角,以角位移和分辨率为设计目标,在压电驱动范围和分辨率的约束下,采用非支配排序遗传算法(NSGA-Ⅱ),对这四个并联平台结构变量进行多目标优化,并采用枚举法从优化后的解集中选择最优的一组解,从而完成并联机构的优化;然后针对已经设计好的机构,求解出其工作空间大小,并采用有限元软件分析机构的刚度、强度及模态。

(3)实验系统构建与测试实验验证。

并联平台控制系统采用模块化方式进行集成,实现整体的精密闭环控制器。根据最终的优化设计结果,搭建规范化实验平台。性能测试实验主要采用电容测微仪进行测量,它可以通过测量平台沿某方向的实际位移,近似求出平台的角位移。采用实验方法得出指向机构的转动范围、重复转动精度及分辨率,以此验证指向机构的性能参数是否满足初始的要求。

2.2　柔性铰链的结构设计与运动特性分析

一般认为刚性机构的连接采用的都是传统的刚性运动副,不可避免地存在间隙、摩擦、爬行等问题,难以获得高精度和高分辨率。由于间隙的存在,因此学者更多地将间隙建模、误差补偿作为高精度位姿调整系统的研究方向,而始终无法避免最根本的问题——间隙实质性的存在。而柔性铰链通过材料自身变形,可以产生较小的直线位移或转动位移,该运动具有超高的位移分辨率和重复定位精度;在运动转换中,不存在摩擦和回程间隙,且无须润滑,避免了污染,降低了维护成本;采用较少零件即可实现功能,紧凑性好,响应快,减少了机构的质量;可以工作在真空、低温等恶劣环境;新材料的发展,使得柔顺机构造价降低,应用领域越来越广。由于柔顺机构的这些特点,柔顺机构在并联机器人中也开始得到广泛的应用。所以,本节以柔性铰链的力学建模为基础,并设计综合出适合工程实际应用的柔性铰链。

2.2.1　全向柔性铰链的力学模型

系统坐标系与柔性铰链载荷-位移方向的定义如图 2.17 所示。柔性铰链可等效为短梁的结构,一端固定,另一端自由。自由端(节点 i)处在外力向量 $\boldsymbol{F}_i = (F_{ix}, F_{iy}, F_{iz}, M_{ix}, M_{iy}, M_{iz})$ 的作用下,产生对应的位移向量 $\boldsymbol{\Delta}_i = (x_i, y_i, z_i, \theta_{ix}, \theta_{iy}, \theta_{iz})$。在不考虑转动中心偏移的情况下,此处假定铰链的几何中心(节点 j)近似为转动中心,转动中心处存在虚拟的力向量 $\boldsymbol{F}_j = (F_{jx}, F_{jy}, F_{jz})$,在其作用下产生对应方向的偏移向量 $\boldsymbol{\Delta}_j = (x_j, y_j, z_j)$。

假设加载过程中忽略能量的损耗,弹性应变能应该等于外载荷所做的功。

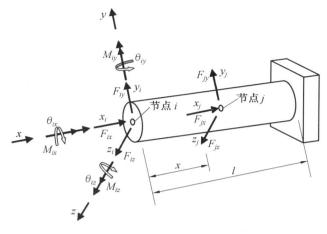

图 2.17　系统坐标系与柔性铰链载荷－位移方向的定义

外载荷所做的功包括拉压应变能、剪切应变能、扭转应变能和弯曲应变能,考虑到铰链可等效为短梁的结构,剪切应变能需引入剪切系数 $k^{[46]}$。首先设定铰链的径向长度表达式为 $t(x)$,根据 Clapeyron(克拉佩龙)原理,铰链的弹性应变能可表示为

$$V = \sum_{i=1}^{n} \int_{0}^{\Delta_i} \boldsymbol{F}_i \mathrm{d}\boldsymbol{\Delta}_i = \int_B \frac{F_x(x)^2}{2EA}\mathrm{d}x + \int_B \frac{\alpha F_y(x)^2}{2GA}\mathrm{d}x + \int_B \frac{\alpha F_z(x)^2}{2GA}\mathrm{d}x$$

$$+ \int_B \frac{M_x(x)^2}{2GI_P}\mathrm{d}x + \int_B \frac{M_y(x)^2}{2EI_y}\mathrm{d}x + \int_B \frac{M_z(x)^2}{2EI_z}\mathrm{d}x \tag{2.1}$$

式中　I_y,I_z——横向截面对 y 轴、z 轴的惯性矩(m^4),$I_y = I_z = \frac{\pi}{64} \cdot t(x)^4$;

I_P——横向截面对坐标原点的极惯性矩(m^4),$I_P = I_y + I_z = \frac{\pi}{32} \cdot t(x)^4$;

k——剪切系数,$k = (7 + 12\nu + 4\nu^2)/(6 + 12\nu + 6\nu^2)$,$\nu$ 为泊松比;

A——横向截面面积(m^2),$A = \frac{\pi}{4} \cdot t(x)^2$。

由卡氏第二定理可知,弹性体的应变能对某一载荷 $\boldsymbol{F}_i$ 的偏导数等于该载荷的相应位移 $\boldsymbol{\Delta}_i$,即

$$\boldsymbol{\Delta}_s = \frac{\partial V}{\partial \boldsymbol{F}_s} \quad (s = i, j) \tag{2.2}$$

对于节点 i,节点 j 处所受力为虚拟力,可以忽略,式(2.1)中 x 处的载荷可表示为

$$\begin{cases} F_x(x) = F_{ix} \\ F_y(x) = F_{iy} \\ F_z(x) = F_{iz} \\ M_x(x) = M_{ix} \\ M_y(x) = F_{iz}x + M_{iy} \\ M_z(x) = -F_{iy}x + M_{iz} \end{cases} \qquad (2.3)$$

由式(2.1)～(2.3),可解得

$$\boldsymbol{\Delta}_i = \boldsymbol{C}_i \cdot \boldsymbol{F}_i = \begin{bmatrix} C_{x_i - F_{ix}} & 0 & 0 & 0 & 0 & 0 \\ 0 & C_{y_i - F_{iy}} & 0 & 0 & 0 & C_{y_i - M_{iz}} \\ 0 & 0 & C_{z_i - F_{iz}} & 0 & C_{z_i - M_{iy}} & 0 \\ 0 & 0 & 0 & C_{\theta_{ix} - M_{ix}} & 0 & 0 \\ 0 & 0 & C_{\theta_{iy} - F_{iz}} & 0 & C_{\theta_{iy} - M_{iy}} & 0 \\ 0 & C_{\theta_{iz} - F_{iy}} & 0 & 0 & 0 & C_{\theta_{iz} - M_{iz}} \end{bmatrix} \cdot \boldsymbol{F}_i$$

$$(2.4)$$

式中　　$C_{x_i - F_{ix}} = \dfrac{4}{\pi G} \displaystyle\int_0^l \dfrac{\mathrm{d}x}{t(x)^2}$;

$\qquad C_{y_i - F_{iy}} = C_{z_i - F_{iz}} = \dfrac{4k}{\pi G} \displaystyle\int_0^l \dfrac{\mathrm{d}x}{t(x)^2} + \dfrac{64}{\pi E} \displaystyle\int_0^l \dfrac{x^2 \mathrm{d}x}{t(x)^4}$;

$\qquad C_{z_i - M_{iy}} = C_{\theta_{iy} - F_{iz}} = -C_{y_i - M_{iz}} = -C_{\theta_{iz} - F_{iy}} = \dfrac{64}{\pi E} \displaystyle\int_0^l \dfrac{x \mathrm{d}x}{t(x)^4}$;

$\qquad C_{\theta_{iy} - M_{iy}} = C_{\theta_{iz} - M_{iz}} = \dfrac{2G}{E} \cdot C_{\theta_{ix} - M_{ix}} = \dfrac{64}{\pi E} \displaystyle\int_0^l \dfrac{\mathrm{d}x}{t(x)^4}$。

式(2.4)为柔度矩阵模型(Flexibility Matrix Model,FMM),对于节点 j,尽管虚拟力不存在,但是需要计入计算公式中,最后将其按空处理,则式(2.1)中 x 处的载荷可表示为

$$\begin{cases} F_x(x) = F_{ix} + F_{jx} \\ F_y(x) = F_{iy} + F_{jy} \\ F_z(x) = F_{iz} + F_{jz} \\ M_x(x) = M_{ix} \\ M_y(x) = F_{iz}x + M_{iy} + F_{jz}(x - l/2) \\ M_z(x) = -F_{iy}x + M_{iz} - F_{jy}(x - l/2) \end{cases} \qquad (2.5)$$

由式(2.1)、式(2.2)、式(2.5),可解得

$$\boldsymbol{\Delta}_j = \boldsymbol{C}_j \cdot \boldsymbol{F}_i = \begin{bmatrix} C_{x_j-F_{ix}} & 0 & 0 & 0 & 0 & 0 \\ 0 & C_{y_j-F_{iy}} & 0 & 0 & 0 & C_{y_j-M_{iz}} \\ 0 & 0 & C_{z_j-F_{iz}} & 0 & C_{z_j-M_{iy}} & 0 \end{bmatrix} \cdot \boldsymbol{F}_i \quad (2.6)$$

式中

$$C_{x_j-F_{ix}} = \frac{4}{\pi G} \int_{l/2}^{l} \frac{\mathrm{d}x}{t\ (x)^2} = \frac{C_{x_i-F_{ix}}}{2};$$

$$C_{y_j-F_{iy}} = C_{z_j-F_{iz}} = \frac{4k}{\pi G} \int_{l/2}^{l} \frac{\mathrm{d}x}{t\ (x)^2} + \frac{64}{\pi E} \left(\int_{l/2}^{l} \frac{x^2 \mathrm{d}x}{t\ (x)^4} - \frac{l}{2} \int_{l/2}^{l} \frac{x \mathrm{d}x}{t\ (x)^4} \right);$$

$$C_{z_j-M_{iy}} = -C_{y_j-M_{iz}} = \frac{64}{\pi E} \left(\int_{l/2}^{l} \frac{x \mathrm{d}x}{t\ (x)^4} - \frac{l}{2} \int_{l/2}^{l} \frac{\mathrm{d}x}{t\ (x)^4} \right)。$$

2.2.2 柔性铰链的评价指标

基于柔性铰链的并联机器人可以达到微米级的运动精度,这使得含有柔性铰链的并联机器人具有更大的应用范围,特别适用于对精度和分辨率要求很高的领域。尽管柔性并联机器人系统的应用很多,但对柔性并联机构本身而言,其运动平台的位姿是在每条支链的输入运动下,在柔性铰链的被动变形下实现的,考虑到柔性铰链自身受材料性能和最大应力的限制,运动范围很小,使得它们具有一个共同的特点,就是工作空间相对狭小,其末端的工作空间多在立方微米级。并且,并联机器人作为一个多变量、多自由度、多参数耦合的非线性复杂系统,动平台位姿逆解求解困难,在保证求解精度条件下,很难满足实时控制的要求。这些是基于柔性铰链的并联机器人系统进一步研究和应用的主要瓶颈。

普通的柔性铰链精度虽然能够满足要求,可是由于自身变形很小,因此整个机构的运动范围远不能满足要求,需要设计一些新的柔性铰链。因此,研究高刚度、高精度和稳定性好的柔性铰链,对提高并联机器人的发展有着重要的意义。柔性铰链是以牺牲工作空间来提高其运动精度的,在设计柔性铰链时,不仅要保证柔性铰链的运动精度,还要保证其有较大的运动范围,所以可以从材料、柔度/刚度及缺口几何形状等几个方面来考虑。

柔性铰链的材料一般有几种选择,如钛合金、铝合金、黄铜、铝青铜、锡青铜、铍青铜、尼龙等,由于压电陶瓷抗剪切力和抗扭曲力的能力较差,在保证结构强度的前提下,选择旋转刚度较小的材料有利于改善压电陶瓷的受力状态。考虑到铍青铜具有较好的力学性能,采用铍青铜作为柔性铰链的材料,其弹性模量为 $E = 130 \times 10^9 \mathrm{Pa}$,泊松比为 $\nu = 0.3$,剪切弹性模量为 $G = E/(2+2\nu)$。

基于柔性铰链的空间微动指向机构的线位移范围为微米级、角位移范围为毫弧度级,所以在柔性铰链的设计过程中,期望其具有较好的特性:铰链的结构简单,尺寸小;转动方向上刚度小,其他方向刚度大;变形精度高;可控性好;承载力高。目标特性中存在两个主要矛盾:高承载能力和减小铰链结构尺寸之间的矛盾;降低刚度以获得大转角与保证精度之间的矛盾。在同时满足刚度和运动精度的基础上,设计与制备出新型的柔性铰链,以实现无间隙、大运动行程的运动输出,是目前研究的重要方向。

为解决上述矛盾,需要建立一套评判标准来评价柔性铰链的优劣。考虑到柔性铰链的几何对称性以及柔度矩阵的对称性,由式(2.4)、式(2.6)可以得出,柔度矩阵 $\boldsymbol{C}_i$ 和 $\boldsymbol{C}_j$ 是由柔度 $C_{x_i-F_{ix}}$、$C_{y_i-F_{iy}}$、$C_{z_i-M_{iy}}$、$C_{\theta_{iy}-M_{iy}}$、$C_{y_j-F_{iy}}$ 和 $C_{z_j-M_{iy}}$ 所决定。从设计方向出发,通过合理地组合上述六个独立的柔度,定义以下三个评价指标,以设计出性能更好的铰链。

（1）转动能力。

柔性铰链的运动是依靠单元弹性变形实现的,当变形超过材料的弹性变形范围,就会发生塑性变形,材料将产生永久变形,此时的运动情况是不可预测的,所以柔性铰链都局限于有限的运动空间。转动能力可以定义为 y 方向单位转矩作用下绕 y 轴的转角 θ,即式(2.7),θ 越大表明铰链转动范围越大。

$$\theta = C_{\theta_{iy}-M_{iy}} \tag{2.7}$$

（2）相对柔度。

柔性铰链变形是通过增大运动方向的柔度来实现的,期望方向柔度的增大会导致垂直运动方向柔度的增加,使得实际变形偏离期望的方向,结构实际变形趋于复杂,故引入相对柔度的概念,定义为

$$\rho = C_{y_i-F_{iy}} / C_{x_i-F_{ix}} \tag{2.8}$$

很显然,ρ 越大,结构越稳定。

（3）相对转动误差。

大部分柔性铰链的运动轴线会随整体的变形而发生偏移,如转动副的转动中心会偏离目标转动中心,移动副的移动方向会偏离目标直线。j 节点定义为柔性铰链的转动中心,定义轴漂为 j 节点相对初始位置的偏移量,减少轴漂可以改善铰链的运动精度和简化模型。定义相对转动误差为

$$\bar{\sigma} = \parallel \sigma \parallel_2 = \sqrt{\left(\frac{C_{y_j-F_{iy}}}{C_{y_i-F_{iy}}}\right)^2 + \left(\frac{C_{z_j-M_{iy}}}{C_{z_i-M_{iy}}}\right)^2} \tag{2.9}$$

很显然,相对转动误差取值越小,柔性铰链的转动精度越高。

2.2.3　几种柔性铰链的性能比较

柔性铰链结构繁多,大致可分为两种类型:簧片式柔性铰链和缺口式柔性铰链[45],如图 2.18 所示。簧片式柔性铰链主要适合制作移动或单轴转动铰链,结构设计较复杂,不利于力学分析。缺口式柔性铰链分为单向、双向和全向缺口式柔性铰链,分别对应单轴、双轴和多轴转动。为实现微动机器人六自由度运动,要求柔性铰链可以实现绕三个正交轴的转动,所以本节采用全向缺口式柔性铰

链。全向缺口式柔性铰链依照缺口剖面几何形状的不同,又分为 V 型、直角型、圆型及环型等。

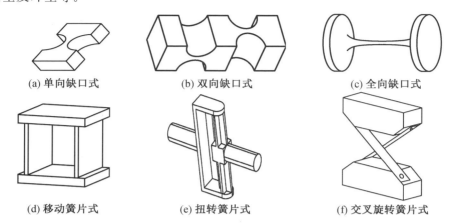

(a) 单向缺口式   (b) 双向缺口式   (c) 全向缺口式

(d) 移动簧片式   (e) 扭转簧片式   (f) 交叉旋转簧片式

图 2.18   柔性铰链的基本类型

柔性铰链的截面形式包括很多种,本章主要针对五种典型类型:V 型(V)、双曲线型(H)、抛物线型(P)、椭圆型(E)、圆角直梁型(CF) 柔性铰链进行论述,五种典型柔性铰链的轴向载面形状综合图如图 2.19 所示。可以发现,不同截面形状的柔性铰链对应的切削量也不同。每种类型铰链的径向长度表达式 $t(x)$ 都可以由三个变量 l、d、a 所表示,其中铰链的轴向长度为 l,径向最小长度为 d,径向最大长度为 a。坐标系建立在自由端处,右端为固定端。

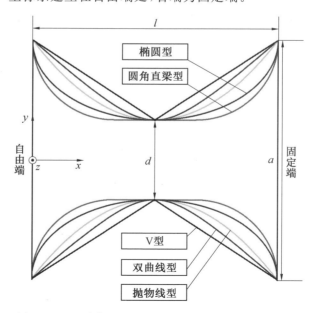

图 2.19   五种典型柔性铰链的轴向截面形状综合图

为了简化求解过程,对表达式 $t(x)$ 进行量纲为一化处理,其中量纲为一的量可定义为 $T(X)=t(x)/d$,$X=x/l$,$\beta=a/d$,$\gamma=l/d$。经过简化处理后,五种铰链的 $T(X)$ 可表示为

$$T(X)_{\mathrm{V}}=1+(\beta-1)|1-2X| \quad (X\in[0,1]) \tag{2.10}$$

$$T(X)_{\mathrm{H}}=\sqrt{1+(\beta^2-1)(1-2X)^2} \quad (X\in[0,1]) \tag{2.11}$$

$$T(X)_{\mathrm{P}}=1+(\beta-1)(1-2X)^2 \quad (X\in[0,1]) \tag{2.12}$$

$$T(X)_{\mathrm{E}}=\beta-(\beta-1)\sqrt{1-(1-2X)^2} \quad (X\in[0,1]) \tag{2.13}$$

$$T(X)_{\mathrm{CF}}=\begin{cases} \beta-2\sqrt{\gamma X(\beta-1-\gamma X)} & (X\in[0,(\beta-1)/2\gamma)) \\ 1 & (X\in[(\beta-1)/2\gamma,1-(\beta-1)/2\gamma)) \\ \beta-2\sqrt{\gamma(1-X)[\beta-1-\gamma(1-X)]} & (X\in[1-(\beta-1)/2\gamma,1]) \end{cases}$$
$$\tag{2.14}$$

根据上述定义,由式(2.4)、式(2.6)~(2.9)可求得三个评价指标的具体表达式为

$$\theta=\frac{64}{\pi E}\cdot\frac{\gamma}{d^3}M_3 \tag{2.15}$$

$$\rho=\frac{\alpha E}{G}+16\gamma^2\cdot\frac{M_2}{M_4} \tag{2.16}$$

$$\bar{\sigma}=\sqrt{\left(\frac{16G\gamma^2(2N_2-N_1)+\alpha EM_4}{32G\gamma^2 M_2+2\alpha EM_4}\right)^2+\left(\frac{4N_1-M_3}{4M_1}\right)^2} \tag{2.17}$$

式中　$M_1=\int_0^1\frac{X}{T(X)^4}\mathrm{d}X$,$M_2=\int_0^1\frac{X^2}{T(X)^4}\mathrm{d}X$,$M_3=\int_0^1\frac{1}{T(X)^4}\mathrm{d}X$,

$M_4=\int_0^1\frac{1}{T(X)^2}\mathrm{d}X$,$N_1=\int_{1/2}^1\frac{X}{T(X)^4}\mathrm{d}X$,$N_2=\int_{1/2}^1\frac{X^2}{T(X)^4}\mathrm{d}X$。

由式(2.15)~(2.17)可知,三个评价指标是变量 d、β、γ 所组成的函数,而变量 d 仅对转动能力 θ 有影响,式(2.15)表明 d 越小,θ 越大,即转动能力越好。但考虑到柔性铰链受实际加工能力、铰链集中应力及疲劳等条件的限制,d 设定为其所能达到的最小值 1 mm。如此,三个评价指标都是量纲为一的 β 和 γ 的函数。

图 2.20 和图 2.21 所示分别为 γ 取定值 3,β 变化范围为 [2,4],以及 β 取定值 2,γ 变化范围为 [1,2] 下,五种典型柔性铰链的三个评价指标的变化曲线图。评价指标 θ 和 ρ 的变化趋势一致,随着 β 的增大,θ 和 ρ 值变小;而随着 γ 的增大,θ 和 ρ 值变大。五种典型柔性铰链按照取值大小排序一致,即圆角直梁型大于椭圆型大于抛物线型大于双曲线型大于 V 型,表明切削程度越大,θ 和 ρ 所能达到的值越大。

指标 $\bar{\sigma}$ 变化情况较复杂,随着 β 的增大,$\bar{\sigma}$ 值变小,且变化速度趋缓。从图

2.21 可以看出,对于 V 型、双曲线型、抛物线型和椭圆型柔性铰链,$\bar{\sigma}$ 随 γ 的增大而减小,圆角直梁型柔性铰链随 γ 的增大,$\bar{\sigma}$ 先减小后增大。

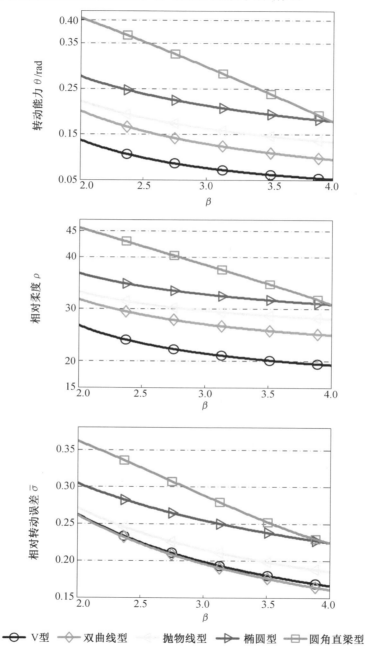

图 2.20　$\gamma = 3, \beta \in [2,4]$ 时五种典型柔性铰链的三个评价指标的变化曲线图

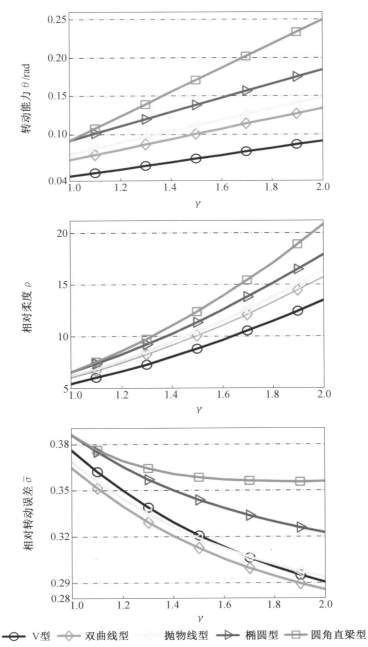

图 2.21　$\beta = 2, \gamma \in [1,2]$ 时五种典型柔性铰链的三个评价指标的变化曲线图

从上述分析可以看出,柔性铰链的评价指标(转动能力 θ、相对柔度 ρ 和相对转动误差 $\bar{\sigma}$)是相互矛盾的。本节从加工的难易程度以及铰链行程的要求考虑,故而以指标 θ 和 ρ 作为主要的评价,所以本节选择截面形状为圆角直梁型的柔性铰链,下面将专门对圆角直梁型柔性铰链进行考虑,从而权衡这三个指标,以设计出更好的柔性铰链。

2.2.4　圆角直梁型柔性铰链的尺寸优化

通过 2.2.3 节对比 V 型、双曲线型、抛物线型、椭圆型及圆角直梁型柔性铰链,在特定尺寸相同的前提下,圆角直梁型柔性铰链具有更好的性能。本节以圆角直梁型柔性铰链为基础,同时考虑加工误差带来的影响,给出一种新型圆角直梁型柔性铰链,其纵向截面形状如图 2.22 所示。

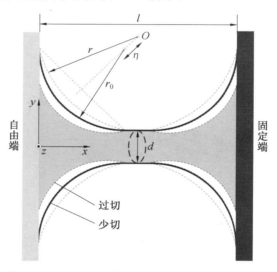

图 2.22　新型圆角直梁型柔性铰链纵向截面形状

由图 2.22 可以看出,决定截面形状的变量有四个,分别为中间薄弱厚度 d、总跨距 l、标准圆半径 r_0 和圆心 O 沿着中垂线移动距离 η,设定切削参数 $\eta = r/r_0$,当 $\eta = 1$ 时,加工无误差,为圆角直梁型柔性铰链;当 $\eta > 1$ 时,为少切情况;当 $\eta < 1$ 时,为过切情况。

定义 O 点坐标为 (x_0, y_0),在区间 $[0, r_0]$ 内,截面曲线上的任一点 (x, y) 满足以下方程:

$$
\begin{cases}
(x_0 - x)^2 + (y_0 - y)^2 = r^2 \\
(x_0 - r_0)^2 + (y_0 - d/2)^2 = r^2 \\
y_0 = x_0 + d/2
\end{cases}
\tag{2.18}
$$

由式(2.18),可以求出区间$[0,r_0]$内截面曲线的表达式为

$$y = x_0 + \frac{d}{2} - \sqrt{\eta^2 r_0^2 - (x_0 - x)^2} \qquad (2.19)$$

铰链径向长度是第一象限内截面曲线表达式的两倍,在区间$[l-r_0,l]$的求解过程与上述相同,则铰链径向长度表达式可以表示为

$$t(x) = \begin{cases} 2x_0 + d - 2\sqrt{\eta^2 r_0^2 - (x_0 - x)^2} & (x \in [0, r_0]) \\ d & (x \in (r_0, l-r_0)) \\ 2x_0 + d - 2\sqrt{\eta^2 r_0^2 - (l - x_0 - x)^2} & (x \in [l-r_0, l]) \end{cases}$$

$$(2.20)$$

式中　$x_0 = \dfrac{1 + \sqrt{2\eta^2 - 1}}{2} \cdot r_0$。

将式(2.20)代入式(2.15)~(2.17)中,可以得到关于变量d、r_0、l和η的三个评价指标的表达式,下面具体讨论各个变量对指标的影响。当$l=3$ mm和$\eta=1$时,变量d和r_0对新型圆角直梁型柔性铰链三个评价指标的影响如图2.23所示。d对评价指标θ和ρ影响明显,随着d值的减小,θ和ρ增加得越来越快,且d值的减小也会降低指标$\bar{\sigma}$的值,所以d取值越小越好。在d和l取定值时,r_0的增大会导致θ和ρ值减少,但是变化不敏感,而r_0的增大会明显降低指标$\bar{\sigma}$的值,当r_0取值为$l/2$时,可以使得相对转动误差达到最小值。显然通过以上对比分析可知,d越小,r_0越大,柔性铰链对应的性能越好。然而考虑到应力集中、疲劳以及加工能力的限制,给定目前所能达到的d的最小值为1 mm和r_0的最大值为1 mm。

当$d=1$ mm和$r_0=1$ mm时,变量l和η对新型圆角直梁型柔性铰链三个评价指标的影响如图2.24所示。评价指标θ和ρ变化趋势一致,随着l的增加和η的减小,θ和ρ的取值都会增大,并且在$\eta<1$(过切)的情况下,变化最剧烈。此外,η对于指标$\bar{\sigma}$的影响比较明显,即η越大,相对转动误差取值越小。而l对$\bar{\sigma}$的影响相对复杂:随着l的增大,在$\eta<1$(过切)的范围内,$\bar{\sigma}$持续增大;在$\eta \geqslant 1$(少切)的范围内,$\bar{\sigma}$先减小后增大。所以在少切的状态下,通过选取合适的l值,可以有效地降低相对转动误差。

上述讨论可以得出以下结论:通过权衡理论分析和实际应用情况,选择较小的d、较大的r_0、合适的l(略微大于$2r_0$)和$\eta \in [1,1.1]$(少切),可以增大转动范围和相对柔度,同时还可以保证能够达到较小的相对转动误差。

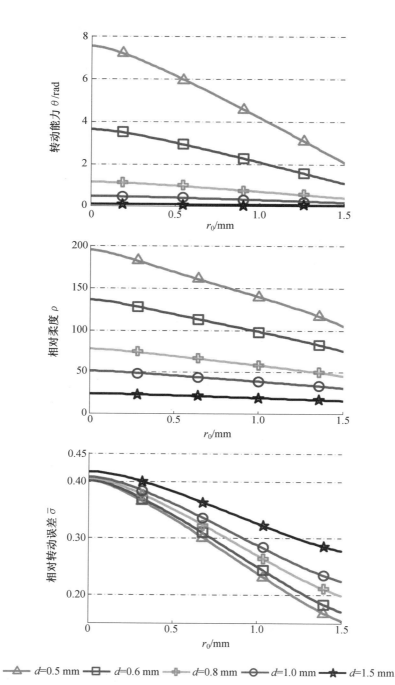

图 2.23　变量 d 和 r_0 对新型圆角直梁型柔性铰链三个评价指标的影响($l = 3$ mm，$\eta = 1$)

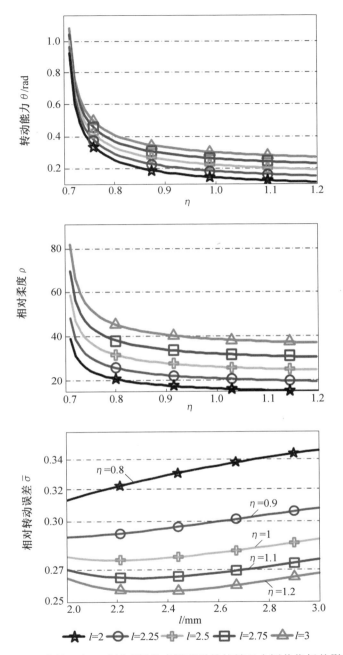

图 2.24　变量 l 和 η 对新型圆角直梁型柔性铰链三个评价指标的影响

（$d = 1$ mm 和 $r_0 = 1$ mm）

2.2.5　圆角直梁型柔性铰链的仿真与实验验证

根据 2.2.4 节的设计和分析，选取合适的不同尺寸组合：$r_0 = 1$ mm，$d = 1$ mm，$l = [0,0.5,1]$ mm，$\eta = [0.8,1,1.2]$。采用有限元分析(Finite Element Method，FEM)方法，利用有限元分析软件对上述力学模型即柔度矩阵模型(FMM)进行验证。为保证仿真分析的准确性，先对面采用映射网格划分，通过旋转网格即可获得网格划分体，图 2.25 所示为过切圆角直梁型柔性铰链的面网格和体网格划分图。

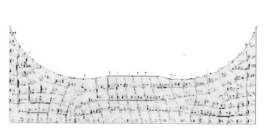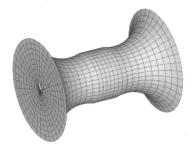

图 2.25　过切圆角直梁型柔性铰链的面网格和体网格划分图

在节点 i 施加单位力 / 力矩，对应方向的位移 / 转角大小与相应的柔度值是相同的，从而求出节点 i、j 的柔度矩阵，并利用式(2.7)～(2.9)求出不同组合尺寸的三个评价指标值，最终的 FMM 和 FEM 方法求解结果对比如表 2.1 所示，结果显示最大相对误差优于 4%，有限元分析结果与力学模型分析结果吻合良好。

表 2.1　FMM 和 FEM 方法求解结果对比

$r_0 = 1$ mm $d = 1$ mm		转动能力 θ /($\times 10^{-1}$ rad)			相对柔度 ρ/($\times 10$)			相对转动误差 $\bar{\sigma}$		
l/mm	η	FMM	FEM	误差/%	FMM	FEM	误差/%	FMM	FEM	误差/%
	0.8	2.513	2.558	1.76	2.059	2.139	3.74	0.313	0.309	1.29
2	1.0	1.417	1.398	1.36	1.614	1.574	2.54	0.278	0.268	3.73
	1.2	1.119	1.117	3.03	1.472	1.446	1.80	0.255	0.250	2.00
	0.8	3.296	3.308	0.36	3.168	3.125	1.38	0.332	0.331	0.30
2.5	1.0	2.201	2.218	0.77	2.608	2.566	1.64	0.279	0.276	1.09
	1.2	1.902	1.971	3.50	2.452	2.394	2.42	0.258	0.249	3.61
	0.8	4.080	4.169	2.13	4.549	4.421	2.89	0.344	0.345	0.29
3	1.0	2.984	3.049	2.13	3.857	3.808	1.29	0.289	0.289	0.00
	1.2	2.686	2.785	3.55	3.677	3.621	1.55	0.268	0.267	0.37

考虑到柔性铰链的加工相对困难,且实验过程烦琐,实验中采用容易获取和加工的硬铝作为柔性铰链的材料,一共做了三种尺寸组合的柔性铰链样本,如图2.26 所示。前两种铰链用来对比 l 对铰链性能的影响,后两种铰链用来对比 r_0 对铰链性能的影响。铰链性能实验(Experiment,EXP)采用德国"$\mu - \varepsilon$"公司生产的,型号为 capaNCDT 6500 的电容测微仪,其测量范围为 200 μm,分辨率可以达到 0.6 nm。电容测微仪可以测量自由端处的位移,而自由端的转角可以通过位移与跨距的比值获得,考虑到 j 节点处测量困难,所以本节只对性能指标 θ 和 ρ 进行实验验证。圆角直梁型柔性铰链性能实验如图 2.27 所示。

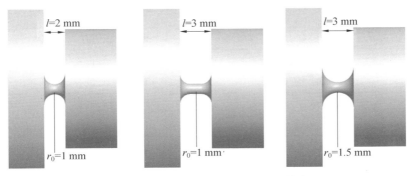

图 2.26 3 种尺寸组合的柔性铰链样本

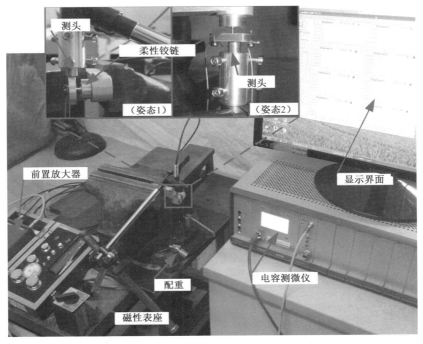

图 2.27 圆角直梁型柔性铰链性能实验

在采用 MATLAB 软件计算铰链力学模型时,使用的材料弹性模量为 $E = 71.7 \times 10^9$ Pa,泊松比为 $\nu = 0.33$。而有限元分析方法的求解过程与上述过程相同。本节采用的力学模型(FMM)方法、有限元分析(FEM)方法及实验(EXP)方法求解结果对比如表 2.2 所示。对比结果显示最大相对误差优于 5%。实验结果验证了该分析方法的准确性,其可以广泛地应用于柔性铰链的理论分析与应用中。

表 2.2　FMM、FEM 和 EXP 方法求解结果对比

$d = 1$ mm $\eta = 1$		转动能力 θ /($\times 10^{-1}$ rad)		误差/%	相对柔度 ρ /($\times 10$)		误差/%
r_0/mm	l/mm	两种验证方法	FMM		两种验证方法	FMM	
1	2	FEM 2.536	2.570	1.34	FEM 1.632	1.613	1.17
		EXP 2.631		2.37	EXP 1.681		4.25
1	3	FEM 5.515	5.411	1.93	FEM 3.800	3.855	1.43
		EXP 5.649		4.39	EXP 3.995		3.64
1.5	3	FEM 3.199	3.237	1.17	FEM 3.057	3.083	0.86
		EXP 3.351		3.52	EXP 2.954		4.17

考虑到柔性铰链加工困难,本节采用的样本数仅为三个。为了分析比对有限元分析方法与实验方法得到的误差值是否有差别,需要通过比对采用这两种方法的样本得到的误差值均数有无差别,本节采用 t 检验方法,以下是 t 检验的步骤。

(1)建立检验假设,确定检验水准。

①$H_0 : \mu_1 = \mu_2$,即假设两个总体平均值之间没有显著差异。

②$H_1 : \mu_1 \neq \mu_2$,即假设两个总体平均值之间有显著差异。

③$\alpha = 0.05$。

(2)计算检验统计量,统计量 t 值的计算公式为

$$S_{\bar{X}_1 - \bar{X}_2} = \sqrt{\frac{(n_1 - 1)S_1^2 + (n_2 - 1)S_2^2}{n_1 + n_2 - 2}\left(\frac{1}{n_1} + \frac{1}{n_2}\right)} \quad (2.21)$$

$$t = \frac{\bar{X}_1 - \bar{X}_2}{S_{\bar{X}_1 - \bar{X}_2}} \quad (2.22)$$

根据式(2.21)、式(2.22),可以得出 $t = 4.492$,自由度 $v = 28$,查 t 检验临界值表可以查出,$t \geq t_{0.05/2.28} = 2.048$,拒绝 H_0,有统计学差异。所以,用实验方法验证和用有限元分析方法验证,还是有一定区别的。总体来讲,实验方法验证更为准确,根据实验的最终效果可以得出,本节建立的力学模型的误差在 5% 以内。

2.2.6　结语

本节内容主要进行了柔性铰链的结构设计与性能分析。首先介绍了基于卡氏第二定理的铰链力学模型,求出了铰链自由端和转动中心的柔度矩阵,并通过对独立的柔度进行合理的组合,提出三个柔性铰链性能的评价指标。然后针对五种典型的柔性铰链,对比分析得出圆角直梁型柔性铰链具有更好的性能。接着以圆角直梁型柔性铰链为基础,考虑加工误差变量带来的影响,对圆角直梁型柔性铰链的尺寸进行优化综合,从而得出使得三个评价指标均达到优值时铰链尺寸的设计情况。本节最后先采用有限元分析方法对多种不同尺寸的柔性铰链进行了验证,还对三个柔性铰链样本进行了具体的实验方法验证,结果验证了本节建立的力学模型的准确性。

2.3　并联指向机构的参数优化与性能分析

为了更好地设计出高精度指向机构,本节首先构建了并联机构的基本形式,然后建立机构简化的逆运动学,并确定需要优化的设计变量,之后采用遗传算法以机构的运动范围和分辨率为优化目标进行优化,并给出最终的优化结果。最后根据最终设计的并联指向机构进行性能分析,包括工作空间、机构的刚度、最大负载及模态。

2.3.1　并联指向机构的结构设计

并联机器人在每条链的运动输入下,可方便提供多姿态的运动形式,并且它提供的运动精度高,输入与输出距离短,所以响应很快,此外可以提供很大的承载能力,所以并联机器人更适合作为精密指向机构的基本构建形式;另外,并联机构的运动范围相对较小,这是并联机构的劣势,但是在精密指向系统中,运动范围要求本来就不是很大,这恰恰规避了并联机构应用的劣势。

并联机构上下平台的形状一般呈圆形或对称六边形。在六自由度并联机构中,一般分为六条支链,每条支链由三个运动副组成,其中包括一个单自由度的转动副或移动副、一个三自由度的球铰和一个两自由度的虎克铰或三自由度的球铰组成。目前常见的典型并联机构如图 2.28 所示,分别为 6－SPS 机构、6－RSS 机构及 6－PSS 机构,此外还有许多其他并联机构形式。6－SPS 机构又称为 Stewart 平台,由中间驱动杆作为移动副输入运动,上下相连的球铰作为被动副,从而引起运动平台的运动。6－RSS 机构运动输入是与机架相连的转动副,其余球铰为被动副,与运动平台相连的杆件的自身转动为局部自由度。6－PSS

机构的输入为与机架相连的移动副,不同的设计形状会有特定的工作性能。

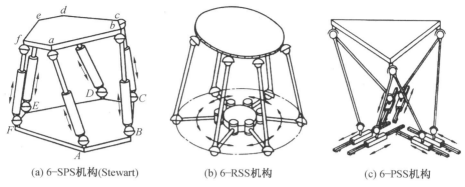

(a) 6-SPS机构(Stewart)   (b) 6-RSS机构   (c) 6-PSS机构

图 2.28 典型并联机构

Stewart 并联机器人具有普通并联机构的优点,如刚度大、结构稳定、承载能力强、误差小及精度高的特点,可实现空间三维平动和三维转动的六自由度机构。其还具有独特的优势:研究时间早,相关理论比较系统;驱动装置作为机构中的支撑部分,使得机械结构简单、紧凑;通过输入电压控制六个压电陶瓷驱动器的伸长,从而实现上平台的目标位姿,控制方式简单;制造成本和加工难度低。故本节采用基于 Stewart 平台的并联指向机构。

尽管有学者为了提高指向机构的性能做了大量的工作,但如何提高机构的重复转动精度、角位移及角分辨率,对定位技术仍然是一个重要的问题,而对精密工程更是一个很大的挑战。为了方便系统的设计,本章在此对机构三个重要的性能给定了其要求达到的目标,分别为重复转动精度达到 1 μrad,角位移达到 ±100 μrad 和角分辨率达到 0.1 μrad。

通过系统的研究设计精密机电系统,包括结构形式、活动关节、驱动方式和传感系统。由于并联机构具有高精度、高刚度、高承载能力和良好的动态性能,尽管工作空间小,但远远满足本节对运动范围的要求。所以本节的精密指向机器人采用标准的 6-SPS 并联结构形式,底部为固定平台,通过六条支链实现并联运动的输入,使得运动平台产生相应位姿的变化。每条支链中驱动杆的两端分别为两个球铰,中间是一个移动副。

驱动单元的分辨率、精度及稳定性直接决定了系统的性能,由于压电陶瓷驱动器具有位移控制精度高、响应快、结构紧凑、体积小、驱动力大、驱动功率低、刚度大、控制方便和工作频率宽等优点,其分辨率可达纳米级,所以本节中六路驱动采用压电陶瓷作为驱动器,在其内部封装位移驱动传感器,用来反馈陶瓷的实际驱动位移,从而实现闭环驱动控制,同时封装后的杆件可作为支撑结构,实现了驱动、机构、检测一体化集成。

两端的球铰是采用柔性铰链实现的,采用柔性铰链作为被动关节代替传统的刚性运动副,转动通过材料变形实现,不会产生摩擦和回程间隙,可以实现高精度的运动。

　　综合上述各种情况,本节设计的高精密并联指向机构的三维模型如图 2.29 所示。移动副是通过封装在六条驱动杆内部的压电陶瓷驱动器驱动实现的,每条运动支链中,连接驱动杆和运动/固定平台的柔性铰链可以提供三个轴的转动,所以在该机构中,六个驱动杆的运动引起柔性铰链的变形转动,从而实现末端动平台的位姿变化。该机构作为一个典型的柔性系统,其系统运动不存在摩擦和间隙。

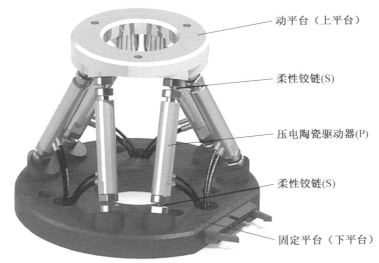

　　　　　　　　　　　　　　　　　　　　　　　　动平台（上平台）

　　　　　　　　　　　　　　　　　　　　　　　　柔性铰链(S)

　　　　　　　　　　　　　　　　　　　　　　　　压电陶瓷驱动器(P)

　　　　　　　　　　　　　　　　　　　　　　　　柔性铰链(S)

　　　　　　　　　　　　　　　　　　　　　　　　固定平台（下平台）

图 2.29　并联指向机构的三维模型

通过空间自由度的计算公式可知,本机构末端的自由度为 6,则

$$M = 6(n - s - 1) + \sum_{i=1}^{s} k_i \tag{2.23}$$

式中　　n——构件的个数;

　　　　s——结构含有的所有运动副的个数;

　　　　k_i——相应转动副/移动副所能实现的自由度个数;

　　　　M——并联指向机构能实现的自由度个数。

2.3.2　并联机构运动学模型的建立

　　运动学分析是研究任何一个并联机构的基础,它关系到机构的设计、工作空间的计算、系统的控制等。根据 2.2 节对柔性铰链的分析,在运动学分析时,本节可以假定柔性铰链的转动中心保持在其几何中心不变,忽略轴漂现象,此时柔性铰链可以等效为刚性球铰,系统则等效为一般的刚性并联机构,从而可以建立该机构的逆运动学模型,即在已知运动平台位置和姿态后,求解六条驱动杆的驱动位移。

并联机构初始状态时上铰链 $P_i(i=1,2,\cdots,6)$ 和下铰链 $B_i(i=1,2,\cdots,6)$ 分别在同一平面内。首先建立系统的坐标系,在上平台和下平台分别建立全局坐标系 $O_1 - xyz$ 和局部坐标系 $O_2 - uvw$。

定义铰链 B_i 和 P_i 分别相对于全局坐标系 $O_1 - xyz$ 和局部坐标系 $O_2 - uvw$ 的坐标向量为 $\boldsymbol{O_1 B_i} = (Bx_i, By_i, 0)$ 和 $\boldsymbol{O_2 P_i} = (Pu_i, Pv_i, 0)$,其坐标满足

$$\begin{cases} Bx_i = R \cdot \cos \psi_1(i) \\ By_i = R \cdot \sin \psi_1(i) \end{cases} \tag{2.24}$$

式中 $\psi_1(i)$——全局坐标系中第 i 个支链的支点 B_i 和全局坐标系 x 轴的夹角,$\psi_1(i) = (2i-1)(\varphi + \alpha)/4 - (-1)^i (\varphi - \alpha)/4$。

$$\begin{cases} Pu_i = r \cdot \cos \psi_2(i) \\ Pv_i = r \cdot \sin \psi_2(i) \end{cases} \tag{2.25}$$

式中 $\psi_2(i)$——全局坐标系中第 i 个支链的支点 P_i 和局部坐标系 x 轴的夹角,$\psi_2(i) = (2i-1)(\alpha + \varphi)/4 - (-1)^i (\alpha - \varphi)/4$。

B_i 和 P_i 坐标的取值是由上下平台的半径 r、R 以及相邻上下柔性铰链的几何中心到圆心直线间的夹角 α 和 φ 所决定的。在设计过程中,为了机构的对称性及设计的方便性,α 和 φ 之间满足以下关系:

$$\alpha + \varphi = 120° \tag{2.26}$$

每条支链中杆件在初始状态时的长度相同,值均为 l,根据几何关系,可以求出初始状态下 O_2 在全局坐标系下的位置向量为

$$\boldsymbol{O_2} = (0, 0, \sqrt{l^2 - (Pu_i - Bx_i)^2 - (Pv_i - By_i)^2}) \tag{2.27}$$

上平台进行位姿变化后,局部坐标系 $O_2 - uvw$ 相对于全局坐标系 $O_1 - xyz$ 的坐标变换矩阵为

$$\begin{aligned} {}^{O_1}\boldsymbol{T}_{O_2} &= \boldsymbol{\mathrm{Trans}}(x_0, y_0, z_0)\boldsymbol{\mathrm{Rot}}(z, \varphi_3)\boldsymbol{\mathrm{Rot}}(y, \varphi_2)\boldsymbol{\mathrm{Rot}}(x, \varphi_1) \\ &= \begin{bmatrix} c\varphi_2 c\varphi_3 & s\varphi_1 s\varphi_2 c\varphi_3 - c\varphi_1 s\varphi_3 & c\varphi_1 s\varphi_2 c\varphi_3 + s\varphi_1 s\varphi_3 & x_0 \\ c\varphi_2 s\varphi_3 & s\varphi_1 s\varphi_2 s\varphi_3 + c\varphi_1 c\varphi_3 & c\varphi_1 s\varphi_2 s\varphi_3 - s\varphi_1 c\varphi_3 & y_0 \\ -s\varphi_2 & s\varphi_1 c\varphi_2 & c\varphi_1 c\varphi_2 & z_0 \\ 0 & 0 & 0 & 1 \end{bmatrix} \end{aligned} \tag{2.28}$$

式中 $\varphi_1, \varphi_2, \varphi_3$——动坐标系和静坐标系之间的变换矩阵表示角;

c——cos;

s——sin。

姿态变换后,P_i 在全局坐标系中的位置向量可以表示为

$$^{O_1}\boldsymbol{P}_i = (Px_i, Py_i, Pz_i) = \boldsymbol{O_2} + {}^{O_1}\boldsymbol{T}_{O_2} \cdot {}^{O_2}\boldsymbol{P}_i \tag{2.29}$$

此时第 i 条支链中的驱动杆长为 L_i，即姿态变化后 P_i 与 B_i 之间的距离为

$$L_i = \sqrt{(Px_i - Bx_i)^2 + (Py_i - By_i)^2 + {Pz_i}^2} \tag{2.30}$$

最终六条支链的压电陶瓷驱动器的驱动位移也可以求出，即

$$S_i = L_i - l \quad (i = 1, 2, \cdots, 6) \tag{2.31}$$

由建立的逆运动学模型可以看出，变量 r、R、α、l 决定运动学的求解。为了设计出性能更好的并联机构，需要对这四个变量进行参数优化。

2.3.3　并联指向机构的参数优化

并联指向机构的参数优化，主要研究以工作空间、运动分辨率等为优化目标的尺度优化问题。以并联指向机构构型综合为基础，在能保证实现指向的前提下，参数优化则以并联指向机构的几何尺寸作为优化参数，保证系统的若干性能指标均能达到最佳的区域。图 2.30 所示为并联指向机构坐标系的定义及设计变量。

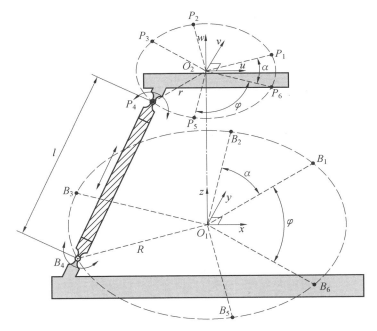

图 2.30　并联指向机构坐标系的定义及设计变量

1. 优化问题的定义

（1）优化变量。

根据 2.3.2 节对并联指向机构的运动学分析，机构完全由四个设计变量所决定，分别为 r、R、α、l。为了能够获得最优的机构，需要对该四个设计变量进行多

目标优化设计。

（2）优化目标。

并联指向机构的工作空间和运动分辨率是评价设计机构优劣的两个重要指标。考虑到该优化为多目标优化，需要将目标量进行量纲为一化处理。本节研究的并联指向机构主要实现转动功能，工作空间可以通过并联指向机构运动平台绕 x、y、z 轴的最大转动角位移来等效，能实现的转动范围越广，机构的工作空间越大，且本节期望机构所能达到的角位移为 0.1 mrad，所以将平台绕 x、y、z 轴的角位移 φ_x，φ_y，φ_z（单位：mrad）与 0.1 的比值取反作为优化目标，该值越小越好，则

$$O_1 = -\varphi_x/0.1 \tag{2.32}$$

$$O_2 = -\varphi_y/0.1 \tag{2.33}$$

$$O_3 = -\varphi_z/0.1 \tag{2.34}$$

考虑到本节研究的是并联指向机构的转动，运动分辨率可以用机构所能实现的角分辨率来等效。由于本节期望机构能达到 0.1 μrad 的角分辨率，为了方便优化目标的定义，需要定义方便表达的变量。由于运动平台在实现绕 x、y、z 轴方向的 0.1 μrad 转动的情况下，六个驱动杆会有相应的驱动量，如果所需的驱动量越大（远远大于压电陶瓷驱动器的最小驱动位移，则说明该机构越容易实现 0.1 μrad）则对应的机构所能达到的角分辨率越高，考虑到压电陶瓷驱动器驱动的最小位移为 0.4 nm，所以运动分辨率对应的优化目标可以定义为当运动平台实现绕 x、y、z 轴 0.1 μrad 转动时，对应的六个陶瓷驱动位移变化（单位：nm）的标准差与 0.4 nm 的比值取反作为优化目标，该值越小越好。定义实现绕 x 轴最小分辨率时六个陶瓷驱动量分别为 $\Delta S_{ix}(i=1,\cdots,6)$，实现绕 y 轴最小分辨率时六个陶瓷驱动量分别为 $\Delta S_{iy}(i=1,\cdots,6)$，实现绕 z 轴最小分辨率时六个陶瓷驱动量分别为 $\Delta S_{iz}(i=1,\cdots,6)$，则

$$O_4 = -\sqrt{(\Delta S_{1x}{}^2 + \Delta S_{2x}{}^2 + \Delta S_{3x}{}^2 + \Delta S_{4x}{}^2 + \Delta S_{5x}{}^2 + \Delta S_{6x}{}^2)/6}/0.4 \tag{2.35}$$

$$O_5 = -\sqrt{(\Delta S_{1y}{}^2 + \Delta S_{2y}{}^2 + \Delta S_{3y}{}^2 + \Delta S_{4y}{}^2 + \Delta S_{5y}{}^2 + \Delta S_{6y}{}^2)/6}/0.4 \tag{2.36}$$

$$O_6 = -\sqrt{(\Delta S_{1z}{}^2 + \Delta S_{2z}{}^2 + \Delta S_{3z}{}^2 + \Delta S_{4z}{}^2 + \Delta S_{5z}{}^2 + \Delta S_{6z}{}^2)/6}/0.4 \tag{2.37}$$

所以，优化目标向量可表示为

$$\boldsymbol{O} = (O_1, O_2, O_3, O_4, O_5, O_6)^{\mathrm{T}}$$

值得一提的是，角位移和角分辨率都是在六个压电陶瓷驱动器都伸长其运

动行程一半,即 20 μm 处时,动平台所在的位置下所能实现的最大角位移和最小角分辨率。

（3）约束条件。

通过上述分析可知,并联机构运动的约束主要是驱动元件自身所能达到的性能以及被动关节所能实现的运动。驱动元件也就是本节采用的压电陶瓷驱动器,它对运动的约束包括自身的驱动范围和最小驱动位移。而被动关节即为本节采用的柔性铰链,通过有限元分析,可以得出对应尺寸下柔性铰链达到最大应力（即材料的屈服强度）时对应的极限转角。所以约束条件定义为

$$\begin{cases} 0.4\ \text{nm} < S_i < 40\ \text{nm} \\ \theta_i < 0.1\ \text{mrad} \end{cases} \tag{2.38}$$

2. 优化问题的求解

对于多目标优化问题,总是期望尽可能多地求得同时满足多个优化目标的优化解,将这些解称为 Pareto（帕累托）最优解或非支配解。其最优解并不是唯一的,需要根据实际的要求建立权函数,从而选出满足自身要求的最优解。

优化算法种类很多,如目标权值法、最小最大法、距离函数法等。这些方法本质上不能完成多目标优化,它是通过组合不同的优化目标,根据设计的偏好设定权值,从而转化为单目标优化问题,不同目标函数对整体优化的影响可以通过修改权值在优化过程中体现。这些方法在不同的权值下,可能得到的优化解有很大的区别,其不能够完全体现所有优化解的分布情况。而遗传算法是一种基于种群自然选择和遗传进化机制的、多始点、多方向随机搜索的优化方法。遗传算法程序流程图如图 2.31 所示。它可以直接对研究对象进行改进,过程中不存在对函数求导或者连续性问题的限制;具有内在的隐并行性和良好的全局寻优能力;采用随机方法寻找最优值,它不需要清晰的法则,可以通过自动寻找的方向,来获取较好的寻优空间。

本节选用基于非支配排序遗传算法（Non-dominated Sorting Genetic Algorithms,NSGA－Ⅱ）对并联平台进行参数优化[47],在建立的优化模型中,以 r、R、α、l 为设计变量;以压电陶瓷的驱动范围、分辨率以及柔性铰链的极限转角等为约束条件;以机构所能达到的角位移和角分辨率为设计目标,并编程实现优化求解。

在遗传算法中,初始给定种群个数为 500,经过 50 代的选择、交叉及变异后,优胜劣汰得到最终优化后的种群。这些优化种群中,某些个体对应的一些优化目标可能更优一些,而某些个体对应的其他优化目标更好一些,但都在最优解的区域中。下面需要从优化种群中选出最优的一组解。

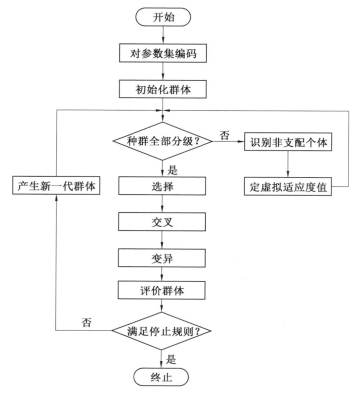

图 2.31　遗传算法程序流程图

3. 最优解的提取

针对遗传算法优化的解集,需要选出其中最优的解。本节通过综合六个优化目标,并考虑到不同工程环境下对目标要求的不同,建立一个可以评价解集优劣的权函数,即

$$\boldsymbol{P} = \boldsymbol{O}^{\mathrm{T}} \boldsymbol{K} \boldsymbol{O} \tag{2.39}$$

式中　$\boldsymbol{K}$——权值矩阵,该矩阵为对角矩阵,可表示为

$$\boldsymbol{K} = \mathrm{diag}(k_1, k_2, k_3, k_4, k_5, k_6)$$

考虑到本节已经对优化目标进行了量纲为一化处理,并且从设计角度出发,对六个优化目标的要求都是一致的,式(2.39)中的权值都相等,即 $k_1 = k_2 = k_3 = k_4 = k_5 = k_6 = 1$。

根据式(2.39),对通过遗传算法优化的种群中的所有优化解集进行遍历求解,并对比每组优解相应的权函数计算值,选出使得 P 达到最大的一组优解,即 $r = 29.871\,384$,$R = 60.148\,857$,$\alpha = 39.916\,229°$,$l = 80.340\,606$。为了计算方便,对该组优解圆整后,四个设计变量的最终取值为 $r=30$ mm,$R=60$ mm,$\alpha=40°$, $l=80$ mm。

最终机构的理论优化目标值如表 2.3 所示。最大角位移是在位置 $(0,0,22~\mu m)$ 处实现的。对于理论计算的结果,与本章开始提出的设计目标相比,都优于初始的设计值,显然设计的机构在理论上能够满足对角位移和角分辨率的要求。

表 2.3 最终机构的理论优化目标值

参数	θ_x/mrad	θ_y/mrad	θ_z/mrad
限制值	± 0.1	± 0.1	± 0.1
角位移	± 0.499	± 0.412	± 2.121
优化目标 $O_{1\sim3}$	-4.99	-4.12	-21.21
参数	ΔS_x/nm	ΔS_y/nm	ΔS_z/nm
限制值	0.4	0.4	0.4
驱动器 1	2.796	-3.732	-0.769
驱动器 2	4.630	-0.556	0.769
驱动器 3	1.834	4.287	-0.769
驱动器 4	-1.834	4.287	0.769
驱动器 5	-4.630	-0.556	-0.769
驱动器 6	-2.796	-3.732	0.769
标准差	3.297	3.297	0.769
优化目标 $O_{4\sim6}$	-8.243	-8.243	-1.923

2.3.4 并联指向机构的性能分析

并联指向机构的性能包括很多种,本节主要针对几种主要的性能(如工作空间、刚度、强度、模态)进行求解与分析,对理论设计的机构进行性能评估,并验证设计机构的可行性。其中工作空间是在本章建立的运动学模型的基础上求解的,而其余性能可根据有限元分析方法,在 ANASYS 分析软件中实现。

(1) 工作空间。

作为一个精密并联指向机构,考虑到其最大的弱点是工作空间小,所以其所能达到的工作空间是一个非常重要和最基本的性能,通过工作空间可以对提出的系统的运动能力进行初步评估[48]。

机器人学中,机器人的工作空间根据执行器参考点和位姿的情况,可分为灵活工作空间和定姿态工作空间。考虑到并联机器人结构布局的约束限制,使得末端动平台不能实现全方位的转动,因而对并联机器人工作空间分析时,主要是分析其定姿态工作空间,即在确定的姿态下,并联机器人动平台中心所能达到的所有点的集合。

为了使求解过程简洁化,在工作空间分析过程中,仅考虑压电陶瓷驱动的主动移动副和柔性铰链对应的被动转动副的运动范围。采用本章优化后的设计变量和建立的运动学模型,通过对空间按照一定的间隔进行逐点搜索,从而绘制出动平台在零姿态下所能达到的工作空间,图 2.32 所示为并联指向机构的零姿态工作空间。

可以看出,该指向机构的工作空间近似一个六面体,沿 z 方向的运动范围在原点处达到最大,且随着 x、y 方向位移的增大,z 方向的运动范围迅速减小。绘制的工作空间显示,设计的并联指向机构绕 x、y、z 轴方向的运动范围(μm)x 为 $[-58,58]$,y 为 $[-50,50]$,z 为 $[0,40]$,且可计算出工作空间的体积大致为 $1.3 \times 10^5 \ \mu m^3$。

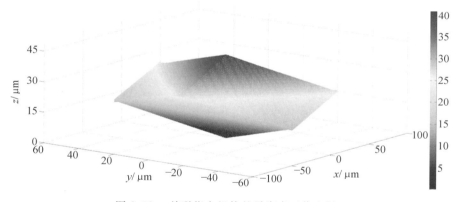

图 2.32 并联指向机构的零姿态工作空间

(2)刚度分析。

当有外力作用在动平台(上平台)时,会导致目标姿态产生微小的偏差,这个移动偏差或者转动偏差的大小直接由机构的刚度所决定。刚度对精密指向机构来讲,是一个非常重要的性能,所以需要进行并联指向机构的刚度模型分析。在分析过程中,忽略杆件内部组装压电陶瓷的影响,结构整体采用铍青铜材料,这样的简化处理有利于分析。

首先分析 x、y、z 方向的位移刚度。由于机构是对称形式的,所以 x、y 方向的位移刚度相同。在上平台受到 $F_x = 10 \ N$ 的侧向作用力下,并联指向机构沿着 x 方向的位移如图 2.33 所示,可知 x 方向的位移刚度为

$$k_{x-F_x} = \frac{F_x}{x} = \frac{10}{0.114 \times 10^{-4}} = 8.77 \times 10^5 (\text{N/m}) \tag{2.40}$$

在上平台受到 $F_z = 10\ \text{N}$ 的压力下,并联指向机构沿着 z 方向的位移如图 2.34 所示,可知 z 方向的位移刚度为

$$k_{z-F_z} = \frac{F_z}{z} = \frac{10}{0.788 \times 10^{-7}} = 1.27 \times 10^8 (\text{N/m}) \tag{2.41}$$

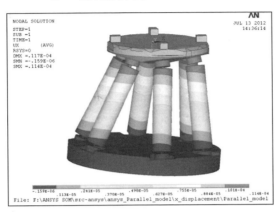

图 2.33　$F_x = 10\ \text{N}$ 下并联指向机构 x 方向的位移

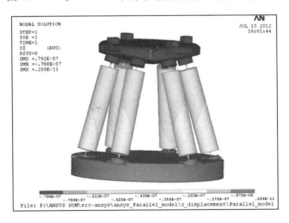

图 2.34　$F_z = 10\ \text{N}$ 下并联指向机构 z 方向的位移

然后分析 x、y、z 方向的转动刚度。由于机构是对称形式的,x、y 方向的转动刚度相同。在绕 x 轴的转矩 $M_x = 1\ \text{N·m}$ 下,并联指向机构沿着 y、z 方向的位移如图 2.35 所示,在 y 轴线上任取两点,可求出并联指向机构在 M_x 作用下,绕 x 轴方向的转角为

$$\theta_x = \arctan \frac{(Z_1 + UZ_1) - (Z_2 + UZ_2)}{(Y_1 + UY_1) - (Y_2 + UY_2)} \tag{2.42}$$

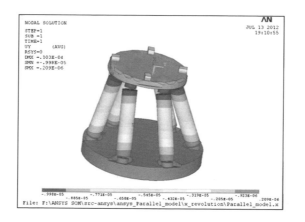

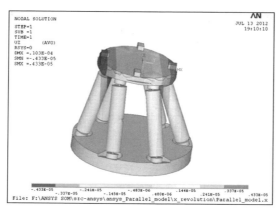

图 2.35　$M_x = 1\,\mathrm{N} \cdot \mathrm{m}$ 下并联指向机构 y、z 方向的位移

则可知 x 方向的转动刚度为

$$k_{\theta_x - M_x} = \frac{M_x}{\theta_x} = \frac{1}{1.066 \times 10^{-4}} = 9.38 \times 10^3 (\mathrm{N} \cdot \mathrm{m/rad}) \qquad (2.43)$$

同理，在绕 z 轴的转矩 $M_z = 1\,\mathrm{N} \cdot \mathrm{m}$ 下，并联指向机构沿着 x、y 方向的位移如图 2.36 所示，在 y 轴线上任取两点，可求出并联指向机构在 M_z 作用下，绕 z 轴方向的转角为

$$\theta_z = \arctan \frac{(X_1 + UX_1) - (X_2 + UX_2)}{(Y_1 + UY_1) - (Y_2 + UY_2)} \qquad (2.44)$$

则可知 z 方向的转动刚度为

$$k_{\theta_z - M_z} = \frac{M_z}{\theta_z} = \frac{1}{7.623\,5 \times 10^{-4}} = 1.31 \times 10^3 (\mathrm{N} \cdot \mathrm{m/rad}) \qquad (2.45)$$

根据分析结果可以看出，各个方向的刚度取值都很大，说明机构抵抗外力变形的能力强，所设计的机构刚性好，受外力影响小。

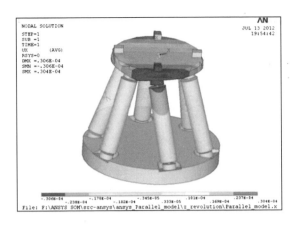

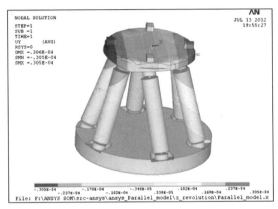

图 2.36　$M_z = 1\,\mathrm{N} \cdot \mathrm{m}$ 下并联指向机构 x、y 方向的位移

（3）强度分析。

柔性铰链是依靠降低截面厚度和薄弱部分的变形来达到大的变形，所以在薄弱处会产生比较高的应力集中，从而减小柔性铰链的疲劳寿命，所以并联指向机构最薄弱环节为柔性铰链。为了验证机构是否满足强度要求，需要给上平台施加要求其能达到的最大负载，以验证机构最薄弱环节能否满足材料性能的要求。

本节采用有限元分析了并联指向机构在最大负载 50 N 下整体系统所受到的最大应力，并判断是否满足材料的许用应力。$F_z = 50\,\mathrm{N}$ 下并联指向机构的应力分布如图 2.37 所示，可以得出最薄弱环节处的 Mises 等效应力为 $1.22 \times 10^7\,\mathrm{Pa}$，远小于铍青铜的屈服强度 $1.035 \times 10^9\,\mathrm{Pa}$，安全系数达到 80，所以设计的结构理论上满足最大负载 50 N 的要求。

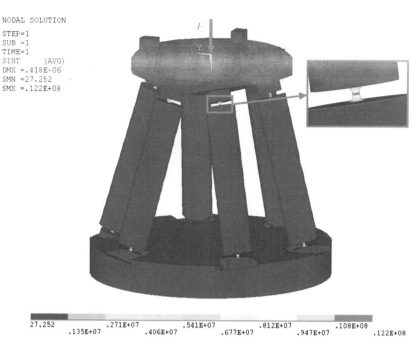

图 2.37　$F_z = 50\ \text{N}$ 下并联指向机构的应力分布

（4）模态分析。

模态分析用来研究机构的动态特性，每个机构都有自己的固有频率，如果固有频率与工作频率非常接近，会使机构产生共振，影响机构的工作性能，甚至损坏机构。机构可以具有多阶模态，在不同的固有频率下，机构会呈现不同的变形模态。

本节通过有限元分析，可得出机构前三阶固有频率分别为 $f_1 = 172.05\ \text{Hz}$，$f_2 = 172.45\ \text{Hz}$，$f_3 = 250.81\ \text{Hz}$，并联指向机构的前三阶模态如图 2.38 所示，一阶模态和二阶模态为两个垂直方形的移动，三阶模态为绕 z 方向的转动。

考虑到该精密指向机构会一直处于准静态的工作环境下，且每次的运动为点对点运动，不需要进行连续的运动，所以使用频率不用考虑，不会由此产生共振情况。本节最终加工的机构中，需要控制器对压电陶瓷进行闭环控制，所以需要在设计控制器控制压电陶瓷驱动时，调整陶瓷的阶跃响应时间，使得驱动频率远远小于系统自身的固有频率，从而避免可能产生的共振现象，使得机构工作更加稳定。

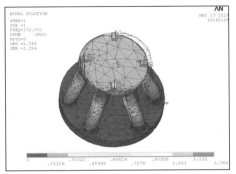

(a) 一阶模态

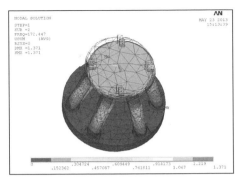

(b) 二阶模态

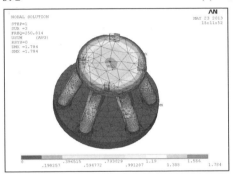

(c) 三阶模态

图 2.38　并联指向机构的前三阶模态

2.3.5　结语

本节首先对并联指向机构进行了初步的外形设计,选定 6 – SPS 类型的并联机器人,同时将柔性单元等效为刚性转动副,从而建立起并联机构简单的运动学模型。然后对并联机构的主要机构变量进行参数优化,在设定好优化变量、优化目标、约束条件后,采用遗传算法进行多目标优化,从而获得一组解集,从中选出最优的一组解作为本节机构设计参数的尺寸。对设计的机构进行设计目标验证,得出其在理论上满足设计要求。最后绘制出了机构零姿态下的工作空间,并用有限元方法分析了机构的刚度、强度及模态,从而可以得出最终的结论:本节设计的并联指向机构在理论上满足各个方面的要求。

2.4 实验系统构建与实验验证

前面对柔性铰链和并联指向机构的设计与优化进行了系统的理论研究,参照理论设计结果,本节构建了并联指向机构的机械系统和控制系统,然后展开性能测试实验,通过测量并联指向机构所能达到的性能,验证其是否满足设计目标的要求。

2.4.1 并联指向机构的机械系统构建

根据并联指向机构参数优化结果:$r = 30 \ \text{mm}$,$R = 60 \ \text{mm}$,$\alpha = 40°$,$\varphi = 80°$,$l = 80 \ \text{mm}$,对各个部件严格按照设计尺寸进行加工,组装过程尽可能避免可能存在的间隙问题,最终搭建了图 2.39 所示的精密六自由度并联指向机构。该并联指向机构采用标准的 6-SPS 结构形式,能够分别实现绕三个坐标轴的转动和沿三个坐标轴的移动,共六个自由度。该并联指向机构包含固定平台、移动平台、柔性铰链、压电陶瓷驱动器等部件,装配时要保证压电陶瓷驱动器、柔性铰链与相连杆件之间的装配精度,防止因间隙导致的驱动量误差。为降低装置的整体质量,在保证机构整体刚性的基础上,上下平台内部镂空处理,采用硬铝材料加工而成,装置最终的质量为 2.18 kg。

图 2.39 精密六自由度并联指向机构

在驱动器环节选择压电陶瓷作为主要的动力元件,是目前最为合适和合理的选择。压电陶瓷是目前精密机电系统中最为常见的驱动元件,由于它能够提供极高的运动分辨率,在高精度定位系统应用中无疑占据着绝对的优势地位。压电陶瓷驱动器属于规范化生产的产品,其型号的选择需要综合考虑刚度、行程、分辨率、驱动电压及封装形式等,此外要兼顾系统的位移、分辨率等性能的要求。对于驱动位移,要考虑系统的刚度和系统的承载,需要给出足够的裕量。而对于压电陶瓷驱动电源的选择,则要充分考虑系统的分辨率。尽管从理论上讲,压电陶瓷的驱动分辨率可以无穷小,但是实际的分辨率完全取决于驱动电源的分辨率。

在保证指向机构能够达到设计目标的根本条件下,机构选择了性价比高的德国 Piezomechanik 公司生产的型号为 PSt 150/7/40 VS12 的低压外螺纹式压电陶瓷。其长度为 (46 ± 0.3) mm,最大 / 标称行程为 55/40 μm,刚度为 25 N/μm,产生的标准推力 / 拉力为 1 800/300 N,静电电容为 3.6 μF,谐振频率为 20 kHz,两端可通过螺纹连接到其他部件上。

而对于亚微米甚至是纳米级的运动传感与检测的方案,相对而言比较多,但是从系统集成的难易程度、系统构造的成本以及具体的性能等方面考虑,本节选择高精度电阻应变式的传感单元。由于传感单元可以集成在压电陶瓷内部,由压电陶瓷供应商一并封装在陶瓷驱动器中,使得应用和系统集成极为方便。在压电陶瓷内部,组装有微位移传感器,采用电阻应变片传感方式,可以实现对压电陶瓷实际的驱动位移进行实时测量,方便控制器进行驱动闭环控制,其闭环控制的分辨率优于满行程的十万分之一。

两端的柔性铰链与压电陶瓷驱动器使用螺纹连接,柔性铰链采用铍青铜材料。铍青铜是沉淀硬化型合金,具有耐磨、耐腐蚀、耐低温、非磁性、导电性好、碰撞没有火花等特点,所以作为该指向机构的关键部件,能够满足其在极端恶劣环境下的应用。柔性铰链的尺寸根据 2.2.4 节的优化设计结果进行加工,选用圆角直梁型柔性铰链,半径为 $r = 1$ mm,最薄弱厚度为 $d = 1$ mm,车削柔性铰链的缺口时稍微少切,铰链中间空出一小段的直梁部分。

2.4.2 并联指向机构的控制系统设计

系统运动的控制策略主要研究如何利用有效的控制策略以更准确、更稳定的运动来完成空间指向的任务。目前绝大多数的空间指向机构本身并不具有闭环控制功能,即系统不对末端动平台的位姿进行监测,仅在驱动端实现闭环驱动。主要是因为空间指向机构末端动平台的位姿难以实时地直接监测,为达到毫弧度级指向精度,空间并联指向机构的控制系统需要分别对六个驱动进行独立控制。

本节设计的并联指向机构的实验系统构成如图 2.40 所示,该系统实现了驱动、机构、检测一体化的整体集成。在设计的控制器中,包含功率驱动模块、位置传感模块、显示与接口模块、机箱与多路电源模块,机箱的公共信号连接底板将各个不同功能的模块连接在一起,实现内部模块的集成。控制器可通过 RS232

数字化信号传输线与工作机相连,可实现控制信号向控制器的传输与传感器位移测量信号的实时反馈。整个设计系统构成了一个高精度的数字化控制系统。

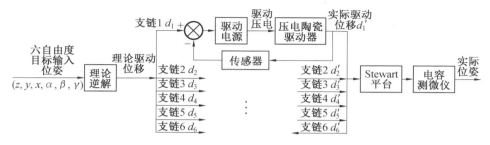

图 2.40　实验系统构成图

　　当上位机向控制器发送位移驱动时,每个控制器同时控制相应的三路压电陶瓷驱动器实现相应位移的驱动,上位机通过串口连接两台控制器,可以实现同时控制六路压电陶瓷驱动器,图 2.41 所示为压电陶瓷驱动器驱动电源。控制器内部的方法模块为压电陶瓷驱动器提供较高的充放电电流,从而保证了控制器具有良好的响应速度,且输出的高分辨率和高稳定性电压保证了陶瓷运动的稳定性和精度。该控制系统由功率驱动模块、位置传感模块、显示与接口模块、机箱与多路电源模块四类不同功能的模块组成,不同功能的模块通过机箱内的公共信号连接底板将各模块间的所有连接器相连。根据本节的要求,编写控制界面程序,图 2.42 所示为控制界面。该界面包括串口初始化和读取控制器开闭环,并联机构运动学逆解的求解,各路陶瓷驱动信号的发送与接收以及性能测试实验的按键等。

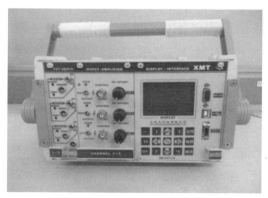

图 2.41　压电陶瓷驱动器驱动电源

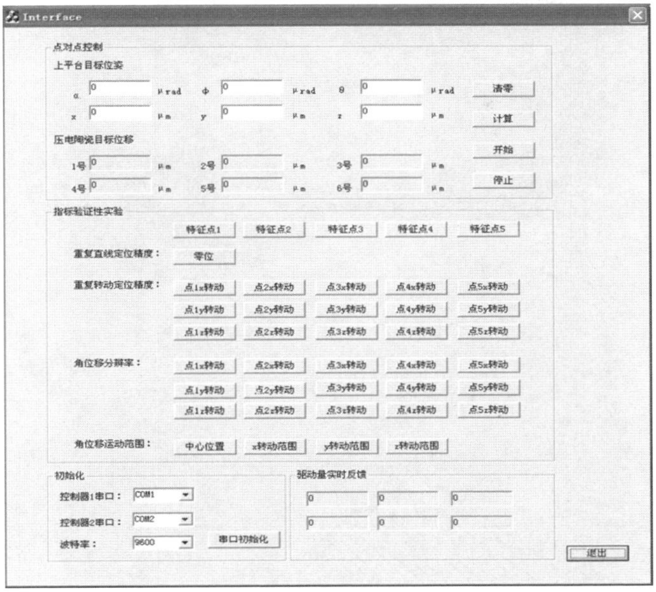

图 2.42　控制界面

2.4.3　并联指向机构性能测试实验

并联指向机构的性能测试实验是在气浮隔振台上实现的,采用德国"$\mu - \varepsilon$"电容测微仪,如图 2.43 所示。当电容测微仪的两个极板间的间距变化时,会导致极板上电容量的变化,通过测量极板上的电容便可以反推出两个极板位置的变化。整个测量过程中测头并不与测量面发生实际的接触,这样可以消除表面接触时产生的一系列不良因素,以减小测量误差。其分辨率可达到 0.6 nm,量程为 200 μm。它可以通过测量平台沿某方向的实际位移,并考虑到动平台转角较小,近似求出动平台的角位移为 $\theta \approx \tan \theta = s/d$。通过设计合理的测量方法,来验证平台是否满足设计指标的要求。

根据我国工业机器人的测试标准,为了全面地表达系统的整体特性,测试的特定点分布在机器人工作空间内部的不同位置。根据工业机器人的测试要求(GB/T 12642—2001),机器人末端的工作空间存在一个最大的内接正方体,将正方体斜平面上的五个点(P_1,P_2,P_3,P_4,P_5)作为指令设定位置点。其中,P_1 点是对角线的交点和正方体的中心,$P_2 \sim P_5$ 点距对角线端点的距离为对角线长度 L 的 $10\% \pm 2\%$,工业机器人测试标准中特定点的定义如图 2.44 所示。

根据 2.3 节工作空间的分析,可知并联指向机构的工作空间是一个近似六面体的几何形状,且 x、y 方向是对称的。以此可以推出内接正方体的几何中心在 z

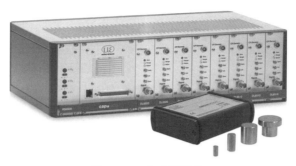

图 2.43　电容测微仪

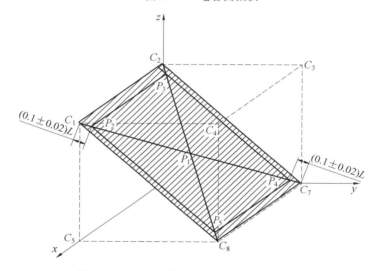

图 2.44　工业机器人测试标准中特定点的定义

轴方向上,且在 z 方向位移范围的中心处。则以该点为中心点,以下面八个向量 $((1,1,1),(-1,-1,-1),(-1,1,1),(1,-1,-1),(1,-1,1),(-1,1,-1),$ $(-1,-1,1),(1,1,-1))$ 为延伸方向,进行等值延伸,直到超出工作空间,此时组成的正方体为工作空间内最大的内接正方体。以动平台中心点初始状态所在的位置为圆点,得出五个特征点在并联指向机构工作空间分布的坐标 $(\mu m)P_1(0,0,20)$,$P_2(-9,9,29)$,$P_3(9,9,29)$,$P_4(9,-9,11)$,$P_5(-9,-9,11)$,并联指向机构性能测试的特征点定义与选取如图 2.45 所示。

　　下面针对项目要求的三项指标,具体阐述测量的方案与过程,并联指向机构的测试方案仿真描述如图 2.46 所示,图中给出了在测量绕 x、y、z 轴转角时测头的虚拟位置。

　　(1)重复转动精度的测量。

　　以特征点 P_1 处绕 z 轴的重复转角精度测试为例,动平台从零位零姿态移动

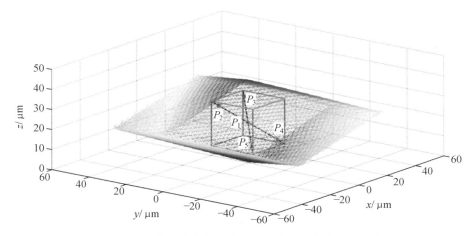

图 2.45　并联指向机构性能测试的特征点定义与选取

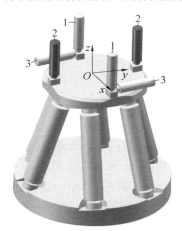

图 2.46　并联指向机构的测试方案仿真描述

1—绿色测头；2—蓝色测头；3—黄色测头

到特征点 P_1 处,此时将电容测微仪(图 2.46 中黄色测头任意一支)调整好位置,并记下零位时电容测微仪的读数 z_1;并联机构运动平台转动 50 μrad 后,记下电容测微仪此时的读数 z_1'。然后返回零姿态,进行下一组测量。以上步骤重复 10 次并完成记录。首先将测量的直线位移转换为对应的角度变化,即

$$\theta_i = \arctan(l_i/d) \approx l_i/d \tag{2.46}$$

式中　　$l_i = | z_1' - z_1 |$;

　　　　d——测量点到动平台中心的距离。

则 P_1 特征点处的重复转动精度为

$$R = \bar{D} + 3\sqrt{\left(\sum_{j=1}^{n} (D_j - \bar{D})^2\right)/(n-1)} \qquad (2.47)$$

式中　$\bar{D} = \frac{1}{n}\sum_{j=1}^{n} D_j, D_j = |\theta_j - \bar{\theta}|, \bar{\theta} = \frac{1}{n}\sum_{j=1}^{n} \theta_j$;

n—— 重复测量的次数。

当对 P_1 点绕 x 轴重复转动精度进行测量时,电容测微仪按照任一蓝色测头的位置进行布置,当对 P_1 点绕 y 轴重复转动精度进行测量时,电容测微仪按照任一绿色测头的位置进行布置(图 2.46)。测量步骤和计算公式与绕 z 轴重复转动精度测试步骤和计算公式相同。

然后测量在特征点 P_2、P_3、P_4、P_5 处的重复转动精度,此时每次从零位移动到对应的特征点,同样记录电容测微仪的读数,按照特征点 P_1 处的测量方法,以相同的步骤对其余特征点处的绕各轴的重复转动精度进行测量。

(2) 角位移的测量。

精密并联指向机构动平台角位移的测量原理基本与转角重复定位精度的测量原理相似。分别采用图 2.46 所示的蓝色测头、绿色测头、黄色测头实现对绕 x 轴、绕 y 轴、绕 z 轴转动范围的测量,即仍然采用间接测量的方法,首先得到位移量,然后按照式(2.46)求解绕各个轴的角位移。需要说明的是,对绕 x 轴、绕 y 轴、绕 z 轴角位移的测量并非在特征点上进行,而是根据运动学模型的计算,找出动平台能实现最大转角的位置,可以确定使得动平台实现最大转角的位置在点 $Q(0,0,22~\mu m)$。进行测量时,首先控制六个叠堆压电陶瓷驱动器同时伸长,使得动平台运动至 Q 点,然后分别控制陶瓷驱动,使得动平台分别实现绕 x 轴、绕 y 轴、绕 z 轴的转动,并按照上述方法依次进行测量。结合式(2.46),经过 n 次重复测量,可以由下式求出绕 x 轴、绕 y 轴、绕 z 轴的最大角位移:

$$\theta = \frac{1}{n}\sum_{i=1}^{n} |\theta_i| \qquad (2.48)$$

(3) 角分辨率的测量。

采用类似的方法可以对小型精密并联指向机构的角分辨率进行测试,与重复定位精度的测试相似,仍然在特征点上开展运动分辨率实验。将动平台移动至特征点上,根据运动学模型,控制末端动平台在移动到特征点的基础上在相应方向上输出分辨率大小的增量,采用图 2.46 所示的方案可以进行相应的测量。以绕 x 轴的运动分辨率测试为例,控制并联指向机构运动至各个特征点,按照运动学计算的结果,控制六个叠堆压电陶瓷驱动器的伸长量,在特征点输出 $0.1~\mu rad$ 的转动运动,通过图 2.46 所示的蓝色测头即可完成相应分辨率的测量。然后综合式(2.46)和式(2.48)即可求出实际的角分辨率。绕 y 轴和绕 z 轴的角分辨率测量方法与上述过程相同,测量分别采用绿色测头和黄色测头来测量相应转动时产生的位移。

　　性能测试实验是在气浮隔振台上进行的,测量显示界面如图 2.47 所示,气浮测试平台及测试环境如图 2.48 所示,测试环境为洁净间,工作台进行两重隔振,分别为底部的大理石隔振台和相连的气浮隔振台,尽可能隔绝外部振动产生的干扰。性能测试实验场景如图 2.49 所示。按照上述测量方案,将测头放置到对应的测量位置,通过计算机控制界面实现对并联指向机构姿态的调整,测头可以测量与其平行的平面对应方向的位置变化,并通过计算机显示界面在通道 1(Channel 1)实现实时的测量显示,如图 2.47 所示,测量过程中测量数据可以手动保存成文档。按照测量方案,依次对并联指向机构的重复转动精度、角位移及角分辨率进行测量,并对测量数据按照上述计算公式计算出三个性能的具体值,其最终的性能测试实验结果如表 2.4 所示。

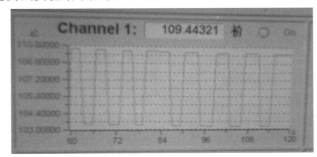

图 2.47　测量显示界面

图 2.48　气浮测试平台及测试环境

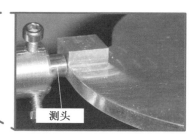

测头

并联指向机构原型

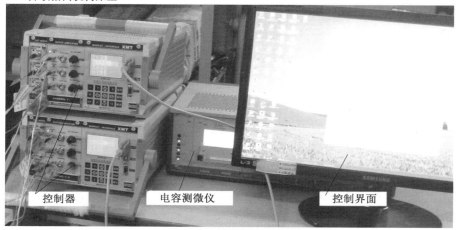

控制器   电容测微仪   控制界面

图 2.49   性能测试实验场景

表 2.4   性能测试实验结果

性能指标	测量点	绕 x 轴方向 $/\mu$rad	绕 y 轴方向 $/\mu$rad	绕 z 轴方向 $/\mu$rad
	P_1	0.252 7	0.211 4	0.082 3
	P_2	0.292 1	0.232 9	0.084 0
	P_3	0.289 9	0.336 5	0.081 6
重复转动精度	P_4	0.295 7	0.287 6	0.086 3
	P_5	0.302 5	0.273 7	0.084 6
	均值	0.286 6	0.268 4	0.083 8
	设计目标	1	1	1

续表 2.4

性能指标	测量点	绕 x 轴方向 /μrad	绕 y 轴方向 /μrad	绕 z 轴方向 /μrad
角分辨率	P_1	0.089 3	0.087 7	0.007 3
	P_2	0.098 6	0.042 7	0.013 4
	P_3	0.097 7	0.053 9	0.009 4
	P_4	0.095 7	0.085 7	0.012 4
	P_5	0.087 1	0.055 4	0.008 5
	均值	0.093 7	0.065 1	0.010 2
	设计目标	0.1	0.1	0.1
角位移	Q	$\pm$421.9	$\pm$449.2	$\pm$2 007.9
	设计目标	$\pm$100	$\pm$100	$\pm$100

由最终测量结果可以看出,按照理论设计结果组装的并联指向机构可以提供优于 0.4 μrad 的重复转动精度和优于 0.1 μrad 的分辨率,指向机构在各个方向上所能实现的最大角位移为 $\pm$421.9 μrad(绕 x 轴),$\pm$449.2 μrad(绕 y 轴),$\pm$2 007.9 μrad(绕 z 轴)。

此外,根据测量的性能参数,发现绕 x 轴和绕 y 轴的各个性能参数大小近似相等,且绕 z 轴方向的性能比其他两方向的性能更好一些,这是由设计的结构所决定的,该机构为对称型的,z 方向的转动更容易实现。

实验结果验证了柔性铰链和并联机构的优化设计是合理的,装配的并联指向机构能够满足提出的设计要求。柔性铰链和压电陶瓷驱动器在并联指向机构中的应用显示了其所独有的优点:高运动分辨率和重复定位精度,这对微操作具有很重要的意义,给微纳设备的设计提供了一定的指导意义。在精密机构的应用对工作空间要求苛刻的情况下,也可以通过机构的改进与尺寸进一步的优化来解决。

2.4.4　结语

本节根据设计结果搭建并联指向机构,并对并联指向机构控制系统进行了集成,使得并联指向机构控制系统能够实现精密的指向控制。然后进行了性能测试实验,性能测试实验验证了最终的并联指向机构能够满足初始设定的性能指标。

2.5　本章小结

　　结构形式、运动关节、驱动与传感元件是精密机电系统设计中不可忽视的环节,本章设计的指向系统综合并联机构、柔性铰链和压电陶瓷等关键技术的优点,从而建立完整的微弧度级指向系统,为指向机构的实际应用提供了坚实的理论依据与实践基础。

　　本章主要研究内容及结论归纳如下。

　　(1)研制的精密指向系统以 6－SPS 并联指向机构为基础,采用柔性铰链作为被动关节,通过压电陶瓷驱动器驱动。该机构可以在亚毫弧度角位移内实现亚微弧度的分辨率和微弧度的重复转动精度。

　　(2)基于卡式第二定理建立的力学模型,推导出柔性铰链的几何中心和末端点处的柔度矩阵,并提出了三个可以评价柔性铰链性能优劣的指标。通过对比五种类型的柔性铰链,选取性能更优的圆角直梁型柔性铰链,并在引入切削变量下设计一种新型的柔性铰链,给出尺寸优化区域。采用有限元分析方法和实验方法验证了理论分析的准确性。

　　(3)在建立并联指向机构的运动学模型基础上,采用 NSGA－Ⅱ遗传算法对并联机构参数进行多目标优化,利用建立的权函数对优化种群进行了遍历,获得了机构参数的最优解,验证了理论设计结果满足目标要求。对机构的工作空间、刚度、强度及模态进行了分析与验证。性能测试实验显示指向机构可以实现较高的重复转动精度和角分辨率,以及大的角位移。

　　本章在并联指向机构各方面的研究已经取得了一定的进展,但是本书作者认为还可以从以下几点进行进一步的深入研究。

　　(1)新型并联指向机构的构型综合,研究此类机构构型的综合创新问题。通过提出更合理、更可靠、更稳定的并联指向机构,使其能够满足高精度空间指向作业的具体要求。

　　(2)柔性铰链的创新设计与制备,研究机械构件方面如何满足空间指向机构新要求的问题。基于柔性铰链的空间微动指向机构的线位移范围为微米级,角位移范围为毫弧度级。目前,空间指向机构的研究中,运动空间、指向角度呈现大幅增加的趋势,考虑到常用的柔性铰链因为依靠自身的变形使得运动范围很小,很难胜任大行程的工程任务。在满足刚度和运动精度的基础上,设计与制备新型的柔性铰链,以实现无间隙、大运动行程的高精度运动输出,将是未来值得探讨的研究方向之一。

　　(3)新型驱动装置的设计与应用,研究驱动元件方面如何满足空间指向机构新要求的问题。基于叠堆压电陶瓷的驱动元件因其具有极高运动分辨率和重复定位精度,毫无疑问,它将在高精度指向系统研究中处于绝对优势的地位。但在大行程成为此类机构应用与研究趋势的情况下,叠堆压电陶瓷驱动元件百微米级的运动输出难以满足当前的应用需求。尽管有中外学者采用多级放大机构以实现大位移的输出,在一定程度上解决了运动行程的问题,但是同时也以损失系统的运动分辨率作为代价。

(4)系统运动控制策略的完善,研究如何利用有效的控制策略更准确、更稳定地完成空间指向任务。目前,受测量技术的限制,绝大部分的空间指向机构本身并不能实现闭环控制的功能,即系统并不对末端动平台的位姿进行监测,仅在驱动端能够实现闭环控制。在一些要求绝对定位精度和高动态特性的工程应用中,半闭环的控制策略显然不能够满足控制要求。有国外的研究机构以少自由度微动空间并联指向机构为起点,通过电容传感器实时检测末端动平台的倾角,开始尝试进行全闭环系统的研制。未来,全闭环控制的空间指向机构是某些特殊应用工程领域必须要解决的实际问题。

综上所述,空间并联指向机构在向着大行程、高精度、高承载能力发展的总体趋势之下,仍然要面对若干基础理论难点,要解决若干工程实际问题。

本章参考文献

[1] BAISTER G, GATENBY P V. Pointing, acquisition and tracking for optical space communications [J]. Electronics & Communication Engineering Journal, 1994,6(6): 271-280.

[2] TOLKER-NIELSEN T, OPPENHAUSER G. In-orbit test result of an operational optical intersatellite link between ARTEMIS and SPOT4, SILEX [C]//Free-Space Laser Communication Technologies XIV. California: SPIE, 2002, 4635: 1-15.

[3] PLANCHE G, CHORVALLI V. SILEX in-orbit performances[C]// Proceedings of the 5th International Conference on Space Optics (ICSO 2004). Toulouse: ESA Publications Division, 2004: 403-410.

[4] FERRIS M, PHILLIPS N. The use and advancement of an affordable, adaptable antenna pointing mechanism [C]// Proceedings of ESMATS 2011: 14th European Space Mechanisms and Tribology Symposium. Constance(DE): European Space Agency, 2011: 227-234.

[5] ANDREOU S, PAPADOPOULOS E. Design of a reactionless pointing

mechanism for satellite antennas[C]//ASTRA 2011-11th ESA Workshop on Advanced Space Technologies for Robotics and Automation. Noordwijk (NLD)：ESA/ESTEC，2011：12-14.

[6] LESH J R. Overview of the NASA/JPL lasercom program[J]. Space Communications，1998，15(2)：65-70.

[7] BAPNA D，ROLLINS E，FOESSEL A，et al. Antenna pointing for high bandwidth communications from mobile robots［C］// 1998 IEEE International Conference on Robotics and Automation. Leuven：IEEE，1994：3468-3473.

[8] JONO T，TAKAYAMA Y，SHIRATAMA K，et al. Overview of the inter-orbit and orbit-to-ground laser communication demonstration by OICETS[C]//Free-Space Laser Communication Technologies XIX and Atmospheric Propagation of Electromagnetic Waves. San Jose：Japan Aerospace Exploration Agency，2007，645702：1-10.

[9] 陈莲. 星间光通信终端粗瞄系统控制方法研究[D]. 哈尔滨:哈尔滨工业大学，2011.

[10] 杨建中. Stewart 并联机器人在航天器上的应用[C]//全国第十二届空间及运动体控制技术学术会议.桂林:中国自动化学会，2006：426-431.

[11] 孙兆伟，吴国强，孔宪仁，等. 国内外空间光通信技术发展及趋势研究[J]. 光通信技术，2005(9)：61-64.

[12] 张景旭. 大型跟瞄架方位轴系的研制[J]. 光学精密工程，1996,4(2)：73-77.

[13] 章磊，刘立人，栾竹，等. 星间激光通信中的卫星轨道模拟和跟瞄系统[C]//中国光学学会 2004 年学术大会.杭州：中国光学学会，2004：1-5.

[14] 张锋，丁洪生，付铁，等. 星载天线指向机构误差分析与建模[J]. 电子机械工程，2010,26(1)：41-44.

[15] TÖNSHOFF H K，GRENDEL H. A systematic comparison of parallel kinematics[M]//Parallel kinematic machines. London：Springer，1999：295-312.

[16] GOUGH V E，WHITEHALL S G. Universal tyre test machine[J]. Proceedings of the Institution of Mechanical Engineers，Part C-Journal of Mechanical Engineering Science，2009,223(1)：245-265.

[17] STEWART D. A platform with six degrees of freedom[J]. Proceedings of the Institution of Mechanical Engineers Part C-Journal of Mechanical Engineering Science，2009,223(1)：266-273.

［18］HUNT K H. Kinematic geometry of mechanisms［M］. Oxford：Oxford University Press，1978.

［19］DONG W, DU Z J, XIAO Y Q, et al. Development of a parallel kinematic motion simulator platform［J］. Mechatronics，2013,23（1）：154-161.

［20］BISHOP JR R M. Development of precision pointing controllers with and without vibration suppression for the NPS precision pointing hexapod［D］. Master& Engineer's Thesis，Department of Aeronautic and Astronautic Engineering，Monterey，CA：Naval Postgraduate School ，2002.

［21］DONG W, ROSTOUCHER D, GAUTHIER M. Note：A novel integrated microforce measurement system for plane-plane contact research［J］. Review of Scientific Instruments，2010,81(11)：1-6.

［22］BROWN A S. Six-axis positioner has nanoscale resolution［J］. Mechanical Engineering，2010,132(5)：19-20.

［23］DUNLOP G R, JONES T P. Position analysis of a two DOF parallel mechanism-the Canterbury tracker［J］. Mechanism and Machine Theory，1999,34(4)：599-614.

［24］CHEN H J, HOSPODAR E, AGRAWAL B. Development of a hexapod laser-based metrology system for finer optical beam pointing control［C］// 22nd AIAA International Communications Satellite Systems Conference & Exhibit 2004 (ICSSC). Monterey：CA，2004：3146.

［25］崔龙，黄海. 高稳定精密跟瞄机构设计与仿真［J］. 北京航空航天大学学报，2007,33(12)：1462-1465.

［26］李伟鹏，黄海，边边. 空间精密跟瞄 Hexapod 平台作动器研制与实验［J］. 北京航空航天大学学报，2007,33(9)：1017-1020.

［27］李伟鹏，黄海. 基于 Hexapod 的精密跟瞄平台研究［J］. 宇航学报，2010,31(3)：681-686.

［28］李伟鹏，黄海. 天基精密跟瞄 Stewart 平台及其关键技术［J］. 航天控制，2010,28(4)：90-97.

［29］DONG W, SUN L N, DU Z J. Stiffness research on a high-precision, large-workspace parallel mechanism with compliant joints［J］. Precision Engineering，2008,32(3)：222-231.

［30］LI S H, JU Y R, FENG Y T, et al. Design and analysis of a 3-DOF micromanipulator driven by piezoelectric actuators［C］// 2010 International Conference on Mechanic Automation and Control Engineering. Wuhan：

柔顺机构设计在机器人学及精密工程中的应用

IEEE，2010：3309-3312.

[31] DU Z J，SHI R C，DONG W. Kinematics modeling of a 6-PSS parallel mechanism with wide-range flexure hinges[J]. Journal of Central South University，2012,19(9)：2482-2487.

[32] TSEYTLIN Y. Note：Rotational compliance and instantaneous center of rotation in segmented and V-shaped notch hinges[J]. Review of Scientific Instruments，2012,83(2)：26102.

[33] CHEN G M，DU Y L，LIU X Y. Note：Supplements and corrections to the generalized conic flexure hinge model［J］. Review of Scientific Instruments，2010,81(7)：76101.

[34] VUILLEUMIER A，EIGENMANN M，BERGANDER A，et al. Development of a fine pointing and trim mechanism［C］// 14th European Space Mechanisms and Tribology Symposium. Germany：RUAG Space，2011：451-453.

[35] AOKI K，YANAGITA Y，KURODA H，et al. Wide-range fine pointing mechanism for free-space laser communications[J]. Proceedings of SPIE-The International Society for Optical Engineering，2004,5160：495-506.

[36] ZAGO L，DROZ S. Small parallel manipulator for the active alignment and focusing of the secondary mirror of the VLTI ATS［C］// Optical Design，Materials，Fabrication，and Maintenance. Munich，DE：Centre Suisse d'Electronique et de Microtechnique，2000:450-455.

[37] CASH M F，ANDERSON E H，SNEED R，et al. Precision pointing parallel manipulator design for asymmetric geometries and cryogenic vacuum environments［C］//The Twentieth Annual Meeting The American Society for Precision Engineering. Virginia：CSA Engineering Inc，2005：13-16.

[38] 孙立宁，安辉，蔡鹤皋. 压电陶瓷驱动并联微动机器人的研究[J]. 高技术通讯，1997(3)：29-31.

[39] 孙立宁，王振华，曲东升，等. 六自由度压电驱动并联微动机构设计与分析[J]. 压电与声光，2003,25(4)：277-279.

[40] 王振华，孙立宁，曲东升，等. 压电陶瓷驱动并联微动机器人位姿测量与误差补偿[J]. 压电与声光，2005,27(2)：182-184.

[41] 王振华，陈立国，孙立宁. 集成式6自由度微动并联机器人系统[J]. 光学精密工程，2007(9)：1391-1397.

[42] 葛建中，王振华. 压电陶瓷驱动微动并联机器人工作空间分析[J]. 压电与

声光，2008,30(5)：627-630.

[43] BING S，LIGUO C，WEIBIN R，et al. Modeling and design of a novel precision tilt positioning mechanism for inter-satellite optical communication[J]. Smart Materials & Structures，2009,18(3)：35009.

[44] 徐敏. 基于压电陶瓷驱动的精密偏转定位技术研究[D]. 哈尔滨：哈尔滨工业大学，2008.

[45] TREASE B P，MOON Y M，KOTA S. Design of large-displacement compliant joints[J]. Journal of Mechanical Design，2005，127（4）：788-798.

[46] HUTCHINSON J R. Shear coefficients for Timoshenko beam theory[J]. Journal of Applied Mechanics，2001,68(1)：87-92.

[47] DEB K，AGRAWAL S，PRATAP A，et al. A fast elitist non-dominated sorting genetic algorithm for multi-objective optimization：NSGA－Ⅱ[C]//International Conference on Parallel Problem Solving from Nature. Berlin：Springer，2000：849-858.

[48] DONG W，GAUTHIER M，LENDERS C，et al. A gas bubble-based parallel micro manipulator：Conceptual design and kinematics model[J]. Journal of Micromechanics and Microengineering，2012,22(5)：57001.

第 3 章

大行程柔性铰链并联机器人

本章引入大行程柔性铰链的概念,从而构建出基于大行程柔性铰链的并联机器人系统;兼顾系统的行程和精度,进一步提出了宏微双重驱动并联机器人的概念。通过系统概念设计、运动学建模、系统测试等方面,较为细致地阐述了基于大行程柔性铰链的并联机器人系统的系列研究工作。

随着机器人技术的逐步完善,适于特殊作业的机器人种类也日益增多,其应用领域不断拓展到微电子制造、MEMS 封装与组装、高精密机械加工与装配、生物芯片制备、大范围高速扫描检测装备等行业。随之而来的,各行业对机器人的性能指标提出了越来越高的要求,追求机器人的高定位精度、高重复精度、高分辨率,同时还要求其工作范围大、质量轻、能耗低等,从而对机器人结构的设计提出了更高的要求。在这样的前提之下,为满足人类向微小世界探寻的需要,作为机器人技术发展的一个重要分支,微操作机器人成为机器人学中十分活跃的研究领域。

3.1　大行程柔性铰链并联机器人系统的概念设计

3.1.1　概述

由于宇航和航空等相关技术发展的特殊需要,20 世纪 60 年代前后,结构工程师们设计开发出一种特殊的传动结构——柔性铰链。柔性铰链与传统铰链一样,具备在构件间传递力和运动的功能,但二者的工作原理却有着本质上的不同。传统铰链一般由两个以上构件组成,依靠构件间的几何约束以及构件间固定形式的运动,得到构件末端相对于参考坐标系的位移;而柔性铰链一般仅由一个构件组成,受到驱动元件的驱动后,完全依靠自身的变形,即可得到构件末端相对参考坐标系的位移。柔性铰链出现后,其独具的诸多优点立刻受到设计者的垂青,随即被广泛地应用于陀螺仪、加速度计、空气轴承、精密天平、精密调整机构和高分辨率显微镜等诸多方面。特别是其高精度和高分辨率的特点,使得柔性铰链逐步在精密工程领域中扮演越来越重要的角色。

3.1.2　柔性铰链简述

柔性铰链在将近半个世纪的应用过程中,一般描述为两部分刚体之间薄弱的柔顺机构,通常可以实现两端刚体之间相对微小的转动。对柔性铰链的定义最初在一定程度上沿袭了铰链的概念,即绕固定轴可实现一定量的转动,但随着新型柔性铰链的不断出现,已经使柔性铰链不仅仅限于实现绕单一轴线转动。从以下不同的柔性铰链类型可以看出,柔性铰链的概念外沿已经逐步扩大。

1. 柔性铰链的基本类型

柔性铰链在实际工程领域中有多种应用类型,其中有几种基本类型,分别是圆弧型柔性铰链、板梁型柔性铰链、球副型柔性铰链,工程中绝大部分应用都是将各种柔性铰链巧妙地进行组合,来完成操作任务。

(1)圆弧型柔性铰链。

对柔性铰链的研究最初集中于圆弧型柔性铰链(图 3.1),其基本特征是基体切去部分圆弧形边缘,这种柔性铰链的运动形式可以近似认为绕着固定轴转动。如果考虑区别切去部分边缘的形状,圆弧型柔性铰链又可以衍生出几种转动柔性铰链,分别是抛物线型柔性铰链、椭圆型柔性铰链、双曲线型柔性铰链,很显然各种衍生类型的运动学模型是各不相同的。

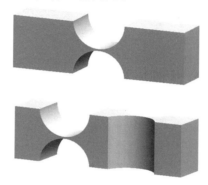

图 3.1   圆弧型柔性铰链

(2)板梁型柔性铰链。

当解决了用圆弧型柔性铰链实现微小转动的问题后,设计者考虑如何采用柔性铰链实现平动,起初采用了多个圆弧型柔性铰链组合的形式完成了微位移平动。但由于圆弧型柔性铰链的位移极为有限,并且在垂直于运动方向存在着明显的耦合位移,后来在圆弧型柔性铰链处采用了板梁型柔性铰链(图 3.2),并且采取对称结构,使位移有了明显的增加并且消除了耦合位移,该种结构在后来的设计应用中不断沿用。

(3)球副型柔性铰链。

从柔性铰链加工的角度来看,球副型柔性铰链(图 3.3)可以看成是转动副柔性铰链中半圆切口绕着转动轴扫掠切除而成的结构,可以绕着三个轴转动,其运动形式类似刚性机构中的球副。球副型柔性铰链多用于空间柔性结构中,其运动范围相对前两种柔性铰链要小得多。

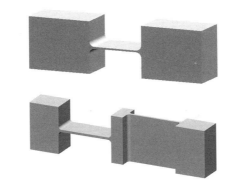

图 3.2　板梁型柔性铰链

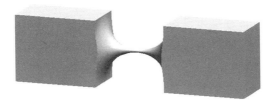

图 3.3　球副型柔性铰链

2. 柔性铰链的特点

柔性铰链一体化的设计与加工方法使得柔性铰链具有一般刚性运动副所不具备的独有特点,具体归纳如下。

(1)末端位移完全由自身弹性变形提供,故运动范围极其微小,一般仅在立方微米级。

(2)可单片设计以简化结构,免于装配,易于实现小型化。

(3)无间隙和摩擦,可以在一定程度上提高系统的重复定位精度。

(4)易于与现代驱动器集成,能够实现高运动灵敏度和高运动分辨率。

(5)免于磨损,减小了精度损失,可靠性高,使用寿命长。

(6)免于润滑、避免污染,适合于高精密作业。

3. 柔性铰链材质与加工方法的选择

在工程应用中为实现上述特点,柔性铰链需采用与常规铰链不同的材质和加工方法。

制作柔性铰链材料的正确选取是柔性机构能否正常工作的重要影响因素,针对不同的柔性铰链材料其加工方法也有所区别,材质与加工方法是柔性铰链结构设计阶段所必须考虑的问题。

(1)柔性铰链材质的选择。

一般设计者希望柔性铰链在功能方向的变形量尽可能地大。通过对柔性铰链建模方面的研究可知,一般柔性铰链的变形量δ与该种柔性铰链所用材料的σ_{max}/E成正比,即材料的强度-刚度比越大柔性铰链的变形量越大,该种材料就越适于制作柔性铰链,可以理解为易于变形但不易于破坏的材料是柔性铰链的理想材料。通常选用铍青铜、钛合金、聚丙烯、铝青铜、锡青铜、硅青铜、黄铜、弹簧钢等作为柔性铰链的材料。值得注意的是,在考虑柔性铰链的强度、刚度方面的同时,还要兼顾柔性铰链的疲劳寿命和应力状况等。

(2)柔性铰链加工方法的选择。

由于柔性铰链的形状不同、材料各异,因此所采用的加工方法也大相径庭。对于一般的圆弧型柔性铰链,采用铣削、激光加工的方法即可实现,甚至可以采用冲压的加工方法。而对于柔性铰链切去边缘有严格的轨迹要求的情况,采用上述方法有很多困难。这种情况适于采用电火花加工技术,电火花加工设备可实现数控编程,很容易加工出较为复杂的柔性铰链。此外,光刻技术、半导体加工技术、电解复合方法、水切割等很多方法也可进行柔性铰链的加工。值得一提的是,日本国立高等科技学院的 Tanikawa 等人提出了采用快速成型技术(rapid photo-prototyping)加工柔性铰链的想法,他们提出的空间三自由度微手指结构十分复杂,但他们采用环氧树脂作为柔性铰链的材料,适用于采用快速成型技术使整体构型实现一体化。Tanikawa 及其助手的方案为采用特殊材料制作柔性铰链的加工方法提出了新的思路。

3.1.3 大行程柔性铰链及其并联机器人系统的概念设计

从现有的文献可以看出,由于结构的限制,采用常规柔性铰链的并联机构的工作空间一般限制在立方微米级,因此应用多局限于微动范畴。如何设计新颖的大行程柔性铰链,使之在保持普通柔性铰链原有特点的情况下,给柔性系统提供更大的工作空间,从而扩大柔性铰链的应用范围,成为该领域新的研究课题。

1.大行程柔性铰链

在分析传统柔性铰链特性的基础上,这里给出了一种新型的球副型柔性铰链,可提供普通柔性铰链所不具备的大行程。

该种柔性铰链的设计思路可以认为经过了图 3.4 所示的处理过程:将通常的球副型柔性铰链拉长;为方便加工和建立柔性铰链的刚度模型,将两端圆角改为直角。经过上述处理,事实上,该种结构的细长轴特性仍难于加工,最终可采用装配件的方法实现。尽管破坏了一体化的结构设计,但轴孔之间的装配能够较容易实现高精度。经过如上所述的设计过程,这种大行程柔性铰链的设计不仅能够实现较高的运动精度,也能提供毫米级的运动行程。

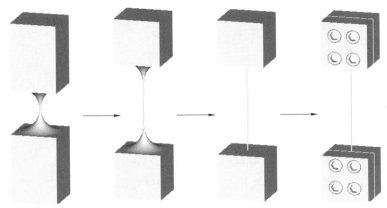

图 3.4　大行程柔性铰链设计思路的处理过程

2. 大行程柔性铰链并联机器人

　　在大行程柔性铰链的设计基础之上,本节提出了一种 6－PSS 大行程柔性铰链并联机构,如图 3.5 所示。

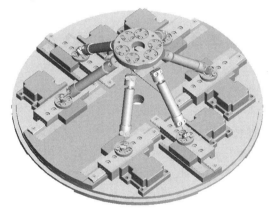

图 3.5　6－PSS 大行程柔性铰链并联机构

　　图 3.5 所示机构由六个支链构成,每个支链均由图 3.6 所示的装配形式组成,即包括大行程柔性铰链、刚性连杆和紧固装置。水平基座上的移动副 P(导轨滑块组)作为主动关节,由直线型电机驱动;球副 S(大行程柔性铰链)作为被动关节,消除了通常并联机构中球副处的间隙误差,并能相对于一般微动工作台提供较大的工作空间。

　　柔性铰链的产生与绝大多数的应用体现了其高精度、小位移的特性,而目前的研究将其应用于高精度、大位移的场合,已经极大地拓宽了其应用领域,将基

图 3.6　采用了大行程柔性铰链的运动支链

于柔性铰链并联机构系统的应用推向极致。

　　本章在对传统的柔性铰链进行全面回顾和总结的基础上,详细地分析了柔性铰链的材料、加工工艺等,并基于此,提出了大行程柔性铰链的概念设计,并考虑了这种柔性铰链的加工、装配等细节问题,最终得到一种基于大行程柔性铰链的六自由度并联机器人。

3.2　大行程柔性铰链并联机器人的位置解研究

3.2.1　概述

　　目前,对常规柔性铰链以及柔性铰链机器人的研究比较深入,主要包括柔性铰链以及柔性铰链机器人的刚度建模、误差分析及补偿、柔性结构的特性分析、机器人系统整体的运动学建模等,而上述研究的开展一定程度上都依赖于柔性铰链以及柔性铰链机器人位置解模型的建立,即确立柔性机器人的输入—输出位置对应关系。在大行程柔性铰链的建模方面,有很多学者推崇伪刚度法,即将较大变形的柔性单元的变形看作绕固定轴的旋转运动,通过实验或者仿真的方法确定转动轴的位置,从而得到较为精确的运动学模型。但是,值得注意的是伪刚度模型对于空间柔性机构具有先天不足的劣势,即很难采用前述方法确定一个空间柔性机构的虚拟转动轴,故采用伪刚度模型的系统无一例外地均为平面柔性机构系统。

　　很显然,对于大行程柔性铰链并联机器人的位置解建模不适合采用前人总结的各种简化方法,但可以借鉴很多学者用到的"整体—分解—整体"的研究方法,即将柔性并联机构的整体进行支链分解,对其中的柔性铰链进行准确的建模,然后将其应用到的单条支链的位置解模型中,再对整体系统添加合适的几何协调方程以及力约束协调方程,从而得到系统最终的位置解整体模型。

本节将柔性并联机构系统分解为六个柔性支链和一个刚性动平台七部分。将柔性支链中的大行程柔性铰链作为空间梁结构处理,推导出了该柔性铰链基于最大势能原理的刚度矩阵,从而建立了单柔性铰链的刚度模型;在此基础上,通过有限元的刚度组集原理,得到整条柔性支链的刚度矩阵,即又得到整条柔性运动支链的刚度模型;再辅助相应的几何约束协调方程和力约束协调方程,即可得到基于大行程柔性铰链并联机器人的整体位置解模型。由于该系统大行程的特性,因此机构中的构件在经历了自身弹性变形的同时,还经历了较大的刚体位移,使得机构中柔性单元的刚度模型成为位置函数,即使得整体位置解模型成为典型的几何非线性问题,导致位置解模型的求解十分困难,本节采用牛顿-莱弗森迭代方法可以得到满足精度的近似求解。由于迭代方法的计算效率不高,不能满足机器人系统实时控制的需要,本节又采用了 BP 神经网络技术,通过构建三层六输入-六输出的神经网络,可以极大地提高位置解的计算速度,十分适于利用计算机编程对系统进行实时控制,同时又可保证位置解的求解精度。另外,由于基于大行程柔性铰链并联机构系统的初始静刚度是系统很重要的参数指标,在系统位置解模型的基础上,进行了相对于并联机构构型及机构尺度的静刚度分析,并绘制了相应的静刚度相对于空间机构及机构尺度的变化图谱,为这类系统的进一步设计综合及优化设计提供了一定的参考依据。

3.2.2　基于伪刚体近似模型的位置逆解模型

对于并联机器人的运动学而言,当给定并联机器人末端的空间位姿参数时,求解各运动支链输入关节的位置参数是并联机器人的位置逆解问题。对于刚性并联机器人来说,其位置逆解模型可以根据并联机构的几何关系建立,无论模型的建立还是求解都是很简单的,而对于依靠柔性变形来提供运动输出的柔性并联机构、特别是大行程柔性并联机构而言,这个过程则相当复杂。

如果不考虑柔性铰链的弹性变形所引起的侧向偏移,而只考虑其刚体间的相对运动,则柔性铰链可以等效为绕固定点转动的一般刚性球铰,并且设定球铰的中心在柔性铰链的几何中心,即柔性铰链是绕自己的中心旋转,而且中心的位置不随铰链的变形而变化。此时大行程柔性铰链并联机器人可以简化为一般的刚性并联机器人,其逆解求解的模型也可以用刚性并联机器人的模型来求解,图3.7 所示为大行程柔性并联机构的伪刚体模型示意图。

建立图 3.7 所示的坐标系,动平台处的铰链中心和固定平台处的铰链中心分别用 P_i、$B_i(i=1,2,\cdots,6)$ 表示;设置基础坐标参考系 $B-xyz$,简记为$\{B\}$,原点位于点 B,z 轴垂直于固定平台且指向上方,x 轴沿着铰链 1 和铰链 6 的角平分

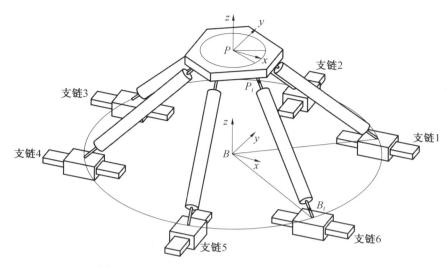

图 3.7 大行程柔性并联机构的伪刚体模型示意图

线,y 轴可以通过右手定则来确定;设置与动平台固连的轴系为 $P-xyz$,简记为 $\{P\}$,设初始安装状态下动平台轴系与基坐标参考系的方位完全相同;用 ${}^B\boldsymbol{B}_i$、${}^B\boldsymbol{P}_i$ 分别表示点 B_i、P_i 在定坐标系 $\{B\}$ 中的向量描述,${}^P\boldsymbol{P}_i$ 表示点 P_i 在动坐标系 $\{P\}$ 中的向量描述,${}^B\boldsymbol{P}$ 表示动平台几何中心点在定坐标系 $\{B\}$ 中的向量描述。

设 θ_x、θ_y、θ_z 是动平台轴系绕固定平台参考系三个主轴的独立转角,这里规定旋转的次序为先绕 x 轴旋转 θ_x,再绕 y 轴旋转 θ_y,最后绕 z 轴旋转 θ_z,则动平台坐标系的姿态可以通过合成旋转变换矩阵来描述:

$$
{}^B\boldsymbol{Q}_P = \begin{bmatrix} c\theta_z c\theta_y & c\theta_z s\theta_y s\theta_x - s\theta_z c\theta_x & c\theta_z s\theta_y c\theta_x + s\theta_z s\theta_x \\ s\theta_z c\theta_y & s\theta_z s\theta_y s\theta_x + c\theta_z c\theta_x & s\theta_z s\theta_y c\theta_x - c\theta_z s\theta_x \\ -s\theta_y & c\theta_y c\theta_x & c\theta_y c\theta_x \end{bmatrix} \tag{3.1}
$$

式中 $s\theta_i = \sin\theta_i, c\theta_i = \cos\theta_i$,其中 $i = x, y, z$。

设在基础坐标系下点 P_i 的坐标为 ${}^B\boldsymbol{P}_i = (Px_i, Py_i, Pz_i)$,点 B_i 的坐标为 ${}^B\boldsymbol{B}_i = (Bx_i, By_i, Bz_i)$,则

$$
{}^B\boldsymbol{P}_i = {}^B\boldsymbol{P} + {}^B\boldsymbol{Q}_P \cdot {}^P\boldsymbol{P}_i \tag{3.2}
$$

由 $|P_iB_i| = L$,即 $(Px_i - Bx_i)^2 + (Py_i - By_i)^2 + (Pz_i - Bz_i)^2 = L^2$ 得

$$
Bx_i = Px_i \pm \sqrt{L^2 - (Py_i - By_i)^2 - (Pz_i - Bz_i)^2} \tag{3.3a}
$$

或者

$$
By_i = Py_i \pm \sqrt{L^2 - (Px_i - Bx_i)^2 - (Pz_i - Bz_i)^2} \tag{3.3b}
$$

根据并联机器人的实际结构及具体意义,可以得到实际需要的逆解如下:

当 $i = 1, 6$ 时,

$$Bx_i = Px_i + \sqrt{L^2 - (Py_i - By_i)^2 - (Pz_i - Bz_i)^2} \qquad (3.4a)$$

当 $i = 2$ 时,

$$By_i = Py_i + \sqrt{L^2 - (Px_i - Bx_i)^2 - (Pz_i - Bz_i)^2} \qquad (3.4b)$$

当 $i = 3, 4$ 时,

$$Bx_i = Px_i - \sqrt{L^2 - (Py_i - By_i)^2 - (Pz_i - Bz_i)^2} \qquad (3.4c)$$

当 $i = 5$ 时,

$$By_i = Py_i - \sqrt{L^2 - (Px_i - Bx_i)^2 - (Pz_i - Bz_i)^2} \qquad (3.4d)$$

至此,建立了并联机器人刚性假设的逆运动学模型。可以看出,伪刚体并联机器人逆解的求解过程相对容易,如果并联机器人的刚性模型能够准确地反映机器人的模型,就可以直接利用刚性模型来实现对并联机器人的控制。

但是大行程柔性铰链并联机器人的铰链变形范围比较大,把大行程柔性铰链并联机器人简单地等效为刚性并联机器人,可能会产生一些很大的误差。为了准确地体现大行程柔性铰链并联机器人的特性,实现对并联机器人的精确控制,后面章节中将会建立并联机器人的柔性模型,并对两种模型进行比较。

3.2.3　大行程柔性铰链的刚度模型

建立大行程柔性铰链的准确数学模型是运动学建模的关键,本节采用有限元理论建立大行程柔性铰链的数学模型,即把大行程柔性铰链看作柔性梁单元,完全体现了它的特征。

1. 位移函数

图 3.8 所示为局部坐标系下的大行程柔性铰链单元,两端节点号分别为 i、j,每个节点有 6 个位移分量(沿 3 个轴向的线位移和沿 3 个轴转动的角位移)以及相应的 6 个节点力分量(沿 3 个轴向的力和绕 3 个轴转动的力矩),单元位移及相应的节点力向量为

$$\{\boldsymbol{d}\} = (u_{xi}, u_{yi}, \cdots, \theta_{zj})^{\mathrm{T}} \qquad (3.5a)$$

$$\{\boldsymbol{P}\} = \{F_{xi}, F_{yi}, \cdots, M_{zj}\}^{\mathrm{T}} \qquad (3.5b)$$

空间梁的变形包括轴向变形、两个平面弯曲变形(不考虑剪切影响)和对 x 轴的扭转变形四部分,即柔性铰链单元的位移 — 应变关系可以表示为(不含非线性项)

$$\begin{cases} \varepsilon_x = \dfrac{\partial u_x}{\partial x} - y \cdot \dfrac{\partial^2 u_y}{\partial x^2} - z \cdot \dfrac{\partial^2 u_z}{\partial x^2} \\[2mm] \gamma_{yz} = \rho \cdot \dfrac{\partial \beta}{\partial x} \end{cases} \qquad (3.6)$$

式中　　u_x—— 截面中心沿 x 轴的位移;

　　　　u_y—— 截面中心沿 y 轴的位移;

u_z—— 截面中心沿 z 轴的位移;

β—— 截面的扭转角;

ρ—— 材料密度。

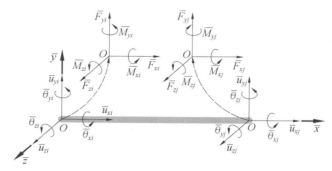

图 3.8　局部坐标系下的大行程柔性铰链单元

可以设定柔性单元的位移函数为

$$\begin{cases} u_x = a_1 x + a_2 \\ u_y = b_1 x^3 + b_2 x^2 + b_3 x + b_4 \\ u_z = c_1 x^3 + c_2 x^2 + c_3 x + c_4 \\ \beta = d_1 x + d_2 \end{cases} \tag{3.7}$$

以及

$$\begin{cases} \theta_x = \dfrac{\mathrm{d}\beta}{\mathrm{d}x} \\[2mm] \theta_y = \dfrac{\mathrm{d}u_z}{\mathrm{d}x} \\[2mm] \theta_z = \dfrac{\mathrm{d}u_y}{\mathrm{d}x} \end{cases} \tag{3.8}$$

将节点位移 $i(u_{xi} \quad u_{yi} \quad u_{zi} \quad \theta_{xi} \quad \theta_{yi} \quad \theta_{zi})$、$j(u_{xj} \quad u_{yj} \quad u_{zj} \quad \theta_{xj} \quad \theta_{yj} \quad \theta_{zj})$ 和单元节点作标 $i(0, \quad 0, \quad 0)$、$j(l, \quad 0, \quad 0)$ 代入式(3.7)和式(3.8)中,则可以确定 12 个系数,将确定的系数代入原方程,并加以整理,可得到位移函数的显式表达为

$$\begin{cases} u_x = N_1 u_{xi} + N_2 u_{xj} \\ u_y = N_3 u_{yi} + N_4 \theta_{zi} + N_5 u_{yj} + N_6 \theta_{zj} \\ u_z = N_3 u_{zi} + N_4 \theta_{yi} + N_5 u_{zj} + N_6 \theta_{yj} \\ \beta = N_1 \theta_{xi} + N_2 \theta_{xj} \end{cases} \tag{3.9}$$

简写成矩阵显式为

$$\{\boldsymbol{U}\} = [\boldsymbol{N}] \cdot \{\boldsymbol{d}_e\} \tag{3.10}$$

式中　$[\boldsymbol{N}]$—— 型函数矩阵。

2. 应变矩阵

空间梁单元应变包括四部分,分别是轴向应变 ε_x、挠曲线在 Oxy 平面的曲率 ρ_z、挠曲线在 Ozx 平面的曲率 ρ_y 以及对 x 轴的扭率 ρ_x,由此,应变的显式可以表示为

$$\{\boldsymbol{\varepsilon}\} = \left\{\begin{array}{c} \varepsilon_x \\ \rho_x \\ \rho_y \\ \rho_z \end{array}\right\} = \left\{\begin{array}{c} \dfrac{\mathrm{d}u_x}{\mathrm{d}x} \\[2mm] -\dfrac{\mathrm{d}u_y}{\mathrm{d}x^2} \\[2mm] -\dfrac{\mathrm{d}u_z}{\mathrm{d}x^2} \\[2mm] \dfrac{\mathrm{d}\beta}{\mathrm{d}x} \end{array}\right\} \tag{3.11}$$

而内力与应变的关系为

$$\{\boldsymbol{M}\} = [\boldsymbol{D}] \cdot \{\boldsymbol{\varepsilon}\} \tag{3.12}$$

式中　$\{\boldsymbol{M}\}$—— 内力列阵,表达式为

$$\{\boldsymbol{M}\} = \left\{\begin{array}{c} X \\ M_x \\ M_y \\ M_z \end{array}\right\} \tag{3.13}$$

式中　X, M_x, M_y, M_z——x 轴的轴力,以及对 x、y、z 轴的弯矩。

而弹性矩阵为

$$[\boldsymbol{D}] = \begin{bmatrix} AE & 0 & 0 & 0 \\ 0 & EI_z & 0 & 0 \\ 0 & 0 & EI_y & 0 \\ 0 & 0 & 0 & GI_x \end{bmatrix} \tag{3.14}$$

式中　I_z—— 柔性单元截面对中性轴 Oz 的惯性矩;

　　　I_y—— 柔性单元截面对中性轴 Oy 的惯性矩;

　　　I_x—— 柔性单元截面对形心的惯性矩。

将式(3.9)代入式(3.10),可得到

$$\{\boldsymbol{\varepsilon}\} = [\boldsymbol{B}] \cdot \{\boldsymbol{d}_e\} \tag{3.15}$$

式中　$[\boldsymbol{B}]$—— 弹性单元的应变矩阵,表达式为

$$[\boldsymbol{B}] = \begin{bmatrix} N'_1 & 0 & 0 & 0 & 0 & 0 & N'_2 & 0 & 0 & 0 & 0 & 0 \\ 0 & N''_3 & 0 & 0 & 0 & N''_4 & 0 & N''_5 & 0 & 0 & 0 & N''_6 \\ 0 & 0 & N''_3 & 0 & -N''_4 & 0 & 0 & 0 & N''_5 & 0 & -N''_6 & 0 \\ 0 & 0 & 0 & N'_1 & 0 & 0 & 0 & 0 & 0 & N'_2 & 0 & 0 \end{bmatrix}$$

$$\tag{3.16}$$

式中 N_i'，N_i'' —— 矩阵中元素分别对 x 进行一阶、二阶求导。

3. 单元刚度矩阵

将式(3.14)和式(3.16)代入下式,即可得到单元刚度矩阵节点分块的工程显式:

$$[\boldsymbol{K}_{ij}^e] = \iiint\limits_{V_e} [\boldsymbol{B}_i]^T \cdot [\boldsymbol{D}] \cdot [\boldsymbol{B}_j] \mathrm{d}V \tag{3.17}$$

一般地,将单元刚度矩阵写为 $[\boldsymbol{K}_{ii}^e]$、$[\boldsymbol{K}_{ij}^e]$、$[\boldsymbol{K}_{ji}^e]$ 和 $[\boldsymbol{K}_{jj}^e]$ 的分块子矩阵的形式。

通过刚度矩阵,可以建立在局部坐标系下的节点载荷与节点位移之间的关系,即

$$\bar{\boldsymbol{K}} \cdot \bar{\boldsymbol{d}} = \bar{\boldsymbol{P}} \tag{3.18}$$

式中 $\bar{\boldsymbol{K}}$ —— 柔性铰链单元刚度矩阵,12×12;

$\bar{\boldsymbol{d}}$ —— 柔性铰链的节点位移列阵,12×1;

$\bar{\boldsymbol{P}}$ —— 柔性铰链的节点载荷列阵,12×1。

梁单元的刚度矩阵 $\bar{\boldsymbol{K}}$,可表示成单元结构参数及材料特性参数的函数。值得注意的是,式(3.14)仅成立于局部坐标系下。在位置解讨论中,通常是相对于固定参考系进行的,刚度矩阵、节点位移列阵以及节点载荷列阵都可通过变换矩阵转换到参考坐标系下,可得到参考坐标系下的刚度方程为

$$\boldsymbol{K} \cdot \boldsymbol{d} = \boldsymbol{P} \tag{3.19}$$

4. 柔性单元在全局坐标系下的一般表达

在通常的分析中,$\bar{\boldsymbol{K}}$、$\bar{\boldsymbol{d}}$ 和 $\bar{\boldsymbol{P}}$ 必须要通过转换矩阵 $\mathbf{Tr}$,转换为全局坐标系下相应的矩阵 $\boldsymbol{K}$、$\boldsymbol{d}$ 和 $\boldsymbol{P}$,从而才能得到应用,它们的关系可以表示为

$$\bar{\boldsymbol{P}} = \mathbf{Tr} \cdot \boldsymbol{P} \tag{3.20}$$

$$\bar{\boldsymbol{d}} = \mathbf{Tr} \cdot \boldsymbol{d} \tag{3.21}$$

替换式(3.19)中的 $\bar{\boldsymbol{P}}$ 和 $\bar{\boldsymbol{d}}$ 节点位移和节点载荷在全局坐标系下的关系可以表示为

$$\boldsymbol{P} = \mathbf{Tr}^{-1} \cdot \bar{\boldsymbol{P}} = \mathbf{Tr}^{-1} \cdot \bar{\boldsymbol{K}} \cdot \bar{\boldsymbol{d}} = \mathbf{Tr}^{-1} \cdot \bar{\boldsymbol{K}} \cdot \mathbf{Tr} \cdot \boldsymbol{d} = \boldsymbol{K} \cdot \boldsymbol{d} \tag{3.22}$$

式中 $\boldsymbol{K}$ —— 柔性铰链单元刚度矩阵,12×12;

$\boldsymbol{d}$ —— 柔性铰链的节点位移列阵,12×1;

$\boldsymbol{P}$ —— 柔性铰链的节点载荷列阵,12×1。

其中,$\mathbf{Tr}$ 为一正交矩阵,其逆矩阵等于其转置矩阵,即 $\mathbf{Tr}^T = \mathbf{Tr}^{-1}$,同时,$\mathbf{Tr}$ 也

是一个 12×12 对角方阵，可以表示为以 **tr** 为子矩阵的对角形式，即

$$\mathbf{Tr}=\begin{bmatrix}\mathbf{tr}&0&0&0\\0&\mathbf{tr}&0&0\\0&0&\mathbf{tr}&0\\0&0&0&\mathbf{tr}\end{bmatrix}_{12\times12} \tag{3.23}$$

tr 是一个 3×3 方阵，其中的元素可以表示为 $\bar{i}$ 和 $\bar{j}$ 两个轴的方向余弦 $l_{\bar{i}\bar{j}}=\cos(\bar{i},\bar{j})$，即

$$\mathbf{tr}=\begin{bmatrix}l_{\bar{x}x}&l_{\bar{x}y}&l_{\bar{x}z}\\l_{\bar{y}x}&l_{\bar{y}y}&l_{\bar{y}z}\\l_{\bar{z}x}&l_{\bar{z}y}&l_{\bar{z}z}\end{bmatrix}_{3\times3} \tag{3.24}$$

其具体的形式可以表示为

$$\mathbf{tr}=\begin{bmatrix}R_1/l_1&R_2/l_1&R_3/l_1\\S_1/l_3&S_2/l_3&S_3/l_3\\Q_1/l_2&Q_2/l_2&Q_3/l_2\end{bmatrix} \tag{3.25}$$

式中

$$R_1=x_j-x_i \tag{3.26}$$
$$R_2=y_j-y_i \tag{3.27}$$
$$R_3=z_j-z_i \tag{3.28}$$
$$l_1=\sqrt{(x_j-x_i)^2+(y_j-y_i)^2+(z_j-z_i)^2} \tag{3.29}$$
$$Q_1=\begin{vmatrix}y_k-y_i&z_k-z_i\\y_k-y_j&z_k-z_j\end{vmatrix} \tag{3.30}$$
$$Q_2=\begin{vmatrix}x_k-x_i&z_k-z_i\\x_k-x_j&z_k-z_j\end{vmatrix} \tag{3.31}$$
$$Q_3=\begin{vmatrix}x_k-x_i&y_k-y_i\\x_k-x_j&y_k-y_j\end{vmatrix} \tag{3.32}$$
$$l_2=\sqrt{(Q_1)^2+(Q_2)^2+(Q_3)^2} \tag{3.33}$$
$$S_1=(1-l_{\bar{x}x}^2)(x_k-x_i)-l_{\bar{x}x}l_{\bar{x}y}(y_k-y_i)-l_{\bar{x}x}l_{\bar{x}z}(z_k-z_i) \tag{3.34}$$
$$S_2=-l_{\bar{x}y}l_{\bar{x}x}(x_k-x_i)+(1-l_{\bar{x}y}^2)(y_k-y_i)-l_{\bar{x}y}l_{\bar{x}z}(z_k-z_i) \tag{3.35}$$
$$S_3=-l_{\bar{x}z}l_{\bar{x}x}(x_k-x_i)-l_{\bar{x}x}l_{\bar{x}y}(y_k-y_i)+(1-l_{\bar{x}z}^2)(z_k-z_i) \tag{3.36}$$
$$l_3=\sqrt{S_1^2+S_2^2+S_3^2} \tag{3.37}$$

至此，即可以完整地表述空间中任一大行程柔性铰链单元的运动模型。

3.2.4　大行程柔性铰链机器人的位置解模型

相对于柔性铰链处的大变形，柔性并联机器人本体中其他构件的变形极其

微小,均可视为刚体,故这类机器人是一种较为复杂的刚柔耦合机构体。有学者认为由于系统的变形集中在柔性铰链处,因此可将其归为"具有集中柔度的全柔性机构"的范畴。

图 3.9 所示为大行程柔性 6 - PSS 并联机构运动学支链中的节点与结构,采用"刚柔统一建模"的方法,建立位置解模型。其中,刚性移动副、刚性连杆、动平台三者之间采用大行程柔性铰链连接。

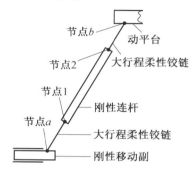

图 3.9　运动学支链中的节点与结构

1. 单支链刚度组集

为建立统一的模型,将"刚性连杆"的弹性变形也考虑进来,这样,并联机构中单支链可以看作是三段柔性梁的组集。同时,也就存在一个组集的刚度矩阵,即

$$
k = \begin{bmatrix} k_{11u} & k_{12u} & & \\ k_{21u} & k_{22u}+k_{11r} & k_{12u} & \\ & k_{21r} & k_{22r}+k_{11b} & k_{12b} \\ & & k_{21b} & k_{22b} \end{bmatrix} = \begin{bmatrix} k_1 \\ k_2 \\ k_3 \\ k_4 \end{bmatrix} \tag{3.38}
$$

式中　k——单支链相对参考系下的组集刚度矩阵;

　　　　k_{iju}——上端柔性铰链分块刚度矩阵;

　　　　k_{ijb}——下端柔性铰链分块刚度矩阵;

　　　　k_{ijr}——刚性连杆的分块刚度矩阵。

通过单支链的组集刚度矩阵式(3.17),建立起单支链的刚度方程为

$$
\begin{bmatrix} p_b \\ p_2 \\ p_1 \\ p_a \end{bmatrix} = k \cdot \begin{bmatrix} d_b \\ d_2 \\ d_1 \\ d_a \end{bmatrix} \tag{3.39}
$$

式中　p_b,p_2,p_1,p_a——上、下两段柔性铰链两端相对于参考坐标系下的节点载荷列阵;

d_b，d_2，d_1，d_a——上、下两段柔性铰链两端相对于参考坐标系下的节点位移列阵；

k——单支链的组集刚度矩阵。

2. 位置反解求解方案

观察式（3.39），对单一支链来说，p_a 为驱动端节点载荷列阵，未知；p_2、p_1 为刚性连杆两端节点载荷列阵，已知（其中 12 个元素均为零）；p_b 为连接上平台（动平台）处的节点载荷列阵，未知。另外，d_a 为驱动端节点位移列阵，除有一个位移元素未知外，其他元素均为零；d_2、d_1 为刚性杆两端节点位移列阵，完全未知；d_b 为支链与上平台连接处节点的位移列阵，已知（与上平台的运动有关）。

从上面的分析可以得出问题"可解性"的结论，24 维位移列阵中有 13 个未知参量（d_1 和 d_2 中有 12 个，d_a 中有 1 个），将组集后的刚度矩阵 k 划分为 4 个带状的子矩阵 $\begin{bmatrix} k_1 & k_2 & k_3 & k_4 \end{bmatrix}^T$，可以利用

$$\begin{bmatrix} p_2 \\ p_1 \end{bmatrix} = \begin{bmatrix} k_2 \\ k_1 \end{bmatrix} \cdot \begin{bmatrix} d_b \\ d_2 \\ d_1 \\ d_a \end{bmatrix} \tag{3.40}$$

得出 d_1 和 d_2，其中，12 个元素均是由 d_a 中的未知元素（驱动位移）表示的。对于单支链来说，位移列阵中的 24 个元素中只有一个未知数（驱动位移）。再利用 $\begin{bmatrix} p_b \end{bmatrix} = \begin{bmatrix} k_4 \end{bmatrix} \cdot \begin{bmatrix} d_b & d_2 & d_1 & d_a \end{bmatrix}^T$，就可以得到 p_b 六维力。最后，对上平台列写力平衡方程：

$$p_w + \sum_{i=1}^{6} p_{bi} = 0 \tag{3.41}$$

式中　　p_{bi}——上端柔性铰链 b 节点的载荷列阵；

　　　　p_w——上平台所受的外力。

而式（3.41）有 6 个方程，从中可以解得 6 个支链的驱动位移。

3.2.5　大行程柔性铰链并联机器人的几何非线性问题

1. 几何非线性问题的提出

上面的分析，忽略了一个细节问题——柔性铰链的大行程。由式（3.40）可知，参考坐标系下的柔性铰链的单元刚度矩阵与该单元在坐标系下的位置有关，由于大行程柔性铰链的位移相对较大，在自身经历了弹性变形的同时，还经历了大范围的刚体运动，这就导致单元刚度矩阵成为与位置有关的变参数矩阵，而对于位置反解而言，此时节点的位置量又是未知量，这就给位置解的解算带来了很大的困难。可见，通常的线性分析方法已不再适合于这类问题的讨论，这是典型

的几何非线性问题。

2. 几何非线性问题的解决过程

几何非线性问题的基本特点是必须在变形后的位形上建立平衡方程,由于几何非线性问题的特殊性,只能应用迭代的方法才能进行求解。本节采用修改的拉格朗日列式法建立大行程柔性铰链的刚度模型,在此基础上,提出采用牛顿－莱弗森增量迭代法,作为整体结构位置解的解算方案。

一般地,几何非线性问题其刚度矩阵、节点载荷均为位置的函数。刚度方程式(3.40)可写为

$$\boldsymbol{k}(\boldsymbol{d}) \cdot \boldsymbol{d} - \boldsymbol{p}(\boldsymbol{d}) = 0 \tag{3.42}$$

为讨论方便,令

$$\boldsymbol{\varphi}(\boldsymbol{d}) = \widetilde{\boldsymbol{\varphi}}(\boldsymbol{d}) - \boldsymbol{p}(\boldsymbol{d}) \tag{3.43}$$

式中　　$\boldsymbol{\varphi}(\boldsymbol{d})$——内力与外力的不平衡力;

　　　　$\widetilde{\boldsymbol{\varphi}}(\boldsymbol{d})$——节点内力列阵,$\widetilde{\boldsymbol{\varphi}}(\boldsymbol{d}) = \boldsymbol{k}(\boldsymbol{d}) \cdot \boldsymbol{d}$。

若位移节点列阵 $\boldsymbol{d}$ 是刚度方程式(3.21)的解,则有

$$\boldsymbol{\varphi}(\boldsymbol{d}) = \widetilde{\boldsymbol{\varphi}}(\boldsymbol{d}) - \boldsymbol{P}(\boldsymbol{d}) = 0 \tag{3.44}$$

也就是说,必须找到精确解 $\boldsymbol{d}^*$,才能保证不平衡力 $\boldsymbol{\varphi}(\boldsymbol{d}^*)$ 为零。这就必须有一个迭代的过程,要构造一组逼近序列 $\boldsymbol{d}^{(0)}, \boldsymbol{d}^{(1)}, \cdots, \boldsymbol{d}^{(n)}, \cdots$,当 $n \to \infty$ 时,使 $\boldsymbol{d}^{(n)} \to \boldsymbol{d}^*$,从而 $\boldsymbol{\varphi}(\boldsymbol{d}^n) \to \boldsymbol{\varphi}(\boldsymbol{d}^*)$。图 3.10 给出了以一维几何非线性问题求解过程为例的几何非线性问题的描述。

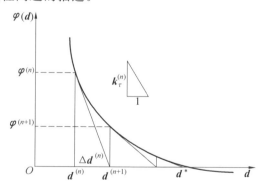

图 3.10　几何非线性问题的描述

牛顿－莱弗森法构造迭代序列采用一阶泰勒展开,设 $\boldsymbol{d}^{(n)}$ 已知,则不平衡力列阵 $\boldsymbol{\varphi}$ 的近似计算公式为

$$\boldsymbol{\varphi} = \boldsymbol{\varphi}^{(n)} + \boldsymbol{k}_\tau^{(n)} \cdot (\boldsymbol{d} - \boldsymbol{d}^{(n)}) \tag{3.45}$$

式中　　$\boldsymbol{\varphi}^{(n)}$——$\boldsymbol{d}^{(n)}$ 处的不平衡节点力列阵;

　　　　$\boldsymbol{k}_\tau^{(n)}$——$\boldsymbol{d}^{(n)}$ 处的切线刚度矩阵。

在满足不平衡力为零的条件下,利用式(3.45)求新的逼近值 $\boldsymbol{d}^{(n+1)}$,则有

$$\boldsymbol{\varphi}^{(n)} + \boldsymbol{k}_\tau^{(n)} (\boldsymbol{d}^{(n+1)} - \boldsymbol{d}^{(n)}) = 0 \tag{3.46}$$

由此,可得到构造线性逼近序列的公式为

$$\begin{cases} \boldsymbol{k}_\tau^{(n)} \cdot \Delta \boldsymbol{d}^{(n)} = -\boldsymbol{\varphi}^{(n)} \\ \boldsymbol{d}^{(n+1)} = \boldsymbol{d}^{(n)} + \Delta \boldsymbol{d}^{(n)} \end{cases} \tag{3.47}$$

根据泰勒展开的定义,切线刚度矩阵的形式如下:

$$\boldsymbol{k}_\tau^{(n)} = \frac{\partial \boldsymbol{\varphi}}{\partial \boldsymbol{d}} \mid_{\boldsymbol{d} = \boldsymbol{d}^{(n)}} = \left(\frac{\partial \widetilde{\boldsymbol{\varphi}}}{\partial \boldsymbol{d}} - \frac{\partial \boldsymbol{P}}{\partial \boldsymbol{d}} \right) \mid_{\boldsymbol{d} = \boldsymbol{d}^{(n)}} \tag{3.48}$$

事实上,针对不同的列式方法,切线刚度矩阵 $\boldsymbol{k}_\tau^{(n)}$ 的形式是不同的,由于修改的拉格朗日列式法第 $n+1$ 次迭代以第 n 次迭代终了时的位形为参照位形,所以其切线刚度矩阵由两部分组成,即

$$\boldsymbol{k}_\tau^{(n)} = \boldsymbol{k}_l^{(n)} + \boldsymbol{k}_\sigma^{(n)} \tag{3.49}$$

式中　　$\boldsymbol{k}_l^{(n)}$ —— 切线刚度矩阵线性项;

　　　　$\boldsymbol{k}_\sigma^{(n)}$ —— 切线刚度矩阵初应力项。

3.2.6　基于神经网络的运动学逆解建模

从上面的分析可以看出,利用迭代方法解决由于刚度矩阵变化而产生的几何非线性,求解的过程十分复杂,计算量特别大。因为在支链不断运动的过程中,支链两端位置坐标也在不断变化,导致固定坐标系下的刚度矩阵也不断变化,在计算基于大行程柔性铰链的并联机器人运动学逆解的过程中,需要计算不断变化的刚度矩阵。根据流程,计算基于大行程柔性铰链的并联机器人的位置逆解,求解程序在奔腾 IV1.5G/256M 的计算机中运行需要 1 000 s 以上。显然,这样的求解速度无法满足机器人的实时控制。

人工神经网络(Artificial Neural Network,ANN)是由大量简单的处理单元组成的非线性、自适应、自组织系统,具有并行计算、分布式信息存储、容错能力强及具备自适应学习功能等优点。它是在现代神经科学研究成果的基础上,试图通过模拟人类神经系统对信息进行加工的方式,设计出的一种具有人脑风格的信息处理系统。神经网络在人工智能、自动控制、计算机科学、信息处理、机器人、模式识别、CAD/CAM 等方面都有广泛的应用。神经网络控制是一种基本上不依赖于模型的控制方法,它比较适用于那些具有不确定性或者高度非线性的控制对象,并具有较强的适应和学习功能。而且神经网络还具有并行计算、处理多变量系统能力强等特点。所以,本节采用神经网络来解决基于大行程柔性铰链的并联机器人运动学模型中计算困难的问题。

本节将针对上述大行程柔性铰链并联机器人运动学模型由于几何非线性特性而求解困难的问题,采用神经网络的方法来求解。本节将介绍 BP 神经网络和

模糊神经网络的算法及其仿真,比较它们针对具体模型的特点,设计 BP 神经网络,在保证精度较高的情况下实现计算的快速性,解决大行程柔性铰链并联机器人运动学逆解的实时性问题。

1. BP 神经网络

BP 神经网络是一种具有隐层的多层前馈网络,它在输入层和输出层之间可以有若干层(一层或多层)神经元,称为隐层。下层的每一个单元与上层的每一个单元都通过权值连接,每层各神经元之间无连接。连接权值决定了各神经元之间的连接强度,连接权值的改变能够影响输入和输出之间的关系。

BP 神经网络的学习算法由两部分组成:信息的正向传递和误差的反向传播。在正向传播过程中,输入信息从输入层经隐层计算传向输出层,每一层神经元的输出作用于下一层神经元的输入。如果在输出层没有得到期望的输出,则计算输出层的误差变化值,然后转向反向传播,通过网络将误差信号沿原来的连接通路反传回来,修改各层神经元的权值直至达到期望目标。以三层的网络为例,具体算法如下所述。

对于网络结构,设网络的输入为 x;隐层激活函数为非线性 Sigmoid 函数;输出层的目标输出为 t,激活函数为线性 Purelin 函数。

2. 信息的正向传播

(1)输入层节点 i 的输出 o_i 等于其输入 x_i。

(2)隐层节点 j 的输入、输出分别为

$$i_j = \sum_i \omega_{ji} o_i + \theta_j \tag{3.50}$$

$$o_j = f(i_j) = [1 + \exp(-i_j)]^{-1} \tag{3.51}$$

式中 ω_{ji}——隐层节点 j 与输入层节点 i 之间的连接权重值;

         θ_j——隐层节点 j 的阈值;

         f——非线性 Sigmoid 函数。

(3)输出层节点 k 的输入、输出分别为

$$i_k = \sum_j \omega_{kj} o_j + \theta_k \tag{3.52}$$

$$o_k = g(i_k) = i_k \tag{3.53}$$

式中 ω_{kj}——输出层节点 k 与隐层节点 j 之间的连接权值;

         θ_k——输出层节点 k 的阈值;

         g——线性 Purelin 函数。

对于给定的训练样本集 $(x_{p1}, x_{p2}, \cdots, x_{pM}) \rightarrow (t_{p1}, t_{p2}, \cdots, t_{pN})$,$p$ 为样本序列号,$p = 1, 2, \cdots, P$,第 p 组样本输入时网络的目标函数 E_p 和网络的总目标函数 E 分别为

$$E_p = \frac{1}{2} \sum_k e_{pk}^2 = \frac{1}{2} \sum_k \left[t_{pk} - o_{pk} \right]^2 \tag{3.54}$$

$$E = \sum_{p=1}^{P} E_p \tag{3.55}$$

式中　t_{pk}, o_{pk}——分别为第 p 组样本的第 k 输出单元的目标输出和网络运算输出。

若有

$$E \leqslant \varepsilon \quad (\varepsilon \text{ 为预先设定的精度}, \varepsilon > 0) \tag{3.56}$$

则算法结束；否则，至反向传播过程。

3. 误差的反向传播

由输出层经过隐层，再到输入层，依据 E，按"梯度下降法"反向计算，逐层调整权值。取步长为常值，从神经元 j 到神经元 i 的连接权第 $n+1$ 次调整算式为

$$\omega_{ij}(n+1) = \omega_{ij}(n) - \eta \frac{\partial E(n)}{\partial \omega_{ij}(n)} = \omega_{ij}(n) - \eta \sum_P \frac{\partial E_p(n)}{\partial \omega_{ij}(n)} = \omega_{ij}(n) + \Delta \omega_{ij}(n)$$

$$\tag{3.57}$$

为了使学习速率足够大，又不易产生振荡，在权值调整算法式（3.57）中加入惯性系数（或者称为阻尼系数）。

对于输出层与隐层之间的权值 ω_{kj}，有

$$\omega_{kj}(n+1) = \omega_{kj}(n) + \eta \delta_k o_j + \alpha \left[\omega_{kj}(n) - \omega_{kj}(n-1) \right] \tag{3.58}$$

$$\delta_k = g'(i_k)(t_k - o_k) = (t_k - o_k) \tag{3.59}$$

对于隐层与输入层之间的权值 ω_{ji}，有

$$\omega_{ji}(n+1) = \omega_{ji}(n) + \eta \delta_j o_i + \alpha \left[\omega_{ji}(n) - \omega_{ji}(n-1) \right] \tag{3.60}$$

$$\delta_j = f'(i_j) \sum_k \omega_{kj} \delta_k = o_j(1 - o_j) \sum_k \omega_{kj} \delta_k \tag{3.61}$$

式中　n——迭代运算次数；

η——步长，即学习率，$0 < \eta < 1$；

α——惯性系数，用以调整学习的收敛速度，$\alpha > 0$。

4. 神经网络的设计和仿真

根据 BP 神经网络设计的一些原则，为了减少网络模型的规模，选择神经网络的层数为 3 层。隐层和输出层的激活函数分别取为非线性 Sigmoid 函数和线性 Purelin 函数。

在求解基于大行程铰链的并联机器人运动学逆解时，输入的是上平台的位置和姿态，即 $(x, y, z, \alpha, \beta, \gamma)$，输出的是 6 个电机的驱动位移，即 $(l_1, l_2, l_3, l_4, l_5, l_6)$。所以确定了 BP 神经网络的输入层和输出层的神经元个数均为 6。隐层的神经元个数没有明确的理论指导，在实际中只能通过对不同的神经元数进行训

练比较,然后选择适当的个数。最后通过比较,选择隐层的神经元为 14 个。

通过基于大行程柔性铰链的运动学模型,计算了 1 280 组并联机器人位置解逆解的数据,作为 BP 网络训练的样本。

得到足够样本后,利用 MATLAB 中的神经网络工具箱,建立好 BP 网络,对模型进行训练,图 3.11 所示为 BP 神经网络训练曲线。图中横轴为训练步数,纵轴为目标函数的值。从图中可以看出,经过 500 步训练后,目标函数已经达到了 10^{-5} mm 以下。

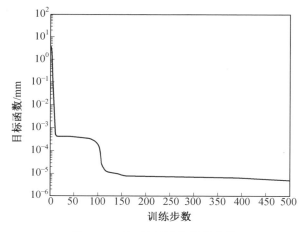

图 3.11　BP 神经网络训练曲线

训练完成后,网络的权值和阈值都已经固定了,仿真的过程只是网络前向运算的过程,本节对所训练的网络进行仿真。选取上平台中心点在工作空间从(0, 0,0,0,0,0) 沿直线运动到(3,1,7,1,0.4,0.5),以这个过程中的 5 个均匀的位姿作为输入,输出为 6 个电机的驱动位移。BP 网络仿真与柔性模型比较如表 3.1 所示。

表 3.1　BP 网络仿真与柔性模型比较

序号	模型	l_1	l_2	l_3	l_4	l_5	l_6	ΔE
1	柔性模型	−1.099 9	−1.262 6	2.143 3	2.250 4	1.535 1	−1.395 7	0.001 519
	神经网络	−1.098 8	−1.262 0	2.141 5	2.249 2	1.534 8	−1.394 0	
2	柔性模型	−2.334 4	−2.617 2	4.378 8	4.592 6	3.148 1	−2.952 1	0.001 324
	神经网络	−2.333 6	−2.616 8	4.377 7	4.591 8	3.147 5	−2.950 1	
3	柔性模型	−3.707 2	−4.066 3	6.708 5	7.029 7	4.837 2	−4.679 8	0.001 934
	神经网络	−3.705 9	−4.063 7	6.707 7	7.028 3	4.835 8	−4.678 4	

续表 3.1

序号	模型	l_1	l_2	l_3	l_4	l_5	l_6	ΔE
4	柔性模型	− 5.234 8	− 5.617 7	9.138 7	9.568 5	6.606 4	− 6.604 8	0.001 886
	神经网络	− 5.234 7	− 5.615 1	9.139 4	9.567 8	6.604 6	− 6.606 6	
5	柔性模型	− 6.940 6	− 7.280 8	11.678 5	12.218 4	8.461 4	− 8.765 0	0.001 973
	神经网络	− 6.938 4	− 7.279 0	11.677 6	12.220 4	8.462 7	− 8.766 0	

从表 3.1 中可以看出,在 5 个均匀位姿的逆解中,网络计算出的结果与用柔性模型计算出的结果之间的误差一直保持在 2 μm 以下。

根据 BP 神经网络的算法可知,网络训练好以后,在以后的应用中只需要进行信息的前向传播,其计算过程只是一些简单的加减乘除幂等运算,其运算速度十分快。

与迭代方法相比,利用相同的计算机,在这 5 次逆解运算过程中,每次计算的过程都在 10 ms 以内。而利用基于大行程柔性铰链的运动学模型来迭代计算求解,每次计算需要的时间在 1 000 s 以上。相比之下,神经网络的运算速度提高了 5 个数量级以上。

经过对比可以发现,对于样本中抖动十分严重的情况,BP 神经网络的训练效果要比模糊神经网络的训练效果好。

所以在求解基于大行程柔性铰链并联机器人的运动学逆解时,BP 神经网络是一种比较理想的网络。它在保证高速运算的情况下,还能保证比较高的精度。

3.2.7　并联机构静刚度影响分析

无论是串联机构系统还是并联机构系统,柔性单元的引入都会影响机构的刚度,特别是采用大行程柔性铰链作为被动关节的并联机构系统,其几何参数和空间布置将会直接决定机构的刚度,从而间接影响机构诸如驱动能力、工作空间、动态特性等系列性能。所以,对并联机构静刚度影响的分析对这类机器人系统设计、分析和应用是很有意义的。本节将在 3.2.3 节和 3.2.4 节所建立的并联机构位置解模型的基础上,进一步得到并联机构的刚度模型,从而得到这类机器人的几何参数和机构分布对刚度影响的变化图谱。

1.基于位置解的刚度模型

刚度可简单定义为产生单位位移所需要的力;而柔度可以定义为施加单位力所产生的位移,二者是互为倒数的关系。基于 3.2.3 节和 3.2.4 节所建立的并联机构位置解模型,对动平台(上平台)的力平衡方程式(3.41),有

$$P_w - \sum_{i=1}^{6} P_{b_i} = 0 \tag{3.62}$$

可以分别设定 $P_w = (F_x, F_y, F_z, M_x, M_y, M_z)^T$ 为单位力向量,而对应得到的上平台位移向量 $L = (x, y, z, \theta_x, \theta_y, \theta_z)^T$ 即为柔度,而对每个元素取其倒数即得到对应的刚度值。

值得注意的是 3.2.3 节和 3.2.4 节中,支链的刚度方程为

$$p_{A_i} = k_{A_i} \cdot d_{A_i} \tag{3.63}$$

其中的位移向量 $d_{A_i} = (d_{a_i}, d_{1_i}, d_{2_i}, d_{b_i})^T$ 的子向量 d_{a_i} 中的所有元素均为零值。

至此,便得到了基于柔性并联机构位置解的系统静刚度模型,该模型中包括构成此机构的所有尺度参数和空间结构参数,可以据此进行下面的静刚度分析。

为了方便讨论,图 3.12 和表 3.2 详细地给出了柔性铰链并联机器人系统的机构参数及其意义,其中,大行程柔性铰链和支链杆件分别采用铍青铜和硬铝材料。

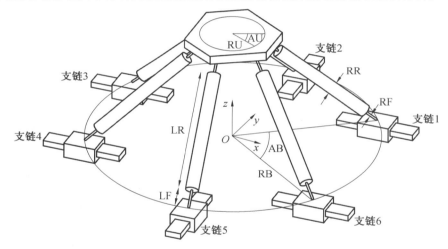

图 3.12　柔性铰链并联机器人系统的机构参数示意图

表 3.2　机构参数意义

机构参数符号	参数意义
RU/mm	上平台半径
RB/mm	下平台半径
AU/(°)	上平台 1～6 链铰点所对圆周角
AB/(°)	下平台 1～6 链铰点所对圆周角
LF/mm	柔性铰链长度
LR/mm	刚性连杆长度
RF/mm	柔性铰链半径
RR/mm	刚性连杆半径

2. 半径 RU 和 RB 对系统刚度的影响

当 AU、AB、LF、LR、RF 和 RR 分别设定为 40°、80°、15 mm、70 mm、0.5 mm 和 5 mm 时,上平台半径 RU 和下平台半径 RB 从 20 mm 到 100 mm 变化,进行半径 RU 和 RB 对系统刚度的影响分析,可得到相应的系统刚度变化图谱,如图 3.13 所示。

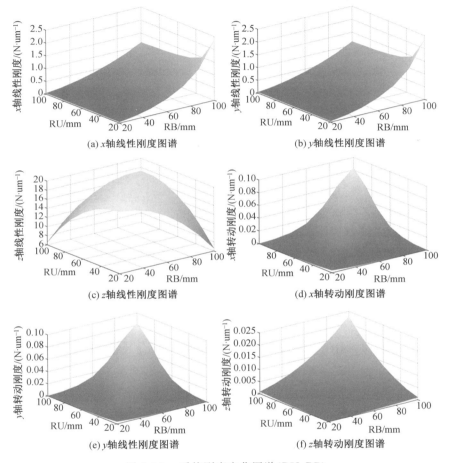

图 3.13　系统刚度变化图谱(RU、RB)

对于 x、y 轴的线性刚度而言,增加 RB 将会极大地提高系统刚度;而 RU 和 RB 二者的差值越大,系统的刚度将会有越大的提升,即从空间构型的角度出发, "正锥"的刚度比"倒锥"的刚度要高得多。相反,对于 z 轴的线性刚度而言,RU 和 RB 二者的差值越小,系统的刚度将会越高。从三者的横向比较来看,z 轴的线性刚度比 x、y 轴的线性刚度要高得多,因此,RU 和 RB 二者的差异可以适当地增加,以牺牲 x、y 轴的线性刚度为前提,来获得较大的 z 轴的线性刚度。与线性刚

度不同的是,RU 和 RB 对系统转动刚度的影响体现了一致的趋势,即 RU 和 RB 的值越大且二者的差值越小,各个轴的转动刚度越高。三者之间的差异在于,z 轴方向的转动刚度稍微比其他两个方向的转动刚度低一些。

3. 角度 AU 和 AB 对系统刚度的影响

当 RU、RB、LF、LR、RF 和 RR 分别设定为 30 mm、80 mm、15 mm、70 mm、0.5 mm 和 5 mm 时,上下平台各铰链点所对应的圆周角 AU 和 AB 从 15°变化到 105°,利用前面建立的刚度模型,可以进行圆周角 AU 和 AB 对系统刚度的影响分析,得到相应的系统刚度变化图谱,如图 3.14 所示。

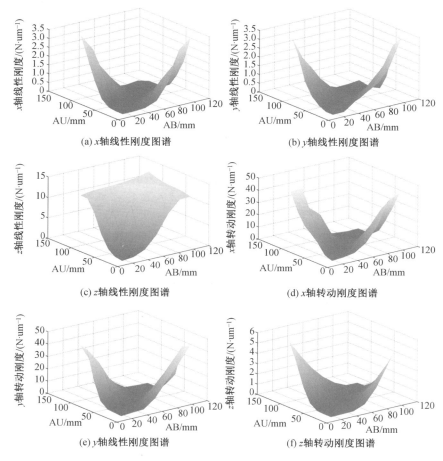

图 3.14　系统刚度变化图谱(AU、AB)

一般地,并联机构的上平台和下平台相邻的圆周角之和为 120°,因此,当 AU 和 AB 的值给定时,其他的角度都可以相应地得到。从得到的图谱可以看出,当 AU 和 AB 的差值越大时,x、y 轴的线性刚度也越大;当 AU 和 AB 相等时,也就是上下平台对应铰点与上下平台圆心构成的三角形是相似三角形时，x、y 轴的线性刚度达到最小；另外，z 轴的线性刚度此时却相对较高。圆周角 AU 和 AB 的值对系统转动刚度的影响体现出了很强的一致性，即 AU 和 AB 的差异越大，系统的转动刚度越高；当二者同时趋近于 $60°$ 时，各个轴的转动刚度同时趋近于最小。

4. 长度 LF 和 LR 对系统刚度的影响

当 RU、RB、RF、RR、AU 和 AB 分别设定为 30 mm、80 mm、0.5 mm、5 mm、$40°$ 和 $80°$ 时，柔性铰链的长度 LF 和刚性连杆的长度 LR 分别从 4 mm 到 19 mm 和从 50 mm 到 90 mm 变化，可以进行 LF 和 LR 对系统刚度的影响分析，得到相应的系统刚度变化图谱，如图 3.15 所示。

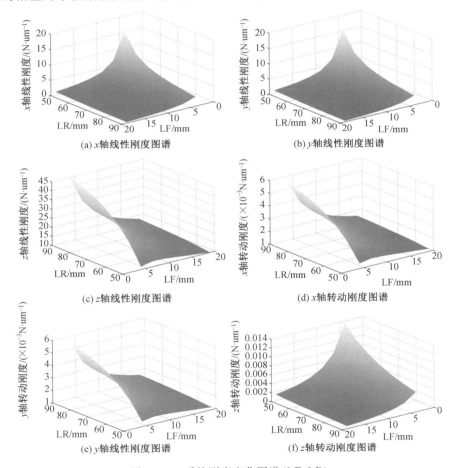

图 3.15　系统刚度变化图谱（LF、LR）

从图中可以看出，柔性铰链的长度对系统刚度的影响远远大于刚性连杆的长度所带来的影响，也就是说，柔性铰链的长度越小，系统的刚度越高。前两个图表明 LF 和 LR 的值越小，x、y 轴的线性刚度越大；刚性连杆的长度对 z 轴的线性刚度也有一定的影响，其影响的非一致性是由于运动支链与基座之间的角度超过了 45°。对于 3 个轴而言，减小 LF 和 LR 的值将带来较高的转动刚度，然而，x、y 轴的转动刚度还受到空间构型的影响，也就是说，它们的变化趋势并不是单调的，这一点可以从图谱中看出来。

5. 半径 RF 和 RR 对系统刚度的影响

当 RU、RB、LF、LR、AU 和 AB 分别设定为 30 mm、80 mm、15 mm、70 mm、40° 和 80° 时，柔性铰链的半径 RF 和刚性连杆的半径 RR 分别从 0.2 mm 变化到 1.4 mm 以及从 2 mm 变化到 8 mm 时，可以进行 RF 和 RR 对系统刚度的影响分析，得到相应的系统刚度变化图谱，如图 3.16 所示。

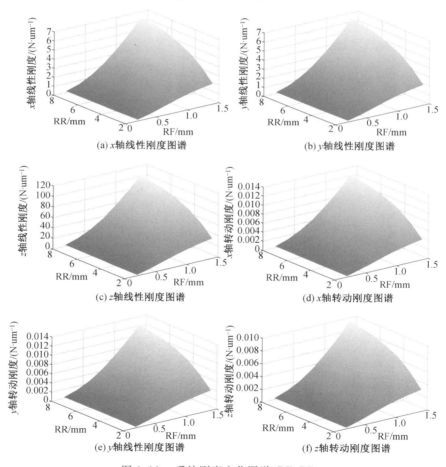

图 3.16 系统刚度变化图谱（RF、RR）

柔性铰链半径以及刚性连杆半径对系统线性刚度和转动刚度的影响是一致的，即柔性铰链和刚性连杆的直径越大，系统的刚度越高。然而，从数值的比较而言，系统刚度的提升主要来自于柔性铰链，因为刚性连杆的变形极其微小。当半径之间差异越大时，柔性铰链的刚度对系统的刚度影响也越为明显。

6.对于刚度分析的讨论

根据上述刚度影响图谱的结果，可以得到一些结论。对于线性刚度而言，柔性铰链的几何参数对系统刚度的影响体现了单调性，即长度越短、半径越大，将会越大地提高系统刚度。然而，柔性铰链和刚性连杆的构型对系统的刚度影响则体现了一定的矛盾性：当六个运动支链、上平台和下平台形成一个圆柱体且六个支链均匀分布时，z 向刚度达到最大值；当铰链点所对的圆周角的差值达到最小且整体结构呈正锥体时，x、y 向的刚度达到最大值。对于转动刚度而言，几何参数和空间构架对系统刚度的影响呈强烈的一致性，即柔性体的刚度高，则整体系统的刚度就高。但是，柔性铰链和刚性连杆的长度在影响系统整体刚度的同时，也改变了系统的空间结构。因此，在进行这类系统的线性刚度和转动刚度设计时，要综合考虑各轴的刚度匹配。另外，过分地强调系统的刚度也会给系统带来负面影响，如增加驱动负荷和缩小工作空间等，故系统机构参数的最终确定，要综合考虑系统的性能指标要求。

本研究以大行程柔性并联机构的数学模型为基础，通过刚度组集的办法建立了大行程柔性铰链并联机构柔性支链的运动表达显式，并通过联立运动位移协调方程和力约束协调方程，建立了并联机构的位置解模型。由于并联机构系统中的各部件，特别是柔性铰链机构在自身变形提供整体机构的运动输出的同时，还经历了大范围的刚体运动，导致大行程柔性并联机构的位置解模型成为典型的几何非线性问题。本节推导了空间柔性机构的几何非线性刚度递推模型，并利用牛顿—莱弗森方法对该模型进行了求解。几何非线性模型的迭代求解方式，导致该模型的实时性很差，不易移植至控制系统进行实时控制求解，故在大量实验尝试的基础上，选择了 BP 神经网络方法，从而在方便了实时控制编程的同时，还大大提高了系统位置解的求解速度。本节在上述位置解模型的基础之上，给出了该类系统的刚度模型，并建立了并联机构中的机构参数和尺度参数对系统刚度的影响图谱，为这类系统的机构综合以及优化设计提供了有力的工具。

3.3　系统实验样机与实验研究

3.3.1　概述

柔性铰链并联机器人具有柔性机构和并联机构的双重优势,即可以给系统带来较高的分辨率和重复定位精度,但其运动范围相对较小,从而在一定程度上限制了柔性铰链并联机器人的应用;而大行程柔性铰链的设计,能够使柔性铰链并联机器人在不损失精度的情况下,运动范围得到较大提升。另外,从实际工程角度出发,任何机器人系统中所采用的驱动器在很大程度上决定了系统的最终性能。仅从精度层面上而言,大多数驱动器的行程与精度存在着一定的矛盾,即大行程但精度低,或精度高而行程小。上面所提到的种种制约,给基于柔性铰链的并联机器人系统的设计、分析、工程实现及应用均提出了极大的挑战。

本节将根据3.2节对大行程柔性铰链并联机器人的概念设计结果,来构建实验系统。该系统采用压电电机作为驱动器,精密光栅作为输入的位置反馈;采用单一的压电电机作为系统的驱动器,末端的精度仍然有一定的上升空间,鉴于此,在并联支杆中,集成了压电陶瓷作为精调驱动器,从而建立了宏微驱动的并联机器人系统。然后,对上面的系统进行重复定位和分辨率精度测试,承载能力测试及运动范围测试等。最后,介绍了基于大行程柔性铰链的并联机器人系统在原型靶系统中的实际应用。

3.3.2　基于大行程柔性铰链的并联机器人实验系统

1.单一驱动六自由度并联机构的工作原理

在3.2节中,采用压电电机驱动的大行程柔性铰链并联机器人原理如图3.17所示,图中给出的是基于大行程柔性铰链的水平驱动六自由度并联机构系统的主要结构,系统的运动输入为固定平台上的六个直线输入(移动副),当直线电机驱动六个滑块沿导轨进行协同运动后,各支链的柔性铰链得到一定的变形,导致上平台的六自由度位姿也得到相应的变化,从而完成从初始点到目标点的运动任务。

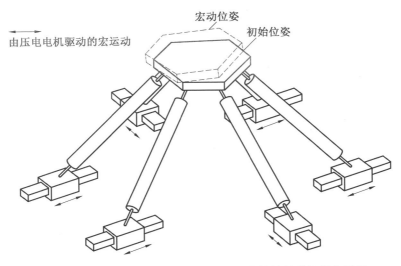

由压电电机驱动的宏运动　宏动位姿　初始位姿

图 3.17　采用压电电机驱动的大行程柔性铰链并联机器人原理

2. 单一驱动六自由度并联机构的基本组成

采用压电电机驱动的大行程柔性铰链并联机器人系统样机如图 3.18 所示，图中给出的是单一驱动六自由度并联机器人系统实验样机及硬件组成。其控制系统构成如图 3.19 所示，其基本组成部分如下。

大行程柔性铰链　　动平台（上平台）

直线运动副　　刚性连杆

压电电机　　大行程柔性铰链

直线光栅　　基座

图 3.18　采用压电电机驱动的大行程柔性铰链并联机器人系统样机

（1）主控工业控制机。

（2）并联机构平台，采用压电电机(超声电机)驱动、导轨滑块传动、直线光栅位置反馈，实现精密定位系统的大行程高精度运动。控制系统采用上、下位机结构，下位运动控制器是平台伺服运动的核心。

（3）伺服控制卡，采用美国 GALIL 公司的 DMC－1842,该款运动控制器基于 DSP 技术，运行速度快，运算能力强，根据上位机下达的指令对定位平台实时控制。上位控制计算机作为人机接口，设定运行参数，监控直线运动系统运行状

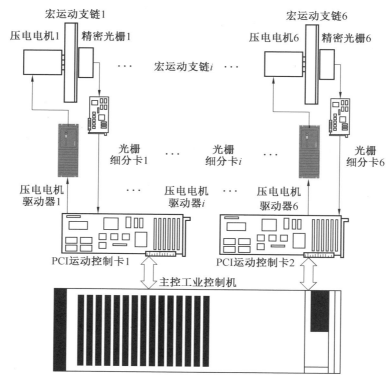

图 3.19　单一驱动六自由度并联机器人系统的控制系统构成

态。上、下位机通过 PCI 总线进行通信。

（4）驱动电机，交流伺服电机采用 Nanomotion 公司的 HR8 系列电机及 AB1A 驱动器，电机最大输出力为 45 N，定位精度优于 100 nm，电机工作于速度模式。

（5）位置反馈元件，直线光栅选用 Renishaw 公司的 RGH25F，配合 Renishaw 公司的 RGF1000D10A 型细分卡，最终的光栅分辨率为 20 nm。

3. 宏微双重驱动并联机器人系统的工作原理

前节所述基于大行程柔性铰链的并联机器人系统可以认为是 6－PSS 机构，仅仅依靠压电电机的单一驱动无法使得上平台的性能得到进一步提升，下面在这一机构的基础上，将压电陶瓷内嵌到支杆中，成为 6－SPS 并联机构，从而可以对上平台的运动进行进一步调整。这样整体机构将成为 6－PSS 机构和 6－SPS 机构构成的宏微双重驱动并联机构，基于大行程柔性铰链的宏微双重驱动并联机构工作原理如图 3.20 所示。

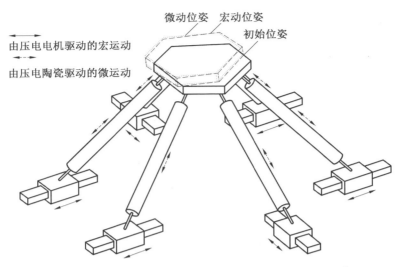

图 3.20　基于大行程柔性铰链的宏微双重驱动并联机构工作原理

4.宏微双重驱动并联系统的基本组成

宏微双重驱动六自由度并联机构系统样机如图 3.21 所示。宏微双重驱动并联机构系统在单一驱动系统的基础上添加了微动驱动器,使得控制系统组成更为复杂,如图 3.22 所示。宏微双重驱动并联机构系统中,压电陶瓷及其驱动器通过 EPP 串口与主控工控机连接,而压电陶瓷内置微位移传感器的反馈信号也通过 EPP 串口与主控工控机连接。作为微动调节的驱动器 —— 压电陶瓷,选用了德国 Piezomechanik 公司的型号为 PST150 − 7 − 40 的叠堆陶瓷,该型号陶瓷的额定名义位移为 $55~\mu m$,刚度为 $25~N/\mu m$。驱动器方面,选用了哈尔滨博实精密测控有限公司的压电陶瓷驱动器。

图 3.21　宏微双重驱动六自由度并联机构系统样机

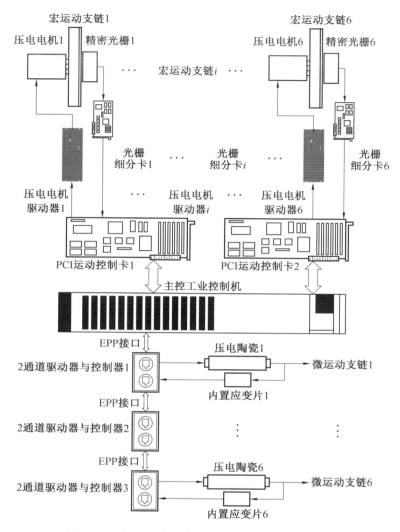

图 3.22　宏微双重驱动并联系统的控制系统构成

3.3.3　双重驱动器的控制模型

1. 压电电机的控制模型

DMC－1842 内嵌的固件提供了针对压电电机的控制模型,采用两态 PID 参数(double PID model)[105] 主要是由于压电电机的工作原理比较复杂,工作在变载荷与摩擦的强烈耦合状态下。压电电机在大范围运动的情况下,基本工作在动态摩擦和变载荷状态,而在接近目标的情况下,基本工作在静态摩擦状态。动态摩擦和静态摩擦的模型与机理是完全不同的,因此采用两套 PID 参数,即动态

PID参数KP、KI、KD以及静态PID参数P、I、D,对于压电电机不同的工作状况进行控制,是十分理想的选择。

2.压电陶瓷的控制模型

由于压电陶瓷自身存在非线性和迟滞而无法得到准确的数学模型,因此采用增量式数字控制方法。由于系统的刚度较大,可采用传统的PI控制方法,但因系统的非线性,控制中需采用变比例系数,而PI中的积分控制实际上是对误差信号进行记忆,这种记忆是不加选择的,不能去除不利的控制信息,所以有时控制作用与人们的期望正好相反。为使系统具有良好的静态和动态性能,有必要针对压电陶瓷微驱动系统的特点选择合适的控制方法。仿人智能PI控制器是在数字PI控制算法的基础上加入控制规则,可以表述为根据误差 e 以及误差的变化率 de 来改变积分作用。当误差 e 朝着误差增大的方向变化时,积分控制起作用,以抑制误差继续增大;当误差 e 朝着误差减小的方向变化时,积分环节不起作用,这时PI控制器仅相当于一个比例控制器;当 $e=0$ 或积分饱和时,将积分器关闭清零。

(1) 当 $e_n \cdot de_n < 0$ 或 $e_n = 0$ 时,对误差不积分,于是只采用增量式P算法:

$$\Delta u(k) = k_p \cdot [e(k) - e(k-1)] \qquad (3.64)$$

(2) 当 $e_n \cdot de_n > 0$ 或 $de_n = 0$ 且 $e_n \neq 0$ 时,对误差积分,采用增量式PI算法:

$$\Delta u(k) = k_P \cdot [e(k) - e(k-1)] + k_I \cdot e(k) \qquad (3.65)$$

式中　　k_P —— 比例系数;

k_I —— 积分系数。

3.3.4　宏微双重驱动并联系统的性能测试

对基于大行程柔性铰链的并联机构,进行了诸多方面的性能测试,主要包括运动范围测试、重复定位精度测试、分辨率测试、承载能力测试等。

1.运动范围测试

(1) 测量原理、设备与手段。

可以借助安装在动平台上的测量块,以及德国polytec公司OFV3001型多普勒激光测振仪,进行并联机构的线位移测量,只需要控制动平台沿垂直激光方向移动,即可得到移动的数值。图3.23所示为系统的运动范围测量原理。

采用激光测振仪对并联动平台的角位移进行直接测量,则稍显困难,一般采用间接折算的方法进行。采用LVDT测量上平台对中心具有一定偏置的确定点测量其直线位移,根据与中心点偏置值的关系,可以通过计算得到相应的转角值。

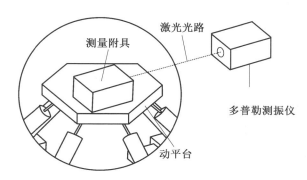

图 3.23　系统的运动范围测量原理

（2）测量结果。

采用上述测量方法和测量设备，对系统进行具体的测量，基于柔性铰链的并联机构运动范围测量结果如表 3.3 所示，从表中可以看出，基于大行程柔性铰链的并联机器人系统其三个方向的线位移可达 10 mm，三个方向的转动位移可达 6°。

表 3.3　基于柔性铰链的并联机构运动范围测量结果

方向	负方向极限	正方向极限
x 轴线性位移 /mm	−5.0	5.0
y 轴线性位移 /mm	−5.0	5.0
z 轴线性位移 /mm	−2.0	8.0
x 轴转动位移 /(°)	−3.0	3.0
y 轴转动位移 /(°)	−3.0	3.0
z 轴转动位移 /(°)	−3.0	3.0

2. 重复定位精度测试

（1）测量原理、设备与手段。

根据机器人精度测量方法的国家标准《工业机器人性能测试方法》(GB 12645—1990) 规定，重复定位精度的测量将在机器人系统工作空间内的 5 个测试点进行（图 3.24）。

对于单轴线位移的测量，采用 $\mu-\varepsilon$ 电容测微仪分别在 5 个测试点进行测量（图 3.25），得到单轴线位移重复定位精度曲线，并按照式（3.66）计算出重复定位精度为

$$\sigma=3\sqrt{\frac{\sum (l_i-\bar{l})^2}{n-1}} \tag{3.66}$$

式中　l_i——各测量点的测量值，μm；

$\overline{l}$ —— 各测量点的平均值，μm；

n —— 测量次数。

对于单轴角位移的测量，采用 $\mu-\epsilon$ 电容测微仪分别在 5 个测试点进行测量，通过下式进行折算，得到单轴角位移的重复定位精度曲线，仍按式（3.66）计算出重复定位精度。

$$\theta_{li} = \arctan\left(\frac{l_i}{d}\right) \tag{3.67}$$

式中　l_i —— 各测量点的测量值，μm；

　　　θ_{li} —— 相对应轴各测量点的旋转角度值，rad；

　　　d —— 测量点相对上平台中心的距离。

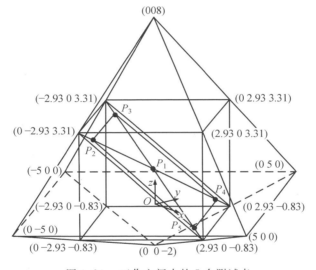

图 3.24　工作空间内的 5 个测试点

图 3.25　系统重复定位精度和分辨率的测量

（2）测量结果。

采用上述测量方法和测量设备对系统进行重复定位精度的测量，系统的宏动直线重复定位精度可达 100 nm，转动重复定位精度可达 9 μrad；微动直线重复定位精度可达 10 nm，转动重复定位精度为 0.2 μrad，其具体的测量结果如表3.4所示。

表 3.4　基于柔性铰链的并联机构重复定位精度测量结果

测试点		直线运动 /nm			转动运动 /μrad		
		x	y	z	x	y	z
测试点 1	宏动	67	62	81	4.7	3.6	5.1
	微动	8.3	7.0	5.2	0.16	0.18	0.12
测试点 2	宏动	56	72	75	6.8	6.4	4.8
	微动	9.6	7.9	6.9	0.18	0.18	0.13
测试点 3	宏动	65	71	98	6.8	8.6	3.5
	微动	8.4	8.1	6.3	0.18	0.17	0.18
测试点 4	宏动	74	112	76	5.7	5.2	6.2
	微动	9.9	8.2	5.5	0.17	0.17	0.17
测试点 5	宏动	99	115	107	4.4	4.6	3.4
	微动	8.8	7.7	5.9	0.16	0.15	0.16

3. 分辨率测试

（1）测量原理、设备与手段。

根据机器人精度测量方法的规定，运动分辨率也将在规定的 5 个测试点进行测试，对于直线运动，输入端给定单位的位移，采用 $\mu-\varepsilon$ 电容测微仪测量机器人的实际位移量，得到能够准确输出的最小位移量作为直线运动分辨率，通过式（3.68）可以得到系统的单轴分辨率为

$$l_{\mathrm{s}} = \frac{1}{n} \sum_{i=1}^{n} |l_{si}| \qquad (3.68)$$

式中　l_{s}——系统单轴分辨率；

　　　l_{si}——率每次测量值。

对于旋转运动，采用 $\mu-\varepsilon$ 电容测微仪测得机器人的实际位移量，得到能够准确输出的最小位移量，再利用式（3.67），换算得到旋转角度分辨率。

（2）测量结果。

采用上述测量方法和测量设备，对系统进行重复定位精度的测量，系统的宏

动直线分辨率可达 40 nm,转动分辨率基本上可达 2.0 μrad;系统微动直线分辨率可达 5.0 nm,转动分辨率基本上可达 0.1 μrad,其具体的测量结果如表 3.5 所示。

表 3.5　基于柔性铰链的并联机构分辨率测量结果

测试点		线性运动 /nm			转动运动 /μrad		
		x	y	z	x	y	z
测试点 1	宏动	40	27	31	2.2	1.8	1.5
	微动	2.8	3.0	2.3	0.10	0.08	0.08
测试点 2	宏动	29	29	27	1.9	1.6	1.2
	微动	3.0	4.6	3.6	0.08	0.08	0.08
测试点 3	宏动	37	29	36	1.6	1.5	1.7
	微动	3.6	4.7	3.6	0.09	0.09	0.09
测试点 4	宏动	22	34	48	1.5	1.4	1.5
	微动	2.8	3.6	2.6	0.09	0.07	0.07
测试点 5	宏动	29	34	27	1.5	1.6	1.2
	微动	3.0	4.2	3.0	0.10	0.08	0.09

4. 承载能力测试

大承载能力是并联机构共有的优点之一,尽管大行程柔性铰链并联机构中所用的柔性铰链十分纤细,其直径仅为 1 mm,但由于使用并联构型,因此仍然表现出了大承载能力。在系统测试中,也进行了这方面的测试,在负载 2 kg 的情况下,系统仍然能够正常工作,图 3.26 所示为大行程柔性并联机构的承载能力测试。

图 3.26　大行程柔性并联机构的承载能力测试

另外,本节还对基于大行程柔性铰链的并联机构对不同载荷下的初始位移沉降进行了测试,通过不断变化上平台的负载,从而可以测得上平台 z 向的位移,如表 3.6 所示。

表 3.6　负载变化所对应的上平台 z 向的位移

所加负载 /N	5	10	15	20	25	30
z 向位移 /μm	0.6	1.2	1.7	2.3	2.7	3.3

3.3.5　基于大行程柔性铰链并联系统的实际应用

聚变能源是一种"干净的"几乎取之不尽的能源,有希望在 21 世纪中叶实现商业发电,而实现聚变能源的可能途径之一就是惯性约束聚变(Inertial Confinement Fusion,ICF)。20 世纪 80 年代末,美国首先证实了这一技术路线在科学上的可行性;自 20 世纪 90 年代以来,许多国家制订庞大的发展计划,以"点火"为目标,建造百万焦耳级的巨型激光装置。对该项技术,我国已有 30 多年研究基础,现已制订跨世纪的"神光 Ⅲ"计划,将在 21 世纪初建成十万焦耳级的激光装置,并开展相关基础物理研究。

作为"神光 Ⅲ"主机装置的原型机,是在实验室条件下以强激光作为驱动源来实现热核聚变的装置,其研制是一项具有相当规模和技术难度的惯性约束聚变和强激光技术工程项目。该项目的关键技术在于多束("神光 Ⅲ"为 64 束)短波长激光能否成功对靶点点火,而点火靶腔内的激光瞄准靶支撑装置是其中最为主要的组成部分,其定位精度是否可靠以及运行稳定与否,也直接决定着实验的成败。

1. 靶支撑装置的主要问题

靶支撑装置要求在靶腔内可实现六自由度运动,毫米级的工作范围,微米级的重复定位精度和分辨率,而且该装置必须放置在直径为 300 mm、长度为 1 000 mm 以上的狭长的可用空间内(图 3.27)。并联机器人机构紧凑的特点,非常适合于在狭窄空间内应用。并联机器人的工作空间相对狭小,对于毫米级的运动工作空间,并联机器人还是完全胜任的;在靶支撑装置中应用并联机器人唯一的障碍在于较高的重复定位和分辨率精度的要求。

事实上,并联机器人的重复定位精度和分辨率相对串联系统而言,还是具有较大优势的,但微米级精度的要求主要受限于并联系统的关节运动副。作为机器人系统的重要组成部分——电机、位置传感器的精度完全能够达到微米级,甚至诸多的商业产品都可以达到纳米级的运动精度。但是,组成机器人系统的各种运动副,由于不可避免地存在着间隙,并且对间隙的估计和建模又十分困难,

末端靶　靶支撑杆　六自由度并联机器人　　　　　　　街筒

主支架

图 3.27　神光系统中并联机构所处的狭窄空间

这就导致难以控制考虑间隙的机器人系统的精度。

2. 靶支撑装置的工作原理

并联机器人的关节处如果采用无间隙的柔性连接,将会从根本上解决间隙带来的运动误差,即大行程柔性铰链并联机器人是很合适的选择。

靶支撑装置要求在一个方向上的运动范围相对较大,所以,参照上面的基于大行程柔性铰链并联机构的设计,提出了图 3.28 所示的竖直驱水平放置的靶支撑装置,该装置可以在水平方向上提供 10 mm 的位移。

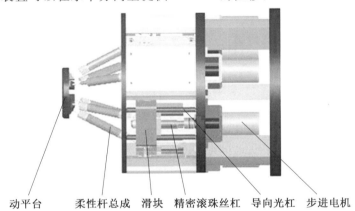

动平台　　柔性杆总成　滑块　精密滚珠丝杠　导向光杠　步进电机

图 3.28　竖直驱动水平放置的靶支撑装置

图 3.29 所示为"神光 Ⅲ"中的实际靶支撑装置,该装置采用步进电机驱动精密滑动丝杠,滑块可以沿着导向光杠移动,导致各个支链上的柔性铰链得到不同程度上的变形,从而得到上平台最终的运动,达到调整目标靶点位姿的目的。

3. 靶支撑装置的系统组成

靶支撑装置的驱动器和位置传感器与前述并联机器人系统稍有不同,但其控制系统的组成与水平驱动六自由度并联机构系统相似,其基本组成部分为并联机构平台和控制系统。

图 3.29 "神光 Ⅲ"中的实际靶支撑装置

（1）并联机构平台，采用步进电机驱动、丝杠螺母传动、点机内置码盘反馈，实现精密定位系统的大行程高精度运动。

（2）控制系统，采用上、下位机结构，下位运动控制器是平台伺服运动的核心，采用哈尔滨工业大学博实精密测控有限公司生产的 MAC－3002STP3，系统中上位控制计算机作为人机接口，设定运行参数，监控直线运动系统运行状态。上、下位机通过 PCI 总线进行通信。

4. 靶支撑装置的精度测试

对靶支撑装置的精度测试仅限于工作运动范围和运动分辨率的测试，如图 3.30 所示。对该装置测试所采用的设备为 MDSL－10001A 型 LVDT 测微仪，分辨率为 $0.01~\mu m$，测量行程为 $\pm 2~mm$，由于系统 z 向运动范围较大，对其进行测试时，采用了德国 Polytec 公司 OFV3001 型多普勒激光测振仪。

图 3.30 靶支撑装置的运动范围和分辨率测试

靶支撑装置运动范围及分辨率的测量结果如表 3.7 和表 3.8 所示，该靶支撑装置运动范围可达毫米级，运动分辨率可达微米级。

表 3.7　靶支撑装置运动范围的测量结果

轴号	x 轴平动	y 轴平动	z 轴平动	x 轴转动	y 轴转动	z 轴转动
运动范围	± 1.50 mm	± 1.50 mm	± 5.00 mm	$42.0'$	$42.0'$	$180.0'$

表 3.8　靶支撑装置分辨率的测量结果

轴号	x 轴平动	y 轴平动	z 轴平动	x 轴转动	y 轴转动	z 轴转动
分辨率	0.50 um	0.50 um	0.50 um	$0.20'$	$0.20'$	$0.20'$

　　本节首先介绍了基于大行程柔性铰链的压电电机单一驱动 6－PSS 并联机器人系统的工作原理及系统构成；在此基础上，构建了采用压电陶瓷驱动的 6－SPS 微动并联机器人系统，从而得到了宏微结合的双重驱动并联机器人系统。然后，对上述系统进行了工作范围、分辨率、重复定位精度及承载能力等性能测试。最后，介绍了基于大行程柔性铰链的并联机器人技术在"神光Ⅲ"靶支撑项目中的具体应用。

3.4　本章小结

　　本章共搭建了三套实验系统，其中采用了单一驱动及双重驱动两条技术方案。在广泛分析了目前已有的柔性精密定位系统、并联精密定位系统和宏微双重驱动系统的基础之上，针对目前大范围运动定位与高精度定位的应用实际需要，提出了大行程柔性铰链的概念设计，并以此构建六支链大行程柔性并联机构定位系统。为满足超高精度的定位需要，在并联支链中集成了压电陶瓷驱动，构成了宏微双重驱动并联机构系统，充分体现了驱动、结构、检测一体化的设计思想。

　　在结构单元的设计方面，针对当前柔性铰链运动范围小等问题，在通用的球副柔性铰链的基础上，提出了大行程柔性铰链的设计概念；在柔性并联机构的设计方面，提出了在通用的并联机构系统中，采用大行程柔性铰链代替传统运动副的设想，建立基于大行程柔性铰链的并联机构系统。

　　在大行程柔性并联机构的运动学建模方面，利用材料力学的基本原理和小变形假设，推导了大行程柔性铰链的数学模型，并给出了在全局坐标系下的显式表达；在此基础之上，通过刚度组集的办法建立了大行程柔性铰链并联机构柔性支链的运动表达式，通过联立运动位移协调方程和力约束协调方程，建立了并联机构的位置解模型。

由于并联机构系统中的各部件,特别是柔性铰链机构在自身变形提供整体机构的运动输出的同时,还经历了大范围的刚体运动,导致大行程柔性并联机构的位置解模型成为典型的几何非线性问题。鉴于此,本章首先推导了空间柔性机构的几何非线性刚度递推模型,并利用牛顿—莱弗森方法对该模型进行了求解。由于采用几何非线性模型的迭代求解方式,因此该模型的实时性很差,不易移植至控制系统进行实时控制求解,故在大量实验尝试的基础上,选择了 BP 神经网络方法,建立了三层六输入—六输出的位置解神经网络结构,从而在方便了实时控制编程的同时,还大大提高了系统位置解的求解速度。

由于柔性并联机构的位置解模型中不仅仅包括机构中的位置信息,还提供了机构中相关的力信息及刚度信息,本章在上述位置解模型的基础上,给出了该类系统的刚度模型,并建立了并联机构中的结构参数和尺度参数对系统刚度的影响图谱,为这类系统的机构综合及优化设计提供了有力的工具。

在大行程柔性并联机构的样机实验方面,提出了采用大行程柔性铰链作为被动关节的 6—PSS 并联机器人系统。该系统采用压电电机作为驱动器,精密光栅尺作为位置反馈元件,其可在立方厘米级的工作空间内实现微米级精度的运动;在此基础上,在并联机器人的支杆中嵌入压电陶瓷,在压电电机的宏运动结束之后,压电陶瓷可以驱动并联机器人进行进一步的微调,从而得到一个 6—PSS 和 6—SPS 结合宏微双重驱动并联机器人系统,其中,微动系统可在微米级运动空间内实现纳米级的运动精度。基于大行程柔性铰链的宏微双重驱动并联机器人系统,可以同时满足大工作空间和高精度的工程需要。此外,将大行程柔性铰链并联机器人系统成功地应用到激光瞄准靶支撑装置中,可达到厘米级的运动范围和纳米级的运动分辨率,使其在神光Ⅲ系统中发挥了十分重要的作用。

本章参考文献

[1] STEWART D. A platform with six degrees of freedom[J]. ARCHIVE Proceedings of the Institution of Mechanical Engineers,1965,180(1): 371-386.

[2] 尤波,蔡鹤皋. 基于宏微操作技术的装配机器人及其控制系统[J]. 电机与控制学报,1998,2(2):119-122.

[3] LIN L C,TSAY M U. Modeling and control of micropositioning systems using Stewart platforms[J]. Journal of Robotic Systems,2000,17(1): 17-52.

[4] MOALLEM M,PATEL R V,KHORASANI K. Nonlinear tip-position

tracking control of a flexible-link manipulator：Theory and experiments [J]. Automatica，2001，37(11)：1825-1834.

[5] PIRAS G，CLEGHORN W L，MILLS J K. Dynamic finite-element analysis of a planar high-speed, high-precision parallel manipulator with flexible links[J]. Mechanism and Machine Theory，2005，40(7)：849-862.

[6] PARK K H，LEE J H，KIM S H，et al. High speed micro positioning system based on coarse/fine pair control[J]. Mechatronics，1995，5(6)：645-663.

[7] WANG W L，DUAN B Y，LIU H，et al. Inverse kinematics model of parallel macro-micro manipulator system[J]. Chinese Science Bulletin，2000，45(24)：2221-2226.

[8] CHOI I M，CHOI D J，KIM S H. Long-stroke tracking actuator for both coarse and fine motion in optical disk drives[J]. Mechatronics，2003，13(3)：259-272.

[9] ZHANG D，CHETWYND D G，LIU X，et al. Investigation of a 3-DOF micro-positioning table for surface grinding[J]. International Journal of Mechanical Sciences，2006，48(12)：1401-1408.

[10] 李嘉，王纪武，陈恳，等. 并联微机器人的逆动力学[J]. 机器人，2000(2)：89-95.

[11] 时轮，郝德阜，齐向东. 高精度衍射光栅刻划机的最新技术进展[J]. 仪器仪表学报，2001(z1)：438-439.

[12] 毕树生，宗光华. 用于生物工程的微操作机器人系统的若干问题[J]. 仪器仪表学报，2000，21(6)：560-564.

[13] 任建新，张鹏，任思聪. 大角速率动调陀螺仪的运动分析与误差研究[J]. 仪表技术与传感器，2002(12)：49-51.

[14] 何高法，唐一科，刘世明，等. 微加速度计中新型微杠杆机构设计和分析[J]. 传感技术学报，2007(7)：1535-1538.

[15] 冯勤，杨国光. 基于柔性盘技术的光纤加速度计研究[J]. 光学仪器，2004，26(4)：53-56.

[16] 王加春，李旦. 基于压电陶瓷的空气作动器的研制及应用[J]. 中国机械工程，2005，16(15)：1325-1328.

[17] 孙涛，梁风，刘旭光. 柔性铰链在称重传感器承力装置中的应用[J]. 仪表技术与传感器，1998(5)：32-35.

[18] 于靖军，宗光华，毕树生. 全柔性机构与MEMS[J]. 光学精密工程，2001，9(1)：1-5.

[19] 蒋庄德，要义勇，张毓荣. 微动自行走机构研究[J]. 仪器仪表学报，1996
    （S1）：284-286.

[20] LOBONTIU N，PAINE J S，GARCIA E，et al. Corner-filleted flexure
    hinges[J]. American Society of Mechanical Engineers，2001，123（3）：
    346-352.

[21] LOBONTIU N，GARCIA E. Analytical model of displacement
    amplification and stiffness optimization for a class of flexure-based
    compliant mechanisms[J]. Computers & Structures，2003，81（32）：
    2797-2810.

[22] MA H W，YAO S M，WANG L Q，et al. Analysis of the displacement
    amplification ratio of bridge-type flexure hinge[J]. Sensors & Actuators
    A Physical，2006，132（2）：730-736.

[23] KIM J H，KIM S H，KWAK Y K. Development and optimization of 3-D
    bridge-type hinge mechanisms[J]. Sensors & Actuators A Physical，
    2004，116（3）：530-538.

[24] 马记，吴月华，许旻，等. 基于压电陶瓷驱动的腹腔手术微型机器人关节
    驱动部件研究[J]. 机器人，2003，25（4）：335-338.

[25] 王文利，段宝岩，刘宏，等. 控制 FAST 馈源的宏—微机器人系统[J]. 机
    器人，2000，22（6）：446-450.

[26] 胡淞，姚汉民. 高分辨力高导向精度柔性铰链调焦机构[J]. 光电工程，
    1998，25（3）：23-26.

[27] BERTETTO A M，RUGGIU M. A two degree of freedom gripper
    actuated by SMA with flexure hinges[J]. Journal of Robotic Systems，
    2003，20（11）：649-657.

[28] WANG G B，WANG S G，XU W. On using flexure-hinge five-bar
    linkages to develop novel walking mechanisms and small-scale grippers for
    microrobots[J]. Journal of Robotic Systems，2004，21（10）：531-538.

[29] CHOI S B，HAN S S，HAN Y M，et al. A magnification device for
    precision mechanisms featuring piezoactuators and flexure hinges：Design
    and experimental validation[J]. Mechanism & Machine Theory，2007，42
    （9）：1184-1198.

[30] LOBONTIU N，PAINE J S，GARCIA E，et al. Design of symmetric
    conic-section flexure hinges based on closed-form compliance equations
    [J]. Mechanism & Machine Theory，2002，37（5）：477-498.

[31] 邓志东，孙增圻，张再兴. 一种模糊 CMAC 神经网络[J]. 自动化学报，

1995，21(3)：288-295.

[32] 王勾，刘全坤. 基于特征矩阵和神经网络的铝型材整体壁板外形识别[J]. 中国机械工程，2003，14(15)：1326-1329.

[33] 徐涛，王祁. 基于模式识别的传感器故障诊断[J]. 控制与决策，2007，22(7)：783-786.

[34] 史海山，吕厚余，仲元红，等. 基于遗传神经网络的火灾图像识别及应用[J]. 计算机科学，2006(11)：233-236.

[35] 王昊，张波，田蔚风. 一种基于概率神经网络多信息融合的移动目标跟踪算法[J]. 上海交通大学学报，2007，41(5)：792-796.

[36] MIDHA A，HOWELL L L，NORTON T W. Limit positions of compliant mechanisms using the pseudo-rigid-body model concept[J]. Mechanism and Machine Theory，2000，35(1)：99-115.

[37] RYU J W，LEE S Q，GWEON D G，et al. Inverse kinematic modeling of a coupled flexure hinge mechanism[J]. Mechatronics，1999，9(6)：657-674.

[38] LOBONTIU N，PAINE J S，MALLEY E O，et al. Parabolic and hyperbolic flexure hinges：Flexibility，motion precision and stress characterization based on compliance closed-form equations[J]. Precision Engineering，2002，26(2)：183-192.

[39] ZHANG S L，FASSE E D. A finite-element-based method to determine the spatial stiffness properties of a notch hinge[J]. Journal of Mechanical Design，2001，123(1)：141-147.

[40] RYU J W，GWEON D G. Error analysis of a flexure hinge mechanism induced by machining imperfection[J]. Precision Engineering，1997，21(2-3)：83-89.

[41] LOBONTIU N，GARCIA E. Two-axis flexure hinges with axially-collocated and symmetric notches[J]. Computers & Structures，2003，81(13)：1329-1341.

[42] YAO Q，DONG J，FERREIRA P M. Design，analysis，fabrication and testing of a parallel-kinematic micropositioning XY stage[J]. International Journal of Machine Tools and Manufacture，2007，47(6)：946-961.

[43] ZETTL B，SZYSZKOWSKI W，ZHANG W J. Accurate low DOF modeling of a planar compliant mechanism with flexure hinges：The equivalent beam methodology[J]. Precision Engineering，2005，29(2)：237-245.

［44］RYU J W，LEE S Q，GWEON D G，et al. Inverse kinematic modeling of a coupled flexure hinge mechanism［J］. Mechatronics，1999，9（6）：657-674.

［45］CHEN S J，PERNG S Y，TSENG P C，et al. K-B microfocusing system using monolithic flexure-hinge mirrors for synchrotron X-rays［J］. Nuclear Instruments & Methods in Physics Research，2001，467：283-286.

第 4 章

大行程柔性铰链建模及其在平面柔顺并联机构中的应用

高精度传动技术是现代高端精密装备的重要支撑性技术,随着精密机械"跨尺度集成"概念的提出,要求机械传动装置能够在厘米的运动范围内提供微米及以下的运动精度。传统柔顺并联机构由于受到柔性铰链转角范围的限制,仅能提供微米级的工作空间。为了解决这一问题,本章结合国家自然基金项目,开展了大行程柔性铰链及其所构建而成的平面柔顺并联机构的关键技术研究。对大行程柔性铰链的结构设计、力学建模、性能分析,柔顺并联机构的系统设计、逆运动学建模和闭环轨迹跟踪控制等方面进行了深入分析,实现了平面柔顺并联机构在大范围内的高精度运动。

本章通过对传统交叉簧片柔性铰链的结构形式进行改进,设计了一种变厚度交叉簧片柔性铰链。该柔性铰链融合了传统交叉簧片柔性铰链与切口型柔性铰链的优点,既具有较大的转角范围又提高了簧片式柔性铰链的转动精度和抗轴向扰动能力。采用基于共旋坐标梁单元的有限元方法建立了变厚度交叉簧片柔性铰链在末端载荷作用下的静态变形模型,通过 ANSYS 仿真和实验方法验证了变形模型的准确性。根据变厚度交叉簧片柔性铰链静态变形模型的计算结果,定义了 4 个转动性能评价指标,分析了铰链的转动性能与簧片截面系数及铰链几何参数之间的关系。

基于形状记忆合金(SMA)材料的超弹性特性,设计了一种新型大行程切口型柔性铰链。采用 Brinson 本构模型描述了 SMA 材料超弹性过程中的应力－应变关系,通过单轴拉伸实验获得了 SMA 材料的本构参数。基于非线性梁理论和 Brinson 本构模型建立了几何非线性和材料非线性条件下的超弹性柔性铰链的末端变形模型。为了提高变形模型的计算效率,提出采用线性化本构模型并联合共旋坐标梁单元建立一种高效的超弹性柔性铰链的静态变形模型,并利用有限元分析和实验方法验证了该模型的准确性。通过与普通切口型柔性铰链进行对比,证明了超弹性柔性铰链在构造大行程柔顺机构上的潜力,并分析了超弹性柔性铰链的几何参数、切口形式对其变形特性的影响。

为了获得综合转动性能最优的柔性铰链,采用非支配遗传算法 NSGA－Ⅱ对两种大行程柔性铰链的结构参数进行多目标优化。同时以规则工作空间内的全局条件数为指标对平面 3－PRR 并联机构的构型参数进行优化。利用优化得到的大行程柔性铰链的几何参数和并联机构的构型参数,设计并建立了两套大行程 3－PRR 柔顺并联机构。为了消除变厚度交叉簧片柔性铰链中心偏差对机构末端运动精度的影响,利用机构运动过程中的力位关系建立了考虑柔性铰链转动偏差的柔性逆运动学模型,通过有限元仿真表明该模型能够大幅提高柔顺机构末端动平台的位姿预测精度。

为了提高直线超声电机(LUSM)位移平台的轨迹跟踪性能,提出了一种基于有限时间扰动观测器的积分滑模控制算法(FTDO－ISMC)。该算法能够快速地对直线位移平台中的摩擦、死区和非线性扰动进行抑制,实验表明在 FTDO－ISMC 算法控制下,位移平台的轨迹跟踪精度能够达到 300 nm,为大行程柔顺并联机构实现大范围、高精度的运动提供了基本保障。通过对直线位移平台的精确控制,测试了大行程 3－PRR 柔顺并联机构的运动分辨率和重复定位精度。为了消除大行程柔顺并联机构运动过程中不确定因素对机构性能的影响,提出了一种基于扰动观测器的逆运动学(DOB－IKM)轨迹跟踪控制策略,采用自适应 RBF 神经网络在线补偿柔顺并联机构因制造和装配误差导致的模型失配,通过构造扰动观测器(DOB)抑制系统受到的外扰动。通过对 3－PRR 柔顺并联机构进行轨迹跟踪实验,验证了所设计的轨迹跟踪算法的有效性和大行程柔顺并联机构的运动性能。

4.1 概　述

4.1.1 背景及研究的目的和意义

传动系统一直是机械装备实现功能的基础,而精密传动机构更是现代精密工程领域需要迫切发展的关键技术之一[1]。常规的机械传动系统通过刚性运动副进行力和位移的传递,由于构件间不可避免地存在着间隙、摩擦和磨损,因而很难达到微米或者微米以下的运动精度[2,3]。而以柔性铰链为代表的柔顺机构,通过材料的弹性变形来传递力和位移,彻底消除了运动副传动过程中的空程和机械摩擦,可以获得超高的位移分辨率和重复定位精度[4-6]。另外,从机构的构型方式来看,并联机构的末端执行器通过若干独立的运动支链与基座连接,消除了串联机构运动过程中的累积误差,同时还具有结构对称、响应速度快、逆运动学简单、动态特性好等优点[7-9]。但是由于实现相同自由度数量的运动并联机构所需要的关节数量一般都大于串联机构,又受到关节处的摩擦和间隙等不利因素的影响,传统刚性并联机构对运动精度的提升作用也比较有限。因此,研究人员设计出了柔顺并联机构,采用柔性铰链作为并联机构运动支链上的被动关节,通过融合柔性铰链与并联机构各自的优点来实现纳米级的运动精度[10-12]。

最典型的柔性铰链是在一个长方体形材料上切除两个对称的切口,使结构在外载荷作用下产生类似铰链的传动效果。这种柔性铰链具有较高的传动精度,但是由于在切口处存在明显的应力集中,受到材料屈服强度的客观限制普通切口型柔性铰链的转角范围都比较小,一般都很难超过 $3°$[13]。从而导致传统柔顺机构虽然能够取得很高的重复定位精度和分辨率,但却仅能提供微米级的运动范围。另外,由于并联机构奇异性的限制,因此采用柔性铰链设计而成的柔顺并联机构的运动范围进一步缩小[14,15]。近年来,随着精密光学、生物和遗传工程、显微观测以及航空航天等领域的快速发展,要求新型的传动装置能够在更大的运动范围内提供超高的运动精度。例如，在大型光栅拼接中，需要调节机构在毫米级的运动范围内实现 6 个自由度的超精密位姿调整，直线和回转精度要求分别为纳米级和微弧度级[16,17]；在生物医学研究中，需要多自由度的精密操作平台在厘米级的运动范围内实现细胞乃至分子级别的精密操作[18,19]；在共焦显微镜中，需要精密运动平台在厘米级的范围内达到微米级的定位精度以实现样本的精确位置控制[20]；在深空探测技术中，也需要多自由度的精密传动装置实现光束的大范围指向控制[21,22]。如果能够通过新型的结构形式或者特殊的功能材料设计出具有大转角能力的柔性铰链及其对应的柔顺并联机构，则能解除现有柔顺并联机构工作空间上的限制，充分利用柔顺并联机构无间隙传动的性能优势，实现大范围、高精度的运动，扩大柔顺并联机构的应用范围和应用场景。

　　本章对大行程柔性铰链的结构设计、力学建模、性能分析，柔顺并联机构的系统设计、逆运动学建模和闭环轨迹跟踪控制等关键问题进行全面的探索，对促进柔性铰链及柔顺并联机构在现代精密工程领域中的应用，具有非常重要的理论研究意义和实际应用价值。

4.1.2　柔顺并联机构研究现状

1. 精密柔顺并联平台

　　麻省理工学院的 Culpepper 等人[23]研制了一种基于电磁驱动的超精度光纤对准器，如图 4.1 所示。由于采用柔顺机构进行传动，消除了传动系统中的间隙和摩擦等因素的影响，因此系统能够达到很高的开环运动精度。实验表明该机构在 $100~\mu m \times 100~\mu m \times 100~\mu m$ 的工作空间内，开环平动误差小于 0.2%，开环转动误差小于 0.1%。

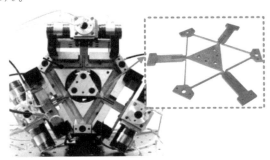

图 4.1　超精密光纤对准器

　　南洋理工大学的 Wu 等人[24]设计了一种用纳米组件制造的 6－PSS 型六自由度超精密定位平台，如图 4.2 所示，该机构由一个基座、一个动平台和 6 条 PSS 型柔性运动支链组成，在柔性支链中移动副（P 副）为压电陶瓷驱动单元，球副（S 副）为全向切口柔性铰链。由于定位平台的驱动单元放置在基座上，不仅使机构

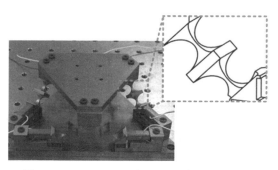

图 4.2　6－PSS 型六自由度超精密定位平台

的结构形式更加紧凑,同时也大幅降低了机构运动部分的质量,提高了定位机构的响应速度。实验结果表明,该定位平台可以在 8 μm 的平动范围内达到 5 nm 的位移分辨率,在 200 μrad 的转动范围内达到 0.07 μrad 的角度分辨率。

日本金泽大学的 Watanabe 等人[25]设计了一种压电陶瓷驱动的三轴平动精密定位平台,如图 4.3 所示。整个机构包括两级运动平台:第一级平台为 x、y 轴解耦的二维平台机构,通过柔性铰链实现运动传递和二维平动解耦;第二级平台实现 z 轴的单向位移。第二级平台固定在第一级平台上,从而可以对三个运动方向独立控制。机构的第一级和第二级平台的结构示意图如图 4.3 所示,实验结果表明,该定位平台 x、y 轴的最大位移为 34 μm,z 轴的最大位移为 6 μm,机构的运动分辨率为 10 nm。

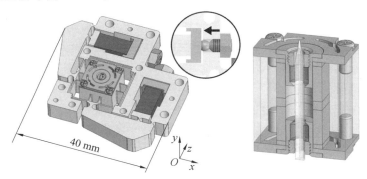

图 4.3　三轴平动精密定位平台

天津大学的秦岩丁[26]利用切口型柔性铰链和平行四边形机构设计了一款由压电陶瓷驱动的两自由度解耦精密定位平台,如图 4.4 所示。该定位平台的最大运动范围为 8 μm×8 μm,通过电容测微仪测得的两轴间交叉耦合量小于 2.7%。实验表明,该机构在闭环轨迹控制算法下能够精确跟踪二维平面轨迹。

哈尔滨工业大学的矫杰[27]设计了一种 3－PPSR 型精密定位平台,如图 4.5 所示。该机构在每一个支链上采用两组压电陶瓷作为主动部件(P 副),分别采用单向柔性铰链和全向柔性铰链作为运动支链上的转动关节（R 副）和球铰（S 副）。实验结果表明,该平台的最大平动范围为 5.87 μm,平动分辨率在 10 nm 左右,最大转角范围为 26.64″,角度分辨率在 0.05″左右。

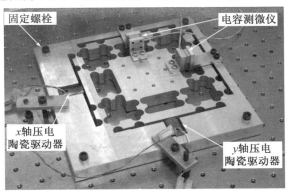

图 4.4　两自由度解耦精密定位平台

图 4.5　3－PPSR 型精密定位平台

上海交通大学的董易等人[28]设计了一种 6－SPS 型精密柔顺并联机构,如图 4.6 所示。该机构的最大优点就是能够在机构的工作空间内实现空间六自由度全解耦,每个方向的运动只需要改变一组驱动器的位移即可获得,从而简化了控制系统的设计。实验测得该定位平台的最大线位移可达到 24 μm,位移分辨率为 20 nm。

采用柔性铰链构建而成的柔顺并联机构具有无摩擦、无间隙、高精度、结构紧凑等优点,能够实现微米甚至纳米级的运动精度,在各类精密定位机构中得到了非常广泛的应用。但是从上面的例子也可以看出,采用传统切口型柔性铰链搭建而成的柔顺并联机构的运动范围非常有限,通常只能提供微米级的工作空间,极大地限制了柔顺并联机构的应用范围。

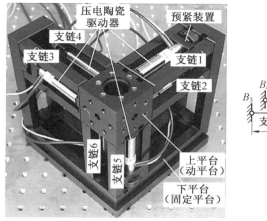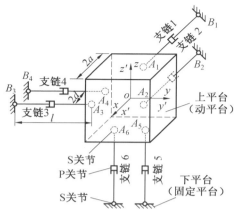

图 4.6 6-SPS 型精密柔顺并联机构[28]

2. 大行程精密运动平台的设计方法

采用传统柔顺机构显然无法解决机械系统的运动精度与运动范围之间的矛盾,需要从精密运动平台的构成方式上寻找新的解决方案,目前应用较多的大行程精密运动平台的设计方法主要有以下三种。

(1) 行程放大机构。

杠杆式行程放大机构[29,30]的结构示意图如图 4.7 所示。在小位移情形下,当压电陶瓷端产生一个很小的纵向位移,通过杠杆放大原理可以在机构的输出端产生一个相对较大的纵向位移。通过改变杠杆放大机构的长度比可以灵活地实现机构放大倍数的变化。

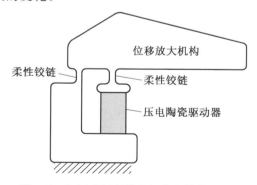

图 4.7 杠杆式行程放大机构的结构示意图

基于三角放大原理的桥式位移放大机构[31]是应用最为广泛的一种柔性放大装置,其结构示意图如图 4.8 所示。当压电陶瓷产生一个微小的水平位移后,经过各个柔性铰链的传递转换可以得到一个放大的竖直方向的运动输出。与其他

类型的行程放大机构相比,桥式位移放大机构具有结构紧凑、放大倍数高、输入
刚度大等优点[32,33]。

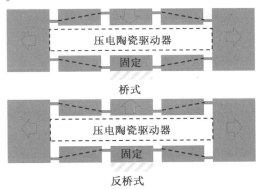

图 4.8　桥式位移放大机构的结构示意图

　　Scott－Russell 式位移放大机构[34](图 4.9)也是一种较为常见的位移放大
装置。根据机构学的原理,当 Scott－Russell 式位移放大机构输入端产生一个微
小的横向位移时,其输出端可以产生一个放大后的纵向位移。与杠杆式位移放
大机构相比,Scott－Russell 式位移放大机构能够严格保证输入位移与输出位移
之间的正交关系,降低了位移放大过程中的耦合误差。

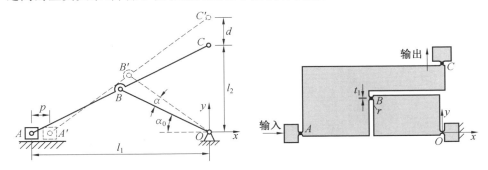

图 4.9　Scott－Russell 式位移放大机构

　　理论上,通过改变位移放大机构的结构参数可以获得非常大的放大倍数。
然而在实际应用中,位移放大机构的单级放大倍数基本都在 3～10 左右[35],主要
原因如下。

　　①柔性铰链上存在应力集中,为了避免铰链发生塑性变形,柔性铰链的转角
不能太大。

　　②随着放大倍数的增加,柔顺机构的运动分辨率会相应地降低,同时放大机
构的承载能力将会大幅降低。

　　③随着放大倍数的提高,柔性铰链自身轴向弹性变形不可忽略,从而产生大

量的位移损失。

为了突破位移放大机构的单级放大倍数极限,国内外学者先后设计出了多种多级位移放大装置[36,37],将前一级放大机构的输出位移作为后一级放大器的输入位移,实现输出位移的逐级放大。尽管如此,多级位移放大机构的输出位移一般也很难达到 5 mm。

(2)宏微双重驱动技术。

宏微双重驱动是实现大行程、高精度运动的一种有效策略。其基本思想是宏动级实现大行程的运动,然后通过高精度的位移传感器测得宏动位移与设定位移之间的偏差,由微动机构实现对宏动级运动误差的补偿。在这种应用场景中,微动机构的运动范围只要能够覆盖宏动级的误差范围即可,因此基于柔顺机构和宏动平台的宏微双重驱动装置获得了国内外学者的广泛关注。

德国学者 Juhász 等人[38]将由伺服电机驱动的丝杠螺母机构与压电陶瓷驱动器组合起来,结合二者的优势设计了一种大行程宏微驱动平台,如图 4.10 所示。该平台采用光栅尺作为闭环反馈,工作台的工作行程为 100 mm,在进给速度为 125 mm/s 时能够保持 2 nm 的运动分辨率。

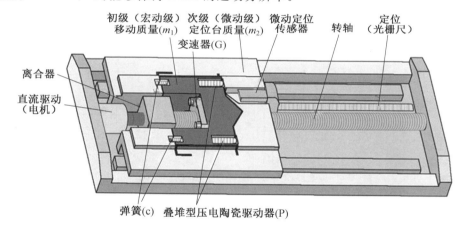

图 4.10 大行程宏微驱动平台

韩国庆北大学的 Lee 等人[39]设计了一种双重驱动的直线运动平台,如图 4.11所示。该平台的宏动级为直线电机,为了补偿宏动级运动过程中由安装、热变形和外扰动等因素引起的位移误差,设计了一套由压电陶瓷驱动的 6-UPU 型六自由度微动补偿机构。实验表明,经过微动机构补偿后,平台运动过程中的平动偏差减小了 89%,转动偏差较小了 93%。

国内方面,台湾地区的 Liu 等人[40]设计了一套两自由度宏微双重驱动精密定位平台,如图 4.12 所示。其中宏动级是采用滚珠丝杠副传动的两轴串联平台,微动级为压电陶瓷驱动的 4-PR 型柔顺机构,系统采用激光位移传感器进行末端动平台位姿反馈。实验表明该机构可在 300 mm 的运动行程内实现 10 nm 的运动精度,同时末端动平台的偏转误差小于 0.1″。

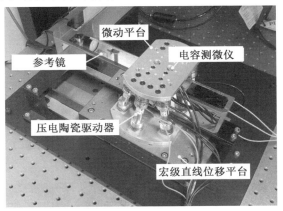

图 4.11　双重驱动的直线运动平台

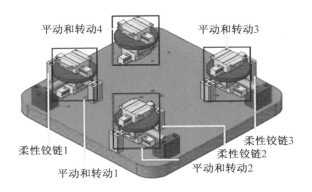

图 4.12　两自由度宏微双重驱动精密定位平台

哈尔滨工业大学的董为等人[41,42]设计了六自由度宏微复合的大行程纳米级精密定位平台(六自由度宏微并联机构),如图 4.13 所示。该机构采用直线超声电机实现大行程的微米级精度运动,然后由压电陶瓷实现小范围的纳米级精度运动。实验测试结果表明,该系统的最大平动位移可达 10 mm,平动分辨率为 20 nm,最大转动范围可达 6°,转动分辨率为 0.1 μrad。

华南理工大学的余竞[43]设计了一种 3－RRR 型平面三自由度宏微复合精密定位平台(3－RRR 宏微并联机构),如图 4.14 所示。该平台的宏动级采用伺服电机驱动传统刚性运动副,微动级采用压电陶瓷驱动柔顺机构。微动级的设计运动范围为 38 μm × 42 μm × 2.2 mrad,能够很好地覆盖宏动级的运动误差范围。同时还对该运动平台在宏微结合情形下的运动耦合特性进行了实验研究。

宏微复合驱动/传动方案能够实现"大范围－高精度"的性能要求,但是存在

图 4.13　六自由度宏微并联机构

图 4.14　3-RRR 宏微并联机构

着系统复杂、宏微运动转换下的运动不确定性等实际工程技术难题。抛开宏微复合驱动方案的束缚,在采用单一的运动方式时设计出既能够保证无间隙的特性还能够提供大的运动行程的精密定位机构是一个重要的研究课题。

(3)大行程柔性铰链。

限制柔顺机构运动范围的一个最主要因素是柔性铰链的运动范围过小,因此设计出大转角范围的柔性铰链是提高柔顺机构运动范围,实现大行程、高精度运动的重要手段。从柔性铰链的工作原理来看,提高柔性铰链转动能力的方法主要有两种:增加柔性铰链的实际变形长度和提高材料的弹性性能。

普通切口型柔性铰链因应力主要集中在结构上最薄弱的区域而影响了铰链的转动能力。为了避免这一问题可以设计簧片式柔性铰链(图 4.5)来增加铰链的实际变形长度,在末端载荷作用下弹性变形将分布在整个铰链上,从而消除结构上的应力集中,柔性铰链的运动范围将会大大提高。但是这种簧片式柔性铰链的一个显著缺点是柔性铰链的中心偏移明显,在运动过程中铰链的末端轨迹并不是一个理想的圆弧,导致柔顺机构的运动精度降低。采用对称结构是减少簧片式柔性铰链运动偏差的有效措施。图 4.16 所示的交叉簧片柔性铰链[44,45]是一种常见的大行程柔性铰链，通过将弹性簧片交叉布置在铰链的转动轴两侧而形成对称结构，可以消除一部分簧片式柔性铰链的变形误差，同时又能使铰链保持较大的转动范围。

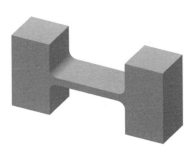
图 4.15　簧片式柔性铰链

图 4.16　交叉簧片柔性铰链

瑞士电子与微技术中心设计的蝶型柔性转动关节[46]如图 4.17 所示，通过采用多组弹性单元和对称式的结构减小了每一级簧片的变形角度，从而降低了整个柔性铰链的运动偏差。基于类似的思路，澳门大学的徐青松[47]采用弧面平行四边形机构设计了一种环形柔性铰链（复合弧面平行四边形柔性铰链），如图 4.18所示。弹性簧片的轴线均通过圆心固定铰链的外圈，并在柔性转动关节的内圈上施加一个外力矩，铰链将会产生一个非常精准的转动。但是这种类型的柔性铰链由于同一组弹性单元内的簧片是以串联的形式连接的，因此降低了柔性铰链的支撑刚度和抗干扰能力。

图 4.17　蝶型柔性转动关节

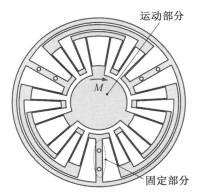
图 4.18　复合弧面平行四边形柔性铰链

为了提高交叉簧片柔性铰链的支撑刚度，荷兰特温特大学的 Wiersma 等人采用基于非线性有限元的拓扑优化方法设计了 ∞ 型交叉簧片柔性铰链[48,49]如图

4.19 所示,通过在簧片侧面增加矩形导向装置,可以使柔性铰链的整体支撑刚度提高 37%。

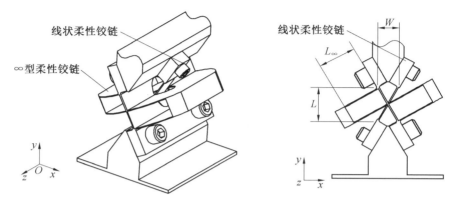

图 4.19　∞型交叉簧片柔性铰链

在增加柔性铰链制备材料的弹性变形性能方面,形状记忆合金(SMA)作为一种功能材料具有一个非常特殊的性能——超弹性效应。它允许材料在特定的应力下发生较大的非线性应变,并能够在卸载后完全恢复至初始状态[50,51]。SMA 与普通金属材料的本构曲线如图 4.20 所示,相比于普通切口型柔性铰链常采用的碳钢、铝合金和铜合金等材料,SMA 能够提供大得多的可恢复应变,这使其成为制备大行程柔性铰链的极佳选择。基于 SMA 的超弹性效应制备的超弹性柔性铰链,不仅能够继承传统柔性铰链高精度、无摩擦等固有优势,而且能大幅提高柔性铰链的转角范围。Rattz 等人[52,53]首次提出了超弹性柔性铰链的概念,实验表明采用 SMA 制成的柔性铰链的最大转角可达 30°。但是与普通材料不同的是,SMA 超弹性效应下的应力—应变曲线并不是线性关系,而是一个迟滞环,这极大地增加了柔顺机构建模和分析的难度[54,55],以往的学者并未对此

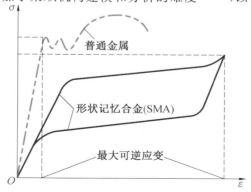

图 4.20　SMA 与普通金属材料的本构曲线

问题进行深入的研究。

综上所述，为了实现大行程、高精度的运动，表 4.1 给出了大行程精密运动平台的设计方法对比，表中列出了目前可以采用的设计方法及其对应的优缺点。

表 4.1　大行程精密运动平台的设计方法对比

类型	行程放大机构	宏微双重驱动	大行程柔性铰链
优点	结构紧凑，成本低，设计灵活，响应迅速	设计方便，运动范围大，承载能力强	运动范围大，分辨率高
缺点	运动行程有限，分辨率降低，负载能力差	成本高，运动测量系统复杂，轨迹跟踪算法复杂	运动非线性，建模复杂

由于行程放大机构的放大位移有限，而宏微双重驱动又引入了宏微转换的工程问题，因此本章将主要从柔性铰链的工作原理出发，通过改变柔性铰链的结构形式和制备材料来提高柔性铰链的转动范围，并以此为基础设计出大行程柔顺并联机构实现厘米级的平动运动范围和 $10°$ 的转角范围内的高精度运动。

4.1.3　柔性铰链的变形建模方法

在对切口型柔性铰链进行变形特性分析时，一般将其考虑为变截面的悬臂梁结构。早在 1965 年，Paros 和 Weisbord[56] 首次采用线性积分的方法建立了正圆形柔性铰链的柔度计算方法，并获得了解析形式的柔度矩阵。Smith 等人[57] 采用共形映射方法对 Paros 的柔度模型进行了拓展，提出了一种适用于多种尺寸范围和截面形式的柔性铰链的转动柔度模型，通过与有限元仿真结果进行对比，验证了模型的正确性。Lobontiu 等人[58] 采用卡氏第二定律分别推导了平面切口型柔性铰链的封闭形式的柔度矩阵，建立了线性化的铰链变形与载荷之间的关系。该方法计算简单、适应性强，逐渐成为设计和分析切口型柔性铰链变形特征的主流方法。Friedrich 等人[59] 提出了一种基于线性有限元方法的柔性铰链静动态特性的建模方法，通过采用高阶梁单元和埃尔米特插值来满足不同截面形式的要求，大幅减少铰链建模过程中的单元数量。Yong 等人[60] 采用有限元仿真软件 ANSYS 分析了圆形柔性铰链的静态变形过程，并根据仿真结果总结出了适用于不同厚度比例的柔性铰链刚度的经验公式。该公式在厚度比为 $0.02\sim0.8$ 的范围内与 ANSYS 仿真结果的误差小于 3%，方便设计人员设计和分析柔性铰链的变形特征。

国内吴鹰飞等人[61] 提出了一种基于材料力学的柔性铰链建模方法，该方法不仅能计算铰链的转动刚度，同时还能计算铰链变形过程中的中心偏移和铰链的最大转角范围，但是该方法仅对细长型的柔性铰链比较适用。哈尔滨工业大学的史若冲等人[22]采用卡氏第二定理和铁木辛柯(Timoshenko)梁理论建立了考虑加工误差的圆形柔性铰链的柔度矩阵,并分析了柔性铰链的三个性能评价指标与铰链几何尺寸之间的变化关系。吉林大学的王荣奇等人[62]采用变换矩阵法建立了指数型柔性铰链的刚度模型。华中科技大学的申一平等人[63]采用基于力法的有限元方法建立了柔性铰链的柔度矩阵,分析结果表明这种方法的计算精度和计算效率都高于常规有限元分析方法。

上述对于切口型柔性铰链的建模方法均是基于小变形假设和线性梁理论建立的,无法直接用于超弹性柔性铰链的建模。因为超弹性柔性铰链的转角范围相对较大,同时在变形过程中材料的本构关系也发生了变化,需要同时考虑铰链在变形过程中的几何非线性和材料非线性,为此必须采用新的建模方法来计算和分析超弹性柔性铰链的变形特性。

在对簧片式柔性铰链进行力学建模时,由于铰链的运动范围一般较大,所以通常都会考虑簧片大变形弯曲时的几何非线性问题。多年来国内外学者一直在寻找高效求解这一问题的方法,并取得了一系列成果。Howell等人[64,65]推导出了末端纯弯矩和纵向力作用下的平面柔性梁大变形的椭圆积分解,并将这一模型应用到柔顺机构的变形分析上,但是该模型没有对包含拐点的大变形梁进行讨论。张爱梅等人[66,67]通过引入表征拐点个数和弯矩方向的参数,获得了平面柔性梁的完备椭圆积分解。基于椭圆积分法可以得到解析形式的挠度曲线,但是由于模型中部分参数的初值仍然需要通过数值迭代才能获得,进而影响了模型整体的求解效率。

Awtar等人[68,69]基于非线性欧拉梁理论,合理地假设推导了簧片在中等变形条件下(簧片的纵向变形约为簧片长度的10%,末端转角约为0.1 rad)的解析形式的变形模型,称为梁约束模型。基于此模型,赵宏哲等人[70,71]推导了解析形式的等直交叉簧片柔性铰链的变形模型,并分析了交叉簧片柔性铰链的运动特性。马付雷等人[72]基于梁约束模型提出了一种链式梁约束模型,通过离散化处理可以用来求解簧片的大变形问题。

伪刚体法是一种分析簧片大变形过程中力位关系的等效方法,该方法的最大优点是使用者不必关注簧片变形的具体细节,采用类似于刚体静力学分析的方法即可得到较为准确的力位关系模型。1R伪刚体模型(图4.21)最早由Howell[65]提出,用来描述等直簧片在纯力矩下的弯曲。但是当簧片末端的载荷情况比较复杂时,由于1R伪刚体模型仅具有两个自由度,因而无法完全准确地描述簧片末端点的位姿。

为了解决1R伪刚体模型描述能力有限的问题,于跃庆等人[73]提出了PR伪刚体模型。通过增加一个自由度和一个特征半径,PR伪刚体模型可以完全描述铰链的末端位姿。通过有限元仿真结构对比分析发现,在给定载荷作用下,PR

模型的精度高于 1R 模型。美国俄亥俄州立大学的 $Su^{[74]}$ 提出了一种 3R 伪刚体模型(图 4.22),即采用三个转动关节(R)连接四个刚体杆。该模型不仅能描述簧片变形过程中的末端位姿,而且能够保证铰链的力位耦合关系。

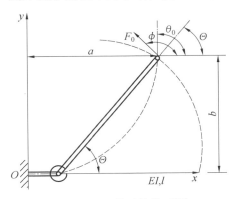

图 4.21　1R 伪刚体模型[65]

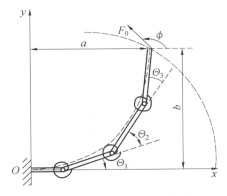

图 4.22　3R 伪刚体模型[73]

上述弹性簧片的大变形建模方法都是针对等直截面的簧片提出的,无法分析簧片截面厚度变化的情况。Sen 等人[75] 提出了一种变厚度簧片中等变形条件下的建模方法,该模型与 Awtar 提出的梁约束模型有类似的解析形式,但是比较遗憾的是该模型仅对一些特定截面比例的簧片适用。

非线性有限元法是一种离散化的数值计算方法,通过构造合适的梁单元模型能够同时处理平面梁的变截面特性、几何非线性和材料非线性问题。有限元方法处理几何非线性问题可以分为两个步骤:构造列式和选择求解方法[76]。目前应用较多的列式方法主要包括以结构的初始位形为参考来表示物体最终变形的 Total—Lagrange(TL)法和以结构的相邻构型为参考的 Updated—Lagrange(UL)法[77]。求解方法包括简单增量法、自适应增量法、直接迭代法和 Newton—Rephson 法等[78-81]。采用有限元方法处理材料非线性问题的关键在于如何将材料的本构模型引入单元中,并推导出合适的单元刚度矩阵。

4.1.4　柔顺并联机构误差补偿方法

柔性铰链的作用是通过弹性变形在刚体间平稳连续地传递运动,模拟理想转动副的功能。由于外力作用下铰链的变形发生在整个结构上,因而柔性铰链在传动过程中转动中心会不可避免地产生偏移,造成柔顺并联机构运动精度的降低。柔顺并联机构的误差补偿就是通过建立合适的柔顺机构逆运动学模型,来补偿由铰链转动中心偏移而引起的机构末端运动偏差。

Yong 等人[82] 采用柔度矩阵法推导了 3—RRR 柔顺并联机构(图 4.23)的精

确雅可比矩阵。该方法首先推导了单个柔性铰链的柔度矩阵,然后根据坐标转换和刚度叠加原理推导单个支链的柔度矩阵,最后根据弹性叠加原理组装成整体机构的柔度矩阵。尽管模型中考虑了铰链的中心偏移,但是建模过程中大量采用了线性叠加处理,因而预测精度并不是特别高。与有限元仿真结果对比表明,在选择合适的柔性铰链柔度矩阵的前提下,模型的预测误差在 13% 左右。

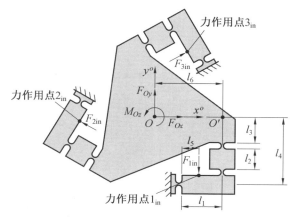

图 4.23 3－RRR 柔顺并联机构

伊朗学者 Rouhani 等人[83]设计了 6－SPS 型柔顺并联机构,如图 4.24 所示。该机构采用旋量理论描述了全向柔性铰链的力位关系,然后通过转换推导每个支链上的力位旋量建立了考虑柔性铰链运动偏移的机构逆运动学模型。实验表明,这种方法比刚性逆运动学方法在预测末端动平台运动的准确性上提高了 54 倍。然而此种方法也是基于小变形假设而建立的,并不适用于本课题中采用的大行程柔性铰链。

Hao 等人[84]采用空间梁约束模型研究了一种 x、y、z 三轴平动型柔顺并联机构的精确力学建模问题。通过建立柔顺并联机构在变形位形下的力平衡方程和几何约束方程,得到了机构在中等变形状态下的逆运动学模型。通过与 ANSYS 有限元分析对比,验证了模型的准确性。

Wang 等人[85]基于 Roberts 机构和弹性簧片设计了一种大行程柔性导向模块,并采用这一模块构建了一套平面两自由度柔顺并联平台,如图 4.25 所示。为了分析机构的静态变形特性,采用伪刚体法获得了柔性导向模块的力位变形关系。有限元仿真结果表明,模型计算末端动平台位移时的相对误差小于 5.6%。

澳门大学李扬明[86]等人建立了一种 3－PUPU 型宏微复合式柔顺并联机构的逆运动学模型。微动部分由于是小变形,采用刚体逆运动学模型计算了平台的末端位移。宏动部分采用非线性有限元分析方法对机构进行大变形求解,其

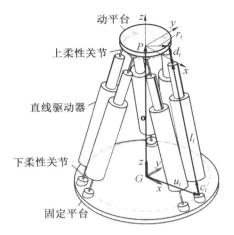

图 4.24　6－SPS 型柔顺并联机构

中柔性支链的计算模型[86]如图 4.26 所示。实验表明,该方法计算宏动平台的线位移精度可达到 $0.8~\mu m$,角位移精度可达到 $1~\mu rad$。但是由于计算复杂,模型无法直接运用到平台的轨迹控制中。

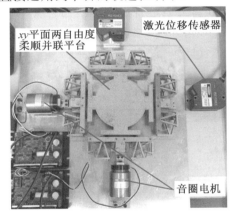

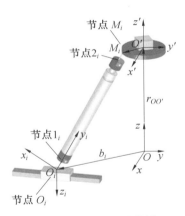

图 4.25　基于 Roberts 机构的柔顺并联平台　　图 4.26　柔性支链的计算模型

通过上述分析表明,由于柔性铰链运动过程中存在中心偏移,直接将其等效为刚性转动关节会降低柔顺机构末端动平台的运动精度。因此需要根据柔性铰链和柔顺并联机构的结构特点,采用合适的柔顺机构逆运动学建模方法,以消除柔性铰链中心偏移对末端动平台运动精度的影响,提高柔顺并联机构的轨迹预测能力。

4.1.5　柔顺并联机构的闭环轨迹跟踪控制方法

柔顺并联机构在运动过程中除了受到铰链中心偏移的影响,还会受到其他不确定性因素的影响,例如机构的制造和装配误差、系统外界扰动等,不利于柔顺并联机构轨迹跟踪精度的提高。由于这些因素具有一定的不确定性,很难预先建立准确的数学模型来进行校正,因此需要通过闭环反馈的方法予以消除。

基于扰动观测器的控制(Disturbance Observer-based Control,DOBC)方法[87-89]是一种用于处理不确定扰动的高精度运动控制方法。DOBC方法将引起平台运动偏差的因素当作系统的不确定性或者有界干扰,通过设计各种扰动观测器(Disturbance Observer,DOB)在线辨识出系统中的不确定部分,然后通过前馈补偿方法予以抑制。DOBC方法在控制性能上的优势主要表现为两点:①由于DOB的引入使得系统的残余扰动大幅降低,留给反馈控制器的负担明显下降,从而可以获得更好的工作状态,改善系统的鲁棒性能及干扰抑制能力;②DOB的补偿可以看作是已有反馈控制器的补丁,当反馈控制器的扰动抑制效果不尽如人意时,可以通过引入DOB来提高系统的抗干扰能力,因此DOBC可以非常方便地与现有反馈控制方法结合。

澳大利亚莫纳什大学的Bhagat等人[90]设计了一种两自由度解耦的柔顺并联平台。为了消除柔顺机构内的交叉耦合误差,提出了一种基于非线性扰动观测器的鲁棒控制算法,将系统内的耦合误差作为内部扰动并通过前馈补偿予以消除。实验表明,采用该算法后机构的轨迹跟踪误差从225 nm降低到了20 nm,平台的轨迹跟踪精度大幅提高。土耳其学者Acer等人[91]为了消除柔顺机构制造和装配过程中产生的运动偏差,提出了一种基于滑模观测器的轨迹控制方法,与传统的PID控制算法相比,系统的轨迹跟踪精度提高了87%。美国密歇根州立大学的Edardar等人[92]采用滑模控制的原理设计了非线性跟踪控制器,在保证系统鲁棒性的条件下提高系统的定位精度。澳门大学的徐青松[93]在滑模控制的基础上引入自适应扰动观测器,消除了纳米定位平台的非线性对系统模型参数的影响和颤振现象。山东大学的闫鹏等人[94-96]研究了基于状态扩张观测器的自抗扰控制算法和复合分层抗干扰控制算法在一维微纳伺服平台的应用。

上述方法都是针对单自由度或者结构解耦的多自由度精密定位平台进行设计的,本章设计的大行程柔顺并联机构是一种典型的多输入多输出强耦合的非线性系统,在构造DOB时需要建立机构精确的逆模型。为了补偿因机构制造和装配过程中的不确定因素而导致的模型失配,可以采用自适应神经网络模型对运动偏差进行校正。

神经网络模型由于优越的非线性逼近能力,常常被用来解决机器人系统中的非线性、强耦合性、参数不确定性和非参数不确定性等问题。Corradini等人[97]针对三自由度机械臂设计了一种基于神经网络的离散滑模控制器,采用RBF神经网络逼近系统模型中的不确定部分,并结合自适应扩展卡尔曼滤波算法来更新神经网络参数,实验表明该控制器的跟踪性能相对传统计算力矩法有较为明显的提升。Rossomando 等人[98]人将神经网络应用在动态参数模糊的移动机器人中进行不确定性补偿,并设计了运动控制器和逆动态控制器,通过 Lyapunov(李雅普诺夫)稳定性定理推导出了神经网络的自适应学习律,实验验证了控制系统良好的跟踪性能。Tien 等人[99]提出一种基于径向基神经网络和滑模控制器的动态补偿策略,基于李雅普诺夫定理保证系统的稳定性,仿真结果表明机器人系统的轨迹跟踪性能符合预期效果。

国内,宋伟科等人[100]提出了一种针对工业机器人系统的动态速度前馈补偿控制方案,采用 RBF 神经网络来辨识机器人关节处的摩擦、间隙等不确定部分,实验表明机器人系统在高速运行状态下依然能够保持较低的稳态跟踪误差。王三秀等人[101]设计了一种基于双神经网络的滑模控制算法,使用一个 RBF 神经网络消除机器人系统中的不确定和干扰所带来的影响,再让另一个 RBF 神经网络学习机器人系统不确定性未知上界,仿真表明对系统不确定及外部扰动有明显的抑制效果。董奕廷[102]设计了一种基于自适应神经网络的控制器来实现对工业机器人系统的轨迹跟踪控制。仿真分析表明,这种控制策略能够很好地处理工业机器人系统的非线性特性与自身的未知项,具有很好的稳定性和高鲁棒性。

根据以上的分析可知,利用神经网络模型的学习能力逼近系统模型中的不确定部分,可以补偿系统制造和装配误差造成的模型失配,从而构造出 DOB 在线辨识系统中的非线性扰动。然后通过采用 DOBC 方法改善柔顺并联机构的鲁棒性及干扰抑制能力,可以提高系统的轨迹跟踪精度。

4.1.6　国内外研究现状综述

通过阅读和学习国内外学者在柔性铰链和柔顺并联机构方面的相关研究,结合本章的研究重点,可以进行如下归纳和总结。

(1)大行程柔顺并联机构的设计方法。

传统切口型柔性铰链构成的柔顺并联机构由于受到柔性铰链转角范围的限制,机构运动范围通常仅在微米级别。为了扩大柔顺机构的应用范围,需要设计出新型大行程柔顺并联机构。通过行程放大机构能够在一定程度上增加柔顺并联机构的运动范围,但是实际的放大效果十分有限。采用宏微复合的方式能够大幅提高精密定位平台的运动范围,但是系统设计过于复杂且存在宏微转换不确定的问题。因此需要从柔性铰链的结构形式和制备材料出发设计出新型大行程柔性铰链,从根本上解除柔性铰链运动范围的限制。

(2)大行程柔性铰链建模方法。

目前,多数研究者对柔性铰链的变形建模主要集中在小变形或者中等变形的状态下进行,对大变形柔性铰链的建模研究相对较少。随着柔性铰链转动范围的扩大,小变形假设不再成立,需要考虑铰链运动过程中的几何非线性。另外,如果柔性铰链在转动过程中材料的本构关系发生变化,线弹性假设也将不再适应,需要考虑材料的非线性效应。因此,对大行程柔性铰链进行建模时需要采用合适的模型描述柔性铰链变形过程的几何非线性和材料非线性,以便快速、准确地描述铰链变形过程中的力位关系。

（3）柔顺并联机构的误差补偿方法。

柔性铰链在传动过程中不可避免地会产生中心偏移,经运动铰链传递后最终会导致柔顺并联机构运动精度的降低。因此,需要根据柔顺并联机构工作过程中的力位关系,建立考虑铰链变形偏差的柔性逆运动学模型以提高机构末端动平台的位姿预测精度。由于铰链结构的特殊性,现有的柔顺并联机构柔性逆运动学建模方法大多无法直接应用到本章所设计的柔顺并联机构上。

（4）柔顺并联机构的闭环轨迹跟踪控制。

基于 DOBC 的控制方法能够抑制柔顺并联机构运动过程中的不确定因素对系统运动精度的影响,但是目前应用于精密定位机构的 DOBC 方法大多是针对单自由度或者结构解耦的多自由度定位平台而设计的。为了使 DOBC 方法应用于多输入多输出强耦合的大行程柔顺并联机构中,还需要进一步地研究。

根据大行程柔顺并联机构的功能性需求,开展大行程柔性铰链的结构设计、非线性建模、柔顺并联机构的误差校正和闭环轨迹控制研究,对于实现柔顺并联机构的大范围、高精度运动具有重要的意义。

4.1.7　本章的主要研究内容

大行程柔顺并联机构的研究是新型精密驱动和传动机械的探索方向之一,具有非常重要的理论研究意义和实际应用价值。本章将对大行程柔性铰链的设计、建模及其在平面柔顺并联机构中的应用等关键技术进行研究。内容主要如下。

（1）变厚度交叉簧片柔性铰链建模与转动性能分析。针对传统切口型柔性铰链转动范围小,而普通交叉簧片柔性铰链中心偏移大的问题,设计一种变厚度交叉簧片柔性铰链能够结合这两种柔性铰链的优点,使其既具有较大的运动范围又能保证足够的转动精度。建立变厚度交叉簧片柔性铰链在末端载荷作用下的变形模型,并以此为基础对变厚度交叉簧片铰链的主要静态变形指标与柔性铰链结构参数之间的关系进行分析,为变厚度交叉簧片柔性铰链的性能优化提供依据。

（2）超弹性柔性铰链的力学建模与转动性能分析。利用 SMA 优越的弹性变形能力,设计一种新型大行程切口型柔性铰链。采用 Brinson 模型描述 SMA 材料的超弹性迟滞本构关系,并通过实验获得材料的本构参数。针对超弹性柔性铰链变形过程中的几何非线性和材料非线性问题,采用非线性梁方法和共旋坐标法建立超弹性柔性铰链的静态变形模型,并利用 Abaqus 仿真软件进行有限元仿真和实验验证模型的准确性。分析超弹性柔性铰链变形过程中的迟滞特性以及超弹性柔性铰链的几何参数、切口形式对其变形特性的影响。

(3)大行程柔顺并联机构的优化设计与运动偏差补偿。针对 3−PRR 柔顺并联机构的优化设计问题,采用遗传算法分别从大行程柔性铰链的结构参数和并联机构的构型参数上进行优化,以获得最优的综合性能。根据优化得到的柔性铰链的几何参数和并联机构的构型参数,设计并搭建大行程 3−PRR 柔顺并联机构。并对基于变厚度交叉簧片柔性铰链的 3−PRR 柔顺并联机构,建立考虑柔性铰链运动偏差的柔性逆运动学模型,以实现机构末端运动偏差的补偿。

(4)大行程柔顺并联机构的闭环轨迹跟踪控制。针对大行程柔顺并联机构运动过程中的不确定扰动问题,提出一种 DOB−IKM 轨迹跟踪控制算法。采用 RBF 神经网络在线补偿柔顺机构的制造和装配误差导致的机构末端运动偏差,通过 DOB 辨识并补偿系统受到的外扰动,以提高大行程柔顺并联机构的轨迹跟踪精度。通过进行轨迹跟踪实验,验证所设计的轨迹跟踪算法的有效性和大行程柔顺并联机构的运动性能。

4.2　变厚度交叉簧片柔性铰链建模与转动性能分析

柔性铰链因其无摩擦、无间隙、运动分辨率高和重复定位精度高的性能优势,在精密定位平台中得到了广泛的应用。但是传统切口型柔性铰链的变形主要集中在铰链结构上最薄弱的区域,为了不发生塑性变形,常规的柔顺并联机构仅能提供微米级的工作空间,严重地限制了柔性铰链及由其所构建而成的柔顺机构的应用范围。增加柔性铰链中弹性元件的实际变形长度能够降低结构上的应力集中,从而提高柔性铰链的运动范围。根据这一思路,人们采用等直簧片构造出了具有分布式柔度的交叉簧片柔性铰链。但是交叉簧片柔性铰链随着转动角度的增大,柔性铰链的中心偏移导致的寄生运动显著上升,铰链的轴向稳定性降低,影响了柔顺机构的定位精度和抗干扰能力。本节通过对传统交叉簧片铰链的结构形式进行改进,提出一种新型的变厚度交叉簧片柔性铰链,其能够融合交叉簧片柔性铰链与切口型柔性铰链的优点:通过簧片式设计消除了结构上的应力集中效应,使柔性铰链具有较大的转角范围;通过变截面设计使柔性铰链的变形更加集中于柔性铰链的理论转动中心处,以提高柔性铰链的运动准确性和稳定性。建立柔性铰链的静态变形模型是对其进行设计和性能分析的基础,由于变厚度交叉簧片柔性铰链的截面厚度是非均匀变化的,传统的基于等直簧片的建模方法不再适用。本节分别采用非线性梁理论和非线性有限元方法建立变厚度交叉簧片柔性铰链在末端载荷作用下的静态变形模型,并以此为基础分析铰链的主要性能指标与簧片截面系数和铰链几何参数之间的关系。

4.2.1 变厚度交叉簧片柔性铰链结构设计

柔性铰链按照结构形式可分为两类:集中柔度柔性铰链和分布式柔度柔性铰链。切口型柔性铰链是集中柔度柔性铰链的典型代表,这种铰链转动精度高但是运动范围小。交叉簧片柔性铰链则是分布式柔度柔性铰链的典型代表,图4.27所示为其结构示意图,其转动范围可以达到 $15°$,采用交叉簧片柔性铰链构建而成的柔顺机构通常可实现毫米级甚至更大的工作空间,但是这种铰链的缺点是转动过程中铰链中心偏移比较大。

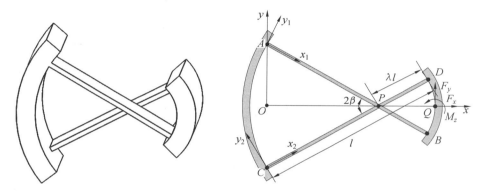

图 4.27 交叉簧片柔性铰链的结构示意图

交叉簧片柔性铰链由两端的刚性部件和两个几何尺寸完全相同的弹性簧片组成。图中 P 点为铰链的设计转动中心,弹性簧片 AB 和 CD 交叉于点 P,交叉角为 2β,点 P 为分簧片长度的 λ 分点,簧片的两端与刚性部件固连。固定交叉簧片柔性铰链的一端,在铰链的另一端 Q 点处施加外载荷,柔性铰链将绕 P 点产生一个近似圆弧的运动轨迹,从而实现类似铰链的传动效果。由于在外力作用下铰链的弹性变形分布在整个簧片的长度方向上,因此可以消除铰链的应力集中现象,使交叉簧片柔性铰链的转动范围大幅增加。然而也正是因为这种分布式柔度结构,导致交叉簧片柔性铰链转动过程中的中心偏移相对于缺口型柔性铰链明显提高,铰链的轴向稳定性也比较低,影响了柔顺机构的定位精度和抗干扰能力。

为了解决上述问题,本节结合传统切口型柔性铰链和交叉簧片柔性铰链的结构特点设计了一种变厚度交叉簧片柔性铰链,其结构示意图如图4.28所示。与传统交叉簧片柔性铰链不同,这种柔性铰链采用的弹性变形元件具有类似于切口型柔性铰链的变截面厚度设计。相对于传统的等直簧片,在外力作用下变厚度簧片的变形将更集中于柔性铰链的设计转动中心 P 处,有利于提高柔性铰链的转动精度和轴向稳定性;另外,相对切口型柔性铰链,变厚度簧片的截面轮廓变化更加平缓,能够在很大程度上减少簧片最薄处的应力集中,有利于柔性铰链实现更大的转动角度。

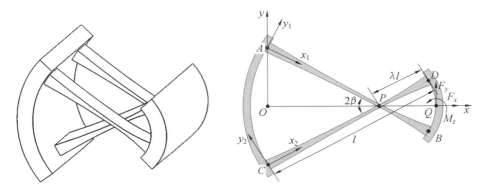

图 4.28　变厚度交叉簧片柔性铰链结构示意图

为了提高柔性铰链结构的对称性,变厚度交叉簧片柔性铰链采用三簧片式设计,其中位于两侧的两个簧片宽度相等且为中间簧片宽度的一半,这样可以提高铰链抗侧向扭转的能力。在交叉簧片柔性铰链的 A 点和 C 点分别定义两个局部坐标系 $x_{l1}Ay_{l1}$ 和 $x_{l2}Cy_{l2}$,局部坐标系的 x 轴均沿簧片的长度方向,y 轴沿簧片的厚度方向。在局部坐标系下变厚度簧片的轮廓示意图如图 4.29 所示,簧片厚度的变化由两段抛物线组成,最薄处的厚度为 t_s,最厚处的厚度为 $t_h=ht_s$,h 为簧片的厚度系数;簧片的横截面形状为长方形,宽度为 b,总长度为 l。

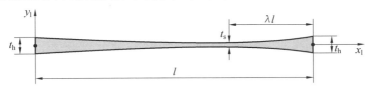

图 4.29　变厚度簧片的轮廓示意图

局部坐标系下,簧片上任意一点的厚度为

$$y(x) = \begin{cases} \dfrac{(t_h-t_s)}{(1-\lambda)^2 l^2} \left[x-(1-\lambda)l\right]^2 + t_s & (0 \leqslant x \leqslant (1-\lambda)l) \\ \dfrac{(t_h-t_s)}{\lambda^2 l^2} \left[x-(1-\lambda)l\right]^2 + t_s & (x > (1-\lambda)l) \end{cases} \tag{4.1}$$

由式(4.1)可以看出,当 $t_h=t_s$,即 $h=1$ 时,变厚度簧片转变为传统的等直簧片。从这个角度来说,变厚度交叉簧片柔性铰链是传统等直簧片柔性铰链的一种拓展。

4.2.2　基于非线性梁理论的变形模型

当变厚度簧片受到末端载荷(F_{bx}, F_{by}, M_{bz})的作用后,其结构变形示意图如图 4.30 所示,此时变厚度簧片中性轴上给定点(x, y)处的截面弯矩为

$$M_a = M_{bz} - F_{bx}(y_t - y) + F_{by}(x_t - x) \tag{4.2}$$

式中　(x_t, y_t) —— 簧片变形后末端点的坐标,它们的大小与载荷有关。

根据伯努利—欧拉(Bernoulli—Euler)梁理论,弯曲变形后梁中性轴的曲率与作用在梁截面上的外力矩满足如下关系:

$$M_a = EI(s)\frac{d\theta}{ds} \tag{4.3}$$

式中　E —— 材料的弹性模量;

$I(s)$ —— 截面惯性矩,$I(s) = wt^3(s)/12$。

s —— 给定点与簧片固定端沿中性轴的弧长;

$\dfrac{d\theta}{ds}$ —— 截面中性轴的曲率。

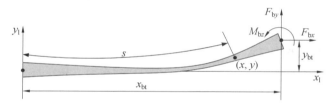

图 4.30　变厚度簧片的结构变形示意图

根据式(4.3)和微分几何关系,可以得到变厚度簧片平面弯曲变形的微分控制方程为

$$\begin{cases} \dfrac{d\theta}{ds} = \dfrac{M_a}{EI(s)} \\[2mm] \dfrac{dx}{ds} = \cos\theta \\[2mm] \dfrac{dy}{ds} = \sin\theta \end{cases} \tag{4.4}$$

同时根据变厚度簧片的变形状态可以得到,在簧片的固定端$(s=0$ 处$)$,截面满足如下边界条件:

$$\begin{cases} \theta(s=0) = 0 \\ x(s=0) = 0 \\ y(s=0) = 0 \end{cases} \tag{4.5}$$

在簧片末端点$(s=l$ 处$)$,满足

$$\begin{cases} x_t = \displaystyle\int_0^l \cos\theta \mathrm{d}s \\ y_t = \displaystyle\int_0^l \sin\theta \mathrm{d}s \end{cases} \qquad (4.6)$$

为了对上述方程进行求解,需要首先假定簧片末端点的(x_t', y_t'),然后根据边界条件式(4.5)对微分控制方程式(4.4)进行数值求解,对求得的簧片变形按式(4.6)进行数值积分后得到实际的簧片末端点坐标(x_t, y_t),最后按牛顿法对之前设定的簧片末端点(x_t', y_t')进行调节,直至满足设定的允差范围。

为了使后面叙述更加直观,可以将变厚度簧片的末端变形与末端载荷之间的关系表示为

$$(x_b, y_b, \theta_b) = \Gamma(F_{bx}, F_{by}, M_{bz}) \qquad (4.7)$$

式中　Γ——簧片受力与变形之间的映射关系。

变厚度交叉簧片柔性铰链受到外力(F_x, F_y, M_z)作用后的变形示意图如图4.31所示。根据前面建立的簧片变形模型可得

$$\begin{cases} (x_{b1}, y_{b1}, \theta_{b1}) = \Gamma(F_{bx1}, F_{by1}, M_{bz1}) \\ (x_{b1}, y_{b1}, \theta_{b1}) = \Gamma(F_{bx1}, F_{by1}, M_{bz1}) \end{cases} \qquad (4.8)$$

式中　$(F_{bx1}, F_{by1}, M_{bz1})$——局部坐标系$x_{l1}Ay_{l1}$下,施加在簧片$AB$上的力;

　　　　$(F_{bx2}, F_{by2}, M_{bz2})$——局部坐标系$x_{l2}Cy_{l2}$下,施加在簧片$CD$上的力。

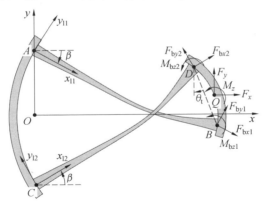

图 4.31　变厚度交叉簧片柔性铰链变形示意图

由柔性铰链变形后的几何位置关系,可以得到如下形式的闭链方程:

$$\boldsymbol{OA} + \boldsymbol{AB} + \boldsymbol{BD} = \boldsymbol{OC} + \boldsymbol{CD} \qquad (4.9)$$

将式(4.9)写成矩阵的形式可以得到

$$
\begin{cases}
\begin{bmatrix} 0 \\ (1-\lambda)l\sin\beta \end{bmatrix} + \mathbf{Rot}(-\beta)\begin{bmatrix} x_{\mathrm{b1}} \\ y_{\mathrm{b1}} \end{bmatrix} + \mathbf{Rot}(\theta_{\mathrm{t}})\begin{bmatrix} 0 \\ 2\lambda l\sin\beta \end{bmatrix} \\
- \begin{bmatrix} 0 \\ -(1-\lambda)l\sin\beta \end{bmatrix} - \mathbf{Rot}(\beta)\begin{bmatrix} x_{\mathrm{b2}} \\ y_{\mathrm{b2}} \end{bmatrix} = 0 \\
\theta_{\mathrm{b1}} = \theta_{\mathrm{t}},\theta_{\mathrm{b2}} = \theta_{\mathrm{t}}
\end{cases}
\tag{4.10}
$$

式中　　$\mathbf{Rot}(\beta)$——平面旋转变换矩阵,其表达式如下:

$$
\mathbf{Rot}(\beta) = \begin{bmatrix} \cos\beta & -\sin\beta \\ \sin\beta & \cos\beta \end{bmatrix}
\tag{4.11}
$$

根据柔性铰链自由端的力平衡关系,可以建立如下方程:

$$
\begin{cases}
\begin{bmatrix} F_x \\ F_y \end{bmatrix} + \mathbf{Rot}(-\beta)\begin{bmatrix} -F_{\mathrm{bx1}} \\ -F_{\mathrm{by1}} \end{bmatrix} + \mathbf{Rot}(\beta)\begin{bmatrix} -F_{\mathrm{bx2}} \\ -F_{\mathrm{by2}} \end{bmatrix} = 0 \\
M_z - M_{\mathrm{bz1}} - M_{\mathrm{bz2}} + \mathbf{Rot}(\theta_{\mathrm{t}})\begin{pmatrix} \lambda l\cos\beta - \lambda l \\ -\lambda l\sin\beta \end{pmatrix} \times \mathbf{Rot}(-\beta)\begin{bmatrix} -F_{\mathrm{bx1}} \\ -F_{\mathrm{by1}} \end{bmatrix} \\
+ \mathbf{Rot}(\theta_{\mathrm{t}})\begin{pmatrix} \lambda l\cos\beta - \lambda l \\ \lambda l\sin\beta \end{pmatrix} \times \mathbf{Rot}(\beta)\begin{bmatrix} -F_{\mathrm{bx2}} \\ -F_{\mathrm{by2}} \end{bmatrix} = 0
\end{cases}
\tag{4.12}
$$

式中　　$\times$——叉乘运算。

弹性簧片的变形方程式(4.7)、变厚度交叉簧片柔性铰链的闭链方程式(4.10)和力平衡方程式(4.12)共同构成了描述铰链静态变形的控制方程组,通过求解这些方程可以得到作用在每个簧片上的力($F_{\mathrm{b}xi}$,$F_{\mathrm{b}yi}$,$M_{\mathrm{b}zi}$)及对应的簧片位移($x_{\mathrm{b}i}$,$y_{\mathrm{b}i}$,$\theta_{\mathrm{b}i}$)。由于方程式(4.7)、式(4.10)和式(4.12)由一系列微分方程和非线性方程组构成,因此只能通过数值迭代进行求解,变厚度交叉簧片柔性铰链变形计算流程如图4.32所示。

采用数值方法求解变厚度交叉簧片柔性铰链静态变形的具体求解步骤如下。

(1)读取变厚度交叉簧片柔性铰链的结构参数和末端载荷(F_x,F_y,M_z)。

(2)设定簧片1的末端载荷为(F_{bx1},F_{by1},M_{bz1})。

(3)根据式(4.12)计算出局部坐标系下簧片2上的末端载荷为(F_{bx2},F_{by2},M_{bz2})。

(4)将作用在簧片上的载荷代入簧片的变形模型式(4.7)中,数值求解得到簧片末端点的坐标为(x_{bx1},y_{by1},q_{bz1})和(x_{bx2},y_{by2},q_{bz2})。

(5)检查铰链的位移闭链方程式(4.10)是否满足,若不满足则根据偏差采用拟牛顿法重新调整之前设定的簧片1末端载荷,并重复上述步骤。

由于在计算过程中步骤(4)和步骤(5)中都需要用到数值迭代求解微分方程式(4.4)和非线性方程式(4.10),因此模型的计算效率相对较低。

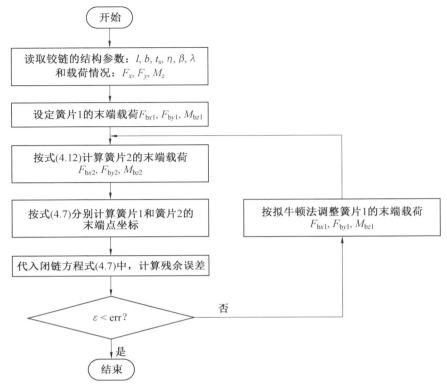

图 4.32　变厚度交叉簧片柔性铰链变形计算流程

根据上述流程和几何转换关系,可以计算出柔性铰链末端点的坐标为

$$\begin{bmatrix} x_t \\ y_t \end{bmatrix} = \begin{bmatrix} 0 \\ -(1-\lambda)\,l\sin\beta \end{bmatrix} + \mathbf{Rot}(\beta)\begin{bmatrix} x_{b2} \\ y_{b2} \end{bmatrix} - \mathbf{Rot}(\theta_t)\begin{bmatrix} \lambda l\cos\beta - \lambda l \\ \lambda l\sin\beta \end{bmatrix}$$

$$(4.13)$$

对应地,铰链的末端位移为

$$\begin{bmatrix} \Delta x \\ \Delta y \end{bmatrix} = \begin{bmatrix} x_t - (1-\lambda)\,l\cos\beta - \lambda l \\ y_t \end{bmatrix}$$

$$(4.14)$$

根据簧片上的作用力$(F_{bxi}, F_{byi}, M_{bzi})$和对应的簧片位移$(x_{bi}, y_{bi}, \theta_{bi})$,可以计算出簧片上给定点$(x,y)$处截面的最大弯曲应力为

$$\sigma_{\max} = \frac{6}{Wt_s^2}\big[M_{bz} - F_{bx}(y_t - y) + F_{by}(x_t - x) \big]$$

$$(4.15)$$

4.2.3　基于共旋坐标法的变厚度柔性铰链变形模型

上一节根据非线性梁理论和铰链变形后的力位关系建立了变厚度交叉簧片柔性铰链的变形模型,但是该模型的计算效率较低。本节将采用共旋坐标(CR)

法建立一种更加高效的变厚度交叉簧片柔性铰链的静态变形模型。处理几何非线性问题的难点在于构建结构变形后的力平衡方程。CR 法是一种处理几何非线性的有限元分析方法，与常规的 TL 法和 UL 法相比，CR 法具有更好的大变形描述能力和更高的效率。CR 法的核心思想是在单元上引入一个随单元一起运动的局部坐标系，从而将单元的刚性位移和弹性变形进行分离，使推导出的单元切向刚度矩阵和单元节点力向量的形式更加简单[103]。

1. 共旋坐标列式

平面两节点梁单元的初始位形和变形后的位形如图 4.33 所示。在全局坐标系下，节点 1 的坐标为 (x_1, y_1)，节点 2 的坐标为 (x_2, y_2)，则单元的节点位移为

$$\boldsymbol{q}_g = (u_1, w_1, \theta_1, u_2, w_2, \theta_2)^T \tag{4.16}$$

式中　　u_i——节点 i 的轴向位移$(i=1,2)$；

　　　　w_i——节点 i 的纵向位移；

　　　　q_i——节点 i 的转角。

以节点 1 为原点，节点 1 指向节点 2 的直线为 x 轴，建立图 4.33 所示的局部坐标系 $x_1O_1y_1$，由于这个局部坐标系与单元固连并且随单元的运动而变化，因此也被称为共旋坐标系。

在共旋坐标系 $x_1O_1y_1$ 下，单元的节点位移只需要 3 个变量即可表示：

$$\boldsymbol{q}_1 = (\bar{u}, \bar{\theta}_1, \bar{\theta}_2)^T \tag{4.17}$$

式中　　$\bar{u}$——共旋坐标系下单元的轴向位移；

　　　　$\bar{\theta}_1$——共旋坐标系下节点 1 的转角；

　　　　$\bar{\theta}_2$——共旋坐标系下节点 2 的转角。

为了简化叙述，后述中带上画线的变量均表示该变量定义在共旋坐标系 $x_1O_1y_1$ 下。

根据图 4.33 所示的单元变形前后的相对位置关系，局部坐标系下单元节点位移 $\boldsymbol{q}_1$ 中的各个分量可以表示为

$$\begin{cases} \bar{u} = L - L_0 \\ \bar{\theta}_1 = \theta_1 - \alpha \\ \bar{\theta}_2 = \theta_2 - \alpha \end{cases} \tag{4.18}$$

式中　　L_0——单元的初始长度；

　　　　L——单元变形后的长度；

　　　　α——单元的刚性角位移。

进一步地，L_0、L、α 可以写成

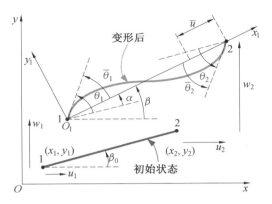

图 4.33　梁单元的初始位形和变形后的位形

$$\begin{cases} L_0 = \sqrt{(x_2 - x_1)^2 + (y_2 - y_1)^2} \\ L = \sqrt{(x_2 + u_2 - x_1 - u_1)^2 + (y_2 + w_2 - y_1 - w_1)^2} \\ \alpha = \beta - \beta_0 = \arctan\left(\dfrac{y_2 + w_2 - y_1 - w_1}{x_2 + u_2 - x_1 - u_1}\right) - \arctan\left(\dfrac{y_2 - y_1}{x_2 - x_1}\right) \end{cases} \quad (4.19)$$

式中　b_0——单元初始时刻局部坐标系相对于全局坐标系的转角;

b——变形后局部坐标系相对于全局坐标系的转角。

b 满足如下关系

$$\cos \beta = \frac{x_2 + u_2 - x_1 - u_1}{L}$$
$$\sin \beta = \frac{y_2 + w_2 - y_1 - w_1}{L} \quad (4.20)$$

为书写方便,以下记 $c = \cos \beta$、$s = \sin \beta$。

对式(4.18)进行变分可以得到 $\boldsymbol{q}_\mathrm{g}$ 与 $\boldsymbol{q}_1$ 的关系如下[104]:

$$\delta \boldsymbol{q}_1 = \boldsymbol{B} \delta \boldsymbol{q}_\mathrm{g} \quad (4.21)$$

式中　$\boldsymbol{B}$——变换矩阵,其表达式为

$$\boldsymbol{B} = \begin{bmatrix} -c & -s & 0 & c & s & 0 \\ -s/L & c/L & 1 & s/L & -c/L & 0 \\ -s/L & c/L & 0 & s/L & -c/L & 1 \end{bmatrix} \quad (4.22)$$

分别在全局坐标系和共旋坐标系下计算单元的虚功 $\delta \boldsymbol{V}$,可以得到

$$\delta \boldsymbol{V} = \delta \boldsymbol{q}_\mathrm{g}^\mathrm{T} \boldsymbol{f}_\mathrm{g} = \delta \boldsymbol{q}_1^\mathrm{T} \boldsymbol{f}_1 = \delta \boldsymbol{q}_\mathrm{g}^\mathrm{T} \boldsymbol{B}^\mathrm{T} \boldsymbol{f}_1 \quad (4.23)$$

式中　$\boldsymbol{f}_\mathrm{g}$——全局坐标系下的单元节点力向量;

$\boldsymbol{f}_1$——局部坐标系下的单元节点力向量,$\boldsymbol{f}_1 = (N, M_1, M_2)^\mathrm{T}$。

由于式(4.23)对任意 $\boldsymbol{q}_\mathrm{g}$ 均成立,因此全局坐标系下的单元节点力向量和局部坐标系下的单元节点力向量满足

$$f_{\mathrm{g}} = B^{\mathrm{T}} f_1 \tag{4.24}$$

根据定义,全局坐标系下的单元切向刚度矩阵 K_{g} 可以表示为

$$K_{\mathrm{g}} = \frac{\partial f_{\mathrm{g}}}{\partial q_{\mathrm{g}}} \tag{4.25}$$

它可以由式(4.24)对全局节点位移 q_{g} 的各个分量取变分求得[105],即

$$K_{\mathrm{g}} = \frac{\partial f_{\mathrm{g}}}{\partial q_{\mathrm{g}}} = B^{\mathrm{T}} K_1 B + \frac{\bar{N}}{L} z z^{\mathrm{T}} + \frac{\bar{M}_1 + \bar{M}_2}{L^2}(z r^{\mathrm{T}} + r z^{\mathrm{T}}) \tag{4.26}$$

式中 K_1—— 单元的局部刚度矩阵,定义为 $K_1 = \dfrac{\partial f_1}{\partial q_1}$;

r, z—— 转换矩阵,表达式为

$$r^{\mathrm{T}} = \begin{bmatrix} -c & -s & 0 & c & s & 0 \end{bmatrix} \tag{4.27}$$

$$z^{\mathrm{T}} = \begin{bmatrix} s & -c & 0 & -s & c & 0 \end{bmatrix} \tag{4.28}$$

通过上述推导过程可知,如果已知梁单元的局部节点力向量 f_1 和局部切线刚度矩阵 K_1,则单元的全局节点力向量 f_{g} 可以通过式(4.24)计算得出,单元的全局切线刚度矩阵 K_{g} 可以通过式(4.26)计算得出。因此在下一节中将重点研究如何构造 K_1 和 f_1。

2. 局部单元列式

根据 Bernoulli-Euler 梁理论,平面两节点梁单元的位移场可以表示为

$$\begin{cases} u(\bar{x}, \bar{y}) = u_0(\bar{x}) - \bar{y} \dfrac{\partial w_0(\bar{x})}{\partial \bar{x}} \\ w(\bar{x}, \bar{y}) = w_0(\bar{x}) \end{cases} \tag{4.29}$$

式中 $u_0(\bar{x}), w_0(\bar{x})$—— 梁单元变形后中性层处的轴向和纵向位移。

梁单元内任意一点的轴向应变为

$$\varepsilon(\bar{x}, \bar{y}) = \frac{\partial u_0(\bar{x})}{\partial \bar{x}} + \frac{1}{2}\left(\frac{\partial w_0(\bar{x})}{\partial \bar{x}}\right)^2 - \bar{y}\frac{\partial^2 w_0(\bar{x})}{\partial \bar{x}^2} = \varepsilon_{\mathrm{a}} - \bar{y}\chi \tag{4.30}$$

式中 ε_{a}—— 梁单元膜应变,$\varepsilon_{\mathrm{a}} = \dfrac{\partial u_0(\bar{x})}{\partial \bar{x}} + \dfrac{1}{2}\left(\dfrac{\partial w_0(\bar{x})}{\partial \bar{x}}\right)^2$;

χ—— 梁单元中性层的曲率,$\chi = \dfrac{\partial^2 w_0(\bar{x})}{\partial \bar{x}^2}$。

对梁单元的轴向位移和纵向位移分别采用经典的线性插值和三次插值进行构造,对应的表达式为

$$\begin{cases} u_0(\bar{x}) = \dfrac{\bar{x}}{L}\bar{u} \\ w_0(\bar{x}) = \left(\bar{x} - 2\dfrac{\bar{x}^2}{L} + \dfrac{\bar{x}^3}{L^2}\right)\bar{\theta}_1 + \left(-\dfrac{\bar{x}^2}{L} + \dfrac{\bar{x}^3}{L^2}\right)\bar{\theta}_2 \end{cases} \tag{4.31}$$

为了避免产生膜锁效应,采用沿梁单元长度方向上的平均应变 ε_m 来代替式 (4.30) 中的 ε_a 则

$$\varepsilon_a(\bar{x},\bar{y}) \approx \varepsilon_m(\bar{x},\bar{y}) = \frac{1}{L}\int_0^L\left[\frac{\partial u_0}{\partial\bar{x}} + \frac{1}{2}\left(\frac{\partial w_0}{\partial\bar{x}}\right)^2\right]d\bar{x} \tag{4.32}$$

将式 (4.31) 和式 (4.32) 代入式 (4.30) 中,并进行适当化简可得平面梁单元的轴向应变为

$$\begin{cases} \varepsilon = \varepsilon_a - \bar{y}\chi \\ \varepsilon_a = \dfrac{\bar{u}}{L} + \dfrac{1}{15}\bar{\theta}_1^2 - \dfrac{1}{30}\bar{\theta}_1\bar{\theta}_2 + \dfrac{1}{15}\bar{\theta}_2^2 \\ \chi = \left(-\dfrac{4}{L} + \dfrac{6\bar{x}}{L^2}\right)\bar{\theta}_1 + \left(-\dfrac{2}{L} + \dfrac{6\bar{x}}{L^2}\right)\bar{\theta}_2 \end{cases} \tag{4.33}$$

根据虚功原理,局部坐标系下单元的内力虚功应与外力虚功相等,即

$$V = \int_v \sigma\delta\varepsilon\,dv = N\delta\bar{u} + M_1\delta\bar{\theta}_1 + M_2\delta\bar{\theta}_2 \tag{4.34}$$

将式 (4.33) 代入式 (4.34) 并分离变量可以得到

$$\begin{cases} N = \displaystyle\int_v \dfrac{\sigma}{L}dv \\ M_1 = \left(\dfrac{2}{15}\bar{\theta}_1 - \dfrac{1}{30}\bar{\theta}_2\right)\displaystyle\int_v\sigma\,dv + \displaystyle\int_v\sigma\left(\dfrac{4}{L} - \dfrac{6x}{L^2}\right)y(\bar{x})dv \\ M_2 = \left(\dfrac{2}{15}\bar{\theta}_2 - \dfrac{1}{30}\bar{\theta}_1\right)\displaystyle\int_v\sigma\,dv + \displaystyle\int_v\sigma\left(\dfrac{2}{L} - \dfrac{6x}{L^2}\right)y(\bar{x})dv \end{cases} \tag{4.35}$$

式中　σ——平面梁单元内的应力,$\sigma = E\varepsilon$;

E——材料的弹性模量。

将式 (4.35) 化简后可以得到

$$\begin{cases} N = \dfrac{bE}{L}\displaystyle\int_0^l y(\bar{x})\varepsilon_a d\bar{x} \\ M_1 = bE\left(\dfrac{2}{15}\bar{\theta}_1 - \dfrac{1}{30}\bar{\theta}_2\right)\displaystyle\int_0^L y(\bar{x})\varepsilon_a d\bar{x} - \dfrac{bE}{12}\displaystyle\int_0^L\left(\dfrac{4}{L} - \dfrac{6x}{L^2}\right)y^3(\bar{x})\chi d\bar{x} \\ M_2 = bE\left(\dfrac{2}{15}\bar{\theta}_2 - \dfrac{1}{30}\bar{\theta}_1\right)\displaystyle\int_0^L y(\bar{x})\varepsilon_a d\bar{x} - \dfrac{bE}{12}\displaystyle\int_0^L\left(\dfrac{2}{L} - \dfrac{6x}{L^2}\right)y^3(\bar{x})\chi d\bar{x} \end{cases}$$
$$\tag{4.36}$$

由式 (4.36) 可以看出,局部节点力的各个分量中都含有对簧片厚度的积分。由于截面厚度的变化曲线为抛物线,f_1 的各个分量很难得到解析表达式,因此本节采用沿单元长度方向上的两点高斯积分法计算式 (4.36) 中的积分,则有

$$
\begin{cases}
N = \dfrac{bE}{2}\big[y(\bar{x}_1)\,\varepsilon_a + y(\bar{x}_2)\,\varepsilon_a\big] \\[2mm]
M_1 = \dfrac{bEL}{2}\left(\dfrac{2}{15}\bar{\theta}_1 - \dfrac{1}{30}\bar{\theta}_2\right)\big[y(\bar{x}_1)\,\varepsilon_a + y(\bar{x}_2)\,\varepsilon_a\big] \\[2mm]
\qquad - \dfrac{bE}{24}(\sqrt{3}+1)\,y^3(\bar{x}_1)\,\chi - \dfrac{bE}{24}(1-\sqrt{3})\,y^3(\bar{x}_2)\,\chi \\[2mm]
M_2 = \dfrac{bEL}{2}\left(\dfrac{2}{15}\bar{\theta}_2 - \dfrac{1}{30}\bar{\theta}_1\right)\big[y(\bar{x}_1)\,\varepsilon_a + y(\bar{x}_2)\,\varepsilon_a\big] \\[2mm]
\qquad - \dfrac{bE}{24}(\sqrt{3}-1)\,y^3(\bar{x}_1)\,\chi + \dfrac{bE}{24}(1+\sqrt{3})\,y^3(\bar{x}_2)
\end{cases}
\tag{4.37}
$$

式中 $\bar{x}_1, \bar{x}_2$——对应的高斯积分点，$\bar{x}_1 = \dfrac{L}{2}\left(1 - \dfrac{1}{\sqrt{3}}\right)$，$\bar{x}_2 = \dfrac{L}{2}\left(1 + \dfrac{1}{\sqrt{3}}\right)$。

将局部节点力向量 $\boldsymbol{f}_1$ 对 $\boldsymbol{q}_1$ 的各个分量求变分可以得到局部坐标系下的单元刚度矩阵 $\boldsymbol{K}_1$，则

$$
\boldsymbol{K}_{1_{i,j}} = \frac{\partial \boldsymbol{f}_{1i}}{\partial \boldsymbol{q}_{1j}} \quad (i=1,2,3;\ j=1,2,3)
\tag{4.38}
$$

将式(4.37)和式(4.38)计算得出的 $\boldsymbol{f}_1$ 和 $\boldsymbol{K}_1$，代入式(4.24)和式(4.26)中即可求得全局坐标系下的单元节点力向量 $\boldsymbol{f}_g$ 和单元刚度矩阵 $\boldsymbol{K}_g$。

3. 求解流程

为了采用前面推导的共旋坐标梁单元来计算变厚度交叉簧片柔性铰链的变形，首先需要对铰链进行网格划分。本节将每一个簧片以交叉点 P 为分界点沿长度方向各等分出 8 个节点，柔性铰链的单元划分如图 4.34 所示。同时将铰链的运动端划分为两个单元，其中一个节点设置在柔性铰链的末端点 Q 处，以便在计算过程中读取铰链末端点 Q 的位移。

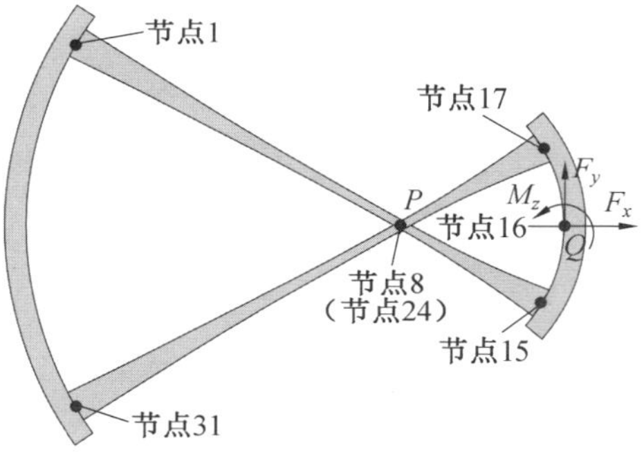

图 4.34　柔性铰链的单元划分

根据前面推导的共旋坐标梁单元在全局坐标下的单元刚度矩阵 $\boldsymbol{K}_g$ 和单元节点力向量 $\boldsymbol{F}_g$，结合离散后的柔性铰链模型，可以组装出结构的总体刚度矩阵 $\boldsymbol{K}_s(\boldsymbol{d})$ 和总体节点力向量 $\boldsymbol{F}_s$，则系统的平衡方程为

$$
\boldsymbol{r}(\boldsymbol{d}) = \boldsymbol{K}_s(\boldsymbol{d})\boldsymbol{d} - \boldsymbol{F}_s = \boldsymbol{0}
\tag{4.39}
$$

式中 $\boldsymbol{r}(\boldsymbol{d})$——系统的残余力；

$\boldsymbol{d}$——节点总体位移；

$\boldsymbol{K}_s(\boldsymbol{d})$——结构的总体刚度矩阵。

由于直接求解非线性方程式(4.39)并不一定能够收敛，本节采用载荷增量法和牛顿—拉弗森迭代相结合的方法，将施加在铰链末端点的载荷划分成 n 个载荷逐步施加在结构上，则系统平衡方程的增量表达式为

$$r(d) = r^i(d) + K_s^i(d)\delta d \tag{4.40}$$

式中　　$r^i(d)$——第 i 个载荷步的结构残余力；

　　　　$K_s^i(d)$——第 i 个载荷步的结构总体刚度矩阵；

　　　　δd——节点增量位移。

在每一个载荷步中采用 Newton-Raphson 方法来计算节点的位移，逐步减小系统的残余应力。收敛准则采用

$$\| r(d) \| \leqslant e\, F_s \tag{4.41}$$

式中　　e——允差。

基于共旋坐标梁单元求解变厚度交叉簧片柔性铰链末端变形与载荷之间关系的流程如算法 4.1 所示。

输入：铰链几何参数：$l, b, t_s, \eta, \beta, \lambda$； 外部载荷：$F_e = \{F_x, F_y, M_z\}$； 计算参数：单元数量 n_e，节点坐标 C_d，初始节点位移 u，材料弹性模量 E，载荷步数 n， 允许误差 e，最大迭代步数 k_{max}。 输出：末端轨迹 x_t, y_t, θ_t； 结构上的应力 σ。	
1	计算每一个载荷步的载荷增量 $\delta F_e = F_e/n$
2	for $i = 1:n$ do
3	for $k = 1:k_{max}$ do
4	按式（4.37）和式（4.38）计算每一个单元的 f_l 和 K_l；
5	按式（4.24）和式（4.26）计算每一个单元的 f_g 和 K_g；
6	组装整体刚度矩阵 K_s；
7	计算全局节点位移增量 $\delta u = K_s^{-1} \delta F_e$；
8	更新总体节点力向量 $F_n = F^{n-1} + \delta F$；
9	更新总体节点位移向量 $u_n = u^{n-1} + \delta u$；
10	计算节点内力 F_i^n；
11	计算残余力 $R = F_i^n - F^{n-1}$
12	if $\| R \| < e$ then
13	$|$　　break
14	end
15	end
16	更新节点位移 $u = u + u^n$；
17	更新节点坐标 $C_d = C_d + u$；
18	end
19	后处理

算法 4.1　基于共旋坐标梁单元的求解铰链变形的算法

根据上述算法,在 MATLAB 中编写铰链变形的计算程序,铰链在变形过程中的末端位移、结构上的应力和应变都可以通过程序获得。计算中载荷步 n 设置为 50,最大迭代次数 k_{max} 设置为 200,允差 e 设置为 10^{-4}。

4.2.4　模型验证

1. 有限元仿真结果

为了验证所建立的变厚度交叉簧片柔性铰链变形模型的正确性,将前面基于非线性梁理论和共旋坐标梁单元(CR 模型)建立的两种铰链静态变形模型的计算结果分别与 ANSYS 的有限元仿真结果进行对比。选取的变厚度交叉簧片柔性铰链几何参数如表 4.2 所示,铰链的材料为树脂,弹性模量为 2 370 MPa,屈服极限为 65 MPa。

表 4.2　变厚度交叉簧片柔性铰链几何参数

簧片长度 l/mm	簧片宽度 b/mm	簧片最小厚度 t_s/mm	截面厚度系数 η	铰链交角 β/(°)	长度系数 λ
30	10	1	3.5	30	0.3

在 ANSYS 中建立的变厚度交叉簧片柔性铰链的有限元仿真模型如图 4.35 所示,采用三维实体单元 Solid185 对铰链进行网格划分,同时为了提高模型的计算精度,对簧片上较薄的区域进行网格细化。计算时将 NLGEO 设置为打开,以考虑铰链变形过程中的几何非线性效应。

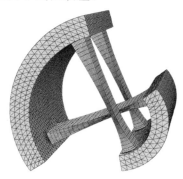

图 4.35　变厚度交叉簧片柔性铰链的有限元仿真模型

图 4.36 ～ 4.38 所示分别是变厚度交叉簧片柔性铰链在预载为 $F_x = 3$ N,$F_x = -3$ N,$F_y = 3$ N 和 $F_y = -3$ N 的条件下,作用在柔性铰链末端的弯矩 M 从 0 变化到 120 N·mm 的过程中,铰链末端点的位移曲线。从图中可以看出,在不同预载条件下,采用 CR 模型和非线性梁模型计算得到的变厚度交叉簧片柔性铰链

的末端位移都能够很好地吻合 ANSYS 有限元仿真的结果，从而验证了两种模型的准确性。其中非线性梁模型得到的变厚度交叉簧片柔性铰链的末端变形与有限元仿真结果的最大偏差为 1.79%，CR 模型计算的结果与有限元仿真结果的最大偏差为 2.85%，在计算精度上，采用非线性梁模型计算的铰链变形略高于 CR 模型的结果。

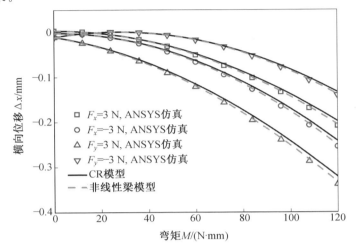

图 4.36　铰链横向位移与弯矩之间的关系

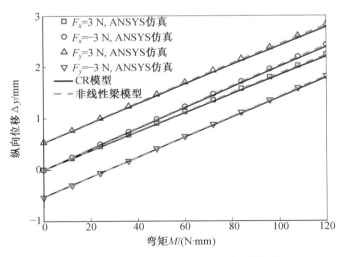

图 4.37　铰链纵向位移与弯矩之间的关系

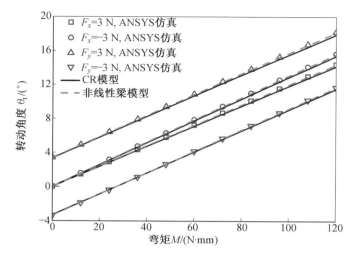

图 4.38　铰链转动角度与弯矩之间的关系

尽管上述三种方法计算得到的铰链变形结果是非常接近的,但是它们在计算效率上有显著的区别。在相同的计算平台上,不同模型计算变厚度交叉簧片柔性铰链的变形所花费的时间如表 4.3 所示。可以看出三种方法中,CR 模型的计算效率最高,非线性梁模型的计算效率次之,有限元模型的计算效率最低。非线性梁模型的计算时间大约是 CR 模型的 20 倍,有限元模型的计算时间大约是 CR 模型的 95 倍。这主要是因为共旋坐标法将单元的变形和位移进行了分离,所以单元具备了描述大变形的能力,相对 ANSYS 有限元模型可以大幅减少计算模型中的单元数量;相对非线性梁模型,CR 模型在迭代过程中不需要求解微分方程组,而且迭代次数也少得多,因而具有更高的效率。

表 4.3　不同模型的计算时间

计算方法	计算时间 /s			
	$F_x = 3$ N	$F_x = -3$ N	$F_y = 3$ N	$F_y = -3$ N
非线性梁模型	89.76	72.12	94.92	69.92
CR 模型	4.23	3.64	4.92	3.37
有限元模型	404	351	442	310

2. 实验验证

为了进一步验证变厚度交叉簧片柔性铰链变形模型的准确性,设计了图 4.39 所示的实验平台来测量铰链的末端变形与载荷之间关系。采用 3D 打印技术按表 4.2 中的结构参数制作了一个变厚度交叉簧片柔性铰链,将铰链的一端与基座固定,另一端连接在支架上,支架的长度为 50 mm,通过在支架末端添加砝码的方式来给变厚度交叉簧片柔性铰链施加载荷,铰链的末端位移采用工业 CCD 相机进行图像处理后获取。实验中并不直接测量铰链运动端的变形,而是测量 C 型支架的末端点 N 处的横向位移 Δx、径向位移 Δy 和线段 MN 的转角 θ 来间接表示铰链的变形。这样处理的主要目的是通过 C 形支架放大铰链末端的位移,从而减小图像处理过程中的误差。工业相机的像素为 $1\ 628 \times 1\ 236$,实验中测量的视场范围为 $20\ \mathrm{mm} \times 15\ \mathrm{mm}$。

图 4.39　实验平台

1—CCD 工业相机;2—C 型支架;3— 变厚度交叉簧片柔性铰链;4— 基座

根据实验中的载荷形式,采用两种柔性铰链变形计算方法得到的 Δx、Δy 和 θ 与支架末端所加载的砝码质量之间的关系分别如图 4.40 ~ 4.42 所示。计算模型与实验结果的吻合程度也比较好,最大相对误差为 8.7%,这充分验证了本节所建立的两种铰链变形模型的正确性。

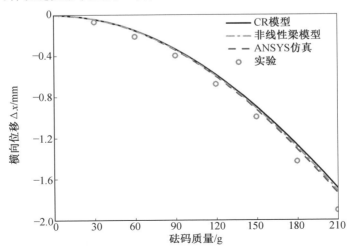

图 4.40　铰链横向位移与砝码质量之间的关系

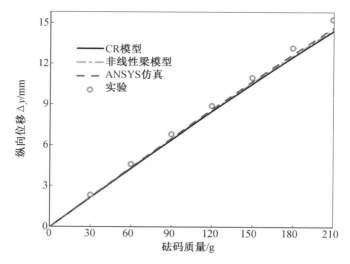

图 4.41   铰链纵向位移与砝码质量之间的关系

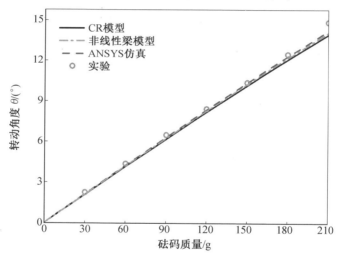

图 4.42   铰链转动角度与砝码质量之间的关系

4.2.5   变厚度交叉簧片柔性铰链转动性能分析

1. 柔性铰链转动性能评价指标

理想的转动关节(转动副)可以认为在转动方向的刚度为零,转动关节的末端轨迹为绝对圆弧。然而柔性铰链依靠弹性元件的变形来近似模拟铰链传动的效果,其转动特性与理想转动关节之间存在一定的差异。为了评价柔性铰链的传动性能,本节定义了如下性能指标:转角范围 θ_{max}、转动刚度 k_m、平均中心偏移

r_{m} 和中心偏移变动量 Δd。

（1）转角范围 $\theta_{\max}$。

铰链转动过程中弹性元件上的应力随着转动角度的增大而增加，为了避免柔性铰链产生不可恢复的塑性变形，弹性元件上的最大应力不能超过材料的许用应力。另外，弹性元件上的应力等级也直接决定了柔性铰链的疲劳寿命，因此柔性铰链在使用时需要限制其转动范围。变厚度交叉簧片柔性铰链的转角范围 $\theta_{\max}$ 定义为弹性簧片在变形过程中最薄处外侧的应力值达到许用应力 1/2 时的转动角度，即取结构的安全系数为 2。柔性铰链的转动范围反映了铰链的最大变形能力。

（2）转动刚度 k_{m}。

柔性铰链必须依靠外力作用才能产生变形，从而进行力和位移的传递。在实际柔顺机构中，柔性铰链主要作为被动转动关节，受到的外力主要为转矩，因此柔性铰链的转动刚度定义为转动过程中的弯矩与转角范围之间的比值，即

$$k_{\mathrm{m}} = \frac{M}{\theta_{\max}} \tag{4.42}$$

式中　　M——施加在铰链末端的弯矩；

　　　　k_{m}——铰链的转动刚度，它反映了柔性铰链变形的难易程度。

（3）平均中心偏移 r_{m}。

柔性铰链在转动过程中的变形并不仅仅只发生在铰链的转动中心处，尤其是对于采用了分布式柔度结构的交叉簧片柔性铰链，其变形发生在整体结构上。这就导致柔性铰链运动过程中的转动中心发生偏移，从而影响铰链的传动精度，并最终降低柔顺机构的定位精度。

图 4.43 所示为变厚度交叉簧片柔性铰链转动中心偏移示意图，其中点 P_{t} 为铰链的实际转动中心，点 P 为铰链的设计转动中心，则变厚度交叉簧片柔性铰链的平均中心偏移 d_{m} 可以由如下表达式确定：

$$d_{\mathrm{m}} = \left\| \begin{pmatrix} x_{\mathrm{t}} \\ y_{\mathrm{t}} \end{pmatrix} + \begin{pmatrix} \cos\theta_{\max} & -\sin\theta_{\max} \\ \sin\theta_{\max} & \cos\theta_{\max} \end{pmatrix} \begin{pmatrix} -\lambda l \\ 0 \end{pmatrix} - \begin{pmatrix} (1-\lambda)l\cos\beta \\ 0 \end{pmatrix} \right\| \tag{4.43}$$

式中　　$(x_{\mathrm{t}}, y_{\mathrm{t}}, q_{\max})$——柔性铰链在弯矩 M 作用下的末端点 Q 的坐标。

显然，柔性铰链转动角度越大，产生的转动偏移也就越大。为了反映铰链传动的准确性，此处定义铰链的平均中心偏移为

$$r_{\mathrm{m}} = \frac{d_{\mathrm{m}}}{\theta_{\max}} \tag{4.44}$$

（4）中心偏移变动量 Δd。

尽管末端转矩是促使柔性铰链变形的主要外力，但是在柔顺机构中铰链不可避免地会受到其他方向的作用力，尤其是轴向力 F_x 会对柔性铰链的传动精度

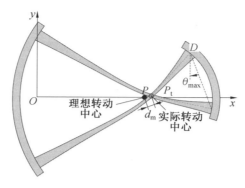

图 4.43   变厚度交叉簧片柔性铰链转动中心偏移示意图

和稳定性具有重要的影响。因此,本节定义了中心偏移变动量 Δd 来量化 F_x 对铰链传动精度的影响,则

$$\Delta d = | d_f - d_m | \tag{4.45}$$

式中 d_f——柔性铰链在末端弯矩 M 的作用下转动 q_{max} 后,继续对其施加轴向力 F_x 后柔性铰链产生的中心偏移量。

为了便于比较,施加在铰链末端的轴向力定义为

$$F_x = \frac{\xi M}{\lambda l \sin \theta_{max}} \tag{4.46}$$

式中 ξ——系数,设为 0.1。

式(4.46)表示轴向力 F_x 将会在铰链的理想转动中心产生一个大小为 ξM 的等效作用力矩。中心偏移变动量 Δd 反映了柔性铰链抗轴向扰动的能力。

2. 截面系数对铰链性能的影响

根据前面建立的变厚度交叉簧片柔性铰链的静态变形模型,本节首先分析不同的截面厚度系数 η 对变厚度交叉簧片柔性铰链性能的影响。假定变厚度交叉簧片柔性铰链中的几何参数与表 4.2 中的数值相同,截面厚度系数 η 由 1 变化到 3.5 时,柔性铰链的各性能指标变化如图 4.44 和图 4.45 所示。

图 4.44 显示了变厚度交叉簧片柔性铰链的转角范围随截面厚度系数 η 的变化趋势。从图中可以看出,随着截面厚度系数 η 的增加,柔性铰链的转角范围逐渐降低。当截面厚度系数 $\eta=3.5$ 时,铰链的转角范围相对 $\eta=1$ 的情况下降了 44.25%,这主要是因为随着 η 的增加,簧片的变形更加集中于结构中的薄弱处,使簧片上的应力不断上升。不过图中所示的变厚度交叉簧片柔性铰链的转角范围均大于 15°,表明变厚度交叉簧片柔性铰链依然具有较强的变形能力。

图 4.45 显示的是不同截面厚度系数 η 对变厚度交叉簧片柔性铰链转动刚度的影响。从图中可以看出,随着簧片截面厚度系数 η 的增加,柔性铰链的转动刚度 k_m 增大。当截面厚度系数 $\eta=3.5$ 时,铰链的转动刚度相对 $\eta=1$ 的情况增加了

59.7％。这表明随着 η 的增大,柔性铰链变形的难度逐渐上升。

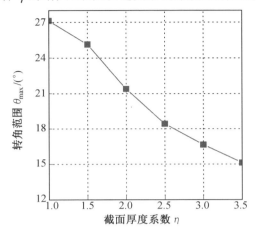

图 4.44　截面厚度系数对转角范围的影响

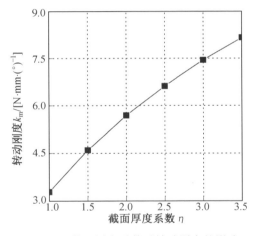

图 4.45　截面厚度系数对转动刚度的影响

　　图 4.46 所示为变厚度交叉簧片柔性铰链的截面厚度系数 η 对平均中心偏移 r_{m} 的影响。从图中可以看出,随着 η 的增大,平均中心偏移 r_{m} 迅速下降。变厚度交叉簧片柔性铰链在 $\eta=3.5$ 时的平均中心偏移相对于 $\eta=1$ 时下降了 58.1％,显然采用变厚度交叉簧片柔性铰链可以提高柔顺机构的传动精度。

　　图 4.47 所示为变厚度交叉簧片柔性铰链的截面厚度系数 η 对中心偏移变动量 Δd 的影响。从图中可以看出,随着 η 的增加,铰链的中心偏移变动量 Δd 也逐渐降低,当截面厚度系数 $\eta=3.5$ 时,柔性铰链的中心偏移变动量相对于 $\eta=1$ 时下降了 60.04％,这表明变厚度交叉簧片柔性铰链具有更好的轴向稳定性。

　　通过以上分析表明,变厚度交叉簧片柔性铰链随着截面厚度系数 η 的增加,

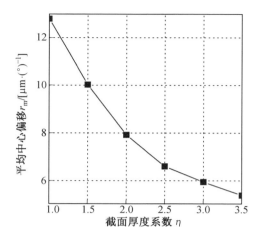

图 4.46　截面厚度系数对平均中心偏移的影响

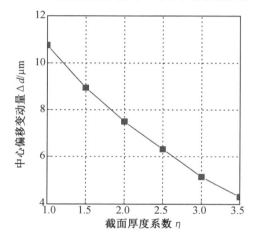

图 4.47　截面厚度系数对中心偏移变动量的影响

簧片的变形更加集中在理想转动中心处，铰链的转动精度不断提高，抗轴向扰动能力也逐渐增强。但是这也会导致变厚度交叉簧片柔性铰链转角范围的降低和转动刚度的增加。不过由于变厚度交叉簧片柔性铰链采用树脂材料制作而成，因此转角范围和转动刚度依然在可接受的范围内，能够满足构建大行程柔顺并联机构的要求。

3. 几何尺寸对铰链性能的影响

变厚度交叉簧片柔性铰链的几何尺寸也会对铰链的转动性能产生重要影响，当铰链的长度系数 λ 由 0.2 变化到 0.5，夹角 β 由 30° 变化到 60° 时，变厚度交叉簧片柔性铰链的各项性能指标变化趋势如图 4.48 ~ 4.51 所示。

由图 4.48 和图 4.49 可以看出，变厚度交叉簧片柔性铰链的转角范围 $\theta_{\max}$ 和

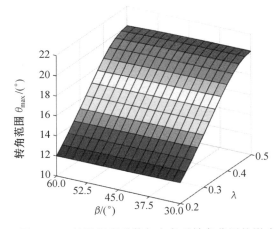

图 4.48　铰链长度系数与夹角对转角范围的影响

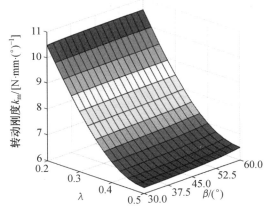

图 4.49　铰链长度系数与夹角对转动刚度的影响

转动刚度 k_m 受铰链长度系数 λ 的影响较大,而簧片间夹角 β 对上述两个铰链性能指标的影响相对较小。随着长度系数 λ 的增加,铰链的转角范围逐渐增大,转动刚度逐渐减小。图 4.50 显示了不同的铰链几何参数对铰链平均中心偏移 r_m 的影响,从图中可以看出,随着铰链长度系数 λ 的增加,铰链的平均中心偏移 r_m 也随之增加,当 $\lambda = 0.5$ 时铰链的转动精度最低。簧片夹角 β 对铰链平均中心偏移的影响可以分为两种情况:当 $\lambda = 0.2$ 时,随着簧片夹角 β 的增大,r_m 将首先缓慢减小而后逐渐增大;当 $\lambda \geqslant 0.3$ 时,随着 β 的增大铰链转动过程中 r_m 单调上升。图 4.51 描述了铰链的几何参数对中心偏移变动量 Δd 的影响。从图中可以看出,几何参数对 Δd 的影响较为复杂,铰链的长度系数 λ 和簧片夹角 β 都对 Δd 的大小有着一定的影响,需要通过选定合适的几何参数才能得到较小的铰链中心偏移。

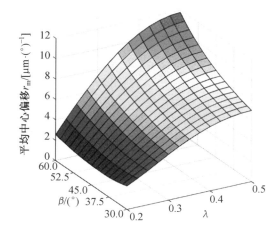

图 4.50　铰链长度系数与夹角对平均中心偏移的影响

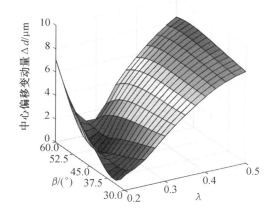

图 4.51　铰链长度系数与夹角对中心偏移变动量的影响

　　通过上述分析表明,变厚度交叉簧片柔性铰链的长度系数 l 和簧片夹角 β,对铰链转动性能指标的影响是多方面的,需要采用合理的参数组合形式使铰链的综合性能最优化。

4.2.6　结语

　　为了解决传统交叉簧片柔性铰链的平均中心偏移大、轴向稳定性差的缺点,本节结合切口型柔性铰链和交叉簧片柔性铰链的结构特点和性能优势,设计了一种具有大转角范围、高转动精度的变厚度交叉簧片柔性铰链。为了描述变厚度交叉簧片柔性铰链在末端载荷作用下的变形,分别采用非线性梁理论和基于共旋坐标梁单元的有限元方法建立了变厚度交叉簧片柔性铰链的变形模型。通过 ANSYS 仿真和实验的方法对柔性铰链的静态变形模型进行了验证,结果表明本节建立的静态变形模型在预测铰链末端位移时与 ANSYS 仿真的最大相对误差小于 3%,与实验的最大相对误差小于 9%,从而证明了柔性铰链变形模型的准确性。最后定义了 4 个柔性铰链的性能评价指标:转角范围、转动刚度、平均中心偏移和中心偏移变动量。分析了柔性铰链的各个性能指标与柔性铰链截面厚度系数和主要几何参数之间的关系,为变厚度交叉簧片柔性铰链的性能优化提供了依据。

4.3　超弹性柔性铰链力学建模与转动性能分析

由柔性铰链的工作原理可知,除了增加弹性元件的实际变形长度外,扩大柔性铰链转角范围的另一个措施是提高铰链制备材料的变形能力。SMA 的超弹性特性使其能够产生远大于常规金属材料的可恢复应变,因此采用 SMA 制备而成的超弹性柔性铰链的转角范围相对于普通切口型柔性铰链能够得到明显的提升,从而有利于扩大柔顺机构的工作空间。SMA 的超弹性特性及其所对应的晶体相变过程是理解超弹性柔性铰链变形特性的基础。由于应力诱发马氏体相变导致 SMA 材料在超弹性过程中的应力—应变关系不再符合线性关系,而是呈现出特殊的迟滞特性,因此需要采用合适的模型来描述 SMA 的非线性本构关系,并通过实验获得材料对应的本构参数。另外,超弹性柔性铰链的转角范围较大,小变形假设也不再成立,对超弹性柔性铰链进行建模时需要同时考虑几何非线性和材料非线性。本节将根据超弹性柔性铰链的变形特性,采用合适的方法建立超弹性铰链末端变形与载荷之间的关系,对比超弹性柔性铰链与普通切口型柔性铰链的性能差异,分析不同的切口轮廓和几何参数对超弹性柔性铰链转动性能的影响。

4.3.1　SMA 的超弹性特性

1. 超弹性效应

SMA 是一种特殊的功能材料,与常规金属材料相比,SMA 具有两个非常显著的特性:形状记忆效应和超弹性效应[106]。其中形状记忆效应是指材料在加热升温后能完全消除在较低的温度下产生的变形,恢复到结构变形前的原始形状;超弹性效应是指材料在外力作用下可以产生很大的非线性应变,并且在载荷去除后这些应变又能够完全恢复。SMA 的这两个性质主要来源于材料特殊的晶体结构,以应用最为广泛的 SMA 材料镍钛合金(Nitinol)为例,一般状态下

Nitinol 材料中存在着两种不同的晶体结构形式[107]：奥氏体相（A）和马氏体相（M）。这两种晶体结构在特定的温度和应力作用下会发生可逆相变，从而改变材料的物理性质[55]。

图 4.52 所示为 Nitinol 进行等温单向拉伸时的应力－应变示意图，它可以很好地解释材料拉伸和卸载过程中的相变过程以及由此产生的超弹性效应。当温度高于奥氏体相变终止温度 A_f 时，缓慢加载处于完全奥氏体相下的 Nitinol，材料将首先发生弹性变形（OA 段），此时的应力－应变曲线为直线，材料的弹性模量为定值。当材料内的应力超过马氏体相变的起始应力 σ_{ms} 后，应力将诱发马氏体正相变，材料内的奥氏体逐渐转变为马氏体，在这个过程中材料的晶格增大，弹性模量快速下降，出现类似金属材料的屈服现象（AB 段）。当应力达到马氏体相变的终止应力 σ_{mf} 后，材料内部的奥氏体几乎完全转变为马氏体。此时继续对材料进行加载将出现马氏体的弹性变形（BC 段）。若在 C 点继续加载，马氏体将发生塑性变形，卸载后材料的变形将不能完全恢复。

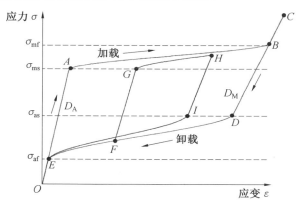

图 4.52　Nitinol 进行等温单向拉伸时的应力－应变示意图

若在 C 点开始进行卸载，材料将首先出现弹性恢复过程（CD 段），此时材料的弹性模量等于马氏体的弹性模量。由于 Nitinol 中的马氏体相只有在特定的应力下才能保持稳定的状态，因此当应力小于马氏体逆相变起始应力 σ_{as} 时（D 点）将发生马氏体逆相变，材料中的马氏体逐渐转变回奥氏体。随着应力继续减小到马氏体逆相变终止应力 σ_{af} 时（E 点），材料中的马氏体已经完全转变回奥氏体。继续进行卸载，材料将回复到初始的弹性形变阶段。可以看出，Nitinol 合金整个拉伸和卸载过程中的应力－应变曲线（OABCDE）形成了一个完整的滞回环。

当 Nitinol 材料并未完全卸载（卸载到图 4.52 中的 F 点）时，若重新对材料进行加载，应力将逐渐上升到 G 点后再次诱发马氏体相变，材料的应力－应变曲线将沿 GH 向 B 点运动。若在 H 点对材料进行卸载，应力－应变曲线将首先出现弹性卸载（*HI* 段）。当应力小于马氏体逆相变起始应力 σ_{as} 后，材料发生马氏体逆相变（*IE* 段），直到材料中的马氏体完全转变回奥氏体相后，材料才恢复初始弹性卸载。需要说明的是，由于 *FG* 和 *HI* 段含有未完全转变的马氏体和奥氏体，材料的弹性模量与先前加载（*OA*）和卸载（*BD*）时有所不同。

由于 SMA 的超弹性效应，室温下 Nitinol 材料的最大可恢复应变可以高达 8％，远高于普通金属材料的 0.2％～0.5％[108]。因此采用 SMA 材料制备柔性铰链将会大幅提高柔顺机构的工作空间。

2. Brinson 本构模型

为了描述 SMA 材料超弹性过程中特殊的应力－应变关系，研究人员提出了许多不同的本构模型[109]，其中 Auricchio 本构模型[110] 和 Brinson 本构模型[111] 是目前应用较广的两种描述 SMA 超弹性特性的宏观唯象本构模型。两种模型均以实验现象为基础，采用马氏体的体积分数 x 来描述 SMA 的相变程度。由于 Brinson 模型的精度略高于 Auricchio 模型[112]，因此本节采用 Brinson 本构模型来描述 SMA 超弹性过程中的应力－应变关系。

基于 Brinson 模型描述的 SMA 相变应力与环境温度近似为线性关系，如图 4.53 所示，横坐标上的 M_s 和 M_f 分别表示马氏体相变（$A \rightarrow M$）的起始温度和终止温度，A_s 和 A_f 分别表示马氏体逆相变（$M \rightarrow A$）的起始温度和终止温度，σ_s^{cr} 和 σ_f^{cr} 分别表示温度 $T < M_s$ 时，马氏体正相变的临界应力，直线 mn 和 pq 分别表示马氏体正相变的起始应力和结束应力随温度的变化情况，直线 st、uv 分别表示马氏体逆相变的起始及结束应力随温度的变化情况，C_M 和 C_A 分别表示材料正逆相变过程的温度－应力系数。

对于普通 Nitinol 材料，奥氏体相变结束温度 A_f 一般低于室温（20 ℃），因此马氏体相变的起始应力 σ_{ms} 可以表示为

$$\sigma_{ms} = \sigma_s^{cr} + C_M(T - M_s) \tag{4.47}$$

马氏体相变的终止应力 σ_{mf} 可以表示为

$$\sigma_{mf} = \sigma_f^{cr} + C_M(T - M_s) \tag{4.48}$$

马氏体逆相变的起始应力 σ_{as} 可以表示为

$$\sigma_{as} = \sigma_s^{cr} + C_M(T - M_s) \tag{4.49}$$

马氏体逆相变的终止应力 σ_{af} 可以表示为

$$\sigma_{af} = \sigma_f^{cr} + C_M(T - M_s) \tag{4.50}$$

当温度大于 A_f 时，SMA 在等温拉伸和卸载过程中的材料相变过程也可以由图 4.53 中线段 $P_1 P_6$ 表示。线段 $P_1 P_4$ 表示 SMA 材料为纯奥氏体状态；线段 $P_4 P_5$ 表示材料正在发生马氏体正相变，奥氏体逐渐向马氏体转变；线段 $P_5 P_6$ 表示材料处于纯马氏体相的弹性加载阶段；线段 $P_6 P_3$ 表示材料处于马氏体弹性卸

载阶段;线段 P_3P_2 表示材料正发生马氏体逆相变,马氏体逐渐转变回奥氏体;线段 P_2P_1 表示材料处于纯奥氏体相的弹性卸载阶段。

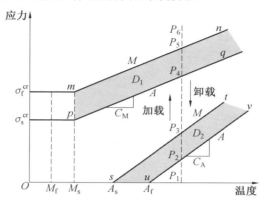

图 4.53 SMA 的相变应力－温度关系

根据 Brinson 模型,当温度 $T > A_f$ 且保持恒定时,SMA 的应力－应变关系可以表示为

$$\sigma - \sigma_0 = D(\xi)\varepsilon - D(\xi_0)\varepsilon_0 + \Omega(\xi)\xi_s - \Omega(\xi_0)\xi_{s0} \qquad (4.51)$$

式中　σ——材料的应力;

ε——材料的应变;

ξ——相变过程中马氏体的体积分数;

$D(\cdot)$——材料的弹性模量;

$\Omega(\cdot)$——相变模量,下标"0"表示对应变量的初始值。

在 Brinson 模型中,假定材料的弹性模量 $D(\xi)$、相变模量 $\Omega(\xi)$ 与马氏体体积分数 ξ 呈线性关系,即

$$D(\xi) = \xi D_M + (1 - \xi) D_A \qquad (4.52)$$

$$\Omega(\xi) = -\varepsilon_L D(\xi) \qquad (4.53)$$

式中　D_A,D_M——材料在纯奥氏体态和纯马氏体态时的弹性模量;

ε_L——材料的最大相变应变。

当材料发生马氏体正相变,即处于图 4.53 中的 D_1 区域时,材料的相变控制方程为

$$\xi = \frac{1 - \xi_0}{2} \cos\left\{ \frac{\pi}{\sigma_s^{cr} - \sigma_f^{cr}} \left[\sigma - \sigma_f^{cr} - C_M (T - M_s) \right] \right\} + \frac{1 + \xi_0}{2} \qquad (4.54)$$

当材料发生马氏体逆相变时,即处于图 4.53 中的 D_2 区域时,对应的相变控制方程为

$$\xi = \frac{\xi_0}{2} \left\{ \cos\left[\frac{\pi}{A_f - A_s} \left(T - A_s - \frac{\sigma}{C_A} \right) \right] + 1 \right\} \qquad (4.55)$$

将式(4.52)～(4.55)代入式(4.51)并求解非线性方程,可以得到 SMA 的应力－应变关系。为了便于表示,可以将本构关系写成如下形式：

$$\sigma = g(\lambda, \varepsilon_0, \sigma_0, \xi_0, \varepsilon) \qquad (4.56)$$

式中　　g——材料的应力－应变关系；

　　　　λ——加载方向；

　　　　$\varepsilon_0, \sigma_0, \xi_0$——材料应变、应力和马氏体体积分数的初始值。

为了获得本节中用到的 Nitinol 材料的本构参数,进行了 SMA 单轴拉伸实验,如图 4.54 所示。图 4.54(a) 所示为标准拉伸试样,试样工作段的长度为 50 mm、厚度为 5 mm、宽度为 1 mm。在电子万能材料试验机(INSTRON 5965)上进行单轴拉伸实验,实验过程中的拉力由载荷传感器获得,拉伸和卸载过程中的变形由引伸计获得,通过后处理软件可以得到实验过程中的应力－应变曲线。

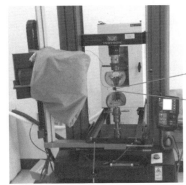

（a）标准拉伸试样　　　　　　　　　（b）Nitinol拉伸实验

图 4.54　SMA 单轴拉伸实验

将试样分别缓慢加载到 2%、3%、4% 的应变值后进行卸载,得到 SMA 的单轴拉伸实验数据及其拟合模型,如图 4.55 所示。从图中可以看出,材料的应力－应变曲线为若干个迟滞环组成,这一点与前面描述的 SMA 的超弹性特性一致。

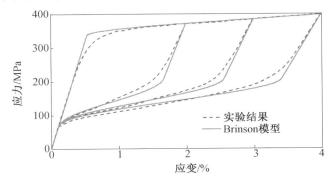

图 4.55　SMA 的单轴拉伸实验数据及其拟合模型

为了更清楚地显示 Nitinol 材料的往复拉伸过程，接下来对试样进行不完全拉伸实验。将 Nitinol 试样首先加载到应变为 4%，然后缓慢卸载至应变为1.5%，接着再拉伸到应变为 3.5%，最后完全卸载。图 4.56 所示为 SMA 的不完全拉伸实验数据及其拟合模型。

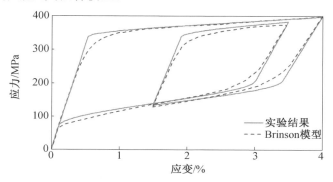

图 4.56　SMA 的不完全拉伸实验数据及其拟合模型

根据实验数据对 Brinson 模型中的材料本构参数进行拟合，得到 Nitinol 材料的本构参数，如表 4.4 所示。

表 4.4　Nitinol 材料的本构参数

弹性模量 /GPa	相变应力 /MPa	应力－温度系数 /(MPa·℃$^{-1}$)	相变温度 /℃	实验温度 /℃	相变应变 /%
$D_a = 62.8$	$\sigma_s^{cr} = 100$	$C_a = 12.8$	$A_s = 3.8, A_f = 14.5$	$T = 20$	$\varepsilon_l = 3.2$
$D_m = 28$	$\sigma_f^{cr} = 180$	$C_m = 8$	$M_s = -9.6, M_f = -12$		

为了验证 Brinson 模型的拟合效果，在图 4.55 和图 4.56 中也分别绘制了基于 Brinson 模型描述的 Nitinol 材料进行完全和不完全加载－卸载过程中的本构曲线。从图中可以看出，Brinson 模型对 Nitinol 材料超弹性过程中的应力－应变曲线的总体拟合效果是比较准确的。

从上述分析中可以看出，一方面 Nitinol 的可恢复应变远高于普通金属材料，有利于设计和制备具有大行程的柔性铰链；另一方面，材料的应力－应变关系是非线性的，并且材料的应力不仅与当前应变有关，还与先前的加载历史密切相关，这给超弹性柔性铰链的设计和分析带来了难度。

4.3.2　超弹性柔性铰链的静态变形模型

1. 基于非线性梁理论的静态变形模型

对超弹性柔性铰链进行建模，不仅要考虑几何非线性，还要考虑材料的非线性。为了便于分析,这里首先以应用广泛的椭圆型切口的柔性铰链为对象,建立超弹性柔性铰链的末端变形与受到的载荷之间的关系。椭圆型切口柔性铰链的几何轮廓如图 4.57 所示,其中 h 为铰链的最大厚度,t_s 为铰链的最小厚度,l 为缺口长度,则厚度 $t(x)$ 可以表示为

$$t(x) = h - (h - t_s)\sqrt{\frac{4x}{l} - \frac{4x^2}{l^2}} \qquad (4.57)$$

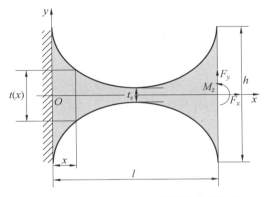

图 4.57　椭圆型切口柔性铰链的几何轮廓

当柔性铰链的末端作用有外力 $F = (F_x, F_y, M_z)$ 时,超弹性柔性铰链变形示意图如图 4.58 所示,铰链中性层上任意一点 $P(x, y)$ 所在截面受到的等效外力矩可以表示为

$$M_a = M_z - F_x(y_t - y) + F_y(x_t - x) \qquad (4.58)$$

式中　x_t, y_t——铰链末端点 Q 的坐标。

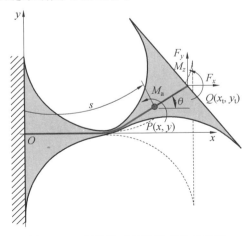

图 4.58　超弹性柔性铰链变形示意图

根据 Bernoulli- Euler 梁理论，截面弯曲应变 ε 可以表示为

$$\varepsilon = \frac{y_s}{\rho} \tag{4.59}$$

式中　ρ——梁中性层曲率半径；

　　　y_s——梁截面上的点到截面中性层的纵坐标。

弯曲变形后的截面内力矩为

$$M_i = \int_A y_s \sigma(\varepsilon) \mathrm{d}A \tag{4.60}$$

式中　σ——铰链横截面上的轴向应力；

　　　A——铰链的截面积。

将式（4.56）代入式（4.60）中，并沿铰链厚度方向上采用高斯积分法计算式（4.60）中的积分，可得截面内力矩为

$$M_i = b \int_{-t(x)/2}^{t(x)/2} y_s \, g \left(\lambda, \varepsilon_0, \sigma_0, \xi_0, \frac{y_s}{\rho} \right) \mathrm{d}y = b \sum_{i=0}^{n} K_i y_{si} g \left(\lambda, \varepsilon_0, \sigma_0, \xi_0, \frac{y_{si}}{\rho} \right)$$

$$\tag{4.61}$$

式中　n——高斯积分点数；

　　　y_{si}——高斯积分点对应的 y 坐标；

　　　K_i——高斯积分系数。

根据截面的力矩平衡关系可得

$$M_0 - F_x(x_t - x) + F_y(y_t - y) - b \sum_{i=0}^{n} K_i y_{si} g \left(\lambda, \varepsilon_0, \sigma_0, \xi_0, \frac{y_{si}}{\rho} \right) = 0 \tag{4.62}$$

求解式（4.62）可以得到点 P 处对应的中性层曲率半径为

$$\rho = f(\omega_0, F, \lambda, x, y) \tag{4.63}$$

式（4.63）表明截面的曲率半径 ρ 不仅与结构的初始变形状态 $\omega_0 = (\varepsilon_0, \sigma_0, \xi_0)$ 和载荷 $F = (F_x, F_y, M_z)$ 有关，还与加载方向 λ 和铰链末端点的坐标有关。

根据式（4.4）定义的微分几何关系，得到铰链变形后的控制方程为

$$\begin{cases} \dfrac{\mathrm{d}\theta}{\mathrm{d}s} = 1/f(\omega_0, F, \lambda, x, y) \\[2mm] \dfrac{\mathrm{d}x}{\mathrm{d}s} = \cos\theta \\[2mm] \dfrac{\mathrm{d}y}{\mathrm{d}s} = \sin\theta \end{cases} \tag{4.64}$$

式中　s——给定点 $P(x, y)$ 到铰链固定端沿中性层的弧长；

　　　θ——截面的转角。

与变厚度簧片的变形求解类似，可以通过数值方法求解上述微分方程组。需要说明的是，尽管方程式（4.64）在形式上与方程式（4.4）相同，但是在曲率半

径 ρ 的描述上有明显的差异。变厚度簧片由于材料变形后仍然满足线弹性关系，可以得到解析形式的曲率，而对于超弹性柔性铰链由于材料的应力－应变关系采用 Brinson 模型进行描述，因此需要迭代求解才能获得给定点处的曲率。另外，由于 SMA 的迟滞特性导致材料的本构关系与加载历程有关，因此在求解微分方程式(4.64)时只能采用定步长的数值解法。计算过程中需要保存每一个高斯积分点对应的应力和应变，作为下一次变形计算的初始条件。

2. 基于共旋坐标法的变形模型

虽然 Brinson 模型能够较好地拟合 Nitinol 超弹性效应下的应力－应变关系，但是在计算材料的应力时需要求解复杂的相变控制方程式(4.54)和式(4.55)，因而严重地降低了超弹性柔性铰链变形的计算效率，甚至会导致迭代计算无法收敛的情况。另外，方程式(4.64)的求解过程中，每一步迭代都需要在离散点计算中性层的曲线半径 ρ，使得超弹性柔性铰链变形模型的求解效率进一步降低，因此需要提出一种更为高效的柔性铰链变形模型。

为了避免求解相变控制方程，本节提出了一种基于 Brinson 模型的线性化的本构模型，将 Nitinol 相变过程中的应力－应变关系用直线来代替，以提高材料本构曲线的计算效率。Nitinol 超弹性效应的线性化本构模型如图 4.59 所示，材料的应力－应变关系可以表示为

$$\sigma = E^* \varepsilon^* + \sigma^* \tag{4.65}$$

式中　E^* —— 材料的等效弹性模量，其与加载方向 λ、材料的初始应变 ε_0、初始应力 σ_0 和初始马氏体体积分数 ξ_0 有关；

　　　ε^*, σ^* —— 等效应变和等效应力。

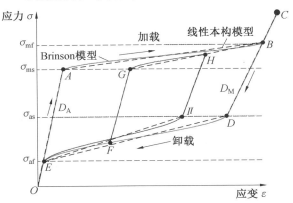

图 4.59　Nitinol 超弹性效应的线性化本构模型

当材料的应力－应变关系位于曲线 $OABDE$ 中的 OA 段或者 BD 段时，材料处于完全奥氏体相或者完全马氏体相，对应的等效弹性模量为 D_A 或者 D_M。当

应力－应变曲线位于 AB 段时，材料正在发生马氏体相变，对应的等效弹性模量可以简化为

$$\xi E^* = \frac{\sigma_{\text{mf}} - \sigma_{\text{ms}}}{\varepsilon_B - \varepsilon_A} \tag{4.66}$$

同理，当应力－应变曲线位于 DE 段时，材料正在发生马氏体逆相变，对应的等效弹性模量可以表示为

$$E^* = \frac{\sigma_{\text{af}} - \sigma_{\text{as}}}{\varepsilon_E - \varepsilon_D} \tag{4.67}$$

当材料的初始应力－应变处于 $OABDE$ 内部时，表示马氏体相变过程并不完全，材料的等效弹性模量 E^* 的计算要相对复杂一些，需要引入马氏体的体积分数作为内部控制变量。

假设材料处于加载状态 $(\varepsilon > \varepsilon_0)$，且初始点 $(\varepsilon_0, \sigma_0)$ 位于图 4.59 中的 FG 上，则可能出现以下两种情况。

（1）当前应变 $\varepsilon \leqslant \varepsilon_G$，则材料的等效弹性模量为

$$E^* = D(\xi_0) \tag{4.68}$$

式中 $D(\xi_0)$ —— 可以按式(4.52)计算得到。

（2）当前应变 $\varepsilon > \varepsilon_G$，材料继续发生马氏体相变，材料的等效弹性模量为

$$E^* = \frac{\sigma_B - \sigma_G}{\varepsilon_B - \varepsilon_G} \tag{4.69}$$

式中 $\varepsilon_G = \varepsilon_0 + \dfrac{\sigma_{\text{ms}}}{D(\xi_0)}, \sigma_G = \sigma_{\text{ms}}$。

同理，当材料处于卸载状态时，等效弹性模量 E^* 的计算与加载过程类似。采用线性本构模型计算 Nitinol 当前应力－应变关系的具体步骤可用图 4.60 所示分段线性超弹性本构模型流程图表示。从图中可以看出，求解流程中基本都是线性关系，有助于计算效率的提高。

将 Nitinol 的线性化本构关系代入采用共旋坐标法推导的变截面梁单元中，则式(4.37)可以改写为

$$V = \int_v \sigma(\varepsilon)\delta\varepsilon \, \mathrm{d}v = N\delta\bar{u} + M_1\delta\bar{\theta}_1 + M_2\delta\bar{\theta}_2 \tag{4.70}$$

采用两点高斯积分计算式(4.70)中的积分并进行适当化简，可以得到局部坐标下的单元节点力为

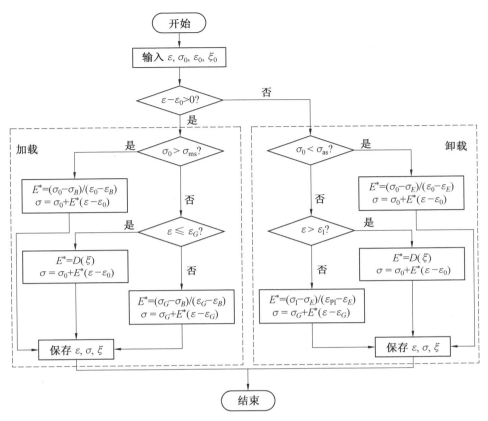

图 4.60　分段线性超弹性本构模型流程图

$$
\begin{cases}
N = \dfrac{1}{2}b\left(\displaystyle\int_{\bar{y}}\sigma(\bar{x}_1,\bar{y})\,\mathrm{d}\bar{y} + \int_{\bar{y}}\sigma(\bar{x}_2,\bar{y})\,\mathrm{d}\bar{y}\right) \\[4mm]
M_1 = \dfrac{L}{2}b\left(\dfrac{2}{15}\bar{\theta}_1 - \dfrac{1}{30}\bar{\theta}_2\right)\left(\displaystyle\int_{\bar{y}}\sigma(\bar{x}_1,\bar{y})\,\mathrm{d}\bar{y} + \int_{\bar{y}}\sigma(\bar{x}_2,\bar{y})\,\mathrm{d}\bar{y}\right) \\[4mm]
\qquad + \dfrac{1+\sqrt{3}}{2}b\displaystyle\int_{\bar{y}}\sigma(\bar{x}_1,\bar{y})\,\mathrm{d}\bar{y} + \dfrac{1-\sqrt{3}}{2}b\int_{\bar{y}}\sigma(\bar{x}_2,\bar{y})\,\mathrm{d}\bar{y} \\[4mm]
M_2 = \dfrac{L}{2}b\left(\dfrac{2}{15}\bar{\theta}_2 - \dfrac{1}{30}\bar{\theta}_1\right)\left(\displaystyle\int_{\bar{y}}\sigma(\bar{x}_1,\bar{y})\,\mathrm{d}\bar{y} + \int_{\bar{y}}\sigma(\bar{x}_2,\bar{y})\,\mathrm{d}\bar{y}\right) \\[4mm]
\qquad + \dfrac{\sqrt{3}-1}{2}b\displaystyle\int_{\bar{y}}\sigma(\bar{x}_1,\bar{y})\,\mathrm{d}\bar{y} - \dfrac{1+\sqrt{3}}{2}b\int_{\bar{y}}\sigma(\bar{x}_2,\bar{y})\,\mathrm{d}\bar{y}
\end{cases}
\tag{4.71}
$$

式中　$\bar{x}_1,\bar{x}_2$——对应的高斯积分点，$\bar{x}_1 = \dfrac{L_0}{2}\left(1 - \dfrac{1}{\sqrt{3}}\right)$，$\bar{x}_2 = \dfrac{L_0}{2}\left(1 + \dfrac{1}{\sqrt{3}}\right)$。

局部坐标系下的单元刚度矩阵可以表示为

$$K_{1_{i,j}} = \frac{\partial f_{1i}}{\partial q_{1j}} \quad (i=1,\cdots,3; j=1,\cdots,3) \tag{4.72}$$

参考 4.2 节中的步骤可以求得全局坐标系下的单元节点力向量 f_g 和单元刚度矩阵 K_g。为了计算超弹性柔性铰链的变形,将柔性铰链沿轴向方向划分为 20 个单元,载荷施加在铰链的末端,采用算法 4.1 所示的步骤计算铰链的静态变形。因为超弹性柔性铰链的变形与载荷历程有关,所以在每个载荷步结束后都要根据当前节点的应力、应变状态,按照式(4.54)或者式(4.55)计算当前的马氏体体积分数,以便进行下一次的迭代计算。

4.3.3 模型验证

1. 超弹性柔性铰链变形过程验证

SMA 的迟滞本构特性使得材料在加载和卸载过程中的应力—应变曲线并不重合,因此超弹性柔性铰链的变形过程与普通切口型柔性铰链的变形过程有一定的差异。为验证本节建立的变形模型在描述超弹性柔性铰链变形过程中力位关系的准确性,搭建了图 4.61 所示的超弹性柔性铰链变形过程实验平台。

尽管超弹性柔性铰链的转动角度较大,但是铰链在加载和卸载过程中因迟滞而导致的变形偏差依然较小,不易直接测量,需要对柔性铰链的末端变形进行放大。如图 4.61 所示,将椭圆型切口的超弹性柔性铰链一端固定在基座上,另一端通过尼龙线与一个加载装置相连。步进电机带动丝杠螺母机构缓慢地移动加载装置,使超弹性柔性铰链的转动角度发生变化。加载机构运动过程中的位移通过直线位移传感器获取(LVDT,12 mm 量程,1 μm 分辨率),尼龙线上的拉力则通过高精度的力传感器获取(ATI Nano40,0.01 N 分辨率)。

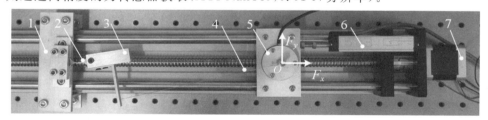

图 4.61　超弹性柔性铰链变形过程实验平台

1—基座;2—超弹性柔性铰链;3—加载装置;4—尼龙线;

5—力传感器;6—位移传感器;7—步进电机

为了更清楚地解释实验过程,可以将实验台简化为图 4.62 所示的机构示意图,其中图 4.62(a)显示的是超弹性柔性铰链未变形时的实验装置,$L_1=30$ mm,$L_2=172.48$ mm,$L_3=50$ mm。如果将超弹性柔性铰链看作一个理想的转动关节,则整个实验台可以看作一个柔性的四杆机构,图 4.62(b)所示为理想化的实验装置。当滑块 C 向右运动时,超弹性柔性铰链的转角 θ 逐渐增加,当滑块在电机的带动下向左运动时,超弹性柔性铰链的变形逐渐恢复,图4.62(c) 所示为铰链变形后的实验装置。

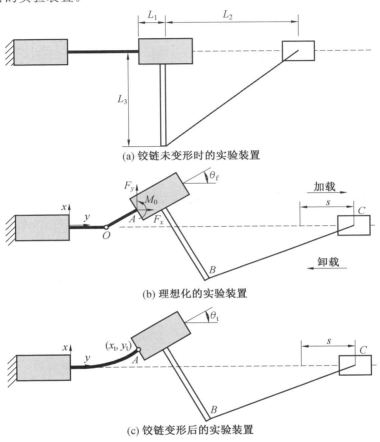

图 4.62　实验装置简化示意图

由于尼龙丝上的载荷比较小,可以忽略尼龙绳长度的变化,则 BC 的距离可以表示为

$$|BC| = \sqrt{(x_C - x_B)^2 + (y_C - y_B)^2} = \sqrt{L_2^2 + L_3^2} \tag{4.73}$$

式中　　x_B, y_B——铰链变形后 B 点的坐标;

　　　　　x_C, y_C——铰链变形后 C 点的坐标;

　　　　　θ——铰链的变形角度。

根据图 4.62(b) 中的几何位置关系,铰链末端 A 点的坐标可以表示为

$$A = (l/2 + (l/2 + L_1)\cos\theta, (l/2 + L_1)\sin\theta) \tag{4.74}$$

同理,支架末端 B 点坐标可以表示为

$$B = (l/2 + (l/2 + L_1)\cos\theta + L_3\sin\theta, (l/2 + L_1)\sin\theta - L_3\cos\theta)$$

$$(4.75)$$

当电机向右运动距离 s 后,C 点的坐标可以表示为

$$C = (l + L_1 + L_2 + s, 0) \tag{4.76}$$

根据式(4.73)、式(4.75)和式(4.76)可以计算出铰链的转动角度 θ,代入式(4.74)中即可得到超弹性柔性铰链的末端变形。需要说明的是,上述推导过程忽略了柔性铰链在变形过程中的中心偏移,这会在一定程度上引入系统误差。但是根据后面的分析可知,超弹性柔性铰链的运动偏差较小,一般仅为微米级,中心偏移对计算铰链末端载荷的影响可以忽略。

根据位移传感器测得的滑块位移 s 和由传感器测得的铰链末端点作用力 $F = (F_x, F_y)$,可以计算出作用在铰链末端点的等效外力矩为

$$M_z = AB \times F \tag{4.77}$$

将上述载荷 $\{F_x, F_y, M_z\}$ 代入超弹性柔性铰链变形模型中,可以得到铰链末端点的位置 (x_t, y_t) 和铰链转角 θ_t,进而计算出滑块在加载和卸载过程中的位移量 s_t。

在实验中首先驱动电机使滑块 C 向右移动 10 mm,然后再恢复到初始位置,运动过程中电机的速度为 0.5 mm/s。实验测得的加载和卸载过程中滑块上的拉力与位移之间的关系如图 4.63 所示。

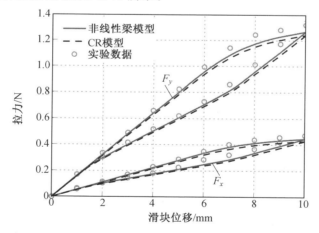

图 4.63 滑块上的拉力与位移之间的关系

从图中可以看出,两种方法计算得到的滑块上的拉力与位移之间的关系与实验结果基本是吻合的。总体而言,非线性梁模型由于本构曲线更为精确,计算结果与实验之间的误差最大为 6.5%,采用线性化本构的共旋坐标梁单元计算的结果与实验的误差更大一些,最大误差为 10.2%。上述实验证明,采用本节建立

的超弹性柔性铰链的静态变形模型计算铰链变形过程的准确性更高。

2. 超弹性柔性铰链末端变形验证

为了验证超弹性柔性铰链变形模型在计算不同切口形式和几何尺寸的柔性铰链中的准确性,分别采用有限元仿真和实验方法对超弹性柔性铰链的变形模型进行验证。这里选取三种常见的对称式切口轮廓:椭圆型(E)、抛物线型(P)、双曲线型(H)。三种超弹性柔性铰链的切口轮廓示意图如图 4.64 所示,它们对应的切口轮廓表达式如下:

$$\begin{cases} y_E(x) = h - 2(h - t_s)\sqrt{-(x/l)^2 + x/l} \\ y_P(x) = t_s + (h - t_s)(1 - 2x/l)^2 \qquad x \in [0, l] \\ y_H(x) = \sqrt{t_s^2 + (h^2 - t_s^2)(1 - 2x/l)^2} \end{cases} \qquad (4.78)$$

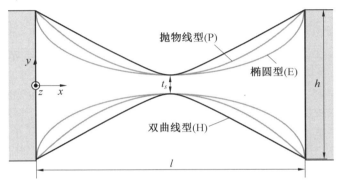

图 4.64 三种超弹性柔性铰链的切口轮廓示意图

在非线性有限元分析软件 Abaqus 中建立三种切口的超弹性柔性铰链的仿真模型,表 4.5 所示为超弹性柔性铰链的切口类型和几何参数。

表 4.5 超弹性柔性铰链的切口类型和几何参数

铰链类型	切口长度 l/mm	最小厚度 t_s/mm	铰链宽度 b/mm
E	20	0.4	5
P	16	0.3	5
H	26	0.6	5

图 4.65 所示为 Abaqus 仿真时椭圆型柔性铰链的网格划分及应力云图,铰链一端固定,在铰链的另一端施加有外载荷 M_z。为了提高仿真结果的准确性,在柔性铰链中间部分采用四边形单元进行网格划分,并对网格进行细化,采用二次减缩积分以避免单元发生剪切自锁。同时为了提高有限元仿真模型的计算速

度,这里仅建立二维超弹性柔性铰链的分析模型。

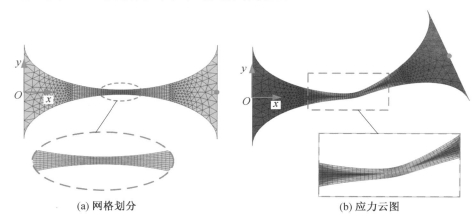

(a) 网格划分　　　　　　　　　　　　(b) 应力云图

图 4.65　Abaqus 仿真时椭圆型柔性铰链的网格划分及应力云图

超弹性柔性铰链变形模型的实验台如图 4.66 所示,采用线切割工艺按照表 4.5 中的尺寸参数加工三个不同切口轮廓的超弹性柔性铰链试样。将被测铰链试样的一端固定,另一端通过在支架上添加砝码从而使铰链发生偏转,采用 CCD 工业相机获得铰链的变形位移。铰链末端变形的测试方法与 4.2 节中变厚度交叉簧片柔性铰链的测量方法一致。

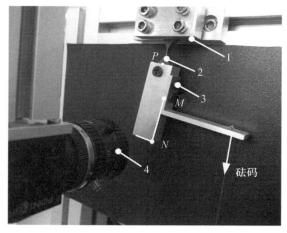

图 4.66　超弹性柔性铰链变形模型的实验台

1— 基座;2— 超弹性柔性铰链试样;3— 加载装置;4—CCD 工业相机

采用非线性梁(NLBeam)方法、共旋坐标(CRM)方法、非线性有限元分析(FEM)方法和实验(EXP)方法求得 N 点的横向位移 u、纵向位移 w 和对应的转动角度 θ,表 4.6 所示为不同方法得到的超弹性柔性铰链的变形。

表 4.6　不同方法得到的超弹性柔性铰链的变形

铰链类型	砝码质量/g	方法	u /mm	误差/%	w /mm	误差/%	θ /(°)	误差/%
E	190	CRM	10.717	3.87	10.837	3.83	13.589	3.91
		NLBeam	10.749	3.58	10.894	3.33	13.671	3.33
		FEM	10.772	3.37	10.966	2.69	13.778	2.57
		EXP	11.148	—	11.269	—	14.142	—
P	38.83	CRM	6.118	4.93	5.217	4.22	7.337	4.45
		NLBeam	6.127	4.79	5.252	3.58	7.358	4.18
		FEM	6.151	4.41	5.286	2.96	7.407	3.54
		EXP	6.435	—	5.447	—	7.679	—
H	146.81	CRM	2.237	7.49	2.016	7.82	2.613	7.11
		NLBeam	2.243	7.24	2.045	6.49	2.638	6.22
		FEM	2.285	5.50	2.089	4.48	2.673	4.98
		EXP	2.418	—	2.187	—	2.813	—

　　结果显示,对于这三种切口轮廓的超弹性柔性铰链,两种超弹性柔性铰链变形模型能够很好地与有限元分析结果和实验结果吻合,其中 NLBeam 方法计算的超弹性柔性铰链末端位移与实验结果的最大相对误差为 7.82%,CRM 方法计算的超弹性柔性铰链末端变形与实验结果的最大相对误差为 7.24%。CRM 变形模型的计算结果与实验的偏差略大于 NLBeam 方法,这些偏差主要来源于柔性铰链的加工误差、SMA 本构模型的近似误差、实验过程中测量以及弯矩加载方式引入的误差。表 4.6 从仿真和实验的角度验证了本节建立的超弹性柔性铰链变形模型的准确性。

　　需要指出的是,由于 NLBeam 方法使用的是完整的 Brinson 本构模型,CRM 方法使用的是线性化的本构模型,因此 NLBeam 方法计算超弹性柔性铰链的末端变形更加精确。但是在计算效率上,CRM 方法远胜于 NLBeam 方法和 FEM 方法,以椭圆型超弹性柔性铰链为例,CRM 模型只需要 20 个单元在 5 s 内即可完成计算;FEM 方法需要超过 1 500 个单元,接近 90 s 才能完成计算;而 NLBeam 方法需要超过 300 s 才能得到铰链末端点的位移。

4.3.4　超弹性柔性铰链的转动性能分析

1.超弹性柔性铰链与普通柔性铰链的性能差异

本节以常见的椭圆型切口柔性铰链为例,分析超弹性柔性铰链与传统切口型柔性铰链转动性能的区别。椭圆型柔性铰链的长度为 $l = 20$ mm,最小厚度为 $t_s = 0.4$ mm,铰链宽度为 $b = 5$ mm。普通柔性铰链由普通碳钢制备而成,材料的弹性模量为 $E = 210$ GPa,材料的屈服应变为 $\varepsilon_P = 0.24\%$;超弹性柔性铰链采用 Nitinol 制造而成,材料参数如表 4.4 所示。作用在两种铰链末端的载荷分为两个载荷步进行施加,在第 1 个载荷步内对柔性铰链进行加载,末端转矩从 0 逐渐增大到 74 N·mm;在第 2 个载荷步内对柔性铰链进行卸载,末端转矩又逐渐从最大值恢复到 0。

图 4.67 所示为超弹性柔性铰链和普通柔性铰链的转角曲线,图中给出了两种柔性铰链的末端转动角度与载荷步之间的关系,在第 1 个载荷步内,随着铰链末端的载荷逐渐增大,对应的铰链转角也逐渐增大。在这个过程中,超弹性柔性铰链的最大转动角度为 15.187°,铰链最薄处外侧的应变为 3.42%,远小于 Nitinol 材料的最大可恢复应变($\varepsilon_P = 4.69\%$)。普通柔性铰链在同样载荷下的最大转动角度为 2.567°,此时结构上的最大应变为 $\varepsilon_{max} = 0.265\%$,已经超过了碳钢材料的最大弹性应变值。显然,利用 SMA 的超弹性效应能够大幅提高柔性铰链的运动能力,其转角范围是相同结构尺寸下普通金属材料制备而成的柔性铰链的 6 倍以上。

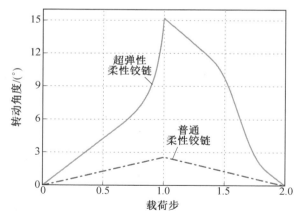

图 4.67　超弹性柔性铰链和普通柔性铰链的转角曲线

从图 4.67 所示的柔性铰链转角的变化关系,还可以看出两种柔性铰链在变形过程中的刚度差异。普通柔性铰链由于采用的是线弹性材料,同时转动角度也相对较小,因此在加载和卸载过程中铰链的转动刚度基本为常值。根据图

4.67 得到的超弹性柔性铰链加载和卸载时的转动刚度如图 4.68 所示。在初始弹性阶段,超弹性柔性铰链的转动刚度与普通柔性铰链一样,转动刚度为定值。随着载荷的增加,超弹性柔性铰链最薄处的外侧将会发生相变,此时铰链转动刚度逐渐下降,直到载荷达到最大值。

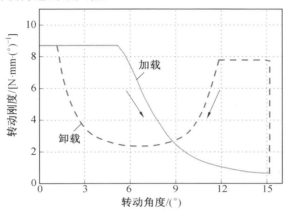

图 4.68　超弹性柔性铰链加载和卸载时的转动刚度

卸载时铰链刚度首先会出现一个跳变,此时的刚度值接近柔性铰链的初始转动刚度,并且在一定转角范围内保持为一个定值。继续卸载,超弹性柔性铰链最薄处外侧材料将发生马氏体逆相变,转动刚度呈现出先减小后增大的趋势。当材料中的马氏体逆相变完成后,铰链的转动刚度回复到初始值。超弹性柔性铰链在最大转角时的转动刚度仅是普通铰链的 1/45,这一点对于构建大行程柔顺并联机构非常有利。因为精密定位平台大多采用音圈电机或者超声电机进行驱动,这些电机提供的推力往往是非常有限的,而采用超弹性柔性铰链的柔顺机构所需要的电机推力大小随机构运动范围的增加并不显著。当然,由于超弹性柔性铰链变形过程中伴随着材料非线性和几何非线性,因此这种突变的转动刚度对柔顺机构的控制提出了一定的要求。

超弹性柔性铰链和普通柔性铰链的转动误差如图 4.69 所示,从图中可以看出,随着铰链转动角度的增加,两种柔性铰链的转动误差都明显上升,并且在转角范围较小时,超弹性柔性铰链与普通柔性铰链的转动误差基本是重合的。超弹性柔性铰链在达到最大转角时的转动误差为 25.72 μm。由于转动过程中超弹性柔性铰链最薄处外侧的材料发生了相变,影响了铰链的转动过程导致超弹性柔性铰链在加载和卸载过程中的转动误差并不重合,最大差值约为 3.7 μm。这说明超弹性柔性铰链转动过程中的偏差不仅与铰链的转动角度有关,还与铰链的加载历史有关。

综上所述,与普通柔性铰链相比,超弹性柔性铰链能够在不改变铰链几何形

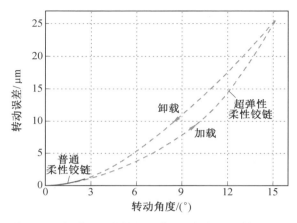

图 4.69　超弹性柔性铰链和普通柔性铰链的转动误差

状的情况下,大幅提高铰链的转角范围。同时,超弹性柔性铰链在转动过程中发生相变,降低了铰链的转动刚度,这都有利于构建大行程柔顺机构。另外,模型的分析结果显示,超弹性柔性铰链在加载和卸载过程中的变形曲线并不重合,导致柔性铰链的变形刚度、变形偏差均呈现出与本构曲线类似的迟滞规律,增加了柔性铰链运动的复杂性。

2. 切口形式与结构参数对铰链性能的影响

由图 4.64 可知,柔性铰链的结构主要由铰链长度 l、最小厚度 t_s 和铰链宽度 b 确定。考虑到宽度 b 对柔性铰链运动性能的影响基本是线性的,且一般来说宽度 b 均由柔性铰链的加工材料确定,因此本节设定超弹性柔性铰链的宽度为定值,$b=5$ mm。接下来将重点分析铰链的长度和最小厚度对其主要性能指标的影响。为了保证超弹性柔性铰链具有足够的疲劳寿命,定义超弹性柔性铰链的转角范围 $\theta_{\max}$ 为柔性铰链在末端力矩作用下,柔性铰链结构上最薄处的最大应变达到 3% 时所产生的转动角度。根据超弹性柔性铰链的变形模型,分别计算三种切口形式的超弹性柔性铰链在不同几何尺寸参数下的最大转角范围 $\theta_{\max}$,如图 4.70 所示。

从图中可以看出,对于三种铰链,当铰链的切口长度为 $l=16 \sim 26$ mm,铰链的最小厚度为 $t_s=0.2 \sim 0.6$ mm 时,超弹性柔性铰链的最大转角范围 $\theta_{\max}$ 随着最小厚度 t_s 的减小而增大,同时随着切口长度 l 的增大而增大。椭圆型切口柔性铰链的最大转角范围最大,抛物线型切口柔性铰链的最大转角范围次之,双曲线型切口柔性铰链的最大转角范围远小于另外两种切口柔性铰链的最大转角范围。这主要是因为相对另外两种切口形式的柔性铰链,双曲线型切口柔性铰链的实际可变形部分更加集中在铰链最薄处,从而导致铰链的应力集中效应更加明显。

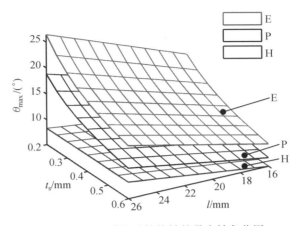

图 4.70　超弹性柔性铰链的最大转角范围

三种超弹性柔性铰链的转动刚度随切口几何尺寸的变化趋势如图 4.71 所示。从图中可以看出，超弹性柔性铰链的转动刚度 k_m 呈现出与最大转动范围 θ_{max} 完全相反的趋势，转动刚度 k_m 随着最小厚度 t_s 的增大而增大，随着切口长度 l 的增大而减小。在三种切口的超弹性柔性铰链中，椭圆型切口柔性铰链的转动刚度 k_m 最小，双曲线型切口柔性铰链的转动刚度最大。

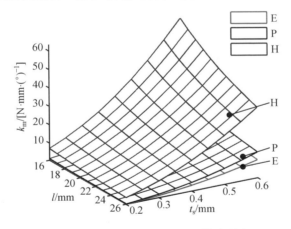

图 4.71　超弹性柔性铰链的转动刚度

超弹性柔性铰链的平均中心偏移 r_m 随铰链切口形状与几何参数的变形关系如图 4.72 所示。从图中可以看出，铰链的平均中心偏移 r_m 主要受到切口长度 l 的影响，而与铰链的最小厚度 t_s 关系不大，同时双曲线型切口超弹性柔性铰链转动过程中的平均中心偏移最小。因此在三种超弹性柔性铰链中，抛物线型切口柔性铰链的转动精度最高。

图 4.73 所示为三种超弹性柔性铰链的中心偏移变动量 Δd 随切口几何参数

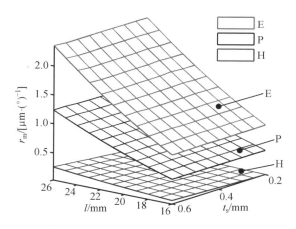

图 4.72　超弹性柔性铰链的平均中心偏移

的变化趋势。从图中可以看出,中心偏移变动量 Δd 随切口参数的变化趋势较为复杂,但是总体而言,中心偏移变动量 Δd 随切口长度 l 的增大而增大,随 t_s 的增大而缓慢降低。同时由于双曲线型切口柔性铰链的变形更加集中,因此铰链的抗轴向力能力也最强,中心偏移变动量 Δd 远小于另外两种超弹性柔性铰链。

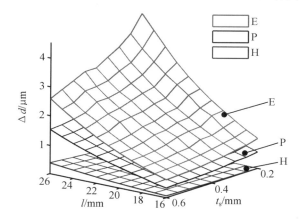

图 4.73　超弹性柔性铰链的中心偏移变动量

　　综上所述,超弹性柔性铰链的转动性能指标与切口形式和切口几何参数有密切的关系。在三种形式的切口柔性铰链中,椭圆型切口柔性铰链的转角范围最大,转动刚度最小,但是由于椭圆型切口在铰链弯曲后最薄处的变形更加分散,因此椭圆型切口柔性铰链的转动精度和抗轴向力能力也最差。双曲线型切口柔性铰链的转动性能正好与之相反。铰链切口长度 l 越大,最小厚度 t_s 越小,铰链的变形也更加分散,从而有利于提高超弹性柔性铰链的运动范围和转动能力,当然这也会导致铰链变形精度和抗轴向扰动的能力降低。由于超弹性柔性铰链的转动能力和转动精度是互相矛盾的,在设计超弹性柔性铰链的切口形状和切口几何参数时,需要根据实际使用需求进行综合选择。

4.3.5 结语

本节首先描述了 SMA 材料的超弹性效应及其所对应的晶体相变过程。然后采用 Brinson 模型建立了 SMA 超弹性效应下的本构模型,根据实验数据拟合得到了材料的本构参数。采用非线性梁理论和 Brinson 本构模型建立了超弹性柔性铰链的静态变形模型。由于该模型的计算效率过低,因此提出了一种基于 Brinson 模型的分段线性化本构模型,并结合共旋坐标方法推导了用于描述超弹性柔性铰链大变形的非线性梁单元。应用此梁单元对超弹性柔性铰链的末端变形进行了求解,通过实验和有限元仿真验证了超弹性柔性铰链变形模型的准确性。分析了因 SMA 特殊的力学特性而导致的超弹性柔性铰链的转动特性与普通柔性铰链的差异。实验结果表明超弹性柔性铰链的转角范围是相同几何尺寸下普通柔性铰链的 6 倍以上,最大转角时的转动刚度为普通柔性铰链的 1/45,显示了超弹性柔性铰链在构造大行程柔顺机构方面的潜力。最后根据超弹性柔性铰链变形计算的结果,分析了不同切口轮廓和几何参数对超弹性柔性铰链主要性能指标的影响。

4.4 大行程柔顺并联机构的优化设计与偏差补偿

为了提高柔性铰链及其所构建而成的柔顺机构的运动范围,4.2 节和 4.3 节分别从弹性变形元件的结构形式和材料上进行了改进,提出了两种新型大行程柔性铰链:基于分布式柔度的变厚度交叉簧片柔性铰链和基于集中柔度的超弹性柔性铰链。本节将利用这两种柔性铰链设计对应的大行程柔顺并联机构,以实现大范围、高精度的平面运动。通过前面对大行程柔性铰链静态变形特性的分析,可以发现柔性铰链的结构参数对其转动性能具有重要影响。为此,本节首先对这两种大行程柔性铰链进行多目标优化,使铰链的转动性能尽可能接近理想转动关节。关节置换法是设计柔顺并联机构的常见方法,它的主要优势在于可以将机构的构型与柔性铰链的设计分开考虑,将传统刚性并联机构的相关设计方法和结论应用于柔顺并联机构中。本节以平面定位机构中常用的 3 − PRR 柔顺并联机构为基础构型,以机构规则工作空间内的全局条件数为指标对机构的尺寸参数进行优化。利用优化后得到的大行程柔性铰链和 3 − PRR 柔顺并联机构的尺寸参数,采用关节置换的方式分别建立以这两种柔性铰链为被动转动关节的平面柔顺并联机构:基于变厚度交叉簧片的 3 − PRR 柔顺并联机构

（VTFP－3PRR）和基于超弹性柔性铰链的 3－PRR 柔顺并联机构（SEFH－3PRR）。同时对 VTFP－3PRR 柔顺并联机构建立考虑铰链运动误差的柔性逆运动学模型，提高机构末端运动轨迹的预测能力。

4.4.1 大行程柔性铰链多目标优化

柔性铰链的功能是在柔顺机构中替代传统的转动关节，达到无间隙传动的目的。因此在实际使用中通常希望其传动性能更加接近理想转动关节，即铰链转动能力强、转动刚度低、平均中心偏移小、中心偏移变动量小。然而由于大行程柔性铰链变形的复杂性，铰链的各性能指标之间往往可能存在相互矛盾之处。例如要求柔性铰链具有较大的运动范围，通常会导致柔性铰链的平均中心偏移更大、抗轴向力能力降低，反之，提高柔性铰链的转动精度和抗轴向力能力将会减小铰链的转动范围。通过前述对两种大行程柔性铰链静态变形特性的分析发现，柔性铰链的结构参数对其转动性能具有重要影响。为了使大行程柔顺并联机构具有良好的综合运动性能，需要对大行程柔性铰链的主要结构参数进行多目标优化。

1. 变厚度交叉簧片柔性铰链参数优化

根据变厚度交叉簧片柔性铰链的结构定义方式，铰链的结构可以由簧片长度 l、簧片宽度 b、铰链交叉角 β、长度系数 λ 和截面厚度系数 η 完全确定。在通常情况下，簧片长度 l 和簧片宽度 b 决定了变厚度交叉簧片柔性铰链的整体尺寸，根据实际情况本节设定簧片长度为 $l=30$ mm、簧片宽度为 $b=10$ mm。因此，对变厚度交叉簧片柔性铰链进行优化时的优化变量 X 可以表示为

$$X = (\beta, \lambda, \eta) \tag{4.79}$$

根据 4.2 节中的定义，柔性铰链性能评价指标有转角范围 $\theta_{\max}$、转动刚度 k_{m}、平均中心偏移 r_{m} 和中心偏移变动量 Δd。变厚度交叉簧片柔性铰链作为柔顺并联机构中的被动关节，为了保证最终构建而成的柔顺并联机构具有足够的工作空间，要求柔性铰链的转角范围 $\theta_{\max}$ 满足

$$\theta_{\max} > 15° \tag{4.80}$$

为了使变厚度交叉簧片柔性铰链的转动性能与理想转动关节更加接近，则铰链的优化目标可以定义为

$$f(X) = \min \begin{cases} k_{\mathrm{m}} \\ r_{\mathrm{m}} \\ \Delta d \end{cases} \tag{4.81}$$

考虑到变厚度柔性铰链的尺寸限制，设置各优化变量的取值范围如下：

$$\begin{cases} \beta \in [15°, 60°] \\ \lambda \in [0.2, 0.5] \\ \eta \in [1, 3.5] \end{cases} \tag{4.82}$$

针对式(4.79)～(4.82)定义的多目标优化问题,本节采用 Deb 提出的非支配排序遗传算法 NSGA－Ⅱ 进行求解。NSGA－Ⅱ 是一种多目标遗传优化算法,具有适用范围广、运行速度快、解集的收敛性好等众多优点,目前已逐渐发展成为应用最为广泛的多目标优化算法[113-115],具体执行流程如下。

(1) 根据优化变量的限制条件随机生成规模为 N 的初始种群 $P_t(N)$,计算 $P_t(N)$ 中每个个体的目标函数值,对它们进行非支配排序,计算初始的非支配排序等级和拥挤度。

(2) 对第 t 代的父代种群 $P_t(N)$ 进行选择、复制后,执行交叉与变异操作,产生子代种群 $Q_t(N)$。

(3) 合并父代种群和子代种群得到过渡种群 $R_t(2N)$,并对过渡种群 $R_t(2N)$ 进行非支配排序。

(4) 以非支配排序等级和拥挤度距离为指标,在排序后的种群中选择与初始种群数量相等的个体作为下一次迭代的父代种群 $P_{t+1}(N)$。

(5) 判断是否达到最大进化代数,若达到则将最后选出的父代种群 $P_{t+1}(N)$ 作为最终的 Pareto 最优解,否则返回到步骤(2)。NSGA－Ⅱ 算法原理图如图 4.74 所示。

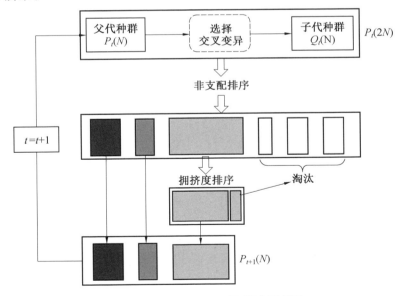

图 4.74　NSGA－Ⅱ 算法原理图

采用 MATLAB 的 NSGA－Ⅱ算法工具箱,设定初始种群个数为200,进化代数设置为50代,交叉及变异率为0.3,对式(4.79)～(4.82)定义的多目标优化问题进行求解,可以得到一系列最优解集。根据本节的实际需要从中选出一组优化后的变厚度交叉簧片柔性铰链结构参数,如表4.7所示。

表 4.7　优化后的变厚度交叉簧片柔性铰链结构参数

簧片长度 l/mm	簧片宽度 b/mm	簧片最小厚度 t_s/mm	截面厚度系数 η	铰链交叉角 β/(°)	长度系数 λ
30	10	1	3.16	37.4	0.24

为了显示优化后的变厚度交叉簧片柔性铰链的性能优势,将优化得到的柔性铰链与表4.2定义的铰链进行了性能对比,结果如表4.8所示。

表 4.8　柔性铰链性能对比结果

性能指标	转角范围 θ_{max} /(°)	转动刚度 k_m /[N·mm·(°)$^{-1}$]	平均中心偏移 r_m /μm	中心偏移变动量 Δd /μm
优化后的柔性铰链	15.04	9.46	3.84	3.41
初始柔性铰链	15.12	8.17	5.36	4.3
对比结果	－0.53%	15.79%	－28.36%	－20.70%

通过对比结果可以看出,优化后的变厚度交叉簧片柔性铰链在平均中心偏移上降低了28.36%,在中心偏移变动量上降低了20.70%,这些都有利于提高柔顺并联机构的精度。尽管优化后的柔性铰链在转角范围上降低了0.53%,同时在转动刚度上也提高了15.79%,但是依然满足使用要求。通过上述性能对比结果证明了优化算法的有效性。

2. 超弹性柔性铰链截面轮廓优化

根据4.3节的分析,超弹性柔性铰链的切口轮廓和几何参数均对铰链的性能有重要的影响。目前广泛使用的柔性铰链切口轮廓定义方式有正圆型[116]、椭圆型[117]、抛物线型[118]、双曲线型[119]等,但是这些轮廓的尺寸参数都相对较少,限制了优化过程中的自由度。采用多段样条曲线或者贝塞尔曲线来描述铰链的截面形状[120,121]尽管能极大地丰富柔性铰链截面轮廓的选择范围,但是会导致优化问题变得过于复杂。同时根据前面的分析结果,椭圆型切口柔性铰链具有较大的变形能力,抛物线型切口柔性铰链具有较好的变形精度。综合这两种轮廓形式应该可以得到传动性能相对更优的柔性铰链。另外根据文献[122]中的结论,非对称柔性铰链的转动精度优于对称切口柔性铰链的转动精度,因此本节提出了一种新型的柔性铰链截面定义方式——非对称椭圆－抛物线型切口柔性铰链,并对采用这种切口轮廓的超弹性柔性铰链进行了多目标优化。

非对称椭圆—抛物线型(AEP)切口轮廓如图 4.75 所示,图中 l 为切口的长度,t_s 表示切口的最小厚度,h 表示铰链的最大厚度,λ 为铰链的长度系数,整个切口轮廓由两段椭圆—抛物线曲线组成(EP1,EP2),这两段曲线在铰链的最薄处 p_3 点光滑连接。EP1 由一段椭圆轮廓 s_1 和一段抛物线轮廓 s_2 组成,两段曲线在 p_2 点光滑连接。在铰链最薄处的几何中心建立一个坐标系 Oxy,椭圆弧 s_1 的中心点位于 $(0,h/2)$,s_1 采用参数方程可以表示为

$$\begin{cases} x(\varphi) = ne\cos\varphi \\ y(\varphi) = n\sin\varphi + \dfrac{h}{2} \end{cases} \left(\varphi_t \leqslant \varphi \leqslant 0, -\dfrac{\pi}{2} \leqslant \varphi_t \leqslant 0\right) \quad (4.83)$$

式中　n——椭圆的纵半轴 $n=(h-t_s)/2$;

　　　e——椭圆的椭圆度,它等于椭圆横半轴与纵半轴的比值;

　　　φ——椭圆弧离心角;

　　　φ_t——椭圆弧的终止离心角。

抛物线 s_2 通过点 $p_1=(\lambda l, h/2)$ 和 $p_2=(ne\cos\varphi_t, n\sin\varphi_t+h/2)$,并且与 s_1 在点 p_2 处有相同的斜率,因此 s_2 采用埃尔米特插值可以表示为

$$y(x) = a_1(x - ne_1\cos\varphi_{t1})^2 + b_1(x - ne_1\cos\varphi_{t1}) + c_1 \quad (4.84)$$

式中　$a_1 = \dfrac{4\lambda l\cos\varphi_{t1} - 4ne_1}{e_1\sin\varphi_{t1}(l-2ne_1\cos\varphi_{t1})^2}$;

　　　$b_1 = -\dfrac{1}{e_1\tan\varphi_{t1}}$;

　　　$c_1 = \left(\dfrac{h}{2} + n\sin\varphi_{t1}\right)$。

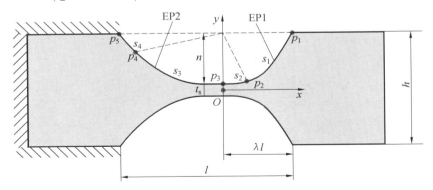

图 4.75　非对称椭圆—抛物线型切口轮廓

根据椭圆—抛物线型切口轮廓的定义方式,为了保证曲线有意义需要引入两个几何约束条件,首先是关于 p_2 点的 x 坐标,即

$$g_1(x) = ne_1\cos\varphi_{t1} - \lambda l \leqslant 0 \tag{4.85}$$

由于曲线 s_2 需要满足单调递增的条件，p_3 点的曲线斜率应满足

$$g_2(x) = -2a_1(\lambda l - ne_1\cos\varphi_{t1}) - b_1 \leqslant 0 \tag{4.86}$$

为了更清晰地了解椭圆一抛物线型切口轮廓的变化趋势，取 $l=30$ mm，$t_s=0.4$ mm，$h=10$ mm，此时曲线的形状完全由 e 和 φ_t 决定。图 4.76 所示为参数 φ_t 对轮廓曲线的影响，图中显示了 $e=2$，φ_t 从 $-7\pi/16$ 变化到 $-3\pi/16$ 的过程椭圆一抛物线曲线形状的变化。图 4.77 所示为参数 e 对轮廓曲线的影响，图中显示了 $\varphi_t=-\pi/3$，e 从 1 到 3 时，椭圆一抛物线曲线的变化趋势。

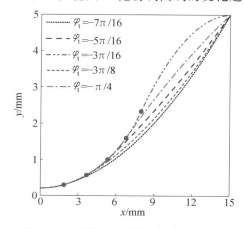

图 4.76　参数 φ_t 对轮廓曲线的影响

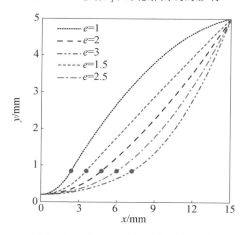

图 4.77　参数 e 对轮廓曲线的影响

从图中可以看出，φ_t 定义了曲线 s_1 在整个轮廓中占据的比例，随着 φ_t 的增加 s_1 段在整个切口中的比例逐渐增加；e 定义了椭圆弧的扁平度，随着 e 的增加 s_1 段变得越发扁平。与其他轮廓定义方式相比，椭圆一抛物线截面的定义方式不仅

物理意义明确、描述能力强,而且参数数量也相对适中,非常适宜作为超弹性柔性铰链性能优化时的截面定义方式。

与变厚度交叉簧片柔性铰链的优化过程类似,在选定 AEP 型超弹性柔性铰链的切口长度为 $l=15$ mm,铰链宽度为 $b=5$ mm,最小厚度为 $t_s=0.4$ mm 后,铰链的优化变量 X 为

$$X=(\lambda,e_1,\varphi_{t1},e_2,\varphi_{t2}) \tag{4.87}$$

AEP 型超弹性柔性铰链的优化目标为

$$f(X)=\min\begin{cases}k_m\\r_m\\\Delta d\end{cases} \tag{4.88}$$

根据 AEP 型超弹性柔性铰链的工作要求和定义方式,得到优化约束条件为

$$\begin{cases}\theta_{max}>15°\\g_1(x)=ne_1\cos\varphi_{t1}-\lambda l\leqslant0\\g_2(x)=-2a_1(\lambda l-ne_1\cos\varphi_{t1})-b_1\leqslant0\\g_3(x)=ne_2\cos\varphi_{t2}-(1-\lambda)l\leqslant0\\g_4(x)=-2a_2[(1-\lambda)l-ne_2\cos\varphi_{t2}]-b_2\leqslant0\end{cases} \tag{4.89}$$

考虑到 AEP 型超弹性柔性铰链的尺寸限制和实际应用需求,设置各优化变量的范围为

$$\begin{cases}\lambda\in[0.2,0.5]\\e_1\in[1,4]\\\varphi_{t1}\in[-\pi/2,0]\\e_2\in[1,4]\\\varphi_{t2}\in[-\pi/2,0]\end{cases} \tag{4.90}$$

采用 NSGA－Ⅱ 算法对式(4.87)～(4.90)定义的多目标优化问题进行求解,最终根据实际的需要从最优解集中选择优化后的 AEP 型超弹性柔性铰链结构参数如表 4.9 所示。

表 4.9　优化后的 AEP 超弹性柔性铰链结构参数

长度系数 λ	EP1 椭圆度 e_1	EP1 终止角 $\varphi_{t1}/\mathrm{rad}$	EP2 椭圆度 e_2	EP2 终止角 $\varphi_{t2}/\mathrm{rad}$
0.31	1.548	-1.524	3.12	-1.513

为了清晰地表述优化后的 AEP 型超弹性柔性铰链的性能优势,将优化后的 AEP 型超弹性柔性铰链与相同切口长度和最小厚度的椭圆型超弹性柔性铰链进行性能对比,结果如表 4.10 所示。

表 4.10　不同超弹性柔性铰链的性能对比结果

性能指标	转角范围 $\theta_{max}/(°)$	转动刚度 $k_m/[\mathrm{N \cdot mm \cdot (°)^{-1}}]$	平均中心偏移 $r_m/\mu m$	中心偏移变动量 $\Delta d/\mu m$
AEP 型超弹性柔性铰链	15.21	4.76	14.1	1.07
椭圆型超弹性柔性铰链	14.32	5.27	19.7	1.1
性能变化	6.22%	−9.68%	−28.40%	−2.72%

通过对比结果可以看出,优化后的超弹性柔性铰链在各个性能指标上都优于原来的椭圆型柔性铰链,在转角范围上提高了 6.22%,在转动刚度上降低了 9.68%,在平均中心偏移上降低了 28.4%,在中心偏移变动量上降低了 2.72%。这充分证明了 AEP 型切口轮廓的优势和优化算法的有效性。

4.4.2　3−PRR 柔顺并联机构尺寸优化

1. 3−PRR 柔顺并联机构逆运动学

3−PRR 柔顺并联机构由于结构紧凑、控制方便、运动精度高等优势,在平面精密定位机构中有着重要的应用。该机构含有 3 个运动支链,每个支链包括一个主动的移动副(P)和两个被动的转动副(R),可以实现平面内三自由度的运动。3−PRR 柔顺并联机构结构简图如图 4.78 所示,其中 $A_i(i=1,2,3)$ 表示 3 个直线驱动关节导轨轴线的交点,B_i 和 C_i 表示对应的被动转动关节。机构的静平台(固定平台)$\triangle A_1 A_2 A_3$ 与动平台 $\triangle B_1 B_2 B_3$ 均为正三角形,点 O 是静平台的几何中心,Oxy 是固定坐标系,点 P 是动平台的几何中心,$Px'y'$ 是运动坐标系,R_1 和 R_2 分别是静平台 $\triangle A_1 A_2 A_3$ 与动平台 $\triangle B_1 B_2 B_3$ 的外接圆半径。初始时刻,动平台与静平台完全重合,φ_0 为两坐标系间的起始偏斜角度。

3−PRR 柔顺并联机构可以实现平面内的两个转动和一个移动,因此机构的末端位移输出可用向量表示为

$$\boldsymbol{q} = (x_P, y_P, \varphi_P)^T \tag{4.91}$$

机构的运动输入为各移动关节的直线位移 ρ_i,可用向量表示为

$$\boldsymbol{\rho} = (\rho_1, \rho_2, \rho_3)^T \tag{4.92}$$

3−PRR 柔顺并联机构的逆运动学模型就是在已知动平台的位姿 $\boldsymbol{q} = (x_P, y_P, \varphi_P)^T$ 的情况下,求解机构中各移动副需要的驱动位移 $\boldsymbol{\rho} = (\rho_1, \rho_2, \rho_3)^T$。相对于串联机构的逆运动学建模,并联机构的逆运动学模型要容易得多。根据图 4.78 所示的 3−PRR 柔顺并联机构的几何相对关系,可以建立机构中任意一条运动支链的闭环向量约束方程:

$$\boldsymbol{OP} + \boldsymbol{PC} = \boldsymbol{OA} + \boldsymbol{AB} + \boldsymbol{BC} \tag{4.93}$$

在固定坐标系下,方程式(4.93)的左边可以写为

$$\begin{pmatrix} x_{Ci} \\ y_{Ci} \end{pmatrix} = \begin{pmatrix} x_P \\ y_P \end{pmatrix} + \mathbf{Rot}(\varphi_P + \varphi_0) \begin{pmatrix} x'_{Ci} \\ y'_{Ci} \end{pmatrix} \tag{4.94}$$

式中　　x_{Ci}, y_{Ci}——C_i 点在固定坐标系下的坐标；

x'_{Ci}, y'_{Ci}——C_i 点在运动坐标系下的坐标。

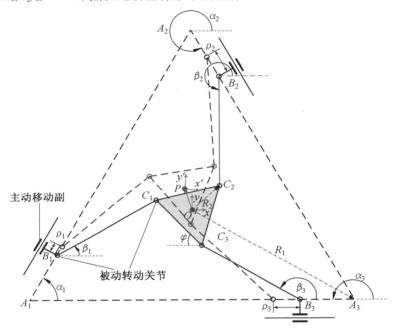

图 4.78　3－PRR 柔顺并联机构结构简图

同理，向量方程式(4.93)的右边可以表示为

$$\begin{pmatrix} x_{Ci} \\ y_{Ci} \end{pmatrix} = \begin{pmatrix} x_{ai} \\ y_{ai} \end{pmatrix} + \rho_i \begin{pmatrix} \cos \alpha_i \\ \sin \alpha_i \end{pmatrix} + L_i \begin{pmatrix} \cos \beta_i \\ \sin \beta_i \end{pmatrix} \tag{4.95}$$

式中　　α_i, β_i——A_iB_i、B_iC_i 与 x 轴正方向的夹角；

x_{ai}, y_{ai}——固定坐标系下，A_i 点的初始坐标；

L_i——B_iC_i 杆的长度。

$$\begin{pmatrix} x_{ai} \\ y_{ai} \end{pmatrix} = \begin{pmatrix} x_{Ai} \\ y_{Ai} \end{pmatrix} + \rho_0 \begin{pmatrix} \cos \alpha_i \\ \sin \alpha_i \end{pmatrix} \tag{4.96}$$

式中　　x_{Ai}, y_{Ai}——A_i 点在固定坐标系下的坐标；

ρ_0——初始位置时 A_iB_i 间的距离。

综合式(4.93)～(4.96)并消去中间变量 β_i 后，可得

$$\rho_i^2 + Q_{i1}\rho_i + Q_{i2} = 0 \tag{4.97}$$

求解方程式(4.97)得主动关节的位移为

$$\rho_{i1} = \frac{-\chi_{i1} + \sqrt{\chi_{i1}^2 - 4\chi_{i2}}}{2}$$

(4.98)

$$\rho_{i2} = \frac{-\chi_{i1} - \sqrt{\chi_{i1}^2 - 4\chi_{i2}}}{2}$$

其中,系数 $\chi_{ij}(j=1,2,\cdots,4)$ 的表达式如下:

$$\begin{cases} \chi_{i1} = 2\cos\alpha_i\chi_{i3} + 2\sin\alpha_i\chi_{i4} \\ \chi_{i2} = \chi_{i3}^2 + \chi_{i4}^2 - L_1^2 \\ \chi_{i3} = x_P + x'_{Ci}\cos(\varphi_P + \varphi_0) - y'_{Ci}\sin(\varphi_P + \varphi_0) - x_{Ai} - \rho_{i0}\cos\alpha_i \\ \chi_{i4} = y_P + x'_{Ci}\sin(\varphi_P + \varphi_0) + y'_{Ci}\cos(\varphi_P + \varphi_0) - y_{Ai} - \rho_{i0}\sin\alpha_i \end{cases}$$

(4.99)

由式(4.98)可以看出,当 $\sqrt{Q_{i1}^2 - 4Q_{i2}} \geqslant 0$ 时,$3-$PRR 柔顺并联机构存在逆解,而当 $\sqrt{Q_{i1}^2 - 4Q_{i2}} < 0$ 时,表示机构无法通过驱动关节的运动使动平台到达给定的位姿。另外,对于 $\sqrt{Q_{i1}^2 - 4Q_{i2}} > 0$ 的情况,式(4.98)可以得到两个可行的解,那么对于 $3-$PRR 柔顺并联机构则最多可能存在 6 种不同的驱动位移的运动方式使平台到达给定的位姿。但是机构在实际运动过程中,考虑到运动的连续性,一般会选择离上一个运动状态较近的解。因此当 $3-$PRR 柔顺并联机构的初始位姿状态确定后,主动移动关节的位移也是唯一确定的。本节电机的初始位姿选择 A_i 的远端,即 $\rho_i = \rho_{i1}$。

设 $\boldsymbol{b}_i = \boldsymbol{B}_i\boldsymbol{C}_i$,$\boldsymbol{e}_i = \boldsymbol{P}\boldsymbol{C}_i$,根据刚体平面运动的速度叠加原理,$P$ 点的速度可以表示为

$$(\dot{x}_P\boldsymbol{i} + \dot{y}_P\boldsymbol{j}) + \dot{\varphi}_P(\boldsymbol{k} \times \boldsymbol{e}_i) = \dot{\rho}_i\boldsymbol{a}_i + \dot{\beta}_i(\boldsymbol{k} \times \boldsymbol{b}_i)$$

(4.100)

式中　$\boldsymbol{i},\boldsymbol{j},\boldsymbol{k}$——各个坐标轴 (x,y,z) 的单位方向向量;

　　　$\boldsymbol{a}_i$——各个驱动轴的方向向量,$\boldsymbol{a}_i = (\cos\alpha_i, \sin\alpha_i)^{\mathrm{T}}$。

在 $\boldsymbol{B}_i\boldsymbol{C}_i$ 方向投影,将式(4.100)的左右两边同时点乘 $\boldsymbol{b}_i$,可以消去未知量 $\dot{\beta}_i$,从而得到

$$\dot{\boldsymbol{\rho}}_i = \boldsymbol{J}_{Pi}(\dot{x}_P, \dot{y}_P, \dot{\varphi}_P)^{\mathrm{T}}$$

(4.101)

式中　$\boldsymbol{J}_{Pi} = \dfrac{1}{\boldsymbol{a}_i \cdot \boldsymbol{b}_i}(\boldsymbol{b}_i\ \boldsymbol{e}_i \times \boldsymbol{b}_i)$。

则式(4.101)可以表示为

$$\dot{\boldsymbol{\rho}} = \begin{bmatrix} \dot{\rho}_1 \\ \dot{\rho}_2 \\ \dot{\rho}_3 \end{bmatrix} = \begin{bmatrix} J_{P1} \\ J_{P2} \\ J_{P3} \end{bmatrix} \begin{bmatrix} \dot{x}_P \\ \dot{y}_P \\ \dot{\varphi}_P \end{bmatrix} = \boldsymbol{J}\dot{\boldsymbol{q}}$$

(4.102)

式中　$\boldsymbol{J}$——平面 $3-$PRR 柔顺并联机构速度雅可比矩阵。

2. 机构尺寸参数优化

对于平面并联机构,尺寸参数对机构的工作空间和运动性能的影响是非常

显著的。为了综合出具有较大的运动范围和良好运动特性的机构形式,有必要对机构的尺寸参数进行优化。根据上节对 3－PRR 柔顺并联机构的描述和运动学分析,可选机构的优化变量为

$$X = (R_1, L_l, R_2, \varphi) \tag{4.103}$$

(1) 规则工作空间。

并联机构的可达工作空间是指机构能够运动到的所有位姿状态。对于平面 3－PRR 柔顺并联机构,按照式(4.98)求得的机构可达工作空间形状往往是不规则的,不便于描述和使用。因此在实际应用中,人们往往更关注并联机构的规则工作空间。

由于 3－PRR 柔顺并联机构具有平面内的三个自由度,因此在本节中采用如图4.79 所示的圆柱体来定义 3－PRR 柔顺并联机构的规则工作空间,其中 φ_{max} 表示动平台能够转动的最大角度,半径 R_w 为 3－PRR 柔顺并联机构末端动平台在转角为 $\pm \varphi_{max}$ 时,机构可达工作空间的最大内切圆半径。图 4.79 所示的圆柱体内任意一个点(x, y, φ)所代表的末端动平台位姿均可通过驱动机构中的三个移动副达到。

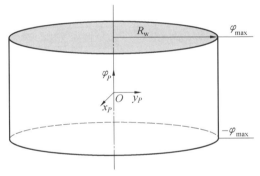

图 4.79　3－PRR 柔顺并联机构规则工作空间示意图

由于无法直接通过式(4.98)直接求取 3－PRR 柔顺并联机构的规则工作空间,只能采用逐点搜索的方式获得离散形式的规则工作空间,对应的搜索流程图如图 4.80 所示。

采用离散化方法对 3－PRR 柔顺并联机构规则工作空间进行求解的具体步骤如下。

① 根据机构的实际运动情况设定驱动电机的最大行程、铰链允许的最大转动角度,动平台转角的最大值 φ_{max}、最小值 φ_{min},并将机构的工作空间离散为如下表达式:

$$\begin{cases} x = r\cos \psi \\ y = r\sin \psi \\ \varphi = \varphi + \Delta\varphi \end{cases} \tag{4.104}$$

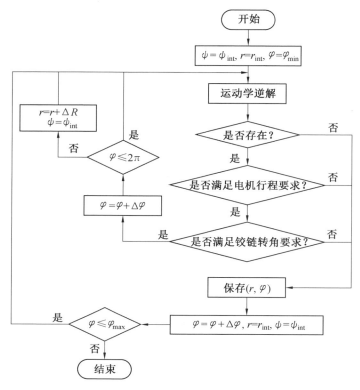

图 4.80　规则工作空间搜索流程图

式中　　(x,y,φ)——机构末端动平台的位姿；

　　　　r——机构规则工作空间的搜索半径；

　　　　ψ——机构末端动平台工作空间搜索点的方位角。

初始时设置 $r_{int} = \psi_{int} = 0$，$\varphi = \varphi_{min}$。

② 根据搜索点 (x,y,φ) 和机构的逆运动学模型，按照式(4.99)计算出各电机的移动量，同时计算各被动关节的转动角度。

③ 判断电机的行程要求和被动转动副的运动范围是否满足。如果以上条件均满足则表示该搜索点 (x,y,φ) 是机构规则工作空间内的点，进入步骤 ④，否则搜索点 (x,y,φ) 不属于机构规则工作空间内的点，进入步骤 ⑤。

④ 固定机构规则工作空间的搜索半径 r，$\psi = \psi + \Delta\psi$ 逐渐扩大搜索点的方位角直至 $\psi = 2\pi$，如果在 $\psi \in [0, 2\pi]$ 范围内的所有搜索点均满足步骤 ③ 中的要求，则扩大搜索半径 $r = r + \Delta r$ 并重置 $\psi = 0$。

⑤ 当前动平台姿态角 φ 下的规则工作空间半径 r 已经找到，记录下此时的 (r, φ)；

⑥ 更新动平台的姿态角 $\varphi = \varphi + \Delta\varphi$，重置 $r = r_{int}$，$\psi = \psi_{int}$，并重复步骤 ② 直至

姿态角 $\varphi = \varphi_{\max}$。

（2）条件数指标。

柔顺并联机构的雅可比矩阵 $\boldsymbol{J}$ 是评价其运动性能的一个重要指标，它反映了机构输出速度到输入速度之间的映射关系。根据式（4.102），对于微小的输入位移偏差 $\Delta\boldsymbol{\rho}$，输出位移偏差 $\Delta\boldsymbol{q}$ 可以表示为

$$\Delta\boldsymbol{q} = \boldsymbol{J}\Delta\boldsymbol{\rho} \tag{4.105}$$

当并联机构的雅可比矩阵条件数 $k = \mathrm{cond}(\boldsymbol{J})$ 较大时，表示雅可比矩阵趋于病态，此时驱动关节上出现任何微小的偏差，都有可能使整个动平台的输出位移出现较大的运动偏差。当雅可比矩阵的条件数趋于无穷大时，并联机器人将会表现出运动奇异。因此在设计并联机器人时通常希望机构雅可比矩阵的条件数越小越好，以尽量远离机构的奇异位形区域。

对于 3 — PRR 柔顺并联机构，由于机构同时具有移动自由度和转动自由度，从而导致机构的雅可比矩阵前两行的单位与最后一行不一致。机构的齐次雅可比矩阵 $\boldsymbol{J}_{\mathrm{m}}$ 可以表示为[123]

$$\boldsymbol{J}_{\mathrm{m}} = \boldsymbol{J}\,\mathrm{diag}\left(1, 1, \frac{1}{R_2}\right) \tag{4.106}$$

式（4.106）表示在 $\boldsymbol{J}_{\mathrm{m}}$ 中选择动平台的外接圆半径作为机构的特征长度。

由于机器人的雅可比矩阵的条件数 k 是一个局部指标，与动平台所处的位置有关，无法反映机器人在整个工作空间内的运动性能。Stoughton 等人[124] 提出了一种全局条件数指标（GCI），用来评价机器人在整个工作空间的运动灵活性，其定义为

$$C_W = \frac{\int_w \frac{1}{k}\,\mathrm{d}W}{W} \tag{4.107}$$

式中　W——机构的工作空间；

　　　C_W——机构条件数在整个工作空间内的平均值。

由于 k 的取值始终大于 1，因而机构的全局条件数 C_W 是一个小于 1 的标量，同时 C_W 的取值越接近 1，则机构的灵巧度越高。

（3）3 — PRR 柔顺关联机构优化模型。

在对 3 — PRR 柔顺并联机构进行尺寸优化时，选取机构的全局条件数指标作为优化目标，同时将机构的规则工作空间作为约束条件，使机构能够具备较大的运动范围。因此 3 — PRR 柔顺并联机构的优化目标表示为

$$f = \max(C_W) \tag{4.108}$$

由于受到机构尺寸和铰链转角范围的限制，在优化过程中机构的约束条件如下：

$$\begin{cases} R_1 \in [50,150] \\ L_1 \in [50,150] \\ R_2 \in [25,100] \\ \varphi_0 \in \left[-\dfrac{\pi}{3}, \dfrac{\pi}{3} \right] \\ \Delta\beta_i \leqslant 15° \\ \Delta\gamma_i \leqslant 15° \end{cases} \qquad (4.109)$$

式中 $\Delta\beta_i, \Delta\gamma_i$ —— 机构中被动关节的转动角度。

为了使 3 - PRR 柔顺并联机构在末端转角为 ±5°时的平动范围能够达到厘米级,还需要满足如下约束条件:

$$R_w \geqslant 10 \qquad (4.110)$$

对于式(4.108)～(4.110)定义的优化问题,采用遗传算法进行求解后,综合出优化后的 3 - PRR 柔顺并联机构的结构参数如表 4.11 所示,此时机构的规则工作空间半径为 $R_w = 10.198$ mm,规则工作空间内的全局条件数为 $C_w = 0.88$。

表 4.11   优化后的 3 - PRR 柔顺并联机构的结构参数

动平台外接圆半径 R_1/mm	静平台外接圆半径 R_2/mm	连接杆尺寸 L_3/mm	动平台初始偏转角 φ_P/(°)
124.3	25	75.77	-46.07

为了清晰地显示优化后的 3 - PRR 柔顺并联机构的性能,在图 4.81 ～ 4.83 中分别绘制了机构在不同姿态角下的可达工作空间、规则工作空间、目标工作空间及机构在规则工作空间内的齐次雅可比矩阵条件数。从图中可以看出,优化得到的机构在姿态角为 $\varphi = 5°$ 时的规则工作空间最小,但是仍然能满足设定的目标工作空间。机构的全局条件数在整个工作空间内都能保持较高的数值,说明机构具有良好的灵活性。

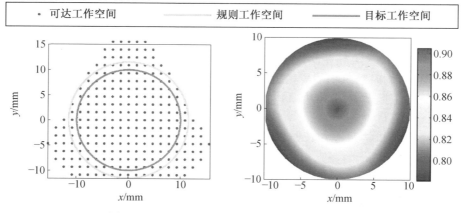

图 4.81 $\varphi = -5°$ 时机构的工作空间及条件数

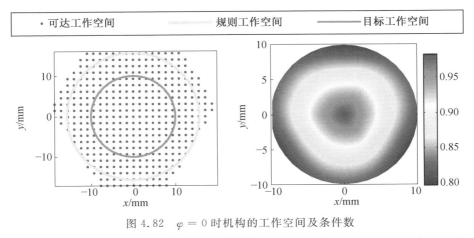

图 4.82　$\varphi = 0$ 时机构的工作空间及条件数

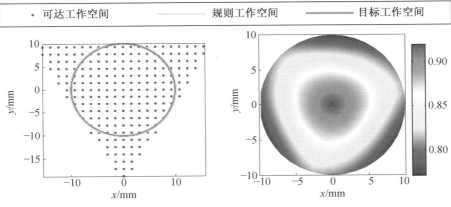

图 4.83　$\varphi = 5°$ 时机构的工作空间及条件数

4.4.3　基于大行程柔性铰链的 3 − PRR 柔顺并联机构系统设计

1.驱动方式的确定

　　为使柔顺并联机构实现高精度的运动,需要为机构选择合适的驱动方式。压电陶瓷是传统柔顺机构中最常用的驱动装置,但是其输出位移一般仅为陶瓷长度的 $0.1\%\sim0.15\%$,很难满足大行程柔顺机构的驱动范围要求。音圈电机是一种基于洛伦兹力的直驱电机,具有结构简单、输出位移大、响应快、力输出特性好等优点,但是音圈电机在使用过程中会产生较多热量,从而影响电机的运行参数,降低柔顺机构的长时间稳定性。与前两种驱动方式不同,超声电机不仅具有运动行程大、定位精度高、响应速度快、无电磁辐射等优点,更重要的是超声电机具有断电自锁特性,机构调整到给定位姿后即可断电,不需要消耗能量,有利于提高机构的长时间稳定性。

因此本节设计的大行程柔顺并联机构中,选择以色列 Nanomotion 公司的 HR8 型直线超声电机(LUSM)作为系统的驱动装置。HR8 型超声电机是一种行波式直线驱动器,它并不能直接驱动滑台移动,需要通过直线导轨将电机的高频振动转化为直线运动。为了提高电机的运动精度在滑块上安装有直线光栅(雷尼绍 RGH24O,10 nm 分辨率)用来实现电机的闭环控制。直线超声电机位移平台如图 4.84 所示。

图 4.84　直线超声电机位移平台

1— 直线超声电机;2— 直线导轨;3— 光栅位移传感器;4— 滑台

2. 平台位姿测量方式

为了测量柔顺机构末端动平台的位姿,将一个长方体形的目标块固定在机构的动平台上,使用激光位移传感器(Laser Displacement Sensors,LDS)进行非接触式测量。由于平面 3 — PRR 柔顺并联机构具有 3 个自由度,需要至少 3 个 LDS 才能同时测量末端动平台的平动和转动。动平台位姿测量示意图如图 4.85 所示,其中 LDS—1(Keyence H050,测量范围为 ±10 mm,分辨率为 25 nm)布置在竖直方向上,LDS—2 和 LDS—3(Keyence H020,测量范围为 ±3 mm,分辨率为 1 nm)布置在水平方向上。则动平台的末端位姿可以表示为

$$\begin{cases} \begin{bmatrix} x_p \\ y_p \end{bmatrix} = \begin{bmatrix} x_{A1} \\ y_{A1} \end{bmatrix} - \mathbf{Rot}(\varphi_P) \begin{bmatrix} L_1/2 \\ L_2/2 \end{bmatrix} \\ \varphi_P = \arctan\left(\dfrac{2L_3}{d_3 - d_2}\right) + \dfrac{\pi}{2} \end{cases} \tag{4.111}$$

式中　d_2,d_3 —— 对应传感器测得的位移;

　　L_1,L_2 —— 目标块的几何参数;

　　x_{A1},y_{A1} ——A_1 点的坐标值,可以表示为

$$\begin{cases} x_{A1} = \dfrac{2L_3^2(L_1 - d_2 - d_3) + L_3(L_2 - 2d_1)(d_3 - d_2)}{4L_3^2 + (d_3 - d_2)^2} \\[3mm] y_{A1} = \dfrac{2L_3^2(L_2 - 2d_1) + L_3(d_3^2 - d_2^2 - d_3 L_1 + d_2 L_1)}{4L_3^2 + (d_3 - d_2)^2} \end{cases} \tag{4.112}$$

式中　　$2L_3$——传感器 LDS－2 和 LDS－3 之间距离的一半；

　　　　d_1——LDS－1 传感器测得的位移。

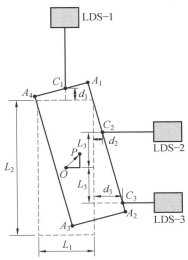

图 4.85　动平台位姿测量示意图

3. 柔顺并联机构设计

　　根据关节置换法,将传统刚性 3－PRR 并联机构中被动转动关节替换为变厚度交叉簧片柔性铰链可以得到如图 4.86 所示的基于变厚度交叉簧片柔性铰链的 3－PRR 柔顺并联机构(VTFP－3PRR),其中变厚度交叉簧片柔性铰链的设计转动中心与刚性 3－PRR 并联机构中的转动关节的转动中心重合,且初始时柔性铰链的转角为零,铰链的轴向方向与被动杆 BC 的初始方向重合。同时,为了使机构支链的结构形式更加对称,将同一支链上的两个变厚度柔性铰链反向布置以提高机构的运动性能。

　　类似地,将传统刚性 3－PRR 并联机构中的转动副替换为优化后的 AEP 超弹性柔性铰链,可以得到基于超弹性柔性铰链的大行程柔顺并联机构(SEFH－3PRR)。图 4.87 所示为基于超弹性柔性铰链的 3－PRR 柔顺并联机构,其中 AEP 超弹性柔性铰链的转动中心放置在刚性 3－PRR 并联机构的被动转动关节 B_i 和 C_i 处,同时同一支链两端的两个超弹性柔性铰链反向布置。

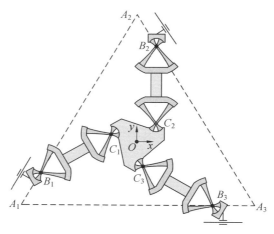

图 4.86　基于变厚度交叉簧片柔性铰链的 3－PRR 柔顺并联机构

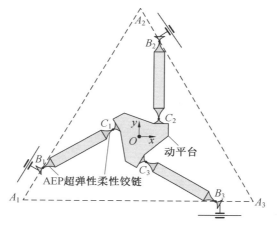

图 4.87　基于超弹性柔性铰链的 3－PRR 柔顺并联机构

　　根据 4.4.2 节中优化得到大行程柔性铰链的结构参数(表 4.7 和表 4.9)以及 3－PRR 柔顺并联机构的构型参数(表 4.11),分别设计并搭建了如图 4.88(a)所示的 VTFP－3PRR 大行程柔顺并联机构和图 4.88(b)所示的 SEFH－3PRR 大行程柔顺并联机构。

4. 控制系统的设计

　　为了实现大行程柔顺并联机构的运动控制,本节采用 MATLAB xPC target 工具箱来构建大行程柔顺并联机构的实时控制系统。xPC target 工具箱是 Mathworks 公司为 Simulink 开发的一个基于 RTW 体系框架的仿真平台,可将任何 PC 兼容机转换成一个实时系统[125-127]。xPC target 采用了宿主机—目标机 (host PC—target PC)的双机"模式",在宿主机中建立的基于 Simulink 的算法模

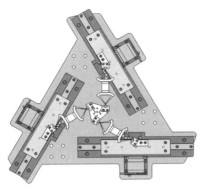
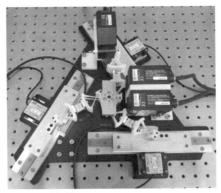

(a) VTFP-3PRR大行程柔顺并联机构

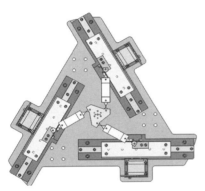
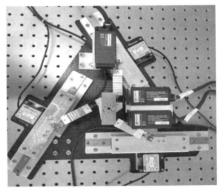

(b) SEFH-3PRR大行程柔顺并联机构

图 4.88　大行程柔顺并联机构的结构设计

型通过该工具箱可以自动转换为在目标机上执行的 C 代码。另外在 xPC target 工具箱中还提供了目标机与 NI 数据采集卡的通信接口，可以非常方便地进行数据的采集和转换，进而实现对柔顺机构运动的控制和传感器数据的采集。

直线超声电机运动平台的硬件连接图如图 4.89 所示，指令信号通过目标机上 PCI 6221 的 D/A（数/模转换）通道转换成电压信号传递给 HR8 的驱动器 Nanomotion AB1A，使超声电机的振子产生高频振动，带动直线滑台平移。滑台的位置信息由直线光栅编码器（RGH24O）进行记录并通过计数器 PCI 6602 输入到目标机中。

VTFP-3PRR 柔顺并联机构的完整架构图如图 4.90 所示，目标机上的多功能卡 PCI 6229 和计数器 PCI 6602 分别与三个直线运动平台的驱动器和直线编码器相连，同时激光位移传感器测得的机构动平台的位姿通过 PCI 6229 的 ADC（模/数转换）通道反馈到目标机中。在 SEFH-3PRR 柔顺并联机构中也采用了相同的控制架构。

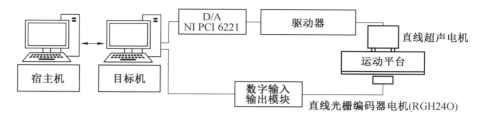

图 4.89　直线超声电机运动平台的硬件连接图

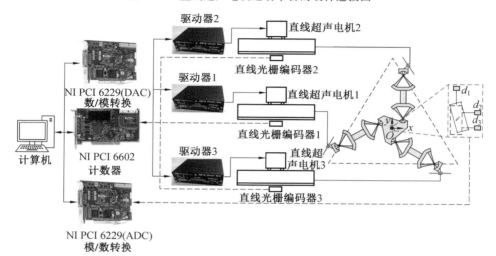

图 4.90　VTFP－3PRR 柔顺并联机构的完整架构图

4.4.4　柔顺并联机构的逆运动学模型

1. VTFP－3PRR 柔顺并联机构逆运动学

变厚度交叉簧片柔性铰链是一种分布式柔度柔性铰链,弹性元件的变形必然会导致柔性铰链发生中心偏移,从而引入不必要的传动误差。机构的刚性逆运动学模型并未考虑这一因素的影响,因此并不能精确地将机构末端动平台运动到给定的位姿,需要建立考虑铰链中心偏移的 VTFP－3PRR 柔顺并联机构的柔性逆运动学模型才能解决此问题。

由于 VTFP－3PRR 的三条运动支链完全相同,现取其中一条支链进行受力分析,如图 4.91 所示。

动平台上 G_i 点在全局坐标系下的坐标为

$$\begin{bmatrix} x_{Gi}^m \\ y_{Gi}^m \end{bmatrix} = \begin{bmatrix} x_P \\ y_P \end{bmatrix} + \mathbf{Rot}(\varphi_P) \begin{bmatrix} x_{Gi0} \\ y_{Gi0} \end{bmatrix} \tag{4.113}$$

式中　x_{Gi0}，y_{Gi0}——G_i 点初始时刻在全局坐标系下的坐标。

D_i 点在全局坐标系下的坐标为

$$\begin{bmatrix} x_{Di} \\ y_{Di} \end{bmatrix} = \begin{bmatrix} x_{Di0} \\ y_{Di0} \end{bmatrix} + \rho_i \begin{bmatrix} \cos \alpha_i \\ \sin \alpha_i \end{bmatrix} \tag{4.114}$$

式中　x_{Di0}，y_{Di0}——D_i 点初始时刻在全局坐标系下的坐标。

在局部坐标系 $D_i xy$ 中，G_i 点的坐标可以表示为

$$\begin{bmatrix} x_{Gi}^{D} \\ y_{Gi}^{D} \end{bmatrix} = \begin{bmatrix} x_{t1i} \\ y_{t1i} \end{bmatrix} + l_i \begin{bmatrix} \cos \theta_{t1i} \\ \sin \theta_{t1i} \end{bmatrix} + \mathbf{Rot}(\theta_{t2i}) \begin{bmatrix} x_{t2i} \\ y_{t2i} \end{bmatrix} \tag{4.115}$$

式中　x_{t1i}，y_{t1i}，θ_{t1i}——柔性铰链 P_{1i} 在局部坐标系中的位移和转角；

　　　x_{t2i}，y_{t2i}，θ_{t2i}——柔性铰链 P_{2i} 在局部坐标系中的位移和转角。

连接杆 $E_i F_i$ 的长度 l_i 可以表示为

$$l_i = L_i - L\cos \beta \tag{4.116}$$

同理，支链上 E_i 和 G_i 的坐标可以表示为

$$\begin{bmatrix} x_{Ei} \\ y_{Ei} \end{bmatrix} = \begin{bmatrix} x_{Di} \\ y_{Di} \end{bmatrix} + \mathbf{Rot}(\gamma_i) \begin{bmatrix} x_{t1i} \\ y_{t1i} \end{bmatrix} \tag{4.117}$$

$$\begin{bmatrix} x_{Gi} \\ y_{Gi} \end{bmatrix} = \begin{bmatrix} x_{Di} \\ y_{Di} \end{bmatrix} + \mathbf{Rot}(\gamma_i) \begin{bmatrix} x_{Gi}^{D} \\ y_{Gi}^{D} \end{bmatrix} \tag{4.118}$$

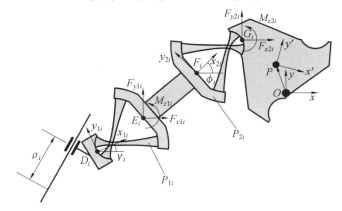

图 4.91　VTFP－3PRR 的支链受力分析

显然，根据机构的闭链方程，两个方程求得的 G_i 点坐标相等，即

$$\begin{cases} x_{Gi}^{m} - x_{Gi} = 0 \\ y_{Gi}^{m} - y_{Gi} = 0 \\ \varphi_P - \theta_{t1i} - \theta_{t2i} = 0 \end{cases} \tag{4.119}$$

式（4.119）是非线性方程组，里面含有未知量 $(x_{t1i}, y_{t1i}, \theta_{t1i})^{\mathrm{T}}$ 和 $(x_{t2i}, y_{t2i}, \theta_{t2i})^{\mathrm{T}}$。为了求解它们，需要引入中间变量 $F_{1i} = (F_{x1i}, F_{y1i}, M_{z1i})$ 和

$F_{2i}=(F_{x2i},F_{y2i},M_{z2i})$ 来表示作用在对应柔性铰链上的内力。

根据单个支链的静力平衡方程,F_{2i} 可以用 F_{1i} 表示为

$$\begin{bmatrix} F_{x2i} \\ F_{y2i} \\ M_{z2i} \end{bmatrix} = \begin{bmatrix} 1 & 0 & 0 \\ 0 & 1 & 0 \\ (y_{Gi}-y_{Ei}) & -(x_{Gi}-x_{Ei}) & 1 \end{bmatrix} \begin{bmatrix} F_{x1i} \\ F_{y1i} \\ M_{z1i} \end{bmatrix} \tag{4.120}$$

根据 4.2 节中的载荷 — 位移关系,柔性铰链 P_{1i} 的变形可以由下式求得

$$(x_{t1i},y_{t1i},\theta_{t1i})=\Gamma(P_{P1i},V_{P1i},M_{P1i}) \tag{4.121}$$

式中 P_{P1i},V_{P1i},M_{P1i} ——局部坐标系 D_ixy 中作用在柔性铰链上的轴向力、横向力和末端扭矩,它们可以通过下式求得

$$\begin{bmatrix} P_{P1i} \\ V_{P1i} \\ M_{P1i} \end{bmatrix} = \begin{bmatrix} \cos\gamma_i & -\sin\gamma_i & 0 \\ \sin\gamma_i & \cos\gamma_i & 0 \\ 0 & 0 & 1 \end{bmatrix} \begin{bmatrix} F_{x1i} \\ F_{y1i} \\ M_{z1i} \end{bmatrix} \tag{4.122}$$

同样地,柔性铰链 P_{2i} 的变形可以由下式求得

$$(x_{t2i},y_{t2i},\theta_{t2i})=\Gamma(P_{P2i},V_{P2i},M_{P2i}) \tag{4.123}$$

式中 P_{P2i},V_{P2i},M_{P2i} ——局部坐标系 G_ixy 中作用在柔性铰链上的轴向力、横向力和末端扭矩,它们可以通过下式求得

$$\begin{bmatrix} P_{P2i} \\ V_{P2i} \\ M_{P2i} \end{bmatrix} = \begin{bmatrix} \cos(\gamma_i+\theta_{t1i}) & -\sin(\gamma_i+\theta_{t1i}) & 0 \\ \sin(\gamma_i+\theta_{t1i}) & \cos(\gamma_i+\theta_{t1i}) & 0 \\ 0 & 0 & 1 \end{bmatrix} \begin{bmatrix} F_{x2i} \\ F_{y2i} \\ M_{z2i} \end{bmatrix} \tag{4.124}$$

根据整个 3 — PRR 柔顺并联机构的静力平衡方程,可以得到

$$\begin{cases} \sum_{i=1}^{3} F_{x1i}=0 \\ \sum_{i=1}^{3} F_{y1i}=0 \\ \sum_{i=1}^{3} M_{z1i}+\sum_{i=1}^{3}(F_{x1i}(y_P-y_{Ei})-F_{y1i}(x_P-x_{Ei}))=0 \end{cases} \tag{4.125}$$

通过联立柔顺并联机构的连续性方程式(4.119)、铰链变形方程式(4.121)和动平台的力平衡方程式(4.125)可以建立 VTFP—3PRR 大行程柔顺并联机构的非线性运动学模型。式(4.119)和式(4.125)组成的方程组共包含 12 个方程和 12 个未知数($\rho_i,F_{1i}=(F_{x1i},F_{y1i},M_{z1i})$),因此方程组封闭,可以用 MATLAB 进行数值求解。

图 4.92 所示为 VTFP—3PRR 柔顺并联机构柔性逆运动学模型验证流程。为了验证 VTFP—3PRR 柔顺并联机构柔性逆运动学模型的准确性,指定一条同时包含平动和转动的机构动平台的轨迹如图 4.93 和图 4.94 所示,其中机构的平

动为椭圆轨迹,椭圆的长半轴长度为 $a=9.5$ mm,短半轴长度为 $b=2$ mm;平台转动的轨迹是幅值为 $\varphi_{\max}=4°$ 的正弦曲线,设定机构完成上述轨迹的时间为 $T=60$ s,复合轨迹的表达式如下:

$$\begin{cases} x(t)=a\cos\left(\dfrac{2\pi}{T}t\right) \\[2mm] y(t)=b\sin\left(\dfrac{2\pi}{T}t\right) \\[2mm] \varphi(t)=\varphi_{\max}\sin\left(\dfrac{2\pi}{T}t\right) \end{cases} \qquad (4.126)$$

分别采用柔性逆运动学模型(CIKM)和刚性逆运动学模型(IKM)计算机构在完成给定轨迹时的输入位移 ρ_i。然后在有限元软件 Abaqus 中建立机构的分析模型,将上述模型计算出的 ρ_i 作为有限元仿真模型中的驱动位移,得到的机构动平台的轨迹与给定的轨迹之间的偏差可以反映出逆运动学模型的准确性。具体的执行流程如图 4.92 所示。

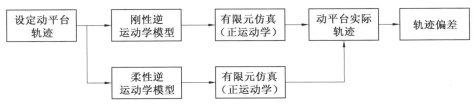

图 4.92　VTFP－3PRR 柔顺并联机构柔性逆运动学模型验证流程

采用两种模型得到的机构动平台轨迹偏差曲线分别如图 4.95 和图 4.96 所示,从图 4.95 中可以看出,采用柔性逆运动学模型计算得到的驱动位移引起的最大平动误差分别为 $\Delta x=0.74$ μm 和 $\Delta y=1.82$ μm,最大转动偏差为 $0.007\ 6°$。对于刚性逆运动学模型,由于没有考虑变厚度交叉簧片柔性铰链在运动过程中的中心偏移引起的寄生运动,导致机构末端产生的偏差远大于柔性逆运动学模型。由图 4.96 可以看出,平台的最大平动误差分别为 $\Delta x=38.65$ μm 和 $\Delta y=51.13$ μm,最大转动偏差为 $0.073°$。上述分析结果表明,采用柔性逆运动学模型可以使机构末端的平动轨迹预测精度提高 28 倍以上,转动预测精度提高了接近 10 倍,充分说明了柔性逆运动学模型在提高机构末端位姿精度方面的优势。

另外,由于柔性逆运动学模型求解过程中需要用到变厚度交叉簧片柔性铰链的变形模型,同时机构的变形计算中也包含有非线性方程组,因此柔性逆运动学模型的计算复杂度较高,无法满足机构轨迹控制的实时性要求。为了克服这一缺点,本节采用了 RBF(径向基)神经网络模型对机构的柔性逆运动学模型进行逼近。经过训练后的神经网络模型的输出与机构柔性逆运动学模型的计算结果对比如图 4.95 所示,从图中可以看出,神经网络模型的输出基本与柔性逆运动学模型的结果一致,具有较高的拟合精度。因此在进行机构的轨迹控制时,可以采用训练后的神经网络模型代替柔性逆运动学模型。

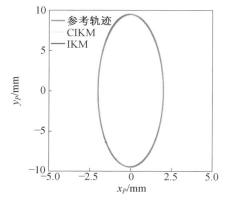

图 4.93　动平台的平动轨迹(彩图见附录)

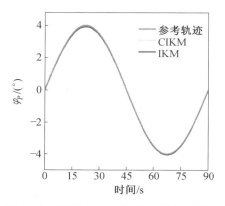

图 4.94　动平台的转动轨迹(彩图见附录)

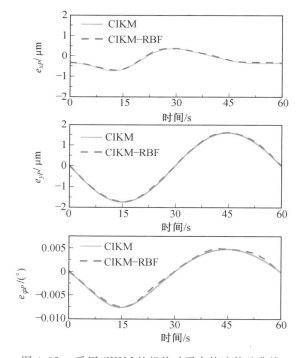

图 4.95　采用 CIKM 的机构动平台轨迹偏差曲线

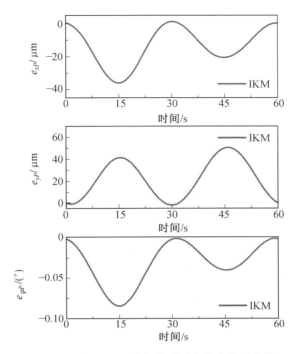

图 4.96　采用 IKM 的机构动平台轨迹偏差曲线

2. SEFH－3PRR 柔顺并联机构逆运动学

尽管可以采用与 VTFP－3PRR 柔顺并联机构柔性逆运动学模型类似的求解思路,通过联立柔顺并联机构的位移约束方程式(4.119)、力平衡方程式(4.125)和超弹性柔性铰链的变形方程来建立 SEFH－3PRR 柔顺并联机构的柔性逆运动学模型。然而,仿真时发现采用刚性逆运动学模型得到的 SEFH－3PRR 柔顺并联机构的误差并不十分显著。设定 SEFH－3PRR 柔顺并联机构的动平台按式(4.126)所示的轨迹运动,将刚性逆运动学模型的计算结果代入到 SEFH－3PRR 的有限元模型中,可以得到 IKM 计算 SEFH－3PRR 柔顺并联机构的轨迹偏差如图 4.97 所示。

机构在运动过程中,由于刚性逆运动学模型引起的最大平动误差分别为 $\Delta x = 2.76~\mu m$ 和 $\Delta y = 6.26~\mu m$,最大转动偏差为 $0.001~1°$。可以看出,运动偏差远小于 VTFP－3PRR 柔顺并联机构采用刚性逆运动学模型时的偏差。这主要是因为超弹性柔性铰链的平均中心偏移和中心偏移变动量都远低于变厚度交叉簧片柔性铰链。考虑到 SEFH－3PRR 柔顺并联机构刚性逆运动学模型的简便性,因此在对 SEFH－3PRR 柔顺并联机构进行轨迹控制时可以直接采用机构的刚性逆运动学模型。

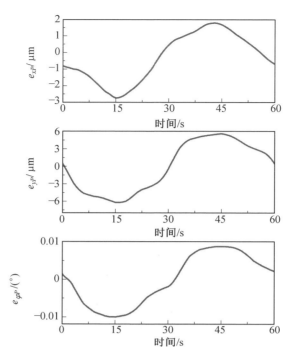

图 4.97　IKM 计算 SEFH－3PRR 柔顺并联机构的轨迹偏差

4.4.5　结语

本节首先采用 NSGA－Ⅱ 算法分别对两种大行程柔性铰链进行了多目标优化，使柔性铰链在转角范围大于 $15°$ 的前提下，获得相对最优的综合运动性能。同时以规则工作空间内的全局条件数为指标对 3－PRR 柔顺并联机构的构型参数进行了优化。利用优化后得到的大行程柔性铰链和 3－PRR 柔顺并联机构构型参数，采用关节置换的方式分别建立以这两种柔性铰链为转动关节的平面 3－PRR 柔顺并联机构的样机（VTFP－3PRR 和 SEFH－3PRR）。所设计的柔顺并联机构的规则工作空间在末端动平台转角达到 $±5°$ 时可以覆盖直径为 $20\ \mathrm{mm}$ 的圆域，大幅提高了柔顺并联机构的运动范围。为了消除变厚度交叉簧片柔性铰链的平均中心偏移对 VTFP－3PRR 柔顺并联机构运动性能的影响，根据 VTFP－3PRR 运动后的力位耦合关系建立了考虑铰链运动误差的柔性逆运动学模型，提高了机构末端动平台的位姿预测精度。

4.5　大行程 3 - PRR 柔顺并联机构轨迹跟踪控制

大行程柔性铰链的设计大幅提高了柔性铰链的转动范围,从而扩大了柔顺并联机构的工作空间。但是为了实现大范围、高精度的运动,驱动装置的精度是机构运动性能的重要保障。由于本节所设计的柔顺并联机构采用直线超声电机位移平台进行驱动,电机与滑台之间受到摩擦和死区等非线性因素的作用,降低了位移平台的轨迹跟踪精度。因此,本节提出一种基于有限时间扰动观测器的积分滑模控制算法(FTDO — ISMC)对位移平台中的非线性扰动进行抑制。通过对直线位移平台的精确控制测试大行程柔顺并联机构的分辨率和重复定位精度。虽然建立柔顺并联机构精确的逆运动学模型能够消除机构中柔性铰链平均中心偏移导致的机构末端运动误差,但是实际的大行程柔顺并联机构在运动过程中还会受到机构的制造和装配误差、系统外扰动等不确定因素的影响,不利于柔顺并联机构轨迹跟踪精度的提高。为此,本节采用径向基(RBF)神经网络对大行程 3 - PRR 柔顺并联机构的模型失配(机构的制造和装配误差)进行在线学习,通过设计 DOB 对系统的不确定外扰进行辨识和补偿,提出了一种基于扰动观测的逆运动学控制方案(DOB - IKM),并在 VTFP - 3PRR 和 SEFH - 3PRR 柔顺并联机构上进行轨迹跟踪实验。

4.5.1　直线超声电机位移平台的轨迹控制

直线超声电机是一种基于摩擦传动的电机,其工作原理与常规的电磁电机有很大的区别,它主要依靠压电陶瓷振子的高频振动来推动滑台移动。本节采用的 HR8 型直线超声电机的结构示意图如图 4.98 所示,电机的主要部件是一个长方形的压电陶瓷单元。在压电陶瓷单元的两侧均安装有高刚度的支撑弹簧以约束陶瓷单元的横向运动。在压电陶瓷单元的底部设有一个预载弹簧使超声电机的振子始终与滑台接触。压电陶瓷单元的正面对称粘贴有四个电极(A, A′, B, B′),其中位于对角线上的两个电极相互短接。陶瓷单元的背面是一个单独的陶瓷片,陶瓷片直接接地。外界指令通过超声电机的驱动器后转换成频率为 39.6 kHz 的正弦驱动波,信号的幅值与输入电压的大小成正比。

当这个驱动电压施加到电极 A(或者电极 B)上后同时激发起陶瓷单元的纵向和横向弯曲模态,使电机的振子产生微小的椭圆形运动,从而拨动滑台运动。由于驱动波形的频率极高,因此在宏观上可以认为超声电机的运动是连续的。另外,为了在滑台和超声电机振子之间提高合适的摩擦力也避免电机振子磨损,在超声电机与动平台之间粘贴有陶瓷片。根据电机手册,直线超声电机位移平

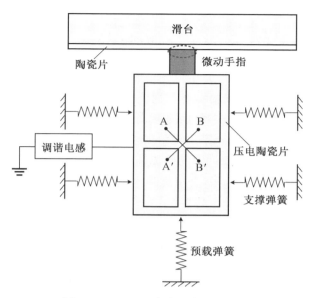

图 4.98　HR8 型直线超声电机的结构示意图

台可以等效为一个二阶弹簧质量阻尼系统[128-130]，系统的动态方程可以表示为

$$M\ddot{x} + C\dot{x} + Kx = Bu + D(x,\dot{x}) \tag{4.127}$$

式中　$x,\dot{x},\ddot{x}$——直线位移平台的输出位移、速度和加速度；

　　　　M,C,K——系统的等效质量、等效阻尼和等效刚度；

　　　　u——输入的指令电压信号；

　　　　B——直线超声电机的名义电压－输出力系数；

　　　　$D(x,\dot{x})$——系统的总扰动，包含系统未建模的动态、死区和扰动等。

为了便于控制器的设计，可以将系统动态方程式(4.127)改写为

$$\ddot{x} = bu + c\dot{x} + kx + d(x,\dot{x}) \tag{4.128}$$

式中　b,c,k——系统参数，$b = \dfrac{B}{M}$，$c = -\dfrac{C}{M}$，$k = -\dfrac{K}{M}$；

　　　　$d(x,\dot{x})$——系统的总扰动，$d(x,\dot{x}) = \dfrac{D(x,\dot{x})}{M}$。

对于实际的直线位移平台，外界扰动 $d(x,\dot{x})$ 通常是时变且有界的，即存在一个正常数 d_N 使得 $\parallel d(x,\dot{x}) \parallel < d_N$。

直线超声电机位移平台轨迹跟踪控制器设计的目的，就是找到控制输入 u 使滑台的输出位移 x 在系统中存在未知死区和扰动的情况下，尽可能准确地跟踪给定的参考信号 x_d。滑模控制器具有算法简单、响应快速以及良好鲁棒性的优点，在机器人系统和工业控制领域有着广泛的应用[131-133]。为了提高直线超声电

机位移平台的轨迹跟踪精度和抗干扰能力,本节提出了一种基于有限时间扰动观测的积分滑模控制算法(FTDO－ISMC)来对直线超声电机位移平台进行闭环轨迹跟踪控制。

1. 基于有限时间扰动观测的积分滑模控制

滑模面的选择是设计滑模控制器的首要步骤,为了消除滑模控制器的接近阶段,使控制器在全程都能保持鲁棒性,本节选择如下形式的有限时间积分滑模面[134]:

$$s = \dot{e} + \int_0^t \left(k_1 \, |e|^{\alpha_1} \, \text{sgn}(e) + k_2 \, |\dot{e}|^{\alpha_2} \, \text{sgn}(\dot{e}) \right) \, dt \tag{4.129}$$

式中　e——直线位移平台的轨迹跟踪误差,$e = x - x_d$;

　　　$\text{sgn}(\cdot)$——符号函数;

　　　k_1, k_2——控制参数,且满足 $k_1 > 0, k_2 > 0$。

同时,多项式 $p^2 + k_2 p + k_1$ 是 Hurwitz 多项式,系数 α_1 和 α_2 由下式确定:

$$\begin{cases} \alpha_1 = \dfrac{\alpha_2 \alpha_3}{2\alpha_3 - \alpha_2} \\ \alpha_2 = \alpha \end{cases} \tag{4.130}$$

式中　α——系数,$\alpha \in (1-\varepsilon, 1), \alpha_3 = 1$ 且 $\varepsilon \in (0,1)$。

为了提高系统的收敛速度,选择如下形式的快速滑模接近律,取

$$\dot{s} = -k_3 s - k_4 \, |s|^\gamma \, \text{sgn}(s) \tag{4.131}$$

式中　k_3, k_4——控制参数,$k_3 > 0, k_4 > 0, 0 < \gamma < 1$。

根据滑模控制器的设计方法,对于系统式(4.128),取积分滑模面为式(4.129)和接近律式(4.131),系统的控制量 u 可以设计为

$$u = -\frac{1}{b} \big[c\dot{x} - \ddot{x}_d + k_1 \, |e|^{\alpha_1} \, \text{sgn}(e) + k_2 \, |\dot{e}|^{\alpha_2} \, \text{sgn}(\dot{e})$$
$$+ k_3 s + k_4 \, |s|^\gamma \, \text{sgn}(s) + d(x, \dot{x}) \big] \tag{4.132}$$

但是,在上述控制算法中由于系统的扰动量 $d(x, \dot{x})$ 未知,因而控制律式(4.132)无法在实际系统中直接使用。为了解决这个问题,在传统的积分滑模控制算法中,通常采用滑模面的符号函数 $\text{sgn}(s)$ 来观测系统的扰动量,此时的控制律可以表示为

$$u = -\frac{1}{b} \big[c\dot{x} - \ddot{x}_d + k_1 \, |e|^{\alpha_1} \, \text{sgn}(e) + k_2 \, |\dot{e}|^{\alpha_2} \, \text{sgn}(\dot{e})$$
$$+ \alpha s + \beta \, |s|^\gamma \, \text{sgn}(s) + \eta \, \text{sgn}(s) \big] \tag{4.133}$$

根据 Lyapunov 方法可以很容易证明,当 $\eta > d_N$ 时控制算法是稳定的,同时系统的轨迹跟踪误差将收敛到零。

需要指出的是,控制律式(4.133)中的控制增益 η 需要根据系统总扰动量的

上界 d_N 来确定。但是,实际系统中扰动的大小 d_N 是无法预知的,因此通常会根据经验选择一个较大的 η 值,但是这会降低系统的稳定性。 另外,符号函数 $\text{sgn}(\cdot)$ 的不连续性,会导致系统颤振并激起系统的高频动态使系统发散。为了消除控制律式(4.133)引起的颤振,常规的做法是采用饱和函数 $\text{sat}(\cdot)$ 来代替符号函数,即

$$\text{sat}\left(\frac{x}{\varphi}\right) = \begin{cases} x & \left(\left|\dfrac{x}{\varphi}\right| < 1\right) \\ \text{sgn}\left(\dfrac{x}{\varphi}\right) & \left(\left|\dfrac{x}{\varphi}\right| \geqslant 1\right) \end{cases} \tag{4.134}$$

但是,饱和函数的引入降低了系统的鲁棒性和轨迹跟踪精度。

由式(4.132)可知,如果能找到一种方法在线辨识出系统的总扰动量 $d(x, \dot{x})$,则可以完全消除符号函数造成的不良影响。 有限时间扰动观测器 (Finite Time Disturbance Observer,FTDO)是一种时域扰动观测方法,最早由 Yuri B. Shtessel[136] 提出。FTDO 的主要设计思想是根据对象的输入输出信息对系统状态变量和干扰进行在线估计,提高控制器的抗干扰能力。

根据直线超声电机位移平台的系统特性,选择二阶 FTDO 来对系统的状态变量和总扰动进行观察:

$$\begin{cases} \dot{z}_0 = v_0 + c\dot{x} + bu \\ v_0 = -\lambda_0 \mid z_0 - \dot{x} \mid^{2/3} \text{sgn}(z_0 - \dot{x}) + z_1 \\ \dot{z}_1 = v_1 \\ v_1 = -\lambda_1 \mid z_1 - v_0 \mid^{1/2} \text{sgn}(z_1 - v_0) + z_2 \\ \dot{z}_1 = v_2 \\ v_2 = -\lambda_2 \text{sgn}(z_2 - v_1) \\ \hat{\ddot{x}} = z_0, \quad \hat{d} = z_1, \quad \hat{\dot{d}} = z_2 \end{cases} \tag{4.135}$$

式中　　λ_i —— 待设计的观测系数,$\lambda_i > 0$ $(i = 0, 1, 2)$;

　　　　$\hat{\dot{x}}$ —— 系统状态 $\dot{x}$ 的估计;

　　　　$\hat{d}$ —— 系统扰动 d 的估计;

　　　　$\hat{\dot{d}}$ —— 估计得到的系统总扰动的微分。

通过联立式(4.128)和式(4.135)可以得到 FTDO 的观测误差 $\varepsilon_i = z_i - x_i$ 满足

$$\begin{cases} \dot{\varepsilon}_0 = -\lambda_0 \mid \varepsilon_0 \mid^{2/3} \mathrm{sgn}(\varepsilon_0) + \varepsilon_1 \\ \dot{\varepsilon}_1 = -\lambda_1 \mid \varepsilon_1 - \dot{\varepsilon}_0 \mid^{1/2} \mathrm{sgn}(\varepsilon_1 - \dot{\varepsilon}_0) + \varepsilon_2 \\ \dot{\varepsilon}_2 \in -\lambda_2 \mathrm{sgn}(\varepsilon_2 - \dot{\varepsilon}_1) + [-L, L] \end{cases} \tag{4.136}$$

通过选择合适的观测增益 λ_i，系统的观测误差可以在有限时间内收敛到零。关于 FTDO 观测器的稳定性证明和有限时间收敛性证明可以参考文献 [135]。为了简化控制器的设计，这里不再赘述。假设经过有限时间 t_f 后，系统的扰动观测误差为零，即 $\varepsilon_i(t) = 0$。

将观测得到的系统状态 (z_1, z_2) 和系统总扰动 (z_3) 代入到式 (4.132) 中，则系统控制律可以表示为

$$u = -\frac{1}{b}[kx + c\dot{x} - \ddot{x}_d + k_1 \mid e \mid^{a_1} \mathrm{sgn}(e) + k_2 \mid \dot{e} \mid^{a_2} \mathrm{sgn}(\dot{e})$$
$$+ k_3 s + k_4 \mid s \mid^\gamma \mathrm{sgn}(s) + z_3] \tag{4.137}$$

为了证明控制算法式 (4.137) 的有限时间收敛性，需要引入下面两个引理。

引理 1[137]　若连续正定函数 $V(t)$ 满足

$$V(t) \leqslant -\mu_1 V(t) - \mu_2 V^\beta(t) \tag{4.138}$$

式中　$\mu_1 > 0$，$\mu_2 > 0$，$0 < \beta < 1$。

则 $V(t)$ 将在有限时间内收敛到零点。

引理 2[138]　对于如下形式的积分器串联型系统，有

$$\dot{y}_1 = y_2, \cdots, \dot{y}_{r-1} = y_r, \dot{y}_r = u \tag{4.139}$$

如果 $k_1, k_2, \cdots, k_r > 0$ 且多项式 $p^r + k_r p^{r-1} + \cdots + k_2 p + k_1$ 是 Hurwitz 多项式，则使系统有限时间稳定的控制律为

$$u = -k_1 \mid y_1 \mid^{a_1} \mathrm{sgn}(y_1) - \cdots - k_r \mid y_r \mid^{a_r} \mathrm{sgn}(y_r) \tag{4.140}$$

式中　α_i——控制参数，满足

$$\begin{cases} \alpha_{i-1} = \dfrac{\alpha_i \alpha_{i+1}}{2\alpha_{i+1} - \alpha_i} \quad (i = 2, 3, \cdots, r) \\ \alpha_{r+1} = 1 \quad (\alpha \in (1-\varepsilon, 1), \varepsilon \in (0, 1)) \end{cases} \tag{4.141}$$

对于存在不确定扰动的二阶系统式 (4.128)，取有限时间积分滑模面式 (4.129) 和快速接近律式 (4.131)，如果系统的控制律采用式 (4.137)，则系统的轨迹跟踪误差将在有限时间内收敛到零。

证明　令滑模面式 (4.129) 对时间 t 求导，可得

$$\dot{s} = \ddot{x} - \ddot{x}_d + k_1 \mid e \mid^{a_1} \mathrm{sgn}(e) + k_2 \mid \dot{e} \mid^{a_2} \mathrm{sgn}(\dot{e}) \tag{4.142}$$

将式 (4.128) 和控制律式 (4.137) 代入到式 (4.142) 中可以得到

$$\dot{s} = bu + kx + c\dot{x} + d(x, \dot{x}) - \ddot{x}_d + k_1 \mid e \mid^{a_1} \mathrm{sgn}(e) + k_2 \mid \dot{e} \mid^{a_2} \mathrm{sgn}(\dot{e})$$
$$= d(x, \dot{x}) - z_3 - k_3 s - k_4 \mid s \mid^\gamma \mathrm{sgn}(s) \tag{4.143}$$

取如下形式的 Lyapunov 函数：

$$V = \frac{1}{2} s^2 \tag{4.144}$$

则 Lyapunov 函数 V 对时间求导可得

$$\dot{V} = s\dot{s} = \varepsilon_3 s - k_3 s^2 - k_4 \, |s|^{\gamma+1} \tag{4.145}$$

将控制参数 k_3 写成 $k_3 = k_{31} + k_{32}$，通过选择合适的参数使得 $|e| < k_{31} |s|$，则可以得到如下关系：

$$\dot{V} \leqslant -k_{32} s^2 - k_4 \, |s|^{\gamma+1} = -2k_{32} V - 2^{\frac{\gamma+1}{2}} k_4 V^{\frac{\gamma+1}{2}} \tag{4.146}$$

由于 $k_{32} > 0, k_4 > 0$，根据引理 1 可得非线性滑模函数将会在有限时间内收敛到零。

一旦滑模函数 $s = 0$ 得到满足，由式（4.129）可以得到

$$\ddot{e} = -k_1 \, |e|^{a_1} \mathrm{sgn}(e) - k_2 \, |\dot{e}|^{a_2} \mathrm{sgn}(\dot{e}) \tag{4.147}$$

由引理 2 可知，系统的轨迹跟踪误差 e 也将在有限时间内收敛到零。至此控制律式（4.137）的稳定性和有限时间收敛性得证。

本节所提出的 FTDO－ISMC 控制律的直线位移平台控制框图如图 4.99 所示，其中 FTDO 用来快速辨识出系统的状态变量和总扰动，以增强 ISMC 的抗干扰能力和轨迹跟踪精度。

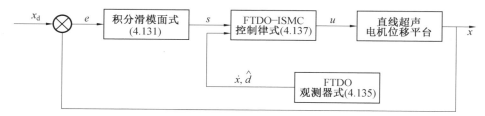

图 4.99　FTDO－ISMC 控制律的直线位移平台控制框图

2. 直线超声电机位移平台轨迹跟踪实验

根据直线超声电机位移平台的结构形式，采用 MATLAB 系统辨识工具箱辨识出的系统模型式（4.128）如下：

$$G(s) = \frac{42\ 210}{s^2 + 1\ 126s + 120} \quad (\mu\mathrm{m/V}) \tag{4.148}$$

通过比较式（4.128）和式（4.148）可得 $b = 42\ 210, c = -1\ 126, k = -120$。

为了验证 FTDO－ISMC 控制算法的有效性，将 FTDO－ISMC 算法与常规 PI 算法在直线超声电机位移平台上进行了轨迹跟踪实验，比较两种控制器的轨迹跟踪性能。FTDO－ISMC 控制律式（4.137）中的控制参数如表 4.12 所示。

表 4.12　FTDO － ISMC 控制参数

参数类型	参数值
滑模面	$k_1 = 180$, $k_2 = 400$, $a_1 = 1/3$, $a_2 = 1/2$
趋近律	$k_3 = 600$, $k_4 = 1\,000$, $\gamma = 0.3$
FTDO 观测器	$\lambda_1 = 70$, $\lambda_2 = 350$, $\lambda_3 = 960$

PI 控制器的表达式为

$$u = K_{\mathrm{P}} e + K_{\mathrm{I}} \int_0^t e \mathrm{d}t \tag{4.149}$$

经过多次尝试后,选取 PI 控制器的参数为 $K_{\mathrm{P}} = 40$,$K_{\mathrm{I}} = 600$。

为了量化轨迹跟踪精度,选取最大轨迹跟踪误差(MAXE)和均方根误差(RMSE)作为直线位移平台轨迹跟踪性能的评价指标。

$$\mathrm{MAXE} = \max(|e_i|)$$

$$\mathrm{RMSE} = \sqrt{\frac{1}{N} \sum_{i=1}^N e_i^2} \tag{4.150}$$

式中　　e_i——轨迹跟踪误差;

　　　　N——采样点数。

首先,让直线位移平台跟踪一个频率为 0.25 Hz,幅值为 5 mm 的三角波轨迹。两种控制器的轨迹跟踪实验结果如图 4.100 所示,其中,图 4.100(b)所示为直线位移平台在 PI 控制器下的轨迹跟踪误差,图 4.100(c)所示为直线位移平台在 FTDO － ISMC 控制器下的轨迹跟踪误差;图 4.100(d)所示为 PI 控制器的输出指令电压,图 4.100(e)所示为 FTDO － ISMC 控制器的输出指令电压。

从图中可以看出,采用 FTDO － ISMC 控制器得到的轨迹跟踪结果要明显优于 PI 控制器的轨迹跟踪结果,在 PI 控制器下直线位移平台的最大轨迹跟踪误差(MAXE)为 34.62 μm,轨迹跟踪的均方根误差(RMSE)为 1.614 μm;而采用 FTDO － ISMC 控制器的位移平台的 MAXE 为 4.029 μm,相对于 PI 控制器的轨迹跟踪结果下降了 88.36%;同时,在 FTDO － ISMC 控制器下直线位移平台的 RMSE 为 0.251 μm,相对于 PI 控制器的轨迹跟踪结果下降了 84.48%。

两种控制器的 MAXE 均出现在滑台换向的瞬间,产生这个现象的主要原因是直线导轨存在一定的空程间隙,从而在滑台换向过程中产生一定的冲击。另外,从控制器输出的指令电压曲线上可以看出,FTDO － ISMC 控制器产生的控制量大小和波动都小于 PI 控制器,这是因为 FTDO － ISMC 控制器中系统的外界扰动可以被辨识出来并通过滑模控制器消除,因此 FTDO － ISMC 控制器需要的控制力更小,消耗的能量也越低。

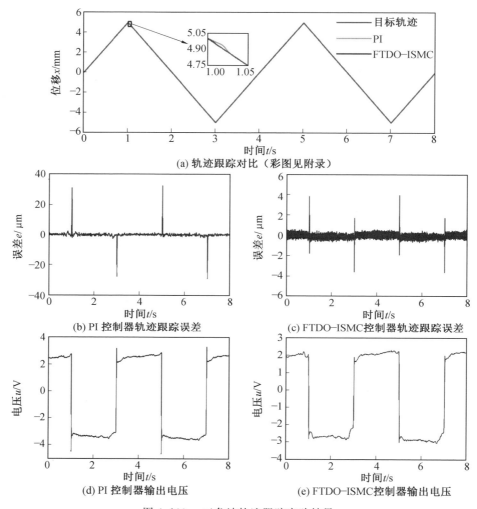

图 4.100　三角波轨迹跟踪实验结果

为了进一步比较两种控制器的性能,让直线位移平台跟踪一个频率为 0.25 Hz,幅值为 5 mm 的正弦轨迹,跟踪实验结果如图 4.101 所示。根据轨迹跟踪误差曲线可以得到 PI 控制器下直线位移平台的 MAXE 为 5.521 4 μm,轨迹跟踪的 RMSE 为 1.915 μm;而 FTDO－ISMC 控制器下直线位移平台的 MAXE 为 1.682 μm,轨迹跟踪的 RMSE 为 0.312 μm。采用 FTDO－ISMC 控制器使得直线位移平台的 MAXE 和 RMSE 分别下降了 67.74% 和 83.71%。同样 FTDO－ISMC 控制器的输出指令电压大小和波动都更低。

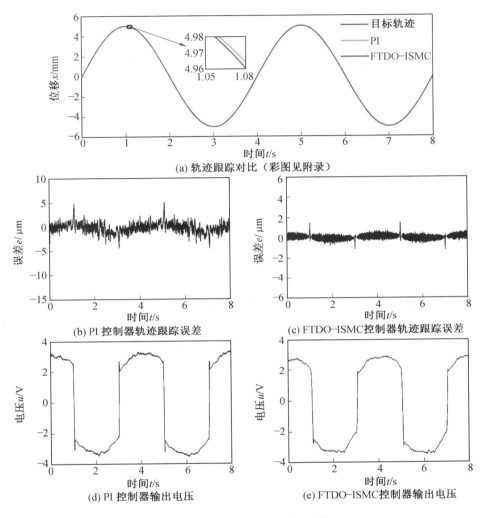

图 4.101　正弦轨迹跟踪实验结果

上述两组针对直线超声电机位移平台的轨迹跟踪实验结果如表 4.13 所示，FTDO － ISMC 控制器下直线位移平台的轨迹跟踪性能比 PI 控制器有大幅的提高，从而证明了本节所设计的 FTDO － ISMC 控制器的有效性。在 FTDO － ISMC 控制器下，直线位移平台的轨迹跟踪误差能够控制在 0.3 μm 左右，这为后面大行程柔顺并联机构实现精密运动奠定了基础。

表 4.13　直线超声电机位移平台轨迹跟踪实验结果

轨迹类型	跟踪误差	PI	FTDO－ISMC	比较
三角波轨迹	MAXE/μm	34.62	4.029	88.36%
	RMSE/μm	1.614	0.251	84.45%
正弦轨迹	MAXE/μm	5.214	1.682	67.74%
	RMSE/μm	1.915	0.312	83.71%

4.5.2　柔顺并联机构运动特性测试

在实现了直线超声电机位移平台的精确位置控制之后就可以对大行程柔顺并联机构的运动特性进行测试。本节主要对 4.4 节中建立的 VTFP－3PRR 柔顺并联机构和 SEFH－3PRR 柔顺并联机构的分辨率和重复定位精度进行测试。

1. 分辨率测试

对 3－PRR 柔顺并联机构进行分辨率测试时,上位机通过控制器向超声电机发出指令使机构的末端动平台在水平方向(D_x)、竖直方向(D_y)和转动方向(R_z)上分别产生微小的阶跃,测量柔顺并联机构在不同运动方向上所能分辨出的最小步距即为机构在对应方向上的分辨率。柔顺并联机构的分辨率测试如图 4.102 所示。

图 4.102(a)、图 4.102(c)、图 4.102(e)所示分别为 VTFP－3PRR 柔顺并联机构沿 D_x、D_y 和 R_z 方向运动的分辨率测试曲线。图 4.102(b)、图 4.102(d)和图 4.102(e)所示分别为 SEFH－3PRR 柔顺并联机构分别沿 D_x、D_y 和 R_z 方向运动的分辨率测试曲线。根据测量结果,可以得到 VTFP－3PRR 柔顺并联机构的平动分辨率为 0.25 μm,转动分辨率为 0.003°;SEFH－3PRR 柔顺并联机构的平动分辨率为 0.2 μm,转动分辨率为 0.002°。上述测试结果表明,本节所设计的两种大行程 3－PRR 柔顺并联机构均具有较高的平动分辨率和转动分辨率。

2. 重复定位精度测试

为了测试大行程柔顺并联机构的重复定位精度,在机构的工作空间内选择如表 4.14 所示的 5 个位姿点进行测量。使 3－PRR 柔顺并联机构的末端动平台从 P_0 点出发,按照 P_0,P_1,…,P_4,P_0 的顺序依次通过各个位姿点,末端动平台到达指定位置之后停顿 1 s,采用激光位移传感器记录动平台末端点的位姿,重复上述测量步骤 30 次。

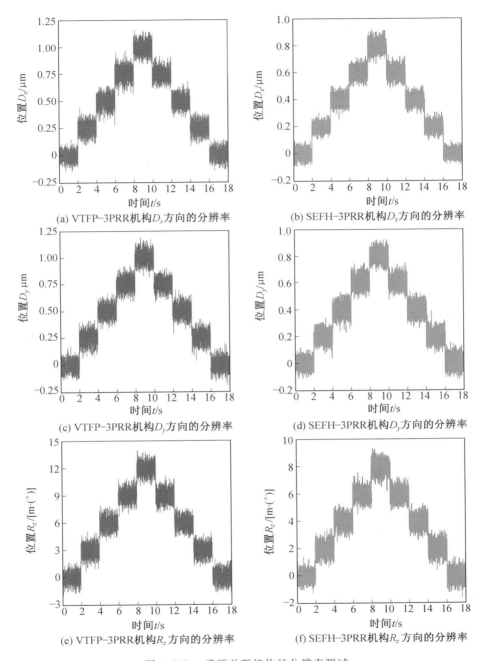

(a) VTFP–3PRR机构D_x方向的分辨率

(b) SEFH–3PRR机构D_x方向的分辨率

(c) VTFP–3PRR机构D_y方向的分辨率

(d) SEFH–3PRR机构D_y方向的分辨率

(e) VTFP–3PRR机构R_z方向的分辨率

(f) SEFH–3PRR机构R_z方向的分辨率

图 4.102　柔顺并联机构的分辨率测试

表 4.14　测量点坐标

测量点	p_{xi}/mm	p_{yi}/mm	$p_{\varphi i}/(°)$
P_0	0	0	0
P_1	2.5	7.5	−2
P_2	−2.5	7.5	2
P_3	−2.5	−7.5	2
P_4	2.5	−7.5	−2

对于每一个位姿测量点 P_i 处的平动重复定位精度和绝对定位精度可以按如下方法进行计算：

$$\begin{cases} \bar{p}_{xi}=\dfrac{1}{n}\sum_{i=1}^{n}p_{xi}，\quad \bar{p}_{yi}=\dfrac{1}{n}\sum_{i=1}^{n}p_{yi} \\[2mm] W_i=\sqrt{(p_{xi}-\bar{p}_{xi})^2+(p_{yi}-\bar{p}_{yi})^2} \\[2mm] \bar{W}=\dfrac{1}{n}\sum_{i=1}^{n}W_i \\[2mm] S_D=\sqrt{\dfrac{\sum_{i=1}^{n}(W_i-\bar{W})}{n-1}} \\[2mm] R=3S_D，E=\bar{W}+R \end{cases} \tag{4.151}$$

式中　　$p_{xi}，p_{yi}$——各个测量点测得的横纵坐标数据；

　　　　n——测量点数目，$n=30$；

　　　　W_i——各测量点与目标位姿之间的偏差；

　　　　$\bar{W}$——平均测量偏差；

　　　　S_D——测量数据偏差的标准差；

　　　　$R，E$——测量点的重复定位精度和绝对定位精度。

由于机构的转动是一维数据，对转动精度测试时式（4.151）中的 W_i 采用如下方法进行计算：

$$W_i=|p_{\varphi i}-\bar{p}_{\varphi i}|$$

根据上述步骤分别对两套大行程柔顺并联机构进行重复定位精度测试，结果分别如表 4.15 和表 4.16 所示。VTFP－3PRR 柔顺并联机构的末端动平台在各给定测量位姿点测得的平动平均重复定位精度为 0.401 μm，平动的平均绝对定位精度为 22.668 μm；转动平均重复定位精度为 3.347 m·(°)，转动的平均绝对定位精度为 22.545 m·(°)。SEFH－3PRR 柔顺并联机构的末端动平台在各给定测量位姿点测得的平动平均重复定位精度为 0.384 μm,平动平均绝对定位精度为16.432 μm;转动平均重复定位精度为 2.982 m·(°),转动平均绝对定位精度为19.853 m·(°)。

表 4.15　VTFP－3PRR 柔顺并联机构重复定位精度测试结果

测量点	平动		转动	
	重复定位精度 $R/\mu m$	绝对定位精度 $E/\mu m$	重复定位精度 $R/[m·(°)]$	绝对定位精度 $E/[m·(°)]$
P_0	0.272	10.219	1.87	11.392
P_1	0.415	27.382	3.925	23.531
P_2	0.421	21.213	3.494	20.042
P_3	0.459	31.316	4.013	30.325
P_4	0.439	23.21	3.432	27.435
均值	0.401	22.668	3.347	22.545

表 4.16　SEFH－3PRR 柔顺并联机构重复定位精度测试结果

测量点	平动		转动	
	重复定位精度 $R/\mu m$	绝对定位精度 $E/\mu m$	重复定位精度 $R/[m·(°)]$	绝对定位精度 $E/[m·(°)]$
P_0	0.248	7.455	0.834	9.392
P_1	0.418	19.644	3.338	21.321
P_2	0.371	14.810	2.980	18.432
P_3	0.455	21.782	3.785	26.037
P_4	0.426	18.467	3.971	24.083
均值	0.384	16.432	2.982	19.853

从上述测量结果来看,由于大行程柔性铰链的无间隙特性,两种大行程柔顺并联机构都具有较高的重复定位精度。但是绝对定位精度略低,需要进一步提高。

4.5.3　大行程 3－PRR 柔顺并联机构闭环控制

1.柔顺并联机构的闭环控制算法

根据两种大行程柔顺并联机构的开环运动特性测试结果,尽管采用精确的机构逆运动学模型,机构的绝对定位精度仍然较低。产生这一现象的原因是,在大行程柔顺并联机构中除了柔性铰链的运动偏差外还有其他因素影响了柔顺并联机构的绝对定位精度,如机构的加工和装配误差、系统扰动等,而这些因素具有一定的不确定性,无法通过逆运动学模型进行补偿,需要通过闭环算法进行校正。根据大行程柔顺并联机构的工作状态,机构完整的逆运动学模型可以表示为如下离散形式:

$$\boldsymbol{\rho}(k) = \boldsymbol{\rho}_n(k) + \boldsymbol{\rho}_a(k) + \boldsymbol{d}(k) \tag{4.152}$$

式中　$\boldsymbol{\rho}_n$ —— 柔顺并联机构的名义逆运动学模型;

　　　$\boldsymbol{\rho}_a$ —— 柔顺并联机构未建模的运动偏差,主要包括由机构的制造和装配误差引起的运动偏差;

　　　$\boldsymbol{d}(k)$ —— 系统的外部扰动。

通过 4.5.2 节的机构性能测试结果可知,尽管无法建立准确的模型来描述 $\boldsymbol{\rho}_a$,但是柔顺并联机构由于具有无间隙特性,机构仍然具有很高的重复定位精度。因此可以认为制造和装配误差引起的模型失配是确定的,可以采用径向基神经网络(RBFNN)进行拟合。对于外部扰动 $\boldsymbol{d}(k)$ 则可以通过设计扰动观测器(DOB)来进行辨识,进一步地可以设计前馈通道对扰动进行补偿。

RBFNN 突出的逼近能力常被用来补偿机械系统中的模型失配,RBFNN 的输出可以表示为

$$\hat{\boldsymbol{\rho}}_a(k) = \boldsymbol{W}^T \boldsymbol{H} \tag{4.153}$$

式中　$\boldsymbol{W}$ —— RBFNN 权值矩阵,其中的各个元素可以表示为 $\boldsymbol{W} = [w_1, \cdots, w_m]^T$,$m$ 为 RBFNN 的隐层节点数量;

　　　$\boldsymbol{H}$ —— 激活函数矩阵,可以表示为

$$\boldsymbol{H} = [h_1(y), h_2(y), \cdots, h_m(y)]^T$$

此处选择高斯函数作为激活函数,其表达式如下:

$$h_i(y) = \exp\left[-\frac{(y - c_i)^2}{2b_i^2}\right] \quad (i = 1, 2, \cdots, m) \tag{4.154}$$

式中　c_i, b_i —— 激活函数的中心和宽度。

根据万能逼近原理,假定存在一个理想的权矩阵 $\boldsymbol{W}^* = [w_1, w_2, \cdots, w_m]^T$ 使系统未建模的动态 $\boldsymbol{\rho}_a$ 表示为

$$\boldsymbol{\rho}_a = \boldsymbol{W}^{*T} \boldsymbol{H}(y) + \varepsilon_d \tag{4.155}$$

式中　ε_d —— RBF 神经网络的估计误差。

定义 $e(k)$ 是 $\boldsymbol{\rho}_a$ 真实值和估计值 $\hat{\boldsymbol{\rho}}_a$ 之间的偏差,则

$$e(k) = \boldsymbol{u}_a(k) - \hat{\boldsymbol{u}}_a(k) \tag{4.156}$$

神经网络的权值可以采用梯度下降法进行在线更新,其中神经网络训练模

型的目标函数可以定义为

$$E(k) = \frac{1}{2} \, e^2(k) \qquad (4.157)$$

则神经网络的权值矩阵 $\boldsymbol{W}(k)$ 的更新表达式为

$$\begin{aligned}
\boldsymbol{W}_j(k+1) &= \boldsymbol{W}_j(k) + \Delta\boldsymbol{W}_j(k) \\
&= \boldsymbol{W}_j(k) - \eta\left(\frac{\partial E}{\partial \boldsymbol{W}_j}\right)^{\mathrm{T}} \\
&= \boldsymbol{W}_j(k) + \eta\boldsymbol{e}_j(k)\,\boldsymbol{H}^{\mathrm{T}}(x)
\end{aligned} \qquad (4.158)$$

式中　　η——学习率,$\eta > 0$。

对于神经网络模型式(4.155),如果权值矩阵 $\boldsymbol{W}(k)$ 按照式(4.158)进行更新,且学习率 η 满足

$$0 < \eta < 2/ \parallel \frac{\partial \hat{u}_j(k)}{\partial w_j(k)} \parallel^2 \qquad (4.159)$$

则 $\hat{\boldsymbol{\rho}}_{\mathrm{a}}(k)$ 将一致收敛于 $\boldsymbol{\rho}_{\mathrm{a}}(k)$

证明　　选择系统的 Lyapunov 函数:

$$V(k) = \frac{1}{2}\, e\,(k)^2 = \frac{1}{2}\,(\boldsymbol{\rho}_{\mathrm{a}}(k) - \hat{\boldsymbol{\rho}}_{\mathrm{a}}(k))^2 \qquad (4.160)$$

根据式(4.160),$V(k)$ 的增量可以表示为

$$\begin{aligned}
\Delta V(k) &= V(k+1) - V(k) \\
&= e(k)\Delta e(k) + \frac{1}{2}\big[\Delta e(k)\big]^2
\end{aligned} \qquad (4.161)$$

式中　　$\Delta e(k)$——估计误差的增量,根据文献[139],可以表示为

$$\Delta e(k) = (\partial e(k)/\partial \boldsymbol{W}(k))^{\mathrm{T}}\Delta\boldsymbol{W}(k) \qquad (4.162)$$

由式(4.158)可以推导出

$$\begin{aligned}
\Delta\boldsymbol{W}_j(k) &= \boldsymbol{W}_j(k+1) - \boldsymbol{W}_j(k) \\
&= -\eta\left(\frac{\partial E(k)}{\boldsymbol{W}_j(k)}\right) = -\eta\boldsymbol{e}_j(k)\frac{\partial \boldsymbol{e}_j(k)}{\partial \boldsymbol{W}_j(k)} \\
&= \eta\boldsymbol{e}_j(k)\frac{\partial \hat{\boldsymbol{\rho}}_j(k)}{\partial \boldsymbol{W}_j(k)}
\end{aligned} \qquad (4.163)$$

结合式(4.162)、式(4.163)和式(4.161),$\Delta V(k)$ 可以写为

$$\Delta V(k) = -\eta\boldsymbol{e}_j^2(k) \times \parallel \frac{\partial \hat{\boldsymbol{\rho}}_j(k)}{\partial \boldsymbol{W}_j(k)} \parallel^2 \times \left(1 - \frac{1}{2}\eta \parallel \frac{\partial \hat{\boldsymbol{\rho}}_j(k)}{\partial \boldsymbol{W}_j(k)} \parallel^2\right)$$

$$(4.164)$$

由式(4.164)可知,方程右边第一项为负值,第二项为正值,如果 η 满足式(4.159)所述的条件,则方程的最后一项也为负值,从而系统的稳定性得到证明,也就是说 $\hat{\boldsymbol{\rho}}_{\mathrm{a}}(k)$ 的估计值将以任意精度收敛于 $\boldsymbol{\rho}_{\mathrm{a}}(k)$ 的真实值。

根据式(4.152),系统的外部扰动 $d(k)$ 可以表示为

$$\hat{d}(k) = \rho(k) - \rho_{n}(k) - \hat{\rho}_{a}(k)$$

$$= \rho_{a}(k) + d(k) - \hat{\rho}_{a}(k) \tag{4.165}$$

式中　$\hat{d}(k)$——估计的外部扰动。

如果系统偏差 $\rho_{a}(k)$ 被 $\hat{\rho}_{a}(k)$ 准确估计出来,即 RBFNN 的权值矩阵 $\hat{W}$ 趋近于 W^{*},则 $d(k)$ 的估计误差将区域无穷小,即

$$\left| \lim_{W \to W^{*}} \hat{d}(k) - d(k) \right| = \left| \rho_{a}(k) - \lim_{W \to W^{*}} \hat{\rho}_{a} \right| < \varepsilon \tag{4.166}$$

由式(4.166)可知,系统的外界扰动将会被准确地估计出来。

利用前面建立的 RBFNN 和扰动观测器,本节提出了一种基于扰动观测的逆运动学(DOB－IKM)控制方案,其控制框图如图 4.103 所示。通过在大行程柔顺并联机构的逆运动学模型基础上叠加一个 RBF 神经网络补偿器得到增强逆运动学模型,通过在线自适应学习可以更加准确地描述机构的逆运动学模型,解决由于加工和装配误差引起的确定性的系统偏差。同时利用 DOB 对系统外界扰动进行观测并通过前馈通道进行补偿,以削弱外界扰动对系统精度的影响。另外为了削弱 $\hat{d}(k)$ 估计时的噪声,在前馈通道上引入了一个一阶低通滤波器 $Q(s)$。最后为了提高控制系统的鲁棒性再加入了一个 PD 控制器。

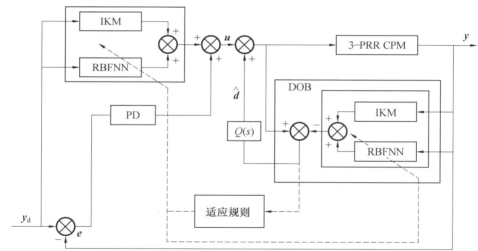

图 4.103　DOB－IKM 控制框图

2. 柔顺并联机构闭环控制定位精度测试

采用 4.5.2 节中设定的位姿测试点和对应的测试步骤,对两种 3－PRR 大行程柔顺并联机构的重复定位精度和绝对定位精度进行重新测试,得到的测试

结果分别如表 4.17 和表 4.18 所示。

表 4.17　VTFP－3PRR 柔顺并联机构重复定位精度测试结果

测量点	平动		转动	
	重复定位精度 $R/\mu m$	绝对定位精度 $E/\mu m$	重复定位精度 $R/[m \cdot (°)]$	绝对定位精度 $E/[m \cdot (°)]$
P_0	0.199	0.512	1.404	3.168
P_1	0.381	1.074	3.526	5.080
P_2	0.373	0.892	3.103	4.628
P_3	0.402	1.172	3.819	5.532
P_4	0.316	0.730	3.204	5.252
均值	0.334	0.876	3.011	4.732

表 4.18　SEFH－3PRR 柔顺并联机构重复定位精度测试结果

测量点	平动		转动	
	重复定位精度 $R/\mu m$	绝对定位精度 $E/\mu m$	重复定位精度 $R/[m \cdot (°)]$	绝对定位精度 $E/[m \cdot (°)]$
P_0	0.206	0.388	0.633	2.229
P_1	0.280	0.654	2.877	4.303
P_2	0.304	0.765	2.606	3.966
P_3	0.368	0.839	3.198	5.161
P_4	0.310	0.761	2.956	5.008
均值	0.294	0.681	2.454	4.134

通过结果可以看出,由于引入了柔顺并联机构末端位姿反馈,机构的绝对定位精度显著提高,其中 VTFP－3PRR 柔顺并联机构的末端动平台在各给定测量位姿点测得的平动的平均绝对定位精度为 0.876 μm,转动的平均绝对定位精度为 4.732 m·(°),相对于开环测试的结果,机构的绝对定位精度分别提高了 96.136% 和 79.011%。SEFH－3PRR 柔顺并联机构的末端动平台在各给定测量位姿点测得的平动平均绝对定位精度为 0.681 μm,转动平均绝对定位精度为 4.134 m·(°),相对于开环测试的结果,机构的绝对定位精度分别提高了 95.854% 和 79.179%。

同时随着闭环控制算法的引入,柔顺并联机构的抗干扰能力增强,机构的重复定位精度也有了一定程度的提高,其中 VTFP－3PRR 柔顺并联机构的平动平均重复定位精度为 0.334 μm,转动平均重复定位精度为 3.011 m·(°),对比开环状态下的测试结果,重复定位精度分别提高了 16.7% 和 10.027%;SEFH－3PRR 柔顺并联机构的平动平均重复定位精度为 0.294 μm,转动平均重复定位精度为 2.454 m·(°),对比开环状态下的测试结果,重复定位精度分别提高了 23.462% 和 17.695%。

3. 柔顺并联机构轨迹跟踪实验

为了验证本节设计的大行程柔顺并联机构的轨迹跟踪性能和 DOB－IKM 轨迹跟踪算法的有效性,分别在 VTFP－3PRR 柔顺并联机构和 SEFH－3PRR 柔顺并联机构上进行了轨迹跟踪实验。

(1)VTFP－3PRR 柔顺并联机构的轨迹跟踪实验。

在分析 VTFP－3PRR 柔顺并联机构的轨迹跟踪性能时,分别采用 4.4 节建立的柔顺并联机构的刚性逆运动学模型(IKM)、柔顺逆运动学模型(CIKM)和本节提出的闭环轨迹控制算法(DOB－IKM),对 VTFP－3PRR 柔顺并联机构进行轨迹跟踪控制。其中 DOB－IKM 控制器中 RBFNN 节点数量设为 $m = 11$,即神经网络的结构为 3－11－3 型,神经网络宽度为 $c_j = 0.002 \times [-20, -16, \cdots, 0, \cdots, 16, 20]$($j = 1,2,3$),系数为 $b_j = 0.01$,学习率为 $\eta = 200$,神经网络的权值矩阵按式(4.158)进行在线更新,另外,一阶滤波器 $Q(s)$ 截止频率为 20 Hz,PD 控制器中的控制参数为 $\boldsymbol{K}_P = \mathrm{diag}(100,100,60)$,$\boldsymbol{K}_D = \mathrm{diag}(20,20,10)$。

设定 VTFP－3PRR 柔顺并联机构末端动平台的平动轨迹为一个菱形,其中菱形的水平对角线长度为 5.94 mm,垂直对角线长度为 19.8 mm,VTFP－3PRR 柔顺并联机构菱形轨迹跟踪结果如图 4.104 所示,同时保持机构末端动平台的转角始终设置为 0。VTFP－3PRR 柔顺并联机构动平台运动的起点为 (2.97 mm,0 mm),沿逆时针方向完成整个菱形平动轨迹的总时间为 60 s。

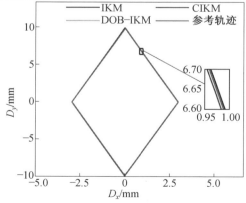

图 4.104　VTFP－3PRR 柔顺并联机构菱形轨迹跟踪结果(彩图见附录)

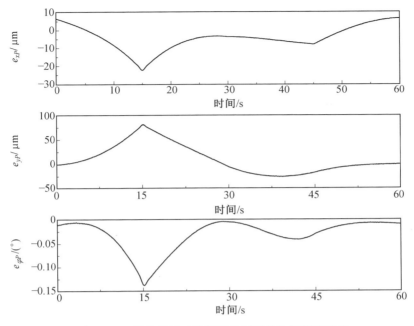

图 4.105　刚性逆运动学模型控制下的轨迹跟踪误差

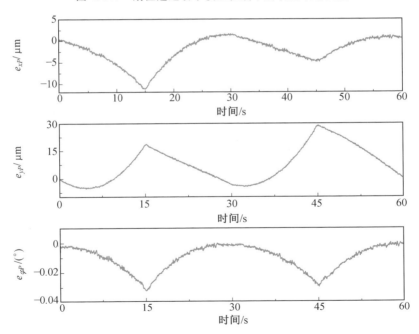

图 4.106　柔性逆运动学模型控制下的轨迹跟踪误差

实验中测得的 VTFP－3PRR 柔顺并联机构动平台的轨迹跟踪误差分别如图 4.105～4.107 所示,其中图 4.105 所示为 VTFP－3PRR 柔顺并联机构在刚性逆运动学模型控制下的轨迹跟踪误差,图 4.106 所示为 VTFP－3PRR 柔顺并联机构在柔性逆运动学模型控制下的轨迹跟踪误差,图 4.107 所示为 VTFP－3PRR 柔顺并联机构在 DOB－IKM 闭环控制算法下的轨迹跟踪误差。根据实验测量结果,可以得到直接采用机构的刚性逆运动学模型控制的 VTFP－3PRR 柔顺并联机构在 D_x、D_y 和 R_z 方向运动的 MAXE 分别为 22.053 μm、81.428 μm 和 0.138°;对应运动方向上的 RMSE 分别为 7.790 μm、30.840 μm 和 0.045°。采用机构的柔性逆运动学模型控制得到的机构运动 MAXE 分别为 11.271 μm、28.595 μm 和 0.014°;对应方向上的 RMSE 分别为 3.839 μm、11.896 μm 和 0.014°。这表明采用柔性逆运动学模型使机构的平均轨迹跟踪误差分别下降了 50.72%、61.43% 和 69.64%。

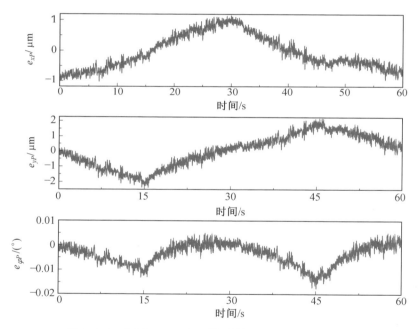

图 4.107 DOB－IKM 闭环控制算法下的轨迹跟踪误差

    在 DOB－IKM 闭环控制算法下,机构在 D_x、D_y 和 R_z 方向运动的 MAXE 分别为 1.140 μm、2.385 μm 和 0.018°,不同运动方向上的 RMSE 分别为 0.558 μm、1.077 μm 和 0.006°。相对于刚性逆运动学模型的结果,采用 DOB－IKM 算法可以使机构的平均轨迹跟踪误差分别下降 92.84%、96.51% 和 87.33%。

    根据 VTFP－3PRR 柔顺并联机构完成菱形平动轨迹跟踪实验的结果,总结不同控制器下的 VTFP－3PRR 柔顺并联机构轨迹跟踪性能如表 4.19 所示。

表 4.19　不同控制器下的 VTFP－3PRR 柔顺并联机构轨迹跟踪性能

类别	误差	刚性逆运动学模型	柔性逆运动学模型	DOB－IKM 算法
D_x	MAXE/μm	22.053	11.271	1.140
	RMSE/μm	7.790	3.839	0.558
D_y	MAXE/μm	81.428	28.595	2.385
	RMSE/μm	30.840	11.896	1.077
R_z	MAXE/(°)	0.138	0.033	0.018
	RMSE/(°)	0.045	0.014	0.006

　　上述实验结果表明,采用刚性逆运动学模型得到的 VTFP－3PRR 柔顺并联机构的轨迹跟踪性能最差,而柔性逆运动学模型由于消除了机构中铰链中心偏移造成的影响,因此机构轨迹跟踪性能优于直接采用刚性逆运动学模型得到的结果。需要说明的是,VTFP－3PRR 柔顺并联机构实验得到的轨迹跟踪误差与4.4 节中的有限元仿真结果有一定的差距,这主要是因为在有限元仿真中无法考虑机构的制造和加工误差以及系统的外部扰动等因素。但是,从实验结果也可以看出,采用柔性逆运动学模型控制的机构轨迹跟踪精度较刚性逆运动学模型控制下的机构跟踪精度有了较大的提高,这也从侧面反映了机构逆运动学模型的有效性。采用闭环轨迹跟踪控制能够实时对机构中的模型失配和外界扰动进行补偿,因此机构的轨迹跟踪精度明显优于开环轨迹跟踪的结果。

　　进一步地,为了验证 VTFP－3PRR 柔顺并联机构在复杂轨迹下的跟踪性能,设定柔顺并联机构末端动平台的轨迹为包含平动和转动的复合轨迹,其中平动轨迹为椭圆,椭圆长轴长度为 19 mm,短轴长度为 4 mm;转动轨迹为正弦曲线,转动角度的幅值为 4°。机构动平台自(2 mm,0 mm)点出发,逆时针方向完成复合轨迹的时间同样定为 60 s。

　　分别测试在刚性逆运动学模型、柔性逆运动学模型和 DOB－IKM 闭环控制算法下的 VTFP－3PRR 柔顺并联机构的末端轨迹,对应的轨迹跟踪结果如图4.108 和图 4.109 所示。

　　VTFP－3PRR 柔顺并联机构在不同控制器下的轨迹跟踪误差如图4.110～4.112 所示,实验结果同样表明,采用刚性逆运动学模型得到的机构轨迹跟踪性能最差,采用柔性逆运动学模型能够在一定程度上提高机构的轨迹跟踪精度,采用闭环轨迹跟踪算法能够显著地提高机构的轨迹跟踪精度。VTFP－3PRR 柔顺并联机构在刚性逆运动学模型控制下,机构的末端动平台在 D_x、D_y 和 R_z 方向运动的 MAXE 分别为 32.290 μm、65.096 μm 和 0.142°,对应运动方向上的

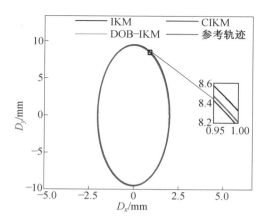

图 4.108　VTFP－3PRR 柔顺并联机构的平动轨迹跟踪结果(彩图见附录)

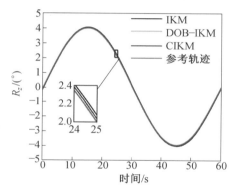

图 4.109　VTFP－3PRR 柔顺并联机构的转动轨迹跟踪结果(彩图见附录)

RMSE 分别为 15.965 μm、35.465 μm 和 0.074°。采用柔性逆运动学模型控制得到的机构运动 MAXE 分别为 12.270 μm、25.671 μm 和 0.059°,对应方向上的 RMSE 分别为 7.066 μm、15.268 μm 和 0.036°。相对于刚性逆运动学模型,机构的平均轨迹跟踪误差分别下降了 55.74%、56.95% 和 51.35%。

在 DOB－IKM 闭环控制算法下,机构在 D_x、D_y 和 R_z 方向运动的 MAXE 分别为 1.204 μm、3.490 μm 和 0.021°,不同运动方向上的 RMSE 分别为 0.491 μm、1.535 μm 和 0.009°。相对于刚性逆运动学模型的结果,采用 DOB－IKM 算法可以使机构的平均轨迹跟踪误差分别下降 96.92%、95.67% 和 87.84%。

根据 VTFP－3PRR 柔顺并联机构复合轨迹跟踪实验的结果,总结不同控制器下的轨迹跟踪性能如表 4.20 所示。

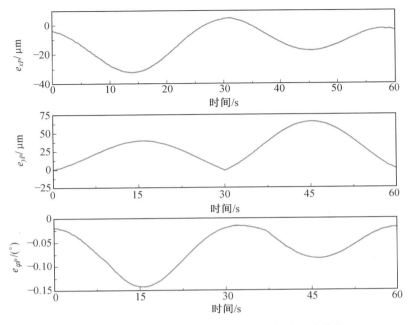

图 4.110 刚性逆运动学模型控制下的轨迹跟踪误差

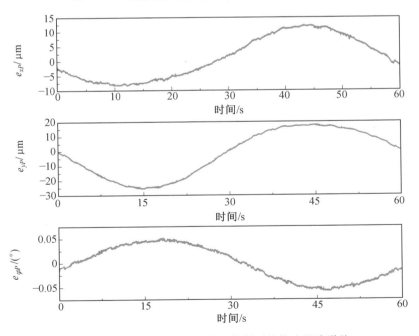

图 4.111 柔性逆运动学模型控制下的轨迹跟踪误差

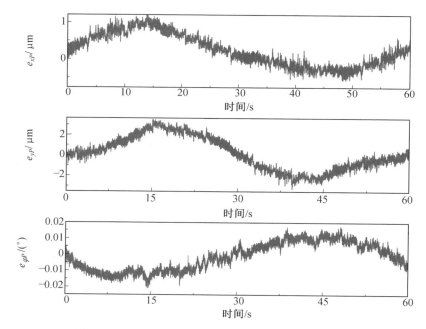

图 4.112　DOB－IKM 闭环控制算法下的轨迹跟踪误差

表 4.20　不同控制器下的轨迹跟踪性能

类别	误差	刚性逆运动学模型	柔性逆运动学模型	DOB－IKM 算法
D_x	MAXE/μm	32.290	12.270	1.204
	RMSE/μm	15.965	7.066	0.491
D_y	MAXE/μm	65.096	25.670	3.490
	RMSE/μm	35.465	15.268	1.535
R_z	MAXE/(°)	0.142	0.059	0.021
	RMSE/(°)	0.074	0.036	0.009

　　上述两组实验都表明,采用 DOB－IKM 闭环控制算法能够大幅提高 VTFP－3PRR 柔顺并联机构的轨迹跟踪精度,从而验证了 DOB－IKM 闭环轨迹控制算法的有效性。同时也表明 VTFP－3PRR 柔顺并联机构能够在较大的工作空间内达到微米级的平动轨迹跟踪精度和毫度级的转动轨迹跟踪精度。

　　(2)SEFH－3PRR 柔顺并联机构的轨迹跟踪实验。

　　在测试 SEFH－3PRR 柔顺并联机构的轨迹跟踪性能时,采用与 VTFP－3PRR 柔顺并联机构相同的实验方案,分别对 SEFH－3PRR 柔顺并联机构使用刚性逆运动学模型(IKM)和 DOB－IKM 闭环控制算法进行轨迹跟踪控制实验。

其中 DOB-IKM 控制器中 RBFNN 节点数量仍然设为 $m = 11$,神经网络宽度为 $c_j = 0.001 \times [-20, -16, \cdots, 0, \cdots, 16, 20]$ $(j = 1, 2, 3)$,系数为 $b_j = 0.01$,学习率为 $\eta = 100$,其余参数与 VTFP-3PRR 柔顺并联机构轨迹控制时一致。

　　首先测试 SEFH-3PRR 柔顺并联机构完成菱形平动轨迹时的跟踪情况,实验得到的柔顺并联机构在刚性逆运动学模型和 DOB-IKM 闭环控制算法下的菱形轨迹跟踪结果如图 4.113 所示。从图中可以看出,SEFH-3PRR 柔顺并联机构在 DOB-IKM 闭环控制算法下,轨迹跟踪精度要优于采用刚性逆运动学模型进行轨迹跟踪得到的结果。

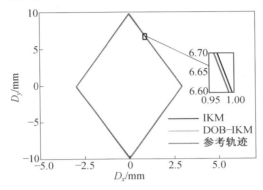

图 4.113　SEFH-3PRR 柔顺并联机构菱形轨迹跟踪结果(彩图见附录)

　　为了更清楚地显示 SEFH-3PRR 柔顺并联机构在完成上述菱形平动轨迹的过程中机构末端动平台的轨迹跟踪误差,在图 4.114 中给出了机构在刚性逆运动学模型控制下的轨迹跟踪误差,在图 4.115 中给出了机构在 DOB-IKM 闭环控制算法下的轨迹跟踪误差。

　　对实验数据进行处理后可以得到,在刚性逆运动学模型控制下的 SEFH-3PRR 柔顺并联机构的最大运动误差分别为 19.389 μm、64.782 μm 和 0.110°,对应的各运动方向上的 RMSE 分别为 6.516 μm、23.433 μm 和 0.044°。在 DOB-IKM 控制算法下,SEFH-3PRR 柔顺并联机构在 D_x、D_y 和 R_z 方向上的 MAXE 分别为 0.959 μm、1.861 μm 和 0.007°,均方根误差 RMSE 分别为 0.397 μm、0.805 μm 和 0.003°。相对开环控制,采用 DOB-IKM 闭环控制算法可以使 SEFH-3PRR 柔顺并联机构的 RMSE 分别降低 93.91%、96.56% 和 94.18%。

　　根据实验数据,可以得到两种控制器在执行菱形平动轨迹时的轨迹跟踪性能如表 4.21 所示。

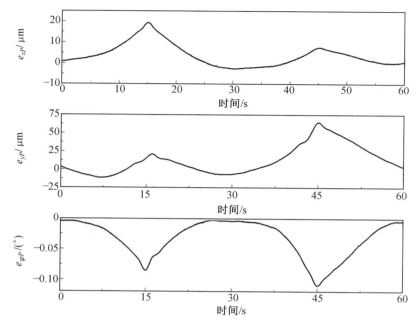

图 4.114　刚性逆运动学模型控制下的轨迹跟踪误差

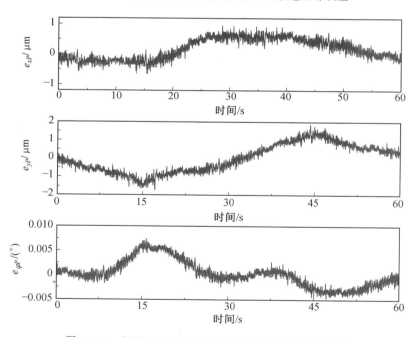

图 4.115　DOB−IKM 闭环控制算法下的轨迹跟踪误差

表 4.21　不同控制器下的轨迹跟踪性能

类别	误差	刚性逆运动学模型	DOB－IKM算法
D_x	MAXE/μm	19.389	0.959
	RMSE/μm	6.516	0.397
D_y	MAXE/μm	64.782	1.861
	RMSE/μm	23.433	0.805
R_z	MAXE/(°)	0.110	0.007
	RMSE/(°)	0.044	0.003

　　接下来将测试 SEFH－3PRR 柔顺并联机构在完成平动和转动复合轨迹时的跟踪性能。复合轨迹的形式与 VTFP－3PRR 柔顺并联机构轨迹跟踪测试时的曲线相同。不同算法下得到的 SEFH－3PRR 柔顺并联机构的末端轨迹跟踪结果分别如图 4.116 和图 4.117 所示。

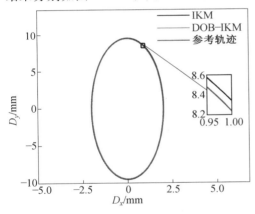
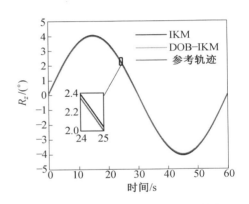

图 4.116　SEFH－3PRR 柔顺并联机构的平动轨迹跟踪结果(彩图见附录)　　图 4.117　SEFH－3PRR 柔顺并联机构的转动轨迹跟踪结果(彩图见附录)

　　根据实验结果测得 SEFH－3PRR 柔顺并联机构在复合轨迹下的运动偏差数据,绘制如图 4.118 和图 4.119 所示轨迹跟踪误差曲线。由图中数据可以得出,SEFH－3PRR 柔顺并联机构在刚性逆运动学模型控制下的机构最大运动误差分别为 22.786 μm、51.239 μm 和 0.070°。同时各运动方向上对应的 RMSE 分别为 14.178 μm、35.551 μm 和 0.039°。在 DOB－IKM 闭环控制算法下,SEFH－3PRR 柔顺并联机构在 D_x、D_y 和 R_z 方向上的 MAXE 分别为 1.312 μm、2.691 μm 和 0.010°,均方根误差 RMSE 分别为 0.582 μm、0.880 μm 和 0.004°。相对开环控制,采用 DOB－IKM 闭环控制算法可以使 SEFH－3PRR 柔顺并联机构的 RMSE 分别降低 95.90%、97.53% 和 89.62%。

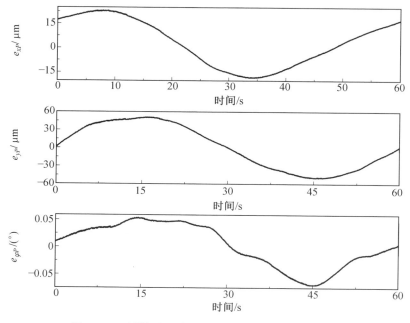

图 4.118 刚性逆运动学模型控制下的轨迹跟踪误差

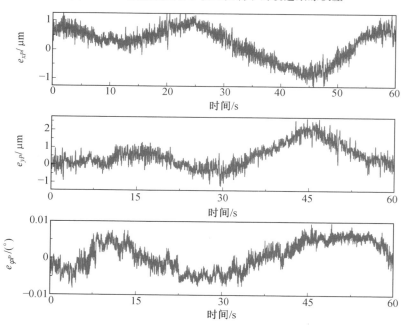

图 4.119 DOB—IKM 闭环控制算法下的轨迹跟踪误差

根据实验数据,得到 SEFH－3PRR 柔顺并联机构在两种控制器下执行复合轨迹时的轨迹跟踪性能如表 4.22 所示。

表 4.22　不同控制器下的轨迹跟踪性能

类别	误差	刚性逆运动学模型	DOB－IKM 算法
D_x	MAXE/μm	22.786	1.312
	RMSE/μm	14.178	0.582
D_y	MAXE/μm	51.239	2.691
	RMSE/μm	35.551	0.880
R_z	MAXE/(°)	0.070	0.010
	RMSE/(°)	0.039	0.004

通过对 SEFH－3PRR 柔顺并联机构分别在菱形平动轨迹和复合轨迹下进行跟踪性能测试,验证了 DOB－IKM 闭环控制算法的有效性。采用闭环轨迹跟踪算法能够大幅提高 VTFP－3PRR 柔顺并联机构的轨迹跟踪精度,在 DOB－IKM 闭环控制算法下,SEFH－3PRR 柔顺并联机构能够实现微米级的平动轨迹跟踪精度和毫度级的转动跟踪精度。

4.5.4　性能对比

依靠大行程柔性铰链设计而成的柔顺并联机构不仅保留了柔顺并联机构无间隙的传动特性,而且解决了传统柔顺并联机构运动范围小的问题。随着精密光学、生物工程、激光加工等领域的发展,对大行程、高精度的多自由度精密运动机构的需求愈发迫切,基于大行程柔性铰链的柔顺并联机构引起了国内外学者的广泛关注,图 4.120 所示为大行程柔顺并联机构,图中展示了部分代表性的研究成果。

图 4.120 (a)所示是新加坡南洋理工大学的 Lum 等人[140]设计的一种 3－PPR 柔顺并联机构,该机构采用簧片式柔性铰链作为运动支链中的 P 副和 R 副,可实现平面三自由度运动(D_x、D_y、R_z)。

图 4.120 (b)所示是日本名古屋工业大学的 Kozuka 等人[141]开发的用于光学元件精密组装的 3－PRS 柔顺并联机构。

图 4.120 (c)所示是荷兰特文特大学的 Arends 等人[142]研制的一种六自由度柔顺并联机构,该机构采用交叉簧片柔性铰链作为被动转动关节,主要用于光学镜片的位姿调节。

图 4.120 (d)所示是山东大学的张立龙等人[143]设计的一种 4－PP 柔顺并联机构,该机构采用柔性四边形单元作为运动支链,可实现平面三自由度运动。

图 4.120（e）所示是澳门大学的徐青松[10]设计的一种用于平面精密操作的柔顺解耦并联机构，该机构可在平面内的两个平动方向上实现厘米级的运动范围。

图 4.120（f）所示是国防科技大学的刘华等人[144]研制的一种紧凑型平面柔顺并联机构，通过对机构进行闭环轨迹控制，提高了机构的运动精度。

(a) 3-PPR柔顺并联机构

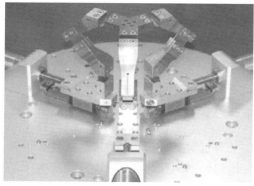

(b) 3-PRS柔顺并联机构

(c) 六自由度柔顺并联机构

(d) 4-PP柔顺并联机构

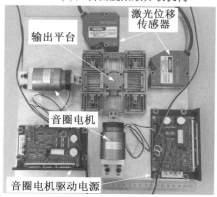

(e) 柔顺解耦并联机构

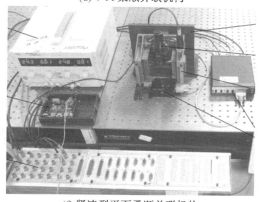

(f) 紧凑型平面柔顺并联机构

图 4.120　大行程柔顺并联机构

将这些大行程柔顺并联机构的运动性能进行总结,可以得到如表 4.23 所示的对比结果。通过对比可以发现,本节所设计的两种大行程柔顺并联机构在运动范围、精确度和轨迹跟踪精度上具有一定的优势,反映了 VTFP－3PRR 柔顺并联机构和 SEFH－3PRR 柔顺并联机构以及轨迹跟踪控制算法的性能优势。另外从实验结果来看,SEFH－3PRR 柔顺并联机构的运动分辨率、重复定位精度和轨迹跟踪精度都要优于 VTFP－3PRR 柔顺并联机构,但是差距也不是特别大。造成这一现象的原因是超弹性柔性铰链的平均中心偏差和中心偏差变动量优于变厚度交叉簧片柔性铰链。

表 4.23　大行程柔顺并联机构性能对比结果

机构类型	自由度	行程	分辨率 数值	分辨率 偏差/(‰)	重复定位精度 数值	重复定位精度 偏差/(‰)	轨迹跟踪精度 数值	轨迹跟踪精度 偏差/(‰)
图 4.120(a)	D_x	1.2 mm	0.08 μm	0.067	—	—		
	D_y	1.2 mm	0.06 μm	0.05	—	—		
	R_z	6°	0.004°	0.67	—	—		
图 4.120(b)	D_z	5mm	—	—	0.35 μm	0.07		
	R_x	3°			0.006°	2		
	R_y	3°			0.006°	2		
图 4.120(c)	D_x,D_y	5 mm	—	—	42.5 μm	8.5		
	R_x,R_y	2.6°			0.05°	1.92		
图 4.120(d)	D_x	±2 mm	0.50 μm	0.125	—	—	11.5 μm	2.88
	D_y	±2 mm	0.50 μm	0.125	—	—	11.5 μm	2.88
	R_z	±1.2°	0.010°	8.33	—	—	0.027°	22.5
图 4.120(e)	D_x	11 mm	0.2 μm	0.018	0.338 μm	0.031	—	—
	D_y	11 mm	0.2 μm	0.018	0.328 μm	0.03	—	—
图 4.120(f)	D_x	4.4 mm	2 μm	0.455			10 μm	2.27
	D_y	7.0 mm	2 μm	0.286			10 μm	1.43
VTFP－3PRR	D_x	±10 mm	0.25 μm	0.013	0.45 μm	0.023	0.491 μm	0.024
	D_y	±10 mm	0.25 μm	0.013	0.45 μm	0.023	1.535 μm	0.076
	R_z	±5°	0.003°	0.3	0.004°	0.4	0.009°	0.9
SEFH－3PRR	D_x	±10 mm	0.20 μm	0.01	0.40 μm	0.02	0.582 μm	0.029
	D_y	±10 mm	0.20 μm	0.01	0.40 μm	0.02	0.88 μm	0.044
	R_z	±5°	0.002°	0.2	0.003°	0.3	0.004°	0.4

4.5.5 结语

本节主要对直线超声电机位移平台和大行程 3－PRR 柔顺并联机构的轨迹跟踪控制进行了研究。为了提高直线超声电机位移平台的轨迹跟踪性能，提出了一种 FTDO－ISMC 控制算法，能够快速地对位移平台中的摩擦和死区等非线性扰动进行抑制。实验表明在 FTDO－ISMC 算法控制下，直线超声电机位移平台的轨迹跟踪精度能够达到 300 nm 左右，为柔顺并联机构实现大范围、高精度的运动提供了基本保障。在此基础上对两种大行程 3－PRR 柔顺并联机构进行了开环运动特性测试。实验结果表明，VTFP－3PRR 柔顺并联机构的平动分辨率为 0.25 μm，平动重复定位精度优于 0.45 μm；转动分辨率为 0.003°，转动重复定位精度优于 0.004°。SEFH－3PRR 柔顺并联机构的平动分辨率为0.2 μm，平动重复定位精度优于 0.4 μm；转动分辨率为 0.002°，转动重复定位精度优于 0.003°。为了消除柔顺并联机构的制造和装配误差及外界不确定扰动对机构轨迹跟踪精度的影响，提出了一种 DOB－IKM 控制方案，采用 RBF 神经网络对大行程 3－PRR 柔顺并联机构的模型失配进行在线学习，通过构造 DOB 对系统的外扰进行辨识和前馈补偿。最后对大行程柔顺并联机构进行了轨迹跟踪控制实验，充分证明了所提出的闭环轨迹跟踪算法的有效性和必要性。在 DOB－IKM 闭环控制算法下两种 3－PRR 大行程柔顺并联机构能够实现微米级的平动轨迹跟踪精度和毫度级的转动跟踪精度。

4.6 本章小结

大行程柔顺并联机构的研究是新型精密传动机械的探索方向之一，具有十分重要的理论研究意义和实际应用价值。本章对大行程柔性铰链的结构设计、变形建模、尺寸优化和柔顺并联机构的系统集成、误差修正、轨迹跟踪控制等关键技术进行了研究。本章完成的主要工作总结如下。

（1）从柔性铰链的结构形式出发，设计了一种新型变厚度交叉簧片柔性铰链，该铰链具有较大的运动范围同时又能保持较高的转动精度和抗轴向扰动能力。采用共旋坐标梁单元建立了变厚度交叉簧片柔性铰链在末端载荷作用下的变形模型，采用有限元仿真和实验方法对模型的准确性进行了验证。提出了 4 个柔性铰链静态变形性能的评价指标，分析了变厚度交叉簧片柔性铰链的结构参数对其转动性能的影响。

（2）从柔性铰链的制备材料出发，设计了一种基于 SMA 超弹性效应的切口型柔性铰链，大幅提高了切口型柔性铰链的转角范围。针对超弹性柔性铰链变形过程中的几何非线性和材料非线性问题,提出了一种基于 Brinson 模型的分段线性化本构模型,并结合共旋坐标法推导了用于描述超弹性柔性铰链大变形的非线性梁单元,建立了一种高效的超弹性柔性铰链的静态变形模型。分析了超弹性柔性铰链在构造大行程柔顺并联机构上的潜力,以及超弹性柔性铰链的切口形式和几何参数对其转动性能的影响。

（3）采用遗传算法分别对大行程柔性铰链的结构参数和 3－PRR 柔顺并联机构的构型参数进行了优化以获得最优的综合性能。利用优化结果设计并搭建了基于两种大行程柔性铰链的平面 3－PRR 柔顺并联机构。机构的规则工作空间在末端动平台转角达到±5°时可以覆盖直径为 20 mm 的圆域,显著提高了柔顺并联机构的运动范围。对于 VTFP－3PRR 柔顺并联机构,建立了考虑柔性铰链运动偏差的柔性逆运动学模型以实现运动偏差的补偿,并对该模型进行了仿真验证。

（4）提出了一种 FTDO－ISMC 控制算法,该算法抑制了 LUSM 直线位移平台运动过程中的摩擦、死区和非线性扰动,实现了直线位移平台的精确运动控制,并在此基础上完成了两种大行程 3－PRR 柔顺并联机构的运动分辨率和重复定位精度测试。设计了一种针对大行程 3－PRR 柔顺并联机构的 DOB－IKM 闭环控制算法以实现大范围、高精度的运动,通过采用 RBF 神经网络在线补偿机构的制造和装配误差产生的末端运动偏差,同时利用 DOB 辨识并抑制系统受到的外扰动。采用实验验证所设计的轨迹跟踪算法的有效性,结果表明两种 3－PRR 大行程柔顺并联机构都能够实现微米级的平动轨迹跟踪精度和毫度级的转动跟踪精度。

本章的主要创新性成果如下。

（1）设计了一种新型的变厚度交叉簧片柔性铰链。该铰链融合了交叉簧片柔性铰链和切口型柔性铰链的优点,既具有较大的转角范围又具有良好的转动精度和抗轴向扰动能力。建立了考虑变厚度交叉簧片柔性铰链几何非线性效应的静态变形模型。

（2）设计了一种基于 SMA 超弹性的柔性铰链,大幅提高了切口型柔性铰链的转动范围。采用分段线性化本构模型和共旋坐标梁单元,建立了考虑双重非线性效应的超弹性柔性铰链的静态变形模型。

（3）建立了基于柔顺并联机构力位耦合关系的柔性逆运动学模型,实现了变厚度交叉簧片柔性铰链 3－PRR 柔顺并联机构的运动偏差补偿。仿真结果表明模型能显著提高机构末端平台的位姿预测精度。

（4）提出了 DOB－IKM 轨迹跟踪控制算法,该算法基于自适应 RBF 神经网络,解决了柔顺并联机构的系统误差导致的模型失配问题,采用 DOB 辨识算法补偿了外界扰动造成的机构轨迹跟踪误差,实现了 3－PRR 柔顺并联机构的高精度平面运动。

　　本章针对大行程柔性铰链的结构设计、非线性变形建模、柔顺并联机构的优化设计和闭环轨迹跟踪控制等方面的研究取得了预期的成果,但在以下几个方面还可以进一步拓展研究。

　　(1)本章所提出的大行程柔性铰链和柔顺并联机构都是针对平面运动提出的,在后续研究中可以进一步开展大行程柔性球铰及其所构建的空间大行程柔顺并联机构的相关研究。

　　(2)对大行程柔性铰链及其所构建而成的柔顺并联机构的疲劳特性分析、可靠性建模等方面可以进行进一步研究,为柔顺并联机构的寿命预测提供依据。

　　(3)本章对柔顺并联机构的轨迹跟踪控制方法研究主要集中在较低的速度状态下进行,在后续的研究中可以开展基于柔顺并联机构动力学模型的高速状态下的运动控制研究。

本章参考文献

[1] 国家自然科学基金委员会工程与材料学部. 机械工程学科发展战略报告(2011-2020)[M]. 北京:科学出版社,2010.

[2] ZHAN Z H, ZHANG X M, JIAN Z C, et al. Error modelling and motion reliability analysis of a planar parallel manipulator with multiple uncertainties[J]. Mechanism and Machine Theory, 2018, 124:55-72.

[3] ZHANG X C, ZHANG X M. Minimizing the influence of revolute joint clearance using the planar redundantly actuated mechanism[J]. Robotics and Computer-Integrated Manufacturing, 2017, 46:104-113.

[4] LI Q, WANG M X, HUANG T, et al. Compliance analysis of a 3-DOF spindle head by considering gravitational effects[J]. Chinese Journal of Mechanical Engineering, 2015, 28(1):1-10.

[5] WADIKHAYE S P, YONG Y K, MOHEIMANI S O R. Design of a compact serial-kinematic scanner for high-speed atomic force microscopy: An analytical approach[J]. Micro & Nano Letters, 2012, 7(4):309-313.

[6] KENTON B J, LEANG K K. Design and control of a three-axis serial-kinematic high-bandwidth nanopositioner[J]. IEEE/ASME Transactions on Mechatronics, 2012, 17(2):356-369.

[7] KHOSHNOODI H, RAHMANI H A, TALEBI H A. Kinematics, singularity study and optimization of an innovative spherical parallel

manipulator with large workspace[J]. Journal of Intelligent and Robotic Systems：Theory and Applications，2018，92(2)：309-321.

[8] GALLARDO-ALVARADO J，RODRIGUEZ-CASTRO R. A new parallel manipulator with multiple operation modes[J]. Journal of Mechanisms and Robotics，2018，10(5)：17-24.

[9] WU G L，BAI S P. Design and kinematic analysis of a 3-RRR spherical parallel manipulator reconfigured with fourbar linkages[J]. Robotics and Computer-Integrated Manufacturing，2019，56(3)：55-65.

[10] XU Q S. Design and development of a compact flexure-based XY precision positioning system with centimeter range[J]. IEEE Transactions on Industrial Electronics，2014，61(2)：893-903.

[11] CAI K H，TIAN Y L，WANG F J，et al. Development of a piezo-driven 3-DOF stage with T-shape flexible hinge mechanism[J]. Robotics and Computer-Integrated Manufacturing，2016，37：125-138.

[12] LI J P，LIU H，ZHAO H W. A compact 2-DOF piezoelectric-driven platform based on "Z-shaped" flexure hinges[J]. Micromachines，2017，8 (8)：245-258.

[13] FARHADI M D，TOLOU N，HERDER J L. A review on compliant joints and rigid-body constant velocity universal joints toward the design of compliant homokinetic couplings[J]. Journal of Mechanical Design，2015，137(3)：32301.

[14] MASOULEH M T，GOSSELIN C. Determination of singularity-free zones in the workspace of planar 3-PRR parallel mechanisms[J]. Journal of Mechanical Design，2006，129(6)：649-652.

[15] KALOORAZI M H F，MASOULEH M T，CARO S. Determination of the maximal singularity-free workspace of 3-DOF parallel mechanisms with a constructive geometric approach[J]. Mechanism and Machine Theory，2015，84：25-36.

[16] 吴石磊，邵忠喜，张文辉,等. 面向大口径光栅拼接的 5TSP-PPS 并联机构位置正解分析[J]. 光学精密工程，2016，24(10)：535-542.

[17] SHAO Z X，WU S L，WU J G，et al. A novel 5-DOF high-precision compliant parallel mechanism for large-aperture grating tiling [J]. Mechanical Sciences，2017，8(2)：349-358

[18] HUANG H，SUN D，MILLS J K，et al. Integrated vision and force control in suspended cell injection system：towards automatic batch bio-

manipulation[C]//2008 IEEE International Conference on Robotics and Automation. Pasadena：IEEE，2008：3413-3418.

[19] HUANG H B, SUN D, MILLS J K, et al. Robotic cell injection system with position and force control：Toward automatic batch biomanipulation [J]. IEEE Transactions on Robotics, 2009, 25(3)：727-737.

[20] WANG Y, SUN F J, ZHU J H, et al. Long-stroke nanopositioning stage driven by piezoelectric motor[J]. Journal of Sensors, 2014.

[21] FERRIS M, PHILLIPS N. The use and advancement of an affordable, adaptable antenna pointing mechanism [C]//14th European Space Mechanisms & Tribology Symposium. Constance：ESA, 2011：227-234.

[22] DU Z J, SHI R C, DONG W. A piezo-actuated high-precision flexible parallel pointing mechanism：Conceptual design, development, and experiments[J]. IEEE Transactions on Robotics, 2014, 30(1)：131-137.

[23] CULPEPPER M L, ANDERSON G. Design of a low-cost nano-manipulator which utilizes a monolithic, spatial compliant mechanism[J]. Precision Engineering, 2004, 28(4)：469-482.

[24] WU T L, CHEN J H, CHANG S H. A six-DOF prismatic-spherical-spherical parallel compliant nanopositioner[J]. IEEE Transactions on Ultrasonics, Ferroelectrics, and Frequency Control, 2008, 55 (12)：2544-2551.

[25] WATANABE S, ANDO T. High-speed XYZ-nanopositioner for scanning ion conductance microscopy[J]. Applied Physics Letters, 2017, 111 (11)：113106.

[26] 秦岩丁. 两自由度精密定位平台结构设计与运动控制[D]. 天津：天津大学, 2011.

[27] 矫杰. 3-PPRS 微动并联机器人的研究[D]. 哈尔滨：哈尔滨工业大学, 2006.

[28] DONG Y, GAO F, YUE Y. Modeling and prototype experiment of a six-DOF parallel micro-manipulator with nano-scale accuracy[J]. Proceedings of the Institution of Mechanical Engineers, Part C：Journal of Mechanical Engineering Science, 2015, 229(14)：2611-2625.

[29] YONG Y K, MOHEIMANI S O R, KENTON B J, et al. High-speed flexure-guided nanopositioning：Mechanical design and control issues[J]. Review of Scientific Instruments, 2012, 83(12)：121101.

[30] TIAN Y L, SHIRINZADEH B, ZHANG D W, et al. Design and forward

kinematics of the compliant micro-manipulator with lever mechanisms[J]. Precision Engineering, 2009, 33(4): 466-475.

[31] CHOI K B, LEE J J, HATA S. A piezo-driven compliant stage with double mechanical amplification mechanisms arranged in parallel[J]. Sensors and Actuators, A: Physical, 2010, 161: 173-181.

[32] LOBONTIU N, GARCIA E. Analytical model of displacement amplification and stiffness optimization for a class of flexure-based compliant mechanisms [J]. Computers and Structures, 2003, 81(32): 2797-2810.

[33] LEE H J, KIM H C, KIM H Y, et al. Optimal design and experiment of a three-axis out-of-plane nano positioning stage using a new compact bridge-type displacement amplifier[J]. Review of Scientific Instruments, 2013, 84(11):115103.

[34] SUN X T, CHEN W H, TIAN Y L, et al. A novel flexure-based microgripper with double amplification mechanisms for micro/nano manipulation[J]. Review of Scientific Instruments, 2013, 84(8): 85002.

[35] QIN Y D, SHIRINZADEH B, ZHANG D W, et al. Design and kinematics modeling of a novel 3－DOF monolithic manipulator featuring improved Scott-Russell mechanisms[J]. Journal of Mechanical Design, 2013, 135(10): 101004.

[36] CHEN F X, DU Z J, YANG M, et al. Design and analysis of a three-dimensional bridge－type mechanism based on the stiffness distribution[J]. Precision Engineering, 2018, 51: 48-58.

[37] KIM J H, KIM S H, KWAK Y K. Development and optimization of 3-D bridge-type hinge mechanisms[J]. Sensors and Actuators, A: Physical, 2004, 116(3): 530-538.

[38] JUHÁSZ L, MAAS J, BOROVAC B. Parameter identification and hysteresis compensation of embedded piezoelectric stack actuators[J]. Mechatronics, 2011, 21(1): 329-338.

[39] LEE J C, YANG S H. Development of nanopositioning mechanism with real-time compensation algorithm to improve the positional accuracy of a linear stage[J]. Precision Engineering, 2017, 50: 328-336.

[40] LIU C H, JYWE W Y, JENG Y R, et al. Design and control of a long-traveling nano-positioning stage[J]. Precision Engineering, 2010, 34(3): 497-506.

[41] DU Z J, SHI R C, DONG W. Kinematics modeling of a 6-PSS parallel

mechanism with wide-range flexure hinges[J]. Journal of Central South University, 2012, 19(9): 2482-2487.

[42] DONG W, SUN L N, DU Z J. Stiffness research on a high-precision, large-workspace parallel mechanism with compliant joints[J]. Precision Engineering, 2008, 32(3): 222-231.

[43] 余竞. 平面 3-RRR 并联机构控制与宏微精密定位系统耦合特性研究[D]. 广州: 华南理工大学, 2018.

[44] XU P, YU J, ZONG G, et al. Analysis of rotational precision for an isosceles-trapezoidal flexural pivot[J]. Journal of Mechanical Design, 2008, 130(5): 52302.

[45] YANG M, DU Z J, CHEN F X, et al. Kinetostatic modelling of a 3-PRR planar compliant parallel manipulator with flexure pivots[J]. Precision Engineering, 2017, 48: 323-330.

[46] HENEIN S, SPANOUDAKIS P, DROZ S, et al. Flexure pivot for aerospace mechanisms [C]//10th European Space Mechanisms and Tribology Symposium. San Sebastian: ESA, 2003: 285-288.

[47] XU Q S. Design of a large-range compliant rotary micropositioning stage with angle and torque sensing[J]. IEEE Sensors Journal, 2015, 15(4): 2419-2430.

[48] AARTS R G, WIERSMA D H, BOER S E, et al. Design and performance optimization of large stroke spatial flexures[J]. Journal of Computational and Nonlinear Dynamics, 2013, 9: 11016.

[49] NAVES M, BROUWER D M, AARTS R G. Building block-based spatial topology synthesis method for large-stroke flexure hinges[J]. Journal of Mechanisms and Robotics, 2017, 9(4): 41006.

[50] REEDLUNN B, CHURCHILL C B, NELSON E E, et al. Tension, compression, and bending of superelastic shape memory alloy tubes[J]. Journal of the Mechanics and Physics of Solids, 2014, 63(1): 506-537.

[51] ZHANG X Y, YAN X J, XIE H M, et al. Modeling evolutions of plastic strain, maximum transformation strain and transformation temperatures in SMA under superelastic cycling[J]. Computational Materials Science, 2014, 81: 113-122.

[52] HESSELBACH J, WREGE J, RAATZ A, et al. Aspects on design of high precision parallel robots[J]. Assembly Automation, 2004, 24(1): 49-57.

[53] RAATZ A, TRAUDEN F, HESSELBACH J. Modeling compliant parallel robots [C]//International Design Engineering Technical Conference and Computers and Information in Engineering Conference. Boston: ASME, 2006: 65-76.

[54] KHALILI S M R, DEHKORDI M B, SHARIYAT M. Modeling and transient dynamic analysis of pseudoelastic SMA hybrid composite beam [J]. Applied Mathematics and Computation, 2013, 219(18): 9762-9782.

[55] KHALILI S M R, DEHKORDI M B, CARRERA E, et al. Non-linear dynamic analysis of a sandwich beam with pseudoelastic SMA hybrid composite faces based on higher order finite element theory [J]. Composite Structures, 2013, 96: 243-255.

[56] PAROS J M, WEISBORD L. How to design flexure hinges[J]. Machine Design, 1965, 37: 151-156.

[57] SMITH S T, BADAMI V G, DALE J S, et al. Elliptical flexure hinges [J]. Review of Scientific Instruments, 1997, 68(3): 1474-1483.

[58] LOBONTIU N, PAINE J S N, GARCIA E, et al. Design of symmetric conic-section flexure hinges based on closed-form compliance equations [J]. Mechanism and Machine Theory, 2002, 37(5): 477-498.

[59] FRIEDRICH R, LAMMERING R, HEURICH T. Nonlinear modeling of compliant mechanisms incorporating circular flexure hinges with finite beam elements[J]. Precision Engineering, 2015, 42: 73-79.

[60] YONG Y K, LU T F, HANDLEY D C. Review of circular flexure hinge design equations and derivation of empirical formulations[J]. Precision Engineering, 2008, 32(2): 63-70.

[61] WU Y F, ZHOU Z Y. Design calculations for flexure hinges[J]. Review of Scientific Instruments, 2002, 73(8): 3101-3106.

[62] WANG R Q, ZHOU X Q, ZHU Z W. Development of a novel sort of exponent-sine-shaped flexure hinges[J]. Review of Scientific Instruments, 2013, 84(9): 095008.

[63] SHEN Y P, CHEN X D, JIANG W, et al. Spatial force-based non-prismatic beam element for static and dynamic analyses of circular flexure hinges in compliant mechanisms[J]. Precision Engineering, 2014, 38(2): 311-320.

[64] JENSEN B D, HOWELL L L. The modeling of cross-axis flexural pivots [J]. Mechanism and Machine Theory, 2002, 37(5): 461-476.

[65] HOWELL L L, MIDHA A. Parametric deflection approximations for end-loaded, large-deflection beams in compliant mechanisms[J]. Journal of Mechanical Design, ASME, 1995, 117(1): 156-165.

[66] 张爱梅, 陈贵敏, 贾建援, 等. 基于完备椭圆积分解的交叉簧片式柔性铰链大挠度建模[J]. 机械工程学报, 2014, 50(11): 80-85.

[67] ZHANG A M, CHEN G M. A comprehensive elliptic integral solution to the large deflection problems of thin beams in compliant mechanisms[J]. Journal of Mechanisms and Robotics, 2013, 5(2): 21006.

[68] AWTAR S, SLOCUM A H, SEVINCER E. Characteristics of beam-based flexure modules[J]. Journal of Mechanical Design, 2007, 129(6): 625.

[69] SEN S, AWTAR S. Nonlinear strain energy formulation of a generalized bisymmetric spatial beam for flexure mechanism analysis[J]. Journal of Mechanical Design, 2014, 136(2): 21002.

[70] ZHAO H Z, BI S S. Stiffness and stress characteristics of the generalized cross-spring pivot[J]. Mechanism and Machine Theory, 2010, 45(3): 378-391.

[71] ZHAO H Z, BI S S. Accuracy characteristics of the generalized cross-spring pivot [J]. Mechanism and Machine Theory, 2010, 45(10): 1434-1448.

[72] MA F L, CHEN G M. Modeling large planar deflections of flexible beams in compliant mechanisms using chained beam-constraint-model [J]. Journal of Mechanisms and Robotics, 2016, 8: 21018.

[73] 李茜, 余跃庆, 常星. 基于2R伪刚体模型的柔顺机构动力学建模及特性分析[J]. 机械工程学报, 2012(13): 40-48.

[74] SU H J. A pseudorigid-body 3R model for determining large deflection of cantilever beams subject to tip loads[J]. Journal of Mechanisms and Robotics, 2009, 1(2): 1-9.

[75] SEN S, AWTAR S. A closed-form nonlinear model for the constraint characteristics of symmetric spatial beams[J]. Journal of Mechanical Design, 2013, 135(3): 31003.

[76] 朱慈勉, 吴维华, 陈栋. TL 法和 UL 法对刚架弹性大位移分析的适用性[J]. 力学季刊, 2001, 22(1): 104-111.

[77] BATHE K J, BOLOURCHI S. Large displacement analysis of three-dimensional beam structures [J]. International Journal for Numerical

Methods in Engineering，1979，14(7)：961-986.

[78] 程进，江见鲸，肖汝诚,等. 改进的 UL 列式法及在几何非线性分析中的应用[J]. 力学与实践，2003，25(2)：35-37.

[79] 王涛，沈锐利. 基于动力非线性有限元法的索-梁相关振动研究[J]. 振动与冲击，2015，34(5)：159-167.

[80] 陈政清. 梁杆结构几何非线性有限元的数值实现方法[J]. 工程力学，2014(6)：42-52.

[81] 古雅琦，王海龙，杨怀宇. 一种大变形几何非线性 Euler-Bernoulli 梁单元[J]. 工程力学，2013(6)：11-15.

[82] YONG Y K, LU T F. Kinetostatic modeling of 3-RRR compliant micro-motion stages with flexure hinges[J]. Mechanism and Machine Theory，2009，44(6)：1156-1175.

[83] ROUHANI E, NATEGH M J. An elastokinematic solution to the inverse kinematics of microhexapod manipulator with flexure joints of varying rotation center[J]. Mechanism and Machine Theory，2016，97：127-140.

[84] LI H Y, HAO G B. Constraint-force-based approach of modelling compliant mechanisms：Principle and application［J］. Precision Engineering，2017，47：158-181.

[85] WANG S C, XU Q S. Design and analysis of a new compliant XY micropositioning stage based on Roberts mechanism[J]. Mechanism and Machine Theory，2016，95：125-139.

[86] YUN Y, LI Y M. Optimal design of a 3-PUPU parallel robot with compliant hinges for micromanipulation in a cubic workspace[J]. Robotics and Computer-Integrated Manufacturing，2011，27(6)：977-985.

[87] CHEN W H, YANG J, GUO L, et al. Disturbance-observer-based control and related methods - an overview[J]. IEEE Transactions on Industrial Electronics，2015，63(2)：1083-1095.

[88] OH S, KONG K. Two-degree-of-freedom control of a two-link manipulator in the rotating coordinate system[J]. IEEE Transactions on Industrial Electronics，2015，62(9)：5598-5607.

[89] SU J Y, CHEN W H, YANG J. On relationship between time-domain and frequency-domain disturbance observers and its applications［J］. Journal of Dynamic Systems，Measurement，and Control，2016，138(9)：91013.

[90] BHAGAT U, SHIRINZADEH B, CLARK L, et al. Experimental

investigation of robust motion tracking control for a 2-DOF flexure-based mechanism[J]. IEEE/ASME Transactions on Mechatronics，2014，19 (6)：1737-1745.

[91] ACER M，ŞABANOVIÇ A. Design，kinematic modeling and sliding mode control with sliding mode observer of a novel 3-PRR compliant mechanism [J]. Advanced Robotics，2016，30(17-18)：1228-1242.

[92] EDARDAR M，TAN X，KHALIL H K. Design and analysis of sliding mode controller under approximate hysteresis compensation[J]. IEEE Transactions on Control Systems Technology，2015，23(2)：598-608.

[93] XU Q S. Precision motion control of piezoelectric nanopositioning stage with chattering-free adaptive sliding mode control[J]. IEEE Transactions on Automation Science and Engineering，2016，14(1)：1-11.

[94] 闫鹏，张震，郭雷，等. 超精密伺服系统控制与应用[J]. 控制理论与应用，2014，31(10)：1338-1351.

[95] LIU P B，YAN P，ZHANG Z，et al. Modeling and control of a novel X-Y parallel piezoelectric-actuator driven nanopositioner ［J］. ISA Transactions，2015，56：145-154.

[96] LIU P B，YAN P，ZHANG Z，et al. Flexure-hinges guided nano-stage for precision manipulations：Design，modeling and control ［J］. International Journal of Precision Engineering & Manufacturing，2015，16 (11)：2245-2254.

[97] CORRADINI M L，FOSSI V，GIANTOMASSI A，et al. Minimal resource allocating networks for discrete time sliding mode control of robotic manipulators[J]. IEEE Transactions on Industrial Informatics，2012，8(4)：733-745.

[98] ROSSOMANDO F G，SORIA C，CARELLI R. Adaptive neural dynamic compensator for mobile robots in trajectory tracking control[J]. IEEE Latin America Transactions，2011，9(5)：593-602.

[99] LE T D，KANG H J，SUH Y S. Chattering-free neuro-sliding mode control of 2-DOF planar parallel manipulators[J]. International Journal of Advanced Robotic Systems，2013，10：1-15.

[100] SONG W K，XIAO J L，WANG G，et al. Dynamic velocity feed-forward compensation control with RBF-NN system identification for industrial robots[J]. Transactions of Tianjin University，2013，19(2)：118-126.

[101] 王三秀，徐建明. 基于神经网络的机器人鲁棒跟踪控制[J]. 机械设计与

制造，2012(6)：148-150.

[102] HE W，DONG Y T，SUN C Y. Adaptive neural network control of unknown nonlinear affine systems with input deadzone and output constraint[J]. ISA Transactions，2015，58：96-104.

[103] BATTINI J M，PACOSTE C. Plastic instability of beam structures using co-rotational elements [J]. Computer Methods in Applied Mechanics & Engineering，2002，191(51)：5811-5831.

[104] NGUYEN D K. Large displacement behaviour of tapered cantilever Euler-Bernoulli beams made of functionally graded material[J]. Applied Mathematics and Computation，2014，237：340-355.

[105] CRISFIELD M A. Nonlinear finite element analysis of solids and structures vol. 1：Essentials[M]. New York：John Wiley & Sons，1991.

[106] DU X W，SUN G，SUN S S. Piecewise linear constitutive relation for pseudo-elasticity of shape memory alloy (SMA)[J]. Materials Science and Engineering A，2005，393(1-2)：332-337.

[107] ZBICIAK A. Dynamic analysis of pseudoelastic SMA beam [J]. International Journal of Mechanical Sciences，2010，52(1)：56-64.

[108] ZAK A J，CARTMELL M P，OSTACHOWICZ W M，et al. One-dimensional shape memory alloy models for use with reinforced composite structures[J]. Smart Materials and Structures，2003，12(3)：338-346.

[109] 吴昀泽. 形状记忆合金的力学性能与本构模型研究[D]. 广州：华南理工大学，2012.

[110] AURICCHIO F. A robust integration-algorithm for a finite-strain shape-memory-alloy superelastic model[J]. International Journal of Plasticity，2001，17(7)：971-990.

[111] BRINSON L C. One-dimensional constitutive behavior of shape memory alloys：Thermomechanical derivation with non-Constant material functions and redefined martensite internal variable[J]. Journal of Intelligent Material Systems and Structures，1993，4：229-242.

[112] REN W J，LI H N，SONG G B. A one-dimensional strain-rate-dependent constitutive model for superelastic shape memory alloys[J]. Smart Materials and Structures，2007，16(1)：191-197.

[113] NIU X B，LIU K P，ZHANG Y D，et al. Multiobjective optimization of multistage synchronous induction coilgun based on NSGA－Ⅱ[J]. IEEE

Transactions on Plasma Science，2017，45（7）：1622-1628.

[114] KHIAVI A K, MOHAMMADI H. Multiobjective optimization in pavement management system using NSGA－Ⅱ method[J]. Journal of Transportation Engineering Part B：Pavements，2018，144（2）:4018016.

[115] VERDEJO H, GONZALEZ D, DELPIANO J, et al. Tuning of power system stabilizers using multiobjective optimization NSGA－Ⅱ[J]. IEEE Latin America Transactions，2015，13（8）：2653-2660.

[116] CHOI Y J, SREENIVASAN S V, CHOI B J. Kinematic design of large displacement precision XY positioning stage by using cross strip flexure joints and over-constrained mechanism[J]. Mechanism and Machine Theory，2008，43（6）：724-737.

[117] CHEN G M, SHAO X D, HUANG X B. A new generalized model for elliptical arc flexure hinges[J]. Review of Scientific Instruments，2008，79（9）：95103.

[118] IVANOV I, CORVES B. Stiffness-oriented design of a flexure hinge-based parallel manipulator[J]. Mechanics Based Design of Structures and Machines，2014，42（3）：326-342.

[119] YANG M, DU Z J, DONG W. Modeling and analysis of planar symmetric superelastic flexure hinges[J]. Precision Engineering，2015，46：177-183.

[120] ZELENIKA S, MUNTEANU M G, DE BONA F. Optimized flexural hinge shapes for microsystems and high-precision applications[J]. Mechanism and Machine Theory，2009，44（10）：1826-1839.

[121] DE BONA F, MUNTEANU M G. Optimized flexural hinges for compliant micromechanisms[J]. Analog Integrated Circuits and Signal Processing，2005，44（2）：163-174.

[122] WANG R Q, ZHOU X Q, ZHU Z W, et al. Development of a novel type of hybrid non-symmetric flexure hinges[J]. Review of Scientific Instruments，2015，86（8）：85003.

[123] XU L M, CHEN Q H, HE L Y, et al. Kinematic analysis and design of a novel 3T1R 2-（PRR）2RH hybrid manipulator[J]. Mechanism and Machine Theory，2017，112：105-122.

[124] STOUGHTON R S, ARAI T. A modified stewart platform manipulator with improved dexterity[J]. IEEE Transactions on Robotics and Automation，1993，9（2）：166-173.

[125] HASSANZADEH I, MOOSAPOUR S S, MANSOURI A S. Implementation and investigation of internet-based teleoperation of a

mobile robot using wave variable approach[J]. Proceedings of the Institution of Mechanical Engineers, Part I: Journal of Systems and Control Engineering, 2010, 224(4): 471-477.

[126] ZHANG J Z, CHENG M. A real time testing system for wind turbine controller with xPC target machine[J]. International Journal of Electrical Power and Energy Systems, 2015, 73: 132-140.

[127] SHAN Y, LI W J, WEI J W. Real-time simulation experiment platform for braking pressure of vehicle based on xPC target[J]. International Journal of Control and Automation, 2014, 7(1): 339-346.

[128] LIN F J, CHEN S Y, SHYU K K, et al. Intelligent complementary sliding-mode control for lusms-based X-Y-Θ motion control stage[J]. IEEE Transactions on Ultrasonics, Ferroelectrics, and Frequency Control, 2010, 57(7): 1626-1640.

[129] LIN F J, SHIEH P H, CHOU P H. Robust adaptive backstepping motion control of linear ultrasonic motors using fuzzy neural network [J]. IEEE Transactions on Fuzzy Systems, 2008, 16(3): 676-692.

[130] LIN F J, HUNG Y C, CHEN S Y. Field-programmable gate array-based intelligent dynamic sliding-mode control using recurrent wavelet neural network for linear ultrasonic motor[J]. IET Control Theory & Applications, 2010, 4(9): 1511-1532.

[131] CUI R X, CHEN L P, YANG C G, et al. Extended state observer-based integral sliding mode control for an underwater robot with unknown disturbances and uncertain nonlinearities[J]. IEEE Transactions on Industrial Electronics, 2017, 64(8): 6785-6795.

[132] ZHANG Y L, XU Q S. Adaptive sliding mode control with parameter estimation and kalman filter for precision motion control of a piezo-driven microgripper[J]. IEEE Transactions on Control Systems Technology, 2016, 25(2): 728-735.

[133] AL-GHANIMI A, ZHENG J C, MAN Z H. Robust and fast non-singular terminal sliding mode control for piezoelectric actuators[J]. IET Control Theory & Applications, 2015, 9(18): 2678-2687.

[134] CHALANGA A, KAMAL S, BANDYOPADHYAY B. A new algorithm for continuous sliding mode control with implementation to industrial imulator setup[J]. IEEE/ASME Transactions on Mechatronics, 2015, 20(5): 2194-2204.

[135] WANG J X, LI S H, YANG J, et al. Finite-time disturbance observer based non-singular terminal sliding-mode control for pulse width

modulation based DC-DC buck converters with mismatched load disturbances[J]. IET Power Electronics, 2016, 9(9): 1995-2002.

[136] SHTESSEL Y B, SHKOLNIKOV I A, LEVANT A. Smooth second-order sliding modes: Missile guidance application[J]. Automatica, 2007, 43(8): 1470-1476.

[137] YU S H, YU X H, SHIRINZADEH B, et al. Continuous finite-time control for robotic manipulators with terminal sliding mode [J]. Automatica, 2005, 41: 1957-1964.

[138] BHAT S P, BERNSTEIN D S. Geometric homogeneity with applications to finite-time stability [J]. Mathematics of Control, Signals, and Systems, 2005, 17(2): 101-127.

[139] VATANKHAH B, FARROKHI M. Nonlinear model-predictive control with disturbance rejection property using adaptive neural networks[J]. Journal of the Franklin Institute, 2017, 354(13): 5201-5220.

[140] LUM G Z, TEO T J, YANG G L, et al. Integrating mechanism synthesis and topological optimization technique for stiffness-oriented design of a three degrees-of-freedom flexure-based parallel mechanism [J]. Precision Engineering, 2015, 39: 125-133.

[141] KOZUKA H, ARATA J, OKUDA K, et al. A compliant-parallel mechanism with bio-inspired compliant joints for high precision assembly robot[J]. Procedia CIRP, 2013, 5: 175-178.

[142] ARENDS J T, VOSS K, HAKVOORT W, et al. Kinematic calibration of a six DOF flexure-based parallel manipulator [C]//ECCOMAS Thematic Conference on Multibody Dynamics. Prague: IUTAM, 2017: 199-211.

[143] ZHANG L L, YAN P. Design of a parallel $XY\theta$ micro-manipulating system with large stroke[J]. Proceedings of the 28th Chinese Control and Decision Conference, CCDC 2016, 2016: 4775-4780.

[144] LIU H, XIE X, TAN R Y, et al. Compact design of a novel linear compliant positioning stage with high out-of-plane stiffness and large travel[J]. Proceedings of the Institution of Mechanical Engineers, Part C: Journal of Mechanical Engineering Science, 2018, 232 (12): 2265-2279.

第 5 章

基于柔顺放大机构的压电驱动器设计与控制研究

高 精度驱动技术是现代高端精密装备的重要支撑技术,随着精密设备应用的普及,行程放大压电驱动系统因其结构简单、构型多样、控制容易等优点逐渐受到学者的重视。提高放大倍数是增大行程放大压电驱动系统行程的主要方式。但是,由于柔性铰链轴漂的存在,传统放大机构存在放大倍极限问题;多级放大器虽然可以提高放大倍数,但难以兼顾结构尺寸的矛盾,且放大级数过多不仅不会增加放大倍数,还会降低系统动态特性。为了解决这一问题,本章开展了基于行程放大机构的大行程压电驱动系统及其控制技术的研究。从运动刚度出发,深入探讨行程放大机构系统刚度与放大倍数和能量效率关系等问题,研究大行程高效率的行程放大压电驱动系统设计及其控制方法,将行程放大压电驱动系统有效行程提高到毫米级范围。

本章首先从机构学角度对三角放大机构和杠杆放大机构进行构型分析,将其分别简化为串联柔性链和并联柔性链。利用柔度矩阵描述柔性链的弹性变形,通过 D－H 矩阵变换规则推导柔性链关键点的力位计算公式,获得柔性链运动学和静力学通用模型。动力学方面,利用拉格朗日法建立放大机构动力学方程,采用等效刚度和等效质量计算结构固有频率。利用通用模型,比较二级桥式放大机构和二级杠杆放大机构的运动性能和负载特性,分析柔性铰链切口形状、结构参数对放大倍数的影响。

　　然后探讨了传统铰链和柔性铰链运动传递方式的异同,针对柔性铰链存在运动刚度的特点,探究运动刚度对行程放大机构工作性能的影响,提出了以混合铰链、混合材料及参数优化为主要手段,以系统刚度分析为指导思想,以运动性能和动力学性能优化为核心目标的行程放大机构运动刚度设计方法。利用该方法,分析了二级柔性放大机构的系统刚度,得到放大倍数和刚度比之间的内在关系。在此基础上,利用混合铰链改进了经典的二级桥式放大机构,将其相对放大倍率提高到 0.9 以上。考虑到平面放大机构的结构紧凑性,提出了基于混合铰链的桥式－杠杆二级放大机构,通过有限元仿真和样机实验证明了其在放大倍数和结构紧凑上的优越性。为了提高柔性放大机构的能量效率,从系统刚度分析出发,分析了运动刚度与能量效率的关系,探讨了通过刚度配置提高能量效率的可行性,提出了基于负刚度机构的高效行程放大机构概念,并设计出了能量效率高达 80% 的行程放大压电驱动器。

　　为了进一步挖掘二级放大机构的性能潜力,在刚度分析指导下,对混合铰链型二级桥式放大机构进行多目标优化设计,综合协调放大倍数、固有频率、位移损失和负载能力等性能指标,实现 90 倍放大倍数、5 mm 运动行程,50 Hz 一阶频率和 50 N 负载能力。为了保持放大机构纳米级定位精度,引入宏微驱动概念,用次级陶瓷补偿放大效应带来的精度损失。考虑到宏微系统的多输入单输出特点,提出"宏开微闭"控制策略,利用高斯过程回归实现压电迟滞非线性的补偿,利用输入整形技术实现柔性铰链的残余振动抑制,利用双前馈＋PID 混合控制方法实现纳米级定位精度和长期稳定性。

　　最后探讨了行程放大压电驱动技术在微夹持器设计中的应用。为了解决微夹持器大行程、小结构的矛盾,将刚度分析法引入压电驱动式微夹持器的结构设

数的行程放大器是近年来压电驱动应用研究领域的热点。

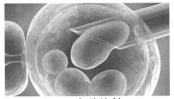  

(a) 细胞注射　　　　　　(b) MEMS装配　　　　　(c) 空间光学卫星

图 5.1　精密驱动应用领域

　　本节将从柔性铰链的运动刚度出发,提出柔性放大机构的系统刚度分析方法,深入研究限制柔性放大机构放大倍数提高的原因。利用混合铰链、混合材料和参数优化的方式设计多种行程放大驱动系统,突破放大极限限制,将行程放大驱动器的行程提升到毫米量级。针对运动刚度引起的低效率问题,利用负刚度机构构建高效率行程放大驱动器。可以预见,行程放大机构的系统刚度研究,是对大行程压电驱动系统的一次大胆拓展,是对行程放大驱动器创新设计的一次有力尝试。

5.1.2　柔顺放大机构的研究现状

1. 压电驱动技术的分类

　　压电陶瓷利用逆压电效应实现高分辨率的位移输出,具有能量密度大、响应快、低能耗、环境适应性好等特点。受到制造工艺限制,压电陶瓷输出位移只有其材料长度的 0.1%,单片压电陶瓷的输出位移往往只有数微米。当驱动行程需求为数十微米时,可将多片压电陶瓷粘合,以压电叠堆的方式驱动;当驱动行程为数百微米时,可将行程放大机构与压电叠堆配合使用,构造行程放大驱动器。行程放大器通过机构的放大效应增大压电叠堆运动范围。运动过程中,压电叠堆伸长使机构中柔性铰链形变,实现运动传递。尽管铰链的形变属于小范围变形,但放大机构末端输出位移远远大于压电叠堆自然伸长量。机构末端位移与压电叠堆伸长量之比称为机构放大倍数,是衡量放大机构放大性能的主要性能指标。根据机构放大原理的不同,行程放大机构可分为桥式放大机构和杠杆放大机构。当驱动行程进一步增加,达到数毫米时,就需要采用压电电机驱动[15-21]。根据驱动原理的不同,压电电机可以进一步细分为超声压电驱动器、步进式压电驱动器和粘滑式压电驱动器。压电叠堆驱动器和行程放大驱动器统称为直动式压电驱动器,其特点是结构简单、成本低、出力大;压电电机通过摩擦力带动动子运动,可以兼顾大行程和高精度,然而和直动式压电驱动器相比,压电电机具有结构复杂、成本高、寿命短、出力小等缺点,因此在行程范围内,通常首选压电直驱式驱动器。图 5.2 所示为压电驱动技术主要分类。

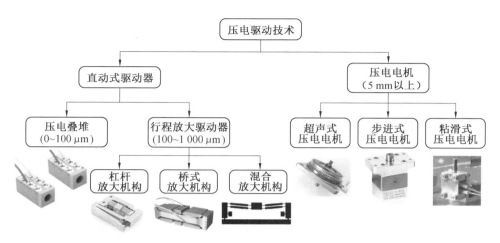

图 5.2　压电驱动技术主要分类

2. 桥式放大机构研究现状

桥式放大机构利用三角放大原理实现位移放大,因其结构紧凑、对称性好、易加工等特点,成为工程上最常用的放大机构之一。由于柔性铰链寄生变形,因此桥式放大机构侧向刚度往往较差。澳门大学徐青松[22]为了增加桥式放大机构的侧向刚度,将经典桥式放大机构的单臂换成如图 5.3(a)所示的平行双臂,利用平行四边形平动特性,增强桥式放大机构抵抗非运动方向外力的能力。通过模型优化和实验研究,双臂桥式放大机构放大倍数可达 12 倍,一阶固有频率为74.1 Hz。同样是增加非运动方向的抗干扰能力,韩国的 Kim 等人[23]在传统桥式放大机构外围设置一个桥式放大机构,使两机构桥臂构成对称闭环,结构上则实现并联连接,如图 5.3(b)所示。该机构包络尺寸为 120 mm×120 mm×15 mm,放大倍数为 16 倍,一阶固有频率为 83 Hz。韩国机械与材料研究所的Choi 等人[24]则关注了放大倍数的出力问题。根据能量守恒可知,行程放大的同时,机构出力会相应减小,为了解决这个问题,Choi 教授将两个桥式放大机构并联连接,并将连接处作为平台输出端,使机构输出力增大的同时,也改善了侧向刚度,如图 5.3(c)所示。实验结果显示,系统放大倍数为 12.8 倍,控制带宽为40 Hz,最小分辨率为 50 nm。

传统桥式放大机构往往只用一个压电陶瓷驱动。近年来,有学者从驱动形式出发,研究了一系列多驱动模式的桥式放大机构,以获得不同的驱动性能,如图 5.4 所示。Nabae 等人[25]将两对电磁铁放置在桥式放大机构的输入端,作为驱动系统的动力源。电磁驱动的输出力与行程呈反比关系。将电磁驱动和放大机构相结合,可以在保持驱动器高推力的同时,获得较大的行程。此外,电磁驱动器还有极高的响应速度。实验结果显示,这款电磁桥式驱动器行程可达

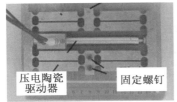

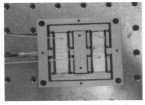

(a) 双臂桥式放大机构　　　(b) 自导向桥式放大机构　　　(c) 双桥式平行驱动平台

图 5.3　刚度增强型桥式放大器

50 μm,带宽大于 300 Hz,全行程响应时间小于 2 ms。南京航空航天大学的黄卫清等人[26]将四个压电陶瓷安装在桥式放大机构的桥臂位置,使得桥式放大机构放大陶瓷行程的同时,在平衡位置两侧实现双向主动输出。该机构在 200 V 电压驱动下可以输出(32±16) μm 的行程,对压电陶瓷位移输出的放大比为 2.4 倍。需要注意的是,这种构型会让压电陶瓷承受巨大的弯曲载荷,对陶瓷叠堆的寿命会产生不利影响。

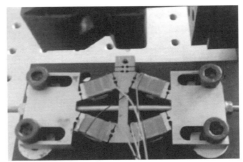

(a) 电磁驱动桥式放大机构　　　　　　　(b) 桥臂驱动桥式放大机构

图 5.4　多驱动模式的桥式放大机构

　　传统的桥式放大机构是利用三角放大原理构造出的一款经典放大机构。然而,利用三角放大原理还可以构造出其他不同构型的放大器,本节将这类放大机构统称为三角放大机构。菱形放大机构是桥式放大机构的一种简化构型。菱形放大机构的桥臂为分布柔性臂,避免了传统桥式放大机构铰链变形过程中的应力集中现象。与桥式放大机构相比,菱形放大机构工作频率高、应力小、负载能力强。蒋州等人[27]将双臂桥式放大机构的构型引入菱形放大机构,设计了双臂菱形放大机构,如图 5.5(a)所示。通过解析模型分析,双臂菱形放大机构在输出刚度和固有频率方面均有提升。将菱形放大机构的同侧桥臂进一步整合为圆弧形(月形),则可以得到椭圆放大机构,也称月形放大机构[28](图 5.5(c))或者压曲放大机构[29]。黑龙江大学的吕国辉等人[30]采用椭圆放大机构对光栅位移传感器中位移探针的微小位移进行放大,改善传感器的位移分辨率。机构放大倍数为 2,当被测量程变化为 $0\sim100$ mm 时,传感器分辨率可达 6.1 pm/mm。方小东[31]利用有限元分析软件对圆形放大机构、椭圆放大机构和菱形放大机构进行比较分析,证明菱形放大机构在这类机构中具有最佳放大能力。在该结论的基础上,研究人员设计了一款菱形放大机构驱动的二维微移动平台(图 5.5(b))。实验结果显示,该平台行程为 214 μm,驱动机构放大倍数为 5.8 倍。

(a) 双臂菱形放大机构　　　　(b) 菱形放大机构驱动的二维微移动平台

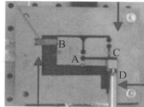

(c) 月形放大机构　　　　(d) S-R放大机构　　　　(e) 基于S-R放大机构的
　　　　　　　　　　　　　　　　　　　　　　　　　　微夹持器

图 5.5　三角放大机构

　　Scott－Russell(S－R)放大机构(图 5.5(d))是另一种常见的三角放大机构。S－R 放大机构可以看作是对四分之一桥式放大机构的改造,也是最能直接体现三角放大原理的机构,其最大特色是输出端能够保证严格的线性输出。台湾的 Chen 等人[32]在 S－R 放大机构的基础上搭建并测试了一个完整的机电耦合系统,对系统中的电路、压电迟滞和机械动力学方程进行综合建模,最后利用遗传算法对模型参数进行辨识。实验结果证明了遗传算法对这类系统辨识的有效性。澳门大学的 Ai 等人[33]利用 S－R 放大机构和杠杆放大机构对微夹持系统中的压电驱动器进行位移放大,不仅使夹持器结构紧凑,还获得了 22 倍放大倍数和 1 mm 运动行程。S－R 放大机构缺乏对称性,而且结构粗大,放大倍数低,因此实际工程中应用较少。

　　放大倍数是行程放大机构最重要的性能指标,决定着驱动系统的输出行程。多级放大是增大机构放大倍数的重要手段。Malosio 等人[34]提出了一个用于多轴并联机构精密驱动的平面二级桥式放大机构,如图 5.6(a)所示。从运动传递方式可以看出,该机构第一级是一个典型的桥式放大机构,第二级是具有三角放大作用的连杆放大机构。该机构在保持了桥式放大机构对称性和紧凑性的同时,还实现了多级放大。有限元分析结果显示,该机构最大行程为 428 μm,放大倍数为 7.13。广义二级桥式放大机构是一种平面放大机构，为了使输出位移解耦，机构输出端需要进行复杂设计，且难以一体加工。韩国的 Kim 等人[35]设计的二级桥式放大机构则是将两个传统桥式放大机构串联，通过空间布置，使两放大机构实现无耦合运动。图 5.6(b)是三维二级桥式放大机构的实物图，其放大倍数为 10，一阶固有频率为 190 Hz。此后 Kim 对该机构进行多目标参数优化，使放大倍数增加到 30 倍，固有频率达数千赫兹[36]。Wulfsberg 等人[37]将两个独立的双臂菱形放大机构的输出端固连，并将另两个输出端用菱形桥臂链接，形成多级桥式放大机构如图 5.6(c)所示。压电陶瓷位移通过第一级菱形放大机构后，传入下一级半菱形放大机构，实现二次放大。机构不仅保持了结构的紧凑和对称性，还将两个陶瓷位移放大、合成，实现更大位移的输出。秋田大学的 Muraoka 等人[38]通过分析具有蝶形凹槽的蜂巢平面结构，提出了一种蜂巢式放大单元。从运动原理来看，每个单元可以看作一个结构异化的桥式放大机构。驱动器通过一系列驱动单元串联，实现大行程输出。实验研究中，一个二单元驱动器输出行程为 410 μm，与同级别椭圆放大机构和杠杆放大机构相比，输出行程提高了一倍以上。

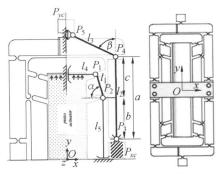

(a) 平面二级桥式放大机构

(b) 三维二级桥式放大机构

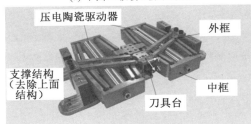

(c) 多级桥式放大机构

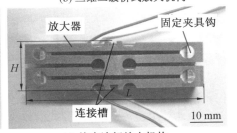

(d) 蜂窝连杆放大机构

图 5.6　多级桥式放大机构

桥式放大机构因其独特优势，在各领域得到广泛应用。韩国高等科学技术学院的 Lee 等人[39]充分利用桥式放大机构对称性特点设计了一个紧凑型桥式放大器。该机构将两个桥式放大机构平行放置,输入端固连。为了降低机构高度,每个桥式放大机构的两个桥臂充分接近,压电陶瓷放置在两机构之间。图 5.7(a)是用紧凑型桥式放大器驱动的三自由度运动平台。平台包络尺寸为 150 mm×150 mm×30 mm,可绕 x、y 轴旋转±2 mrad,沿 z 轴移动 190 μm,三个方向精度分别是 40 nrad、40 nrad、4 nm。澳门大学徐青松等人[40]采用双臂桥式放大机构驱动 xy 二维并联解耦平台,利用平行桥臂优秀的侧向刚度,避免了并联机构非运动方向外力对驱动系统带来的不利影响,如图 5.7(b)所示。平台在 117 μm×117 μm 工作空间范围内的寄生运动只有 1.5%,放大机构放大倍数为 5.85。华中科技大学的陈伟等人[41]将两个菱形放大机构并联,设计出了一个二维激光扫描仪(图 5.7(c))。该机构不仅结构紧凑小巧,而且运动范围可达 9.3°,主频为 1 242 Hz。系统在迟滞补偿器的开环控制下,线性度可达±0.5%。哈尔滨工业大学的董为等人[42]设计了一个桥式放大机构驱动的六自由度空间光学镜面拼接机构。为了使机构 6 个运动方向尽可能解耦,采用串并混合构型。该机构分为三级,针对每级驱动的不同特点和需求,采用不同形式的桥式放大机构。

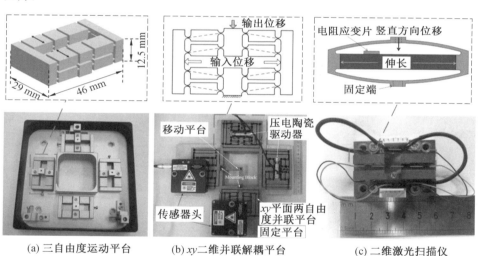

(a) 三自由度运动平台　　(b) xy 二维并联解耦平台　　(c) 二维激光扫描仪

图 5.7　桥式放大机构的应用

3. 杠杆放大机构研究现状

杠杆放大机构是通过杠杆原理实现位移放大的。与桥式放大机构相比,杠杆放大机构无对称性,结构臃肿,输出端位移耦合严重。然而,杠杆放大机构结构十分灵活,环境兼容性强,且易于构造多级放大器,因此也受到了学者的广泛关注。武汉理工大学的黄志威等人[43]利用杠杆放大机构输出端圆弧轨迹特性,通过反对称布置,将压电陶瓷输入的直线位移放大并转换为转角位移输出,如图

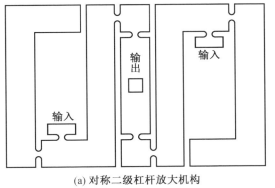

(a) 对称二级杠杆放大机构

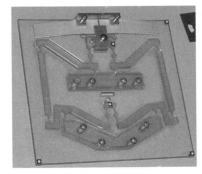

(b) 拉应力多级杠杆放大机构

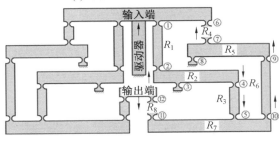

(c) 二级差动式多级杠杆放大机构

(d) 类V形铰链杠杆放大机构

图 5.8 多级杠杆放大机构

5.8(a)所示。仿真结果显示,机构直线/角位移的转化率为 4 rad / μm。尽管该设计在性能上没有明显优势,但着眼杠杆放大机构的缺点,化劣势为优势的设计思路值得借鉴。西安交通大学的陈贵敏等人[44]关注了多级杠杆放大机构的柔性铰链受力问题,提出了一种拉应力多级杠杆放大机构,如图 5.8(b)所示。通过结构的巧妙布置,这种多级放大机构运动时,所有铰链都只受拉力,不仅避免了铰链屈曲问题,还增加了机构负载能力。实验测得机构放大倍数可达 33.6 倍。李佳杰等人[45]将差动原理和杠杆放大机构相结合,设计了一款二级差动式多级杠杆放大机构(图 5.8(c)),以相对较小的结构尺寸获得较大的输出位移,实现"小结构大倍数"的设计目标。仿真结果显示,这款放大机构放大倍数可达 44 倍。华南理工大学的刘敏等人[46]研究了铰链形状对杠杆放大机构运动性能的影响,将类 V 形铰链杠杆放大机构(图 5.8(d))和普通直圆形铰链杠杆放大机构的性能进行比较。结果证明,类 V 形和直圆形铰链杠杆放大机构的放大倍数、相对寄生运动比和一阶固有频率分别为 4.38、0.31、118 Hz 和 4.52、0.33、70 Hz,表明类 V 形铰链用于杠杆放大机构有助于减小寄生运动、提高动力学性能。

杠杆放大机构因其结构灵活,结构适应性强的特点,常常被用于微操作系统的驱动器设计。澳门大学的唐辉等人[47, 48]利用差动式杠杆放大机构设计了一组用于细胞注射的差动杠杆放大机构,如图 5.9(a)所示。其中左侧单陶瓷驱动的机构实现了竖直方向的进给运动,用于细胞的注射;右侧的双陶瓷驱动的机构实现旋转运动,用于细胞的抓取和控制。受益于差动原理,两个机构的工作空间可达 3.72 mm×26.5°,结构尺寸维持在 130.3 mm×213.0 mm 以内。Zhang 等人[49]用二级杠杆放大机构构造了一个用于微装配的柔性夹持器(图 5.9(b)),其中第一级为传统杠杆放大机构,实现位移第一次放大,第二级为平行杠杆放大机构,第二次放大位移的同时输出平动位移,避免了杠杆放大机构末端的耦合运动。机构放大倍数为 6 倍,行程可达 300 μm。为了使微夹持器具有更灵活的操作性,Dsouza 等人[50]利用杠杆原理设计了一个二维微夹持器(图 5.9(c))。夹持器左臂是一个一级杠杆放大机构,提供竖直向上的运动,负责被夹持物的转动;夹持器右臂是一个二级杠杆放大机构,提供水平向左的运动,负责被夹持物的夹持操作。机构充分利用了杠杆放大机构的灵活性,保持了结构的紧凑。实验结果显示,夹持器左臂可提供 133.3 μm 行程和 4.85 倍的放大倍数;右臂的相关指标分别为 240.5 μm 和 10.0 倍。

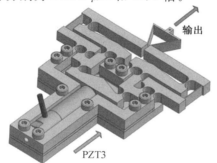
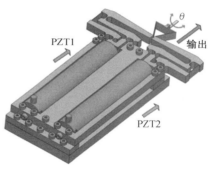

(a) 用于细胞注射的差动杠杆放大机构

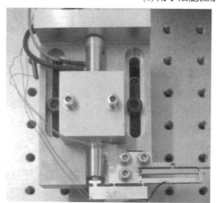
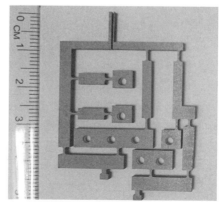

(b) 二级杠杆微夹持器　　　　(c) 三级杠杆二维微夹持器

图 5.9　杠杆放大机构在微操作领域的应用

除了微操作,精密定位是压电陶瓷驱动器的另一个重要应用领域。澳大利亚纽卡斯尔大学的 Yong 等人[51]提出了一种杠杆放大机构驱动的高速二维(xy)纳米定位平台,如图 5.10(a)所示。为了提高机械频率,尽量减少系统中的柔性单元,采用一级杠杆放大机构和片状导向器驱动平台。通过有限元软件的多次仿真迭代,设计出的样机一阶频率高达 2.7 kHz,工作空间为 25 μm×25 μm。控

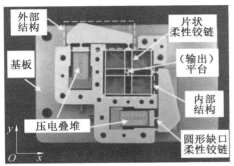

(a) 高速二维纳米定位平台

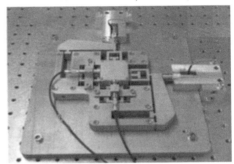

(b) 高精度二维平台

(c) 平行四边形xy二维平台

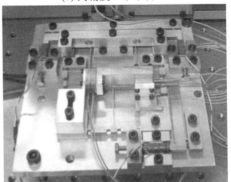

(d) 三维运动平台

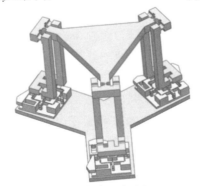

(e) 六维运动平台

图 5.10　杠杆放大机构在微定位领域的应用

制实验中,样机可精确完成 400 Hz 的高速三角波扫描测试。高性能电子显微镜对定位平台的运动范围和精度均有较高要求。为了同时提高两种指标,澳门大学的李扬民等人[52]在杠杆放大机构末端放置压电陶瓷片,通过双驱动模式同时实现大行程和高精度(图 5.10(b))。实验研究显示,平台运动范围为 119.7 μm×121.4 μm,位移分辨率为 10 nm,带宽为 831 Hz,杠杆机构放大倍数为 4.2 倍。伊利诺伊大学香槟分校的 Qing Yao 设计了一种基于平行四边形的 xy 微定位平台(图 5.10(c)),利用平行杆机构避免平台的寄生转动。通过驱动点的巧妙布置实现位移的杠杆放大效果,提高平台工作空间。实验样机的运动范围为 87 μm×87 μm,x 轴和 y 轴的工作频率分别为 563 Hz 和 536 Hz。

杠杆放大机构构型灵活多变,常常被用于多自由度的定位平台。澳大利亚的 Bhagat 等人[53]用杠杆原理搭建了一个三维运动平台,实现 x、y 轴移动和 z 轴转动,如图 5.10(d)所示。平台采用一级杠杆机构驱动,柔性梁导向,通过巧妙的构型设计,使 x 轴移动与其余两轴运动解耦。中国科技大学的 Liang 等人[54]提出了一种三支链的六维运动平台(图 5.10(e)),其驱动基本单元是一个 xy 杠杆二维平台。通过有限元分析,平台可以实现运动解耦,杠杆驱动不仅扩大平台工作空间,而且使结构紧凑。

4. 混合放大机构

桥式放大机构对称性好,无耦合运动,结构紧凑,但是构型单一;杠杆放大机构结构灵活,放大倍数高,但是耦合运动严重。混合放大机构(图 5.11)是结合三角放大原理和杠杆放大原理构造的一种多级放大机构,它可以同时继承两种放大机构的优点,不仅结构对称紧凑,构型多样,而且运动线性度好,放大倍数高,因此得到广泛应用。Juuti 等人[55]采用桥式放大机构对盘式压电陶瓷进行位移放大。为了使结构适应盘状陶瓷的空间形状,桥式放大机构输入端斜置,并通过连杆与陶瓷运动端链接,如图 5.11(a)所示。连杆不仅延长了输入端的作用点,而且与输入端连杆构成杠杆放大机构,实现位移的又一次放大。机构放大倍数达 25 倍,可在 7.2 mN 负载下实现毫米级运动。Meng 等人[56]针对同样的构型,利用虚功原理和伪刚体法分析了结构的刚度特性和运动性能,并将该构型进行集中柔度式改造。Ouyang[57]对对称五杆放大机构进行系统性的构型和参数分析。结论认为倒角型片状铰链构建的双臂五杆放大机构性能最佳。从运动学分析,该机构可以看作是杠杆放大机构和桥式放大机构结合的二级混合放大机构,如图 5.11(b)所示。实验显示,经过优化后的五杆放大机构放大倍数达 16.2 倍,固有频率为 628 Hz。因为能同时兼顾对称性、高放大比和结构灵活性,混合放大机构常被用于微夹持器的设计。天津大学的王福军等人[58,59]设计了一种三级放大微夹持器(图 5.11(c))。其中第一级为传统桥式放大机构,第二级和第三级均为杠杆放大机构。结构简洁对称,样机测试的放大倍数达 22.4 倍,一阶频率为 942 Hz,一次夹持操作时间小于 0.138 s。刘彩霞[60]采用对称五杆放大机构驱动 一个用于稳像系统的 xy 二维定位台,如图 5.11(e)所示。机构采用双压的陶瓷 分别驱动五杆放大机构中的两个杠杆放大机构,以获得双倍输出位移。

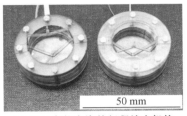

(a) 用于盘状陶瓷的行程放大机构   (b) 五杆放大机构

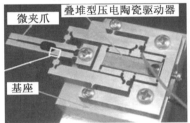

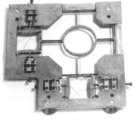

(c) 三级放大微夹持器   (d) 二级放大微夹持器   (e) xy 二维定位台

图 5.11 混合放大机构

5.1.3 柔顺放大机构建模方法

数学模型是分析和设计柔顺放大机构的基础。针对柔顺放大机构,主要的 建模方法有柔度矩阵法[61,62]、能量法[63]、旋量法[64-66]和伪刚体法[67,68]。桥式放 大机构和杠杆放大机构各自具有不同的结构特点,发展过程中,有学者针对不同 构型进行单独建模,因此,不同构型建模方法往往各不相同。

1. 桥式放大机构的建模

桥式放大机构利用三角放大原理实现位移放大,从机构学分析,可以很容易 推导机构的运动学关系,计算放大倍数[69,70]。但是这种几何分析模型没有考虑 柔性铰链的寄生运动,无法刻画极端结构尺寸下的运动学特性。此外,几何模型 忽略了柔性铰链的运动方向刚度,因此无法对机构力学特性进行分析。为了获 得精确的运动学、静力学和动力学模型,有学者提出了大量基于柔性铰链的桥式 放大机构建模方法。

Lobontiu 等人[69]首次从应变能的角度分析柔性铰链在桥式放大机构中的 静力学特性。他利用卡氏第二定律推导了桥式放大机构的静力学模型的解析表 达式。模型将柔性铰链的柔度特性和机构的结构及材料特性相结合,能够准确计算桥式放大机构的输入刚度、输出刚度和放大倍数。仿真结果显示,理论误差优于 5%。工程技术大学的 Lai 等人[71]利用同样的方法推导了椭圆放大机构的静力学模型,其误差优于 8%。然而这种方法需要对机构内力逐一分析和推导,最后的解析表达式也相对复杂。为了获得更简洁的静力学模型,马洪文等人[70]将桥式放大机构的柔性铰链简化为理想运动副和相应的线性弹簧,利用运动学原理和弹性梁理论得到了放大倍数的解析表达式。该模型成功刻画了桥式放大机构在极端条件下的放大极限现象,并准确预测放大极限出现的位置。长春光机所的 Qi 等人[72]通过对四分之一桥臂的运动分析,结合片状铰链柔度矩阵因子,推导出了更为简洁的桥式放大机构放大倍数计算公式。该公式显示,桥式放大机构的放大倍数与柔性铰链的材料和厚度无关。然而 Qi 在推导过程中代入了片状铰链的柔度表达式,因此公式只适用于片状铰链的桥式放大机构分析。此后,山东大学的 Liu 等人[73]在该公式基础上加上负载力分析,扩大了公式的使用范围。凌明祥等人[74]关注了桥式放大机构模型的简洁性和普适性,对经典桥式放大机构和菱形放大机构进行比较分析,利用能量守恒定律和弹性梁理论建立了两种机构的静力学模型。模型结果显示了两种机构在力学特性上的差异。李佳杰[75]致力于平面柔顺放大机构的自动建模方法研究,他分别采用图论和矩阵法作为运动学描述工具,利用柔度矩阵刻画柔性铰链弹性变形,通过计算机程序实现建模过程中公式自动推导。

上述理论模型是建立在柔性铰链小变形条件下的线性范围内讨论的。由于铰链几何非线性的存在,线性假设只是分析模型的一种近似。Friedrich 等人[76]提出了一种基于有限元方法的柔性铰链静动态特性的建模方法,通过采用高阶梁单元和埃尔米特插值来满足不同截面形式的要求,大幅减少铰链建模过程中的单元数量。模型用于桥式机构力学模型的建立,计算所得放大倍数误差优于 1%,固有频率误差优于 4%。陈为林等人[77]考虑了柔性铰链的剪切作用与几何非线性,通过能量法、有限单元法与数值拟合,对桥式机构的输入输出关系进行半解析建模,实现了非线性结果的快速预测,并利用非线性模型对机构的结构参数进行优化。有限元分析结果显示,优化结果误差均在 5% 以内。刘小院[78]利用多柔体动力学对桥式放大机构进行建模分析。模型不仅考虑了铰链非运动方向变形,而且将结构杆件也视为柔性体。模型计算了桥式放大机构前六阶模态的固有频率,其中前五阶模态误差优于 10%。

桥式放大机构建模方法多种多样。按精确度从粗糙到精细,分别是几何模型、小变形条件下的线性模型、大变形条件下的非线性模型。其中小变形模型虽然形式各异,但其精度更多取决于铰链柔度矩阵的精度。

2. 杠杆放大机构的建模

杠杆放大机构是通过杠杆放大原理实现位移放大的。如果不考虑柔性铰链刚度和寄生变形,其放大倍数等于长臂与短臂之比。周凯等人[79]提出了一种二级杠杆放大机构驱动的 xy 运动平台,并利用杠杆定理计算出其理想放大倍数为 8.3 倍。与有限元分析结果 5.5 倍相比,其偏差达 50%。Shen 等人[80]研究了铰链布置形式对杠杆放大机构运动特性的影响,他们利用有限元仿真的方法,对同一种二级杠杆放大机构在不同铰链布置情况下的放大倍数进行比较,定性分析了铰链形变带来的位移损失。

　　上面的例子说明柔性铰链的寄生变形同样会对杠杆放大机构运动产生严重影响。要准确刻画杠杆放大机构的运动学和静力学特征,需要将柔性铰链的弹性变形考虑到模型当中。Choi 等人[81]利用拉格朗日方法和柔度矩阵建立了多级杠杆放大机构的通用公式,计算机构的放大倍数和固有频率均高。在该公式的基础上,通过多目标优化方法设计了一个对称二级杠杆放大机构。实验证明,与杠杆定理相比,通用公式更加准确和有效。郑洋洋等人[82]将工程中的传递矩阵概念引入机构的刚度分析中,首先将柔性杠杆放大机构模块化,并将各子单元视为柔性体,全面考虑其轴向、剪切和弯曲等变形,求解各子单元柔性体的传递矩阵,然后通过传递矩阵将各子单元组合,最后根据力平衡建立柔性微动机构输入力和输出位移之间的关系模型。由于该方法考虑了各单元的多维变形,因此保证了结果的高精度。该方法在分析过程不需要求解刚柔单元变形协调方程,避免了机构全局坐标系的转换,减少了分析计算量。卢倩等人[83]研究了不同柔性铰链对杠杆放大机构放大倍数的影响。提出了一个通用的柔度比参数,衡量不同柔性铰链的输出特性,然后以柔性铰链的柔度比为基本参数,推导二级杠杆放大机构放大率的理论计算方法,并依据柔性铰链的柔度比特性提出了杠杆放大机构的优化设计方法。实验表明,依据柔性铰链的柔度比 λ 对柔性放大机构进行优化设计能够提高杠杆放大机构的放大倍数和工作行程。沈剑英等人[84]通过计算柔性铰链转动中心偏移的方式,在几何模型中矫正柔性铰链带来的运动学误差。虽然这种方式可以将放大倍数计算误差控制在 2% 以内,但是分析过程繁杂,且难以进一步推广到静力学和动力学的分析模型中。

　　杠杆放大机构结构灵活,常常是以多级结构出现的。加利福尼亚大学的 Su 等人[85]探究了多级杠杆放大机构的建模方法。他们将单级杠杆放大机构看作一个基本模块,并分析了各级模块间刚度与放大倍数的关系。通过模型分析,二、三级的杠杆放大机构更容易获得最大放大倍数。Jouaneh 等人[86]探究了铰链轴向变形与多级杠杆放大机构位移损失的关系,针对柔性杠杆放大机构建立了静力学模型,将杠杆的输出位移和运动刚度作为联系各级机构的变量,获得机构整体的力位关系。

　　通过上述分析可以看出,杠杆放大机构构型灵活多样,模型的通用性是建模研究的重点。此外,杠杆放大机构模型精度主要受铰链轴向变形影响,因此线性模型已经足够对机构性能进行精确预测。

5.1.4 压电陶瓷控制方法

行程放大机构扩大了压电陶瓷的运动行程,一定程度上兼顾了微驱动器大行程和高精度的性能需求。然而,放大机构实现位移放大的同时,也增加了压电陶瓷迟滞非线性程度,造成系统精度下降,甚至出现控制系统的不稳定。因此,研究消除压电陶瓷迟滞非线性的控制方法,对行程放大驱动系统运动性能的提升具有重要意义。

1. 基于迟滞模型的控制方法

利用迟滞非线性逆模型对迟滞系统进行前馈补偿,是最直观的迟滞控制方法。迟滞前馈补偿控制原理如图 5.12 所示。首先建立迟滞系统的数学模型,再对迟滞模型求解得到迟滞的逆模型 H^{-1},然后对期望输出位移 y_r 进行反解,得到补偿输入电压 U,以此来驱动压电陶瓷执行器。

图 5.12　迟滞前馈补偿控制原理

从理论上讲,迟滞前馈补偿能够消除迟滞非线性对压电驱动系统的影响,使现有的线性控制方法可以直接对其实施精确控制,因此在压电陶瓷的控制领域得到了很多学者的研究关注。从补偿原理不难看出,逆补偿控制的精度取决于迟滞模型和逆模型的精度,迟滞前馈控制的研究重点就是找到间接而精确的迟滞模型。林盛隆[87]采用多项式迟滞模型对高频 xy 柔顺精密平台进行前馈控制,该模型由线性表达式和二次项表达式组成,结构简单、参数少,可获得解析逆模型,且参数可通过线性拟合获得,无须通过多目标优化进行参数辨识。美国托莱多大学的 Yu 等人[88]将描述磁效应的 Preisach 模型用来模拟压电陶瓷的迟滞曲线,并探讨了该模型在压电迟滞曲线中的实用性,提出了模型的几何解释和数值实现方法。一方面 Preisach 模型在模拟压电陶瓷叠堆执行器的迟滞现象时具有精度高的优点;但另一方面,Preisach 模型参数较多,在线参数辨识困难,在实时高速控制压电陶瓷叠堆执行器时,缺点明显。谷国迎等人[89-91]对传统的 Prandtl－Ishlinskii(P－I)模型进行改进,提出了一种可以描述非对称迟滞曲线的增强型 P－I 模型。实验证明,与传统 P－I 模型相比,增强型 P－I 模型精度提高了 3 倍以上。朱炜等人[92-94]研究了 Bouc-Wen 迟滞模型的非对称改造方法,采用该迟滞模型表征压电陶瓷叠堆执行器的迟滞现象,并提出不依赖压电陶瓷叠堆执行器的动态特性的 Bouc-Wen 数学模型和相应的参数辨识方法。

上述模型都是建立在确定的数学模型上,通过参数辨识实现对压电迟滞曲线的精确刻画。但是压电迟滞曲线不仅是非对称的,且与频率和幅值相关,因此模型精确性和复杂性往往同步增加,而逆模型的求解也会耗费大量精力。随着机器学习技术的发展,越来越多的学者利用回归模型模拟压电迟滞曲线。神经网络具有很强的能够逼近非线性函数的能力,是最早用来对压电陶瓷叠堆执行器进行建模的机器学习方法之一[95-97]。张新良等人[98]使用前向神经网络逼近一种由迟滞环节和动态环节构成的压电迟滞模型,可以准确地描述压电执行器中存在的速率依赖性迟滞现象。实验结果验证了模型的有效性。然而,目前还没有普遍适用的方法确定神经网络模型结构的最佳隐层数以及每一层中最佳单元数。此外神经网络还存在严重的过拟合和局部最优问题。徐青松等人[99]将最小二乘支持向量机算法(LS−SVM)用于压电陶瓷迟滞建模,并对压电平台进行前馈补偿控制,和传统的 Bouc-Wen 模型和增强型 P−I 模型相比,LS−SVM 模型不仅精度更高,而且建模过程简单,模型适用性强,无繁杂的模型求逆过程。此后徐青松还实现了支持向量机的在线建模技术在压电驱动系统控制中的应用,增加了前馈控制的抗干扰能力[100]。

　　基于迟滞模型的控制无须反馈信息,可以用在定位精度要求不高,或者无法安装传感器的压电驱动装置中。此外,迟滞模型可以将压电驱动器变为线性控制系统,使传统的闭环控制方法也可以取得较好的控制效果。

2. 无迟滞模型的控制方法

　　单纯的迟滞补偿控制虽然可以改善压电驱动系统的控制性能,但控制精度较低,且无抗干扰能力。为了改善前馈补偿控制的不足,有学者提出了很多适用于压电迟滞系统的闭环控制方法。经典的 PID 控制器因为结构简单、实现方便,被广泛应用。但由于迟滞系统的低增益裕量问题,单纯的 PID 控制在压电驱动系统的跟踪效果较差。将迟滞前馈模型和 PID 控制结合使用是一种常用的解决办法[101]。此外,还可以将自适应算法引入 PID 控制器,实现 PID 参数自整定,增强其非线性控制能力。曾佑轩等人[102]采用自适应 PID 闭环控制算法,实现 PID 参数的在线实时调整。实验中,分别将基于 P−I 迟滞模型的前馈 PID 控制和自适应 PID 闭环控制用于同一个压电驱动平台位置控制,结果显示两者误差分别为 16.5 nm 和 5.1 nm,自适应 PID 精度优于前者。

　　自适应控制是通过在线调整控制器参数,以适应压电迟滞非线性带来的不稳定。滑模控制则是将压电迟滞看作有界干扰项,减小迟滞非线性特性对系统性能的影响。康克迪亚大学的 Su 等人[103]首次给出了变结构控制算法在迟滞补偿控制中的稳定性证明,解决了包含 Backlash-like 迟滞非线性系统的鲁棒性问题。美国密歇根州立大学的 Edardar 等人[104]采用滑模控制的原理设计了非线性跟踪控制器,在保证系统鲁棒性的条件下提高系统的定位精度。此外,徐青松[105-111]对滑膜控制技术在压电驱动系统中的应用推广也做了一系列重要工作。

5.1.5　国内外研究现状综述

通过阅读和学习国内外学者在行程放大机构和压电陶瓷控制的相关研究，可以进行如下归纳和总结。

（1）柔性放大机构的建模方法。

基于运动学的纯几何建模方法形式简洁，但忽略了柔性铰链的变形特征，预测偏差大。考虑几何非线性的半解析和数值建模方法精度极高，但是建模过程复杂，计算效率低。基于小变形假设的线性建模方法平衡了公式的简洁性和计算精度，但建模过程多样，缺乏普遍适用的建模流程和公式形式，不利于多种放大机构的对比分析。因此需要从桥式放大机构和杠杆放大机构的结构分析出发，利用柔度矩阵和简洁的矩阵转换规则，提出通用的柔性放大机构建模方法，为各种放大机构的分析、设计和优化提供数学工具。

（2）大行程放大机构的实现方法。

目前增大行程放大压电驱动器行程的方法，主要是参数优化和多级行程放大。参数优化方法可以找到该结构的最佳放大倍数，一定程度实现了放大倍数的最优设计。但行程驱动器需要兼顾多个性能指标，因此该方法对增加驱动器行程的作用有限。多级放大器可以实现位移的多级放大，提高机构放大倍数。但多级放大器结构臃肿，且级数超过二、三级后不仅不利于行程放大，且严重影响系统动态性能。因此，需要从柔性铰链运动传递的本质特性出发，研究柔性放大机构位移损失的原因，找到减小位移损失的办法，改进柔性放大机构的设计方法，进而改善行程放大机构的运动性能。此外，行程放大的同时，压电陶瓷分辨率也相应放大，如何保持超大放大倍数和行程的同时，保证压电驱动系统的定位精度也是亟待解决的问题。

（3）柔性放大机构的能量效率问题。

柔性放大机构是通过柔性铰链弹性变形实现运动传递的，这个过程需要吸收能量并转换为铰链的弹性势能。运动回复时，柔性铰链中弹性势能释放，无法有效利用。因此，行程放大压电驱动是一种低效率行程驱动系统。从前面调研内容可以看出，这个问题没有受到相关学者的注意。实际上，在某些特殊应用场合中，提高驱动器能量效率具有重要意义，例如在空间环境中，能量资源极为有限，高能量效率有助于减少能量的使用。因此需要研究增加柔性放大驱动系统能量效率的方法，设计出高效行程放大驱动器。

（4）柔性放大驱动系统的控制方法。

由于压电陶瓷，柔性放大驱动器是典型的迟滞非线性系统。目前尽管有多种数学方法可以描述迟滞现象，但是这些方法往往形式复杂，精度较低。神经网络和支持向量机虽然可以提高模型精度,但会产生过拟合,且需对超参数进行优化选择,因此有必要进一步研究压电迟滞模型的建模方法。另外,当放大驱动器的放大倍数进一步提高后,需要用额外的陶瓷片补偿定位精度,因此大行程放大压电驱动器是典型的多输入单输出控制系统。目前对于宏微驱动系统主要采用双闭环控制,将宏动部分和微动部分划分为两种相互独立的控制模式。这种方法需要模式切换,轨迹控制效果较差。根据柔性压电驱动器的系统特性,研究系统控制策略,对充分发挥其驱动性能有重要意义。

5.1.6　本章的主要研究内容

行程放大压电驱动系统的设计及其控制研究是中小行程精密驱动方法的探索方向之一,具有非常重要的理论研究意义和实际应用价值。本章将对行程放大压电驱动系统的放大倍数、能量效率、宏微控制等关键技术及其在微夹持器中的应用进行研究。主要内容如下。

(1)基于柔度矩阵的行程放大机构通用模型。

针对目前放大机构数学模型的通用性差,建模方法不统一的问题,提出一种行程放大机构通用模型,能够普遍适用于所有平面柔性放大机构。从机构学角度,对各类放大机构的拓扑构型进行分类,并分析其共性。在小变形假设下,利用铰链柔度矩阵,通过 D-H 转换规则建立放大机构的通用运动学和静力学模型。在此基础上,利用拉格朗日方程,推导机构的动力学方程。通过通用模型比较经典桥式放大机构和杠杆放大机构的运动特性及负载特性,并分析柔性铰链对两种机构放大性能的不同影响,为放大机构的设计和优化提供理论依据。

(2)基于运动刚度分析的柔顺放大机构设计。

从柔性铰链运动传递方式出发,探讨柔性铰链运动刚度对放大机构运动性能和能量效率的影响,分析放大机构位移损失和低能量效率的原因。在此基础上,提出以混合铰链、混合材料及参数优化为主要手段,以系统刚度优化为指导思想,以运动性能和动力学性能优化为核心目标的行程放大机构运动刚度设计方法。利用该方法,分别设计、改进二级桥式放大机构和桥式一杠杆放大机构。能量效率方面,利用运动刚度分析法,探讨运动刚度与能量效率的关系,分析通过刚度配置提高能量效率的方法,实现系统能量效率的提升。

(3)基于柔顺放大机构的宏微驱动系统及其控制方法。

针对行程放大压电驱动器放大倍数增大后,系统定位分辨率降低的问题,引入宏微驱动思想,利用压电陶瓷片对系统精度进行补偿,使系统同时获得毫米级行程和纳米级精度。针对宏微压电驱动系统的控制问题,采用高斯过程回归方法对压电迟滞非线性进行补偿,采用输入整形技术对柔性单元残余振动进行抑制,采用基于传统 PID 和双前馈补偿的混合控制保证系统纳米级定位精度。对于系统双输入单输出特点,提出"宏开微闭"控制策略。

(4)行程放大压电驱动技术在微夹持器中的应用。

将行程放大压电驱动技术引入微夹持器设计中,解决其大行程、小尺寸的矛盾。利用刚度分析法分析压电驱动式微夹持器系统的刚度,通过铰链个性化设计提高夹持机构的放大倍数,减小压电陶瓷长度;利用被动柔顺方法保护被夹持物安全,降低位置控制精度要求,使用高斯过程回归和输入整形技术的双前馈控制对夹爪位置开环控制,减少系统硬件复杂度,进一步减小系统尺寸;为了获得精确的恒力控制,采用前馈补偿控制+PID的混合控制;为了增强夹持瞬间的柔顺效果,采用力位切换的控制策略,使微夹持器结构尺寸减小,同时工作性能提升。

5.2   基于柔性链的柔顺放大机构通用模型

精确的数学模型是柔顺放大机构设计和分析的基础。传统的数学模型往往只适用于某一类放大机构,针对不同的构型,采用的建模原理和方法大相径庭。而某些看似简洁的数学模型,本质上是对特定柔性铰链表达式的具体简化,其适用范围非常有限。另外,基于不同原理的数学模型具有不同的理论精度,且传统模型往往忽略放大机构的负载特性,因此,无法对不同类型的放大机构进行客观的评价和分析。本节首先建立适用于桥式放大机构和杠杆放大机构的静力学模型,利用柔度矩阵法获得柔度矩阵在全局坐标系中的表达式,将桥式放大机构和杠杆放大机构简化为柔性单元和刚性单元构成的链条,并根据小变形假设获得链条中任意点的力位关系表示方法;然后在静力学模型的基础上,利用拉格朗日方法建立放大机构的动力学模型;其后利用有限元分析方法和实验研究的方法验证模型的准确性;最后利用通用模型对两种放大机构的负载特性进行比较和分析。

5.2.1   位移放大机构的几何学模型

桥式放大机构和杠杆放大机构是两种常见的行程放大机构,它们分别代表了两种主要的机构放大原理,即三角放大原理和杠杆放大原理。本节将从简单的几何学角度,推导两种放大机构的放大倍数表达式。

1. 桥式放大机构

桥式放大机构因结构紧凑、对称性好和运动精度高等诸多优点,得到了广泛的应用。其位移放大依赖著名的三角放大原理。图 5.13 所示为 Scott — Russell

机构运动过程中的三角放大原理。在 Scott－Russell 机构输入端施加位移 a 时，可在其输出端得到位移 b，当 Scott－Russell 机构中连杆与位移方向夹角 β 小于 $45°$ 时，b 大于 a，此时可以说输入位移 a 被放大为 b。为了定量分析放大机构的放大性能，定义了放大倍数，其表达式如下：

$$A_\mathrm{m} = \frac{b}{a} \tag{5.1}$$

Scott－Russell 机构运动前后，连杆在水平方向和竖直方向的投影与位移量满足如下等量关系：

$$\begin{cases} l\cos\beta - a = l\cos\beta' \\ l\sin\beta + b = l\sin\beta' \end{cases} \tag{5.2}$$

将式（5.2）中两个等式平方相加，可以消去 β，即

$$b^2 + 2l\sin\beta \cdot b + a^2 - 2la\cos\beta = 0 \tag{5.3}$$

式（5.3）是关于 b 的二次函数，利用函数求根公式，可以得到 b 的计算表达式为

$$b = \sqrt{l^2\sin^2\beta + a(2l\cos\beta - a)} - l\sin\beta \tag{5.4}$$

b 是输出位移，必定是正数，因此式（5.4）只给出了正根表达式。结合式（5.1）和式（5.4），机构的放大倍数可表示为

$$A_\mathrm{m} = \frac{\sqrt{l^2\sin^2\beta + a(2l\cos\beta - a)} - l\sin\beta}{a} \tag{5.5}$$

式（5.5）虽然提供了桥式放大机构几何放大倍数的计算方法，但是该公式形式相对复杂。

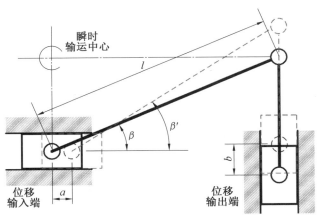

图 5.13　三角放大原理

可以从瞬时速度的角度推导 Scott－Russell 机构的放大倍数计算公式。根据刚体运动学可知，刚体上任一点的速度等于瞬时转动中心与力臂的乘积，因此图 5.13 中输入点和输出点的速度可表示为

$$\begin{cases} v_a = l_a \omega \\ v_b = l_b \omega \end{cases} \tag{5.6}$$

式中　l_a、l_b——曲柄在水平和竖直方向的投影长度。

由于点 A 和点 B 属于同一个刚体,因此其位移之比等于速度之比,即

$$A_{\mathrm{m}} = \frac{b}{a} = \frac{v_b}{v_a} \tag{5.7}$$

结合式(5.6)和式(5.7),可得 Scott－Russell 机构几何放大倍数的另一种表达形式为

$$A_{\mathrm{m}} = \frac{l_b}{l_a} = \cot(\beta) \tag{5.8}$$

与式(5.5)相比,式(5.8)更加简洁,适用于放大机构设计初期对放大倍数的快速估测。

2. 杠杆放大机构

杠杆放大机构结构简单灵活,易于构造多级放大器,实现数十倍量级的放大倍数,在工程实践中应用广泛。杠杆放大机构依赖的是杠杆原理,图 5.14 所示为杠杆放大机构原理图。

图 5.14　杠杆放大机构原理图

当杠杆输入端的输入位移为 a 时,输出端的输出位移为 b。由杠杆原理可知,杠杆末端的位移与力臂成正比,因此杠杆放大机构的放大倍数等于输出力臂与输入力臂的比值,即

$$A_{\mathrm{m}} = \frac{l_b}{l_a} \tag{5.9}$$

采用多级放大时,系统总放大倍数为各级放大倍数的乘积,即

$$A_{\mathrm{m}} = A_{\mathrm{m}1} \cdot A_{\mathrm{m}2} \cdot \cdots \cdot A_{\mathrm{m}n} \tag{5.10}$$

式中　$A_{\mathrm{m}i}$——是第 i 级放大器放大倍数,$i = 1, 2, \cdots, n$。

有趣的是,式(5.8)和式(5.9)具有完全相同的形式。这表明杠杆放大机构和三角放大机构具有某种内在的联系。实际上,如果将三角放大机构的运动瞬时中心固定,解开输入、输出滑块的导向约束,三角放大机构就变成了杠杆放大机构,杠杆放大机构也可以进行类似的逆向改造,变成三角放大机构。从这个角度来说,位移放大的本质均可归结为杠杆原理,即利用短臂"撬动"长臂,以牺牲输出力为代价,获得更大位移。

几何放大倍数是从运动学角度来刻画机构的放大性能的,它代表着这类机

构能达到的最大放大倍数。在放大机构设计初期,采用相对简单的几何放大倍数公式对机构性能进行初步预测,可以快速获得关键结构参数的取值范围,减轻后期优化设计工作量。

5.2.2　基于柔性链的放大机构通用模型

几何放大倍数公式没有考虑柔性铰链寄生变形对输出位移的影响,因此几何放大倍数与实际值具有一定误差,不能在正式设计过程中,作为性能预测的依据。此外,几何放大倍数公式无法指导柔性铰链结构参数的设计。实际上,大多数柔性铰链具有复杂的变截面,其力位关系表现出几何非线性。针对柔顺放大机构,尽管其输出位移可以达到毫米级的大行程范围,但是柔性铰链的变形量仍然属于小变形,其几何非线性对线性模型的影响并不明显。相较于非线性建模,基于柔度矩阵的线性模型可以得到解析解,计算速度快,建模过程简单,有利于后期的优化设计计算。本节将利用柔度矩阵,建立一个放大机构的通用模型,为桥式放大机构和通用放大机构的分析比较提供一个相对客观的数学工具。

1. 柔度矩阵的坐标变换

柔度矩阵描述的是柔性铰链在局部坐标系下的力位关系。随着对柔性铰链研究的深入,绝大多数柔度矩阵的解析表达式都被推导了出来,这是柔度矩阵法得以广泛应用的基础。

图 5.15 所示为柔性铰链及其坐标示意图,局部坐标系下,它可以看作是一个一端固定一端自由的悬臂梁。由胡克定律可知,柔性铰链的力位关系可以表示为

$$\boldsymbol{\varepsilon}_{\mathrm{h}} = \boldsymbol{C} \cdot \boldsymbol{F}_{\mathrm{h}} \tag{5.11}$$

式中　$\boldsymbol{\varepsilon}_{\mathrm{h}}, \boldsymbol{F}_{\mathrm{h}}, \boldsymbol{C}$——柔性铰链末端的位置向量、力向量和柔度矩阵,表达式为

$$\boldsymbol{\varepsilon}_{\mathrm{h}} = \begin{bmatrix} u_{\mathrm{h}x} & u_{\mathrm{h}y} & \theta_{\mathrm{h}z} \end{bmatrix}$$

$$\boldsymbol{F}_{\mathrm{h}} = \begin{bmatrix} f_{\mathrm{h}x} & f_{\mathrm{h}y} & m_{\mathrm{h}z} \end{bmatrix}$$

$$\boldsymbol{C} = \begin{bmatrix} c_1 & 0 & 0 \\ 0 & c_2 & c_3 \\ 0 & c_4 & c_5 \end{bmatrix}$$

系统建模时,常常需要在一个全局坐标系下,如 O_j,描述柔性铰链的力位关系。根据机器人学中的 D－H 法,坐标转换可以用转换矩阵实现。例如,位置向量和力向量在全局坐标系下,可表示为

$$\begin{cases} \boldsymbol{\varepsilon} = \begin{bmatrix} \boldsymbol{R}_{\mathrm{ho}} \end{bmatrix} \begin{bmatrix} \boldsymbol{T}_{\mathrm{ho}} \end{bmatrix} \boldsymbol{\varepsilon}_{\mathrm{h}} \\ \boldsymbol{F} = \begin{bmatrix} \boldsymbol{R}_{\mathrm{ho}} \end{bmatrix} \begin{bmatrix} \boldsymbol{T}_{\mathrm{ho}} \end{bmatrix} \boldsymbol{F}_{\mathrm{h}} \end{cases} \tag{5.12}$$

式中　$\begin{bmatrix} \boldsymbol{R}_{\mathrm{ho}} \end{bmatrix}, \begin{bmatrix} \boldsymbol{T}_{\mathrm{ho}} \end{bmatrix}$——旋转坐标转换矩阵和移动坐标转换矩阵,其形式为

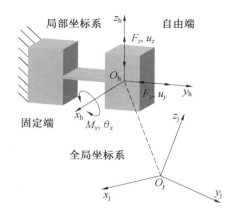

图 5.15　柔性铰链及其坐标示意图

$$[\boldsymbol{R}_{\mathrm{ho}}] = \begin{bmatrix} \cos\theta & \sin\theta & 0 \\ -\sin\theta & \cos\theta & 0 \\ 0 & 0 & 1 \end{bmatrix}, \quad [\boldsymbol{T}_{\mathrm{ho}}] = \begin{bmatrix} 1 & 0 & 0 \\ 0 & 1 & 0 \\ \Delta y & -\Delta x & 1 \end{bmatrix} \tag{5.13}$$

将式(5.12)代入式(5.11)可得,全局坐标系下柔性铰链力位关系为

$$\boldsymbol{\varepsilon} = [\boldsymbol{T}_{\mathrm{ho}}]^{\mathrm{T}} [\boldsymbol{R}_{\mathrm{ho}}]^{\mathrm{T}} \boldsymbol{C} [\boldsymbol{R}_{\mathrm{ho}}] [\boldsymbol{T}_{\mathrm{ho}}] \boldsymbol{F} \tag{5.14}$$

2. 放大机构静力学通用模型

　　柔顺机构本质上是由一系列刚性单元和柔性单元组成的柔性链。根据机构学基本理论,平面柔顺机构可以分为串联柔性链和并联柔性链,如图 5.16 所示。串联柔性链由若干个刚柔单元顺序连接,每一个前置单元的输出运动是后置单元的输入;并联柔性链则是通过至少两个独立串联链连接的闭环运动链。桥式放大机构可以看作是两个对称的串联柔性链构成的,建模时,只需要分析该串联柔性链;杠杆放大机构的支点和输入端构成了闭环链,输出端可以看作是分叉的支链,是典型的并联柔性链。接下来,就抛开两种放大机构的具体构型,从柔性链角度出发,建立平面柔顺机构的通用模型。

　　首先研究串联柔性链。根据小变形假设,串联柔性链上的任一点的位移等于相关柔性铰链在各个外力单独作用下位移的线性叠加,即

$$\varepsilon_c = \varepsilon_c^{f1} + \varepsilon_c^{f2} + \cdots + \varepsilon_c^{fi} + \cdots + \varepsilon_c^{fm} = \sum_{i=1}^{m} \varepsilon_c^{fi} \tag{5.15}$$

式中　　上标——柔性链所受到的外力;

　　　　下标——正在计算的位移点。

　　需要注意的是,相关柔性铰链指的是位移计算点和基座之间的柔性铰链。外力下计算点的位移等于相关柔性铰链位移的线性叠加,即

$$\varepsilon_c^{fi} = \varepsilon_{H_1}^{fi} + \varepsilon_{H_2}^{fi} + \cdots + \varepsilon_{H_j}^{fi} + \cdots + \varepsilon_{H_k}^{fi} = \sum_{j=1}^{k} \varepsilon_{H_j}^{fi} \tag{5.16}$$

式中　　下标——相关柔性铰链。

联立式(5.14)~(5.16),可以得到串联柔性链上任意一点的计算公式为

$$\boldsymbol{\varepsilon}_c = \sum_{i=1}^{m} \left(\sum_{j}^{k} \left[\boldsymbol{T}_{mj}\right]^{\mathrm{T}} \left[\boldsymbol{R}_{mj}\right]^{\mathrm{T}} \boldsymbol{C} \left[\boldsymbol{R}_{mj}\right] \left[\boldsymbol{T}_{mj}\right] \right) \boldsymbol{F}_m \qquad (5.17)$$

式中　　m——柔性链上外力个数;

k——不同力下,相关柔性铰链的个数。

值得注意的是,由于不同外力在柔性链上的作用点可能不同,其对应的相关柔性铰链也不同。

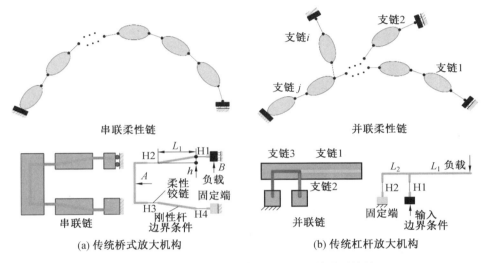

图 5.16　放大机构中的串联柔性链和并联柔性链

针对桥式放大机构,一般情况下存在两个外力,即压电陶瓷的输入力和放大机构的负载力。考虑到对称简化后的等效原则,桥式放大机构的串联柔性链上需要加上相应的导向约束,如图 5.16(a)所示。根据式(5.17),桥式柔性链的输入点和输出点位移可以表示为

$$\boldsymbol{\varepsilon}_a = \sum_{i=3}^{4} \left[\boldsymbol{T}_{i4}\right]^{\mathrm{T}} \left[\boldsymbol{R}_{i4}\right]^{\mathrm{T}} \boldsymbol{C} \left[\boldsymbol{R}_{i4}\right] \left[\boldsymbol{T}_{i4}\right] \cdot \boldsymbol{F}_a + \sum_{i=3}^{4} \left[\boldsymbol{T}_{i4}\right]^{\mathrm{T}} \left[\boldsymbol{R}_{i4}\right]^{\mathrm{T}} \boldsymbol{C} \left[\boldsymbol{R}_{i4}\right] \left[\boldsymbol{T}_{i4}\right] \cdot \boldsymbol{F}_b$$

$$(5.18)$$

$$\boldsymbol{\varepsilon}_b = \sum_{i=3}^{4} \left[\boldsymbol{T}_{i4}\right]^{\mathrm{T}} \left[\boldsymbol{R}_{i4}\right]^{\mathrm{T}} \boldsymbol{C} \left[\boldsymbol{R}_{i4}\right] \left[\boldsymbol{T}_{i4}\right] \cdot \boldsymbol{F}_a + \sum_{i=1}^{4} \left[\boldsymbol{T}_{i4}\right]^{\mathrm{T}} \left[\boldsymbol{R}_{i4}\right]^{\mathrm{T}} \boldsymbol{C} \left[\boldsymbol{R}_{i4}\right] \left[\boldsymbol{T}_{i4}\right] \cdot \boldsymbol{F}_b$$

$$(5.19)$$

式中

$$\boldsymbol{\varepsilon}_a = \begin{bmatrix} u_{\mathrm{in}} & u_{ay} & 0 \end{bmatrix}$$

$$\boldsymbol{\varepsilon}_b = \begin{bmatrix} 0 & u_{\mathrm{out}} & 0 \end{bmatrix}$$

$$F_a = \begin{bmatrix} f_{\text{in}} & 0 & 0 \end{bmatrix}$$

$$F_b = \begin{bmatrix} f_{bx} & 0 & m_{bz} \end{bmatrix}$$

上述矩阵方程中，f_{bx} 和 m_{bz} 是未知量，而边界条件可以提供 3 个齐次方程，未知数得解。最后将解得的未知数代回式（5.18）和式（5.19），可计算出输入位移 u_{in} 和输出位移 u_{out}，得到机构放大倍数。

接下来分析以杠杆放大机构为代表的并联柔性链。并联柔性链是由两条以上串联链组合而成的。小变形假设下，并联柔性链的位移等于相关柔性铰链在各个外力单独作用下位移的线性叠加。此处，相关柔性铰链指的是计算点与基座之间构成闭环的串联链。分析单独力作用下的支链位移时，可直接使用式（5.16）。根据上述分析，并联柔性链力位关系可用下式计算：

$$\varepsilon_c = \sum_k^l \sum_{i=1}^m \left(\sum_j^n [T_{mj}]^T [R_{mj}]^T C [R_{mj}] [T_{mj}] \right) F_m \tag{5.20}$$

式中　　l——支链个数。

图 5.17 所示为杠杆放大机构支链分解示意图，其为典型的一级杠杆放大机构，可分为三个串联支链。当计算输入力 F_{input} 作用下的位移关系时，相关链是支链 2 和支链 3；当计算输出力 F_{output} 作用下的位移关系时，相关链是支链 1 和支链 3。利用式（5.20），可以很容易得到一级杠杆放大机构输出点和输入点的位移表达式，然后利用约束条件建立齐次方程组求解未知数，得到放大倍数计算公式。

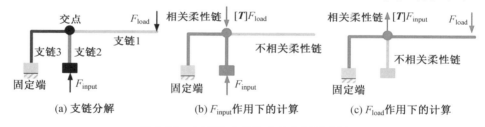

(a) 支链分解　　　　　(b) F_{input} 作用下的计算　　　　　(c) F_{load} 作用下的计算

图 5.17　杠杆放大机构支链分解示意图

这里完成了放大机构静力学通用模型的建立。实际上，串联柔性链计算式（5.17）只是式（5.20）的一个特例，当支链数 $l = 1$ 时，两式完全一样。因此式（5.20）称为柔顺放大机构的静力学通用计算模型。该通用模型可以对不同构型的放大机构进行快速建模分析。由于建模逻辑相同，不同构型的放大机构在通用模型下具有相同的系统误差，这为放大机构的性能对比提供一个客观、公平的分析平台。另外，由于这套建模方法形式简洁，建模过程逻辑清晰，非常适合用于建模软件的开发。

3. 放大机构固有频率通用模型

静力学模型描述的是柔顺机构各个关键点上的力位关系、运动特性及刚度特性。而作为驱动装置,柔顺放大机构的固有频率也是设计过程中需要关注的指标,它决定着系统的最高工作频率。另外,由于柔性铰链具有严重的应力集中现象,其运动过程中的最大应力决定着柔顺机构是否安全运行,因此也需要在设计阶段采用数学模型预测分析。

拉格朗日法是最常用的动力学建模方法。它从能量的角度出发,分析系统的动力学特性。避免了牛顿法中对所有细节的烦琐研究,在少自由动力学系统的研究中有着明显优势。

动力学分析中,所有柔性铰链都简化为一个带有运动刚度的理想运动副。从运动学角度分析,行程放大机构都只有一个自由度。为了方便描述,将输入位移 u_{in} 设为广义坐标。系统的动能可以描述为

$$T = \frac{1}{2} \left(\sum_{i=1}^{n} c_{in}^{i} m_i \right) \cdot u_{in}^2 \tag{5.21}$$

式中　m_i———刚性单元的质量或转动惯量;

　　　　c_{in}^{i}———转换系数,可表示为

$$c_{in}^{i} = \frac{u_i}{u_{in}} \tag{5.22}$$

式中　u_i———刚性单元 i 的移动或转动,这个量可以通过静力学通用计算模型式(5.20)获得。

系统势能主要体现为柔性铰链的弹性势能:

$$V = \sum_{i=1}^{n} \frac{1}{2} k_i \theta_i^2 = \frac{1}{2} \left(\sum_{i=1}^{n} c_{in}^{i} k_i \right) \cdot u_{in}^2 \tag{5.23}$$

需要注意的是,式(5.21)和式(5.23)已经通过一个转换系数,统一到广义坐标的形式。转换系数则是通过静力学公式计算获得的,因此用该方法计算的动力学精度与静力学模型精度相关。此外,动能计算过程中忽略了柔性铰链的质量,这也会为最后的结果引入误差。

将动能和势能代入拉格朗日方程,可得

$$\frac{d}{dt} \frac{\delta T}{\delta \dot{u}_{in}} - \frac{\delta T}{\delta u_{in}} + \frac{\delta V}{\delta u_{in}} = F_{in} \tag{5.24}$$

柔顺放大机构由于具有运动刚度,且在小变形下,其刚度值不变(线性),因此自由运动的动力学满足

$$M_e \ddot{q} + K_e q = 0 \tag{5.25}$$

式中

$$\begin{cases} M_e = \sum_{i=1}^{n} c_{in}^i m_i \\ K_e = \sum_{i=1}^{n} c_{in}^i k_i \end{cases} \qquad (5.26)$$

式中　M_e, K_e——系统的等效质量和等效刚度。

根据频率公式,可以得到系统运动方向上的固有频率为

$$f = \frac{1}{2\pi} \sqrt{\frac{K_e}{M_e}} = \frac{1}{2\pi} \sqrt{\frac{\sum_{i=1}^{n} c_{in}^i k_i}{\sum_{i=1}^{n} c_{in}^i m_i}} \qquad (5.27)$$

需要注意的是,式(5.27)推导过程中没有关注研究对象的具体构型,因此式(5.27)适用于所有形式的行程放大机构,是计算频率的通用模型。至此,在柔度矩阵基础上,建立了平面放大机构的动力学和静力学通用模型。为接下来的研究、分析和设计提供了有力工具。

4. 柔性铰链最大应力计算

柔性铰链是通过自身变形传递运动的,为了降低铰链运动刚度,提供铰链运动范围,大多数柔性铰链都被设计成变截面,这导致铰链运动过程中出现严重的应力集中现象。

为了减少加工裂纹导致的铰链断裂,变截面铰链最薄处往往被设计成圆弧形,根据文献[112],其变形过程中的弯曲应力与变形量的关系可描述为

$$\sigma_{max}^r = \frac{E(1+\beta)^{\frac{9}{20}}}{\beta^2 f(\beta)} \theta_{max} \qquad (5.28)$$

式中

$$f(\beta) = \frac{1}{2\beta + \beta^2} \left[\frac{3+4\beta+2\beta^2}{(1+\beta)(2\beta+\beta^2)} + \frac{6(1+\beta)}{(2\beta+\beta^2)^{\frac{3}{2}}} \arctan \left(\frac{2+\beta}{\beta} \right)^{\frac{1}{2}} \right]$$

$$\beta = \frac{t}{2r}$$

$$(5.29)$$

式中　t——柔性铰链最薄处厚度;

　　　r——圆弧切口的半径;

　　　θ_{max}——铰链的转动角度。

根据材料力学,铰链最薄处的拉伸应力可用下式计算:

$$\sigma_{max}^t = \frac{\max\{F_{in}\}}{bt} \qquad (5.30)$$

式中　　b——铰链的厚度。

如果安全系数为 n_a，则柔性铰链的应力应该满足下面不等式：

$$\sigma_{\max}^{t} + \sigma_{\max}^{r} \leqslant \frac{\sigma_y}{n_a} \tag{5.31}$$

式中　　σ_y——材料屈服应力。

5. 模型验证

本小节，将用有限元仿真和一些已发表论文中的实验结果对建立的通用模型精度进行验证。选择具有代表性的传统桥式放大机构和二级杠杆放大机构进行计算分析，两种放大机构的三维模型如图 5.18 所示。仿真时，两种放大机构结构参数如表 5.1 所示。

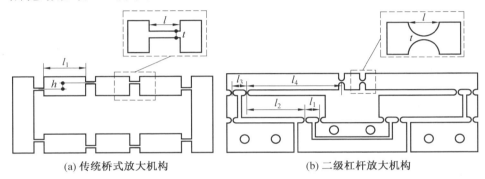

(a) 传统桥式放大机构　　　　　　　(b) 二级杠杆放大机构

图 5.18　两种放大机构的三维模型

5.1　两种放大机构结构参数

放大机构	l_1 /mm	$l_2(h)$ /mm	l_3 /mm	l_4 /mm	t /mm	l /mm	b /mm	铰链
桥式	12.5	0.3	—	—	0.6	3	10	板型
杠杆	8	32	8	51	0.6	3.5	10	圆形

有限元仿真利用商业软件 Workbench 实现。模型材料选择铝，其弹性模量 E 为 72 GPa，泊松比为 0.3。网格采用软件中 Automatic 划分法，该方法可根据分析目标的几何形状自动切换规整的扫略划分法和适应性更强但精度较差的四面体划分法。为了提高模型计算精度，对柔性铰链上最薄的区域进行了网格细化。仿真过程中，对放大机构固定端施加绑定约束，位移输入端施加 0.01 mm 位移。图 5.19 展示了 ANSYS 环境下两个放大机构的有限元仿真模型。

两个放大机构的有限元仿真模型仿真过程中，分别改变桥式放大机构和杠杆放大机构的结构参数 h 和 l_1，获得 10 组不同结构参数下的放大倍数的变化曲

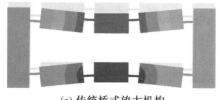

(a) 传统桥式放大机构   (b) 二级杠杆放大机构

图 5.19 两个放大机构的有限元仿真模型

线。并将仿真结果与几何模型和通用模型结果进行对比。图 5.20 所示为三种方法比较结果。从图中可以看出,当几何放大倍数较小时,三种方法获得的放大倍数十分接近;当几何放大倍数增大时,几何模型得到的放大倍数与后两种方法获得的放大倍数出现较大误差,而有限元仿真结果和通用模型结果仍然保持一致,误差小于 4.5%。因此,当所设计的放大机构放大倍数较大时,几何模型仅可用于初期设计,这也是建立相对复杂的通用模型的意义。当然,从图 5.20 中还可以看出,当几何放大倍数较小时,几何模型也可以实现较精确的预测,这也是部分柔顺放大机构设计直接采用几何模型的原因。

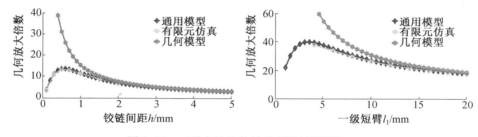

图 5.20 三种方法比较结果(彩图见附录)

值得注意的是,当几何放大倍数接近无限大时,仿真所得结果是先增大后减小,也就是说,真实的放大倍数存在极限值,把这个现象称为柔顺放大机构的放大极限,它是限制传统放大器放大倍数的主要原因。几何模型所得结果没有出现放大极限现象,说明放大极限是由柔性铰链的某些特性导致的。实际上,柔性铰链是通过自身弹性变形实现运动传递的,尽管设计中通过各种形式的切口使得铰链的运动方向刚度最小,可视为单自由度运动副,但是切口不可避免地降低非运动方向刚度,在复杂外力下,使得铰链转轴出现其他自由度方向的运动。这种非理想运动被称为柔性铰链的寄生运动,某些文献中也称其为柔性铰链的轴线漂移(简称轴漂)。柔性铰链的轴漂会改变放大机构理论上的几何关系,当机构某些参数(如桥式放大机构的铰链间距,杠杆放大机构的短臂)处在"敏感"位置时,轴漂会对放大倍数产生巨大影响,甚至破坏机构的放大作用。这就是柔顺放大器存在放大极限的原因。

为了进一步验证模型的准确性,将通用模型计算结果与已发表文献中的实验结果做了对比。文献[35]设计了一款二级桥式放大机构,并对其放大倍数进行了实验测试;文献[81]则提供了一款二级杠杆放大机构的实验放大倍数,模型验证所用到的实验原型如图 5.21 所示。用上述推导的静力学通用模型对文献中的两种放大机构进行建模分析。表 5.2 所示为文献中实验结果和通用模型计算结果的对比。可以看出,通用模型与实验结果的误差在 8% 以内,具有较高精度。通用模型对桥式放大机构和杠杆放大机构均有较好的性能预测能力。

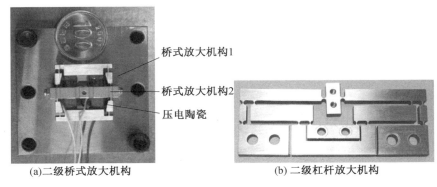

桥式放大机构1
桥式放大机构2
压电陶瓷

(a)二级桥式放大机构　　　　　　　　(b)二级杠杆放大机构

图 5.21　模型验证所用到的实验原型

表 5.2　实验和分析结果对比

二级桥式放大机构			二级杠杆放大机构		
理论值	实验值	误差	理论值	实验值	误差
10.8	10	8%	19.78	20	1.1%

5.2.3　放大机构的性能对比和分析

　　桥式放大机构和杠杆放大机构是两种最常见的行程放大机构。本节利用通用模型,对两种机构的特性进行对比分析,为两种放大机构的快速设计和选型提供理论依据。为了使对比更具有代表性,同样选择二级桥式放大机构和二级杠杆放大机构来分析。用于比较分析的二级桥式放大机构和二级杠杆放大机构如图 5.22 所示。为了使对比更有说服力,每一级放大机构的几何放大倍数均相同,采用完全相同的铰链参数和形状。表 5.3 列出了分析对比放大机构的结构参数。

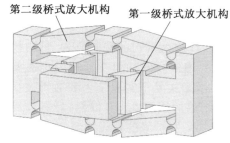

第二级桥式放大机构　　第一级桥式放大机构　　第二级杠杆放大机构　　第一级杠杆放大机构

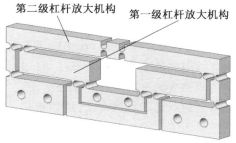

(a) 二级桥式放大机构　　　　　　　　　　(b) 二级杠杆放大机构

图 5.22　用于比较分析的二级桥式放大机构和二级杠杆放大机构

表 5.3　分析对比放大机构的结构参数

放大机构		结构参数		铰链参数		b/mm
		$l_{\mathrm{short}}(l_{\mathrm{beam}})/\mathrm{mm}$	$l_{\mathrm{long}}(h)/\mathrm{mm}$	l/mm	t/mm	
杠杆	第一级	10	30	5	0.6	20
	第二级	10	50	5	0.6	20
桥式	第一级	11	4	5	0.6	20
	第二级	25	5	5	0.6	20

1. 柔性铰链对两种放大机构的影响

从上面的放大极限分析可知,柔性铰链的特性对放大机构的性能起着重要作用。因此首先分析柔性铰链对两种放大机构的具体影响。随着柔顺机构的发展,研究者提出了各种不同形状的柔性铰链,它们具有不同的刚度和抗轴漂性能。其中性能差异最明显的是 V 形铰链(V)和片状铰链(Leaf),如图 5.23 所示。为了观察不同铰链对两种放大机构的影响,采用了两种铰链形式构造放大机构。"V+Leaf"是第一级放大机构采用 V 形铰链,第二级放大机构采用片状铰链;"Leaf+Leaf"表示两级放大机构均采用片状铰链。除了铰链形状,铰链参数也会对柔顺机构的性能产生一定影响。分析中,将性能影响最大的铰链长度 l 和最薄处厚度 t 作为变量,分析不同构型的放大结构对铰链参数的敏感程度。

图 5.24 所示为柔性铰链对两种放大机构的影响。首先可以看出,二级桥式放大机构对铰链形状更加敏感。当二级桥式放大机构采用"Leaf+Leaf"铰链形式时,其放大倍数会随着铰链参数的变化而剧烈变化,尤其是当铰链长度 l 增长,厚度 t 减小时,其放大倍数急速减小;而当第一级桥式放大机构换成 V 形铰链后,其放大倍数相对铰链参数稳定,始终保持较高的放大输出。从这里可以看出,设计二级桥式放大机构时,选择合适的铰链形状比参数的优化设计更容易获

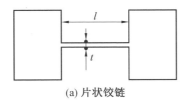

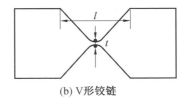

| (a) 片状铰链 | (b) V形铰链 |

图 5.23　两种常见柔性铰链

得理想的放大性能。与此相反的是,二级杠杆放大机构中不同铰链形状的放大倍数结果几乎重合,如图 5.24(b)所示。这说明铰链形状对二级杠杆放大机构的放大倍数几乎不产生影响。因此在设计杠杆放大机构时,设计者应该更多关注铰链的结构参数,用参数优化的方法找到最佳性能参数。

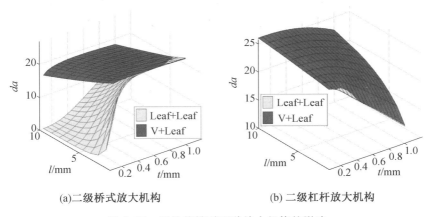

| (a)二级桥式放大机构 | (b) 二级杠杆放大机构 |

图 5.24　柔性铰链对两种放大机构的影响

2. 负载特性

放大机构本质上是一种压电直驱式精密驱动机构。因此,负载特性是需要重点关注的性能指标。本节利用通用模型,分析了柔顺放大机构在不同负载下的放大倍数变化特点。在柔顺机构中,驱动机构常常会受到两种类型的负载,一种是弹性负载,主要表现为柔性铰链的形变回复力;第二种是恒力负载,主要是运动末端的重力。通用模型已经考虑了恒力负载,即输出端阻力。当分析弹性负载时,只需要将通用模型中输出端阻力替换为弹性负载的形式即可,其表达式如下:

$$F_{load} = -k_{load} \cdot u_{out} \tag{5.32}$$

式中　k_{load}——弹性负载的刚度系数。

二级杠杆放大机构在不同负载力下的位移关系曲线如图 5.25 所示,图中给出的是利用通用模型分析得到的二级杠杆放大机构在不同负载力下的输入输出位移关系曲线(二级桥式放大机构也存在类似曲线)。从图中可以看出,不同类

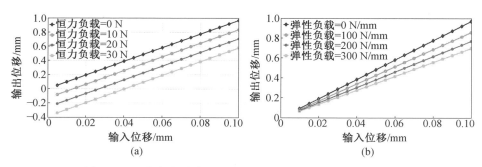

图 5.25　二级杠杆放大机构在不同负载力下的位移关系曲线

型负载对放大倍数的影响是不同的。在不同大小的恒力负载下,机构放大倍数(曲线斜率)不变而初始点改变,恒力负载改变机构原点不改变机构放大倍数;而在不同大小的弹性负载下,机构的放大倍数随着弹性系数的增加而增加,初始点不变,也就是说,弹性负载改变机构放大倍数,而不改变机构原点。

下面从理论层面对上述现象进行解释。根据柔性铰链小变形假设,当放大机构输入端固定时,其输出端的力位关系可以等效为一个线性弹簧。如果用 k_0 来表示这个等效弹簧的弹性系数,用 A_{m0} 表示放大机构在无负载情况下的放大倍数,那么负载下的放大机构输出位移可以用下式表示:

$$u_{\text{out}} = u_{\text{in}} \cdot A_{\text{m0}} - k_0 \cdot f_{\text{load}} \qquad (5.33)$$

式(5.33)是一个线性函数,当 f_{load} 是常数时,只有函数截距发生变化,这就解释了图 5.25(a)中不同恒力负载下机构初始点不同的现象。当 f_{load} 是弹性力时,可以进一步简化为

$$u_{\text{out}} = A_{\text{m0}} \cdot u_{\text{in}} - k_0 \cdot k_{\text{load}} \cdot u_{\text{in}} = (A_{\text{m0}} - k_0 \cdot k_{\text{load}}) \cdot u_{\text{in}} \qquad (5.34)$$

式(5.34)是一个比例函数,其斜率与负载弹性系数相关,这就解释了在不同弹性负载下,机构放大倍数不同的现象。

需要注意的是,尽管封装的压电陶瓷可以方便地集成应变片,进行位移的测量,使之输出足够精确的微位移。但是图 5.25(b)表明,在弹性负载下,放大机构的放大倍数是一个与负载系数相关的变量,要获得足够精确的位移,还需要在放大机构末端放置位移传感器,实现全闭环控制。该结论在工程应用上具有重要意义,图 5.26 所示为六维空间光学镜面拼接机构,是本书作者利用通用模型设计的[42]。每个行程放大压电驱动器中,除了压电陶瓷具有闭环控制外,驱动末端还额外安装了 LVDT 位移传感器,其目的就是为了消除弹性负载下放大机构放大倍数改变带来的不利影响。

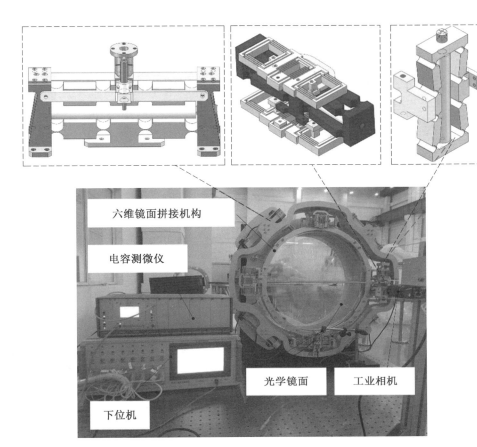

图 5.26　六维空间光学镜面拼接机构

5.2.4　结语

本节首先建立桥式放大机构和杠杆放大机构的几何放大倍数模型,并且探讨了两种放大机构在机构学层面的共性。其次为了建立包含柔性铰链的静力学模型,引入柔性链的概念对两种放大机构进行分类,利用柔度矩阵建立了同时适用两种构型的静力学和动力学通用模型。模型精度分别用有限元分析和实物实验予以验证。利用通用模型,本节对两种放大机构的放大特性、负载特性及柔性铰链对其影响特性进行了分析,得到如下几个有趣的结论。

(1)放大极限现象普遍存在于柔顺桥式放大机构和柔顺杠杆放大机构中。从几何放大模型和通用模型曲线对比来看,放大极限是由柔性铰链的寄生变形导致的。

(2)二级桥式放大机构对柔性铰链的形状更加敏感,单纯的参数优化设计对性能的提高作用有限。

（3）二级杠杆放大机构对柔性铰链的参数更加敏感，单纯的铰链形状对性能的提高作用有限。

（4）柔顺放大机构面对恒力负载时，输出端原点会出现变化，机构放大倍数不变；当面对弹性负载时，输出端原点不变，机构放大倍数随着负载刚度的增加而减小。

本节建立的通用模型是分析柔顺放大机构的基础，为后面放大机构的创新设计提供有力工具。

5.3　基于运动刚度分析的柔顺放大机构设计与实验研究

由 5.2 分析已知，受到柔性铰链寄生变形的影响，柔顺放大机构存在着放大极限现象。也就是说，传统的参数优化设计对放大机构工作性能的提升是有上限的。此外，由于柔性铰链运动方向存在刚度，多级放大机构的应力随着级数的增加而增大，因此，通过增加放大级数来突破放大倍数极限的方法也有其局限性。为了解决这个问题，本节提出了针对柔顺放大机构的运动刚度设计思想，从柔顺放大机构系统刚度分析入手，找到柔顺放大机构性能提升的方法。为了验证该方法的有效性，本节设计了基于混合铰链的二级桥式放大机构、桥式－杠杆放大机构和高效桥式放大机构。其中，前两种放大机构通过刚度分析法，利用混合铰链获得超高放大倍数；后者则从能量效率出发，在刚度分析指导下，采用负刚度获得极高的能量传递效率。需要注意的是，柔顺放大机构的运动刚度设计是一种适用于所有柔顺放大机构的设计思想，本节介绍的三种行程放大机构是该设计思想优越性的具体体现。

5.3.1　柔顺放大机构的运动刚度设计方法

1. 刚性铰链与柔性铰链

柔性铰链因其无间隙、无摩擦的特点，可以实现纳米级的运动传递，因此在微纳定位与操作系统中得以广泛应用。图 5.27 所示为传统铰链和柔性铰链的三维模型图。从本质上来说，柔性铰链是一个具有特殊切口的矩形块，通过不同形式的切口，使矩形块某个自由度的刚度远远小于其他自由度。复杂外力作用下，矩形块只向小刚度方向变形，实现运动学层面的运动传递功能。目前的柔顺放大机构设计也是基于这个思路，将柔性铰链当作理想运动副，套用传统的刚性机构的设计方法来预测柔顺放大机构性能。

然而，任何事物均有其两面性。柔性铰链虽然具有传统铰链不可比拟的精度优势,但是其运动方向的刚度会严重影响机械系统的工作性能。为了论述方便,将柔性铰链的这种刚度称为运动刚度。首先,运动刚度会影响机械系统的运动学性能,使得基于运动学设计的结构与实际结果偏差巨大。其次,运动刚度与运动范围相矛盾,从柔性铰链工作方式不难看出,铰链要获得大范围运动,就需要降低铰链运动刚度,缓解集中应力对铰链带来的破坏。因此,对于柔顺放大机构,低刚度、低频率意味着大行程,高刚度、高频率意味着小行程。最后,运动刚度会降低柔顺放大机构的能量效率。柔性铰链的形变需要能量,从对外做功角度来说,这部分能量是无用的。

(a) 传统铰链　　　　　　　　　　　(b) 柔性铰链

图 5.27　传统铰链和柔性铰链的三维模型图

尽管运动刚度会对机械系统产生如此多的不利影响,传统设计者往往会忽略柔顺机构的刚度因素,用传统的机构学设计柔顺机构。这对充分发挥柔顺机构的机械性能是不利的。下面,用一个具体的案例,来说明传统设计方法在柔顺机构设计中的局限性。

2. 传统设计方法的局限性

图 5.28(a)所示为韩国教授 Kim 在 2003 年首次提出的三维桥式放大机构(three-dimension bridge-type mechanism)。该机构本质上是一个二级桥式放大机构,其结构参数如表 5.4 所示。用 5.2 节中推导的几何放大倍数公式,不难计算出机构中第一级桥式放大机构几何放大倍数为 7,第二级桥式放大机构几何放大倍数为 14.16,因此该放大机构的几何放大倍数为 99.1。这也是 Kim 设计初期,想要获得的值。然而,实验显示,样机放大倍数仅为 10,甚至低于第二级桥式放大机构的几何放大倍数。这与设计的期望值大相径庭,两级放大机构的简单串联,不仅没有实现放大倍数的二次放大,反而抑制了各级放大机构的放大能力。

为了定量衡量放大倍数受到的抑制程度,本节引入一个新的指标,相对放大倍率 τ,其定义式如下:

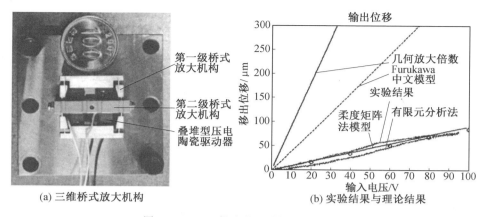

(a) 三维桥式放大机构　　　　(b) 实验结果与理论结果

图 5.28　Kim 提出的三维桥式放大机构

$$\tau = \frac{A_{m\_柔性}}{A_{m\_几何}} \tag{5.35}$$

式中　$A_{m\_柔性}$——考虑柔性铰链的放大倍数,可以由实验、有限元分析法或者柔度矩阵法计算获得,它代表受到柔性铰链运动刚度影响之后的机构放大倍数;

$A_{m\_几何}$——几何放大倍数,它代表了该机构使用理想刚性铰链时所能实现的最大放大倍数,可以由几何放大倍数公式获得。

需要注意的是,由于柔性铰链运动刚度对放大机构的放大倍数是负影响,因此放大机构的柔性放大倍数必定小于几何放大倍数,因此,相对放大倍率 τ 是一个 0 到 1 之间的数。当 τ 为 0 时,表明该机构的放大潜能完全没有发挥;当 τ 为 1 时,表明其潜能得到充分释放。

表 5.4　Kim 实验样机中二级桥式放大机构的结构参数

桥式放大机构	结构参数		铰链参数		b/mm	材料
	l_{beam}/mm	h/mm	l/mm	t/mm		
第一级	5	1	2	0.3	8	Al—7075
第二级	6.5	0.6	2	0.3	5	

根据定义,可以很容易得到 Kim 教授设计的三维桥式放大机构的相对放大倍率只有 0.1。尽管该设计在后期经过传统的参数优化,将实际放大倍数提高到了 30 倍,其相对放大倍率也仅仅为 0.3。

三维桥式放大机构相对放大倍率不尽人意,正是因设计者忽视柔性铰链运动刚度而造成的。设计过程中,Kim 首先从机构学角度,提出二级桥式放大机构的基本构型,期望利用二级放大实现放大倍数的增加。之后,虽然给出了桥式放大机构的柔度矩阵模型,但在铰链设计时,没有关注铰链的运动刚度,而是从运动学出发,将柔性铰链当作理想运动副处理,铰链参数也仅仅是通过空间尺寸和加工工艺等条件确定。之后的多目标参数优化,也只考虑了放大倍数、固有频率等系统指标,忽视了柔性铰链本身的刚度特性。

上述案例表明了传统设计方法难以充分发挥柔顺机构的机械性能。对柔顺放大机构而言,传统设计方法难以突破放大机构的放大倍数极限。为了解决这个问题,本节提出柔顺机构的运动刚度设计思想,将柔性铰链的运动刚度分析放在设计流程中,以提高柔顺机构的机械性能。

3. 柔顺机构的运动刚度设计

上述提到的案例,充分说明了传统设计方法在柔顺机构设计中的局限性。对 Kim 论文的分析,可将传统的柔顺机构设计流程归纳如下。

(1)根据工作需求进行运动学层面的构型综合。

(2)对构型初步建模。

(3)将理想运动副采用柔性铰链进行替换。

(4)利用理论模型进行机构的尺度综合。

(5)机械系统的仿真和实验。

图 5.29 所示为柔顺机构设计流程图。

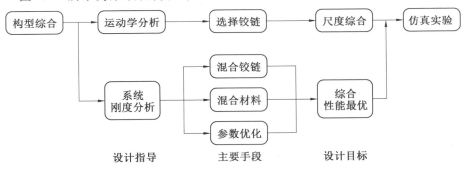

图 5.29　柔顺机构设计流程图

可以看出,柔性铰链在设计过程中仅仅是被当作理想运动副来分析,没有关注运动刚度对机械系统带来的影响。刚度分析设计流程则是在构型中综合之后,对机构系统刚度进行分析,探究刚度对机构性能的具体关系,并以此指导后续设计。在机构设计中,采用混合铰链、混合材料以及参数优化等手段实现系统刚度的调节和优化。其中混合铰链是指在具体设计过程中,通过运动副受力分析,结合设计目标的性能需求,选择合适的铰链形式。本节将这个过程称为柔性铰链个性化设计。由于不同运动副最后设计的铰链形状和参数往往不同,因此这种方法也被称为混合铰链法。混合材料则是利用不同材料的弹性模量不同,实现系统刚度的调节。参数优化则是在上述分析设计的基础上,利用多目标优化方法对结构参数进行优化设计。图 5.29 展示了传统设计流程和刚度分析设计流程的区别。

　　柔顺机构的运动刚度设计是一种设计思路而非具体的设计方法。它旨在强调柔性铰链运动刚度给机械系统带来的影响,以系统刚度优化为指导思想,以混合铰链、混合材料及参数优化为主要手段,以综合性能最优为核心目标。值得注意的是,传统设计和刚度分析设计流程中都有柔性铰链设计环节,但不同的是,传统设计仅仅关注柔性铰链运动学属性,对不同铰链的分析也只是针对铰链本身的性能比较,单纯地认为某种铰链具有绝对优势,然后在整个柔顺机构中统一采用同一种形式的铰链。运动刚度设计则将铰链的静力学特性分析引入到机构的构型设计,将铰链的选择和系统刚度特性结合起来分析,针对不同受力状态的运动副,选择更为合适的铰链形式,并从系统性能分析,对铰链参数进行设计。

　　为了进一步阐释柔顺机构运动刚度设计的具体过程,同时展示其优越性,本节将在运动刚度分析指导下设计三个柔性行程放大机构,它们是二级桥式放大机构、桥式—杠杆放大机构和高效桥式放大机构。其中,前两个突出运动刚度分析对柔顺机构运动学性能提升的重要性,后一个展示运动刚度设计对改进柔顺机构能量效率的作用。

5.3.2　基于混合铰链的二级桥式放大机构

1. 系统刚度分析

　　上一节已经看到传统设计方法下,二级桥式放大机构无法充分发挥其放大性能。这里对二级桥式放大机构的系统刚度进行定性分析。

　　由于柔性铰链运动刚度的存在,每一级桥式放大机构都可以看作一个线性弹簧。图 5.30 所示为二级桥式放大机构系统刚度示意图。理想情况下,压电陶瓷伸长 S_{pzt} 时,第一级桥式放大机构将其放大为 S_1,并推动第二级桥式放大机构运动。位移经过第二次放大后,输出 S_2。S_2 可用 5.2 节中的几何放大倍数公式计算。而实际过程,由于弹簧的形变需要推动力,当第二级弹簧被推动时,第一级弹簧会受到反作用力 F_f,其表达式为

$$F_f = K_2 \cdot S_2'$$
(5.36)

式中　　K_2——第二级桥式放大机构的刚度;

　　　　S_2'——第二级桥式放大机构实际输出位移。

　　第一级桥式放大机构的位移损失为

$$\Delta S_1 = \frac{F_f}{K_1} = \frac{K_2}{K_1} S_2'$$
(5.37)

　　定义参数刚度比,记为 U,替换式(5.37)中的比例系数,则位移损失可以进

一步表示为

$$\Delta S_1 = \frac{S_2'}{U_2^1} \tag{5.38}$$

式中

$$U_2^1 = \frac{K_1}{K_2} \tag{5.39}$$

从式(5.38)中可以看出,要减小位移损失,就要增大第一级桥式放大机构和第二级桥式放大机构的刚度比。需要注意的是,上述分析中桥式放大机构线弹性特性并不是桥式放大机构特有的,而是针对所有柔顺机构,因此刚度比结论适用于所有类型的二级柔顺放大机构。

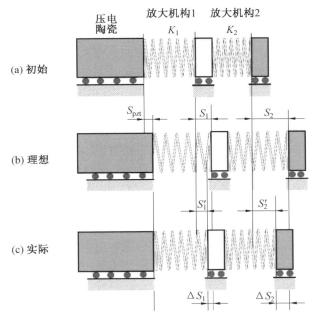

图 5.30　二级桥式放大机构系统刚度示意图

有了上述刚度分析,接下来需要利用柔度矩阵模型对放大机构进行具体的设计。

2. 静力学建模

根据 5.2 节可知,桥式放大机构建模时可以简化为串联柔性链。图 5.31(a)所示为一个完整的二级桥式放大机构。沿着二级桥式放大机构的对称轴分别切割两级机构,得到 1/2 二级桥式放大机构,如图 5.31(b)所示。将 1/2 模型中的第二级桥式放大机构支链先绕 y 轴转 $180°$,再绕 x 轴转 $90°$,该 1/2 模型简化为平面串联柔性链,如图 5.31(c)所示。

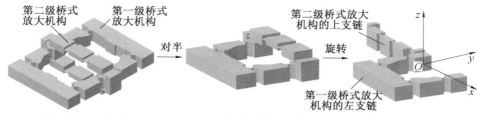

(a) 二级桥式放大机构　　　(b) 1/2 二级桥式放大机构　　(c) 1/2 二级桥式放大机构柔性链

图 5.31　二级桥式放大机构建模简化流程图

图 5.32 所示为 1/2 二级桥式放大机构串联柔性链的结构参数和边界条件（图中，A、B、C、D 定义了坐标系，$O_1 \sim O_8$ 也定义了坐标系，因二者有的原点重合，故并未全部显示）。根据 5.2 节中的通用静力学公式，可以得到约束点 B 和 C 的力位表达公式为

$$
\boldsymbol{\varepsilon}_b = [\boldsymbol{T}_{ab}] \Big(\sum_{i=1}^{2} [\boldsymbol{T}_{ai}]^{\mathrm{T}} [\boldsymbol{R}_{ai}]^{\mathrm{T}} \boldsymbol{C} [\boldsymbol{R}_{ai}][\boldsymbol{T}_{ai}] \Big) \boldsymbol{F}_a +
$$

$$
\Big(\sum_{i=1}^{4} [\boldsymbol{T}_{bi}]^{\mathrm{T}} [\boldsymbol{R}_{bi}]^{\mathrm{T}} \boldsymbol{C} [\boldsymbol{R}_{bi}][\boldsymbol{T}_{bi}] \Big) \boldsymbol{F}_b +
$$

$$
[\boldsymbol{T}_{cb}] \Big(\sum_{i=1}^{4} [\boldsymbol{T}_{ci}]^{\mathrm{T}} [\boldsymbol{R}_{ci}]^{\mathrm{T}} \boldsymbol{C} [\boldsymbol{R}_{ci}][\boldsymbol{T}_{ci}] \Big) \boldsymbol{F}_c
$$

$$
\boldsymbol{\varepsilon}_c = [\boldsymbol{T}_{ac}] \Big(\sum_{i=1}^{2} [\boldsymbol{T}_{ai}]^{\mathrm{T}} [\boldsymbol{R}_{ai}]^{\mathrm{T}} \boldsymbol{C} [\boldsymbol{R}_{ai}][\boldsymbol{T}_{ai}] \Big) \boldsymbol{F}_a +
$$

$$
[\boldsymbol{T}_{bc}] \Big(\sum_{i=1}^{4} [\boldsymbol{T}_{bi}]^{\mathrm{T}} [\boldsymbol{R}_{bi}]^{\mathrm{T}} \boldsymbol{C} [\boldsymbol{R}_{bi}][\boldsymbol{T}_{bi}] \Big) \boldsymbol{F}_b +
$$

$$
\Big(\sum_{i=1}^{8} [\boldsymbol{T}_{ci}]^{\mathrm{T}} [\boldsymbol{R}_{ci}]^{\mathrm{T}} \boldsymbol{C} [\boldsymbol{R}_{ci}][\boldsymbol{T}_{ci}] \Big) \boldsymbol{F}_c \tag{5.40}
$$

式中

$$
\begin{cases}
\boldsymbol{F}_a = [f_{\mathrm{in}} & 0 & 0] \\
\boldsymbol{F}_b = [f_{bx} & 0 & m_{bz}] \\
\boldsymbol{F}_c = [f_{cx} & f_{cy} & m_{cz}] \\
\boldsymbol{\varepsilon}_b = [0 & u_{by} & 0] \\
\boldsymbol{\varepsilon}_c = [0 & 0 & 0]
\end{cases} \tag{5.41}
$$

由式（5.41）可知，矩阵方程式（5.39）和式（5.40）提供了 5 个齐次方程，方程组中有 5 个未知数，方程组可解。利用解得的未知数，可以计算串联柔性链上任一点的力位关系。

根据放大倍数定义，需要求解输入点 A 和输出点 D 的位置关系。两点位置表达式为

$$\boldsymbol{\varepsilon}_a = \Big(\sum_{i=1}^{2} [\boldsymbol{T}_{ai}]^{\mathrm{T}} [\boldsymbol{R}_{ai}]^{\mathrm{T}} \boldsymbol{C} [\boldsymbol{R}_{ai}][\boldsymbol{T}_{ai}] \Big) \boldsymbol{F}_a +$$

$$[\boldsymbol{T}_{ba}] \Big(\sum_{i=1}^{2} [\boldsymbol{T}_{bi}]^{\mathrm{T}} [\boldsymbol{R}_{bi}]^{\mathrm{T}} \boldsymbol{C} [\boldsymbol{R}_{bi}][\boldsymbol{T}_{bi}] \Big) \boldsymbol{F}_b + \qquad (5.42)$$

$$[\boldsymbol{T}_{ca}] \Big(\sum_{i=1}^{2} [\boldsymbol{T}_{ci}]^{\mathrm{T}} [\boldsymbol{R}_{ci}]^{\mathrm{T}} \boldsymbol{C} [\boldsymbol{R}_{ci}][\boldsymbol{T}_{ci}] \Big) \boldsymbol{F}_c$$

$$\boldsymbol{\varepsilon}_d = [\boldsymbol{T}_{ad}] \Big(\sum_{i=1}^{2} [\boldsymbol{T}_{ai}]^{\mathrm{T}} [\boldsymbol{R}_{ai}]^{\mathrm{T}} \boldsymbol{C} [\boldsymbol{R}_{ai}][\boldsymbol{T}_{ai}] \Big) \boldsymbol{F}_a +$$

$$[\boldsymbol{T}_{bd}] \Big(\sum_{i=1}^{2} [\boldsymbol{T}_{bi}]^{\mathrm{T}} [\boldsymbol{R}_{bi}]^{\mathrm{T}} \boldsymbol{C} [\boldsymbol{R}_{bi}][\boldsymbol{T}_{bi}] \Big) \boldsymbol{F}_b + \qquad (5.43)$$

$$[\boldsymbol{T}_{cd}] \Big(\sum_{i=1}^{2} [\boldsymbol{T}_{ci}]^{\mathrm{T}} [\boldsymbol{R}_{ci}]^{\mathrm{T}} \boldsymbol{C} [\boldsymbol{R}_{ci}][\boldsymbol{T}_{ci}] \Big) \boldsymbol{F}_c$$

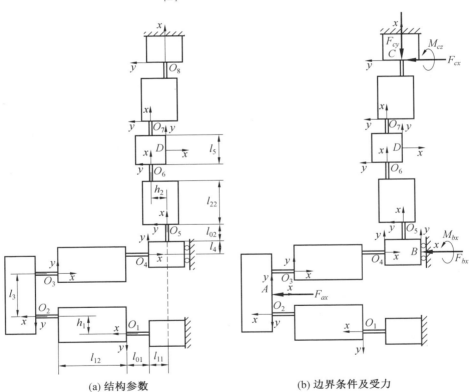

(a) 结构参数　　　　　　　　　(b) 边界条件及受力

图 5.32　1/2 二级桥式放大机构串联柔性链的结构参数和边界条件

由放大倍数的定义可得,二级桥式放大机构的放大倍数为

$$da = \left| \frac{u_{出}}{u_{入}} \right| = \left| \frac{u_{dx}}{u_{bx}} \right| \tag{5.44}$$

3. 二级桥式放大机构的混合铰链设计

经过系统刚度分析可知,提高二级桥式放大机构放大倍数的关键是增大二级放大机构的刚度比。改变柔性铰链形状是获得不同运动刚度的最直接方式。实际上,随着柔顺机构的发展,有学者已经提出并分析了多种切口的柔性铰链。这些铰链除了具有不同的运动特性,还有不同的运动刚度[113-120]。图 5.33 所示为三种常用切口形柔性铰链。当结构参数完全相同时,三种柔性铰链运动刚度对比如图 5.34 所示。运动刚度从小到大,分别是片状柔性铰链(片状铰链)、正圆形柔性铰链(圆形铰链)和 V 形柔性铰链(V 形铰链)。下面将通过搭配不同的柔性铰链,改变二级桥式放大机构的刚度比,以验证上一节中刚度分析的正确性。

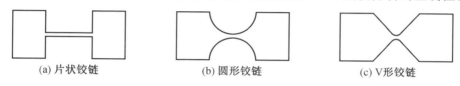

(a) 片状铰链　　　　　(b) 圆形铰链　　　　　(c) V 形铰链

图 5.33　三种常用切口形柔性铰链

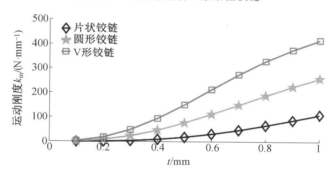

图 5.34　三种柔性铰链的运动刚度对比

值得注意的是,通过运动刚度设计之后的柔顺机构往往具有多种不同形状和参数的柔性铰链,以实现系统刚度的调节。相比传统的柔顺机构,采用统一形式柔性铰链的设计有很大区别。本节将这类柔顺机构称为基于混合铰链的柔顺机构。

影响桥式放大机构的设计参数可分为两大类,分别是机构的结构参数,它们包括桥臂长 l、铰链间距 h 和结构厚度 b;铰链的结构参数,包括铰链长度 l_0、铰链最薄处厚度 t。图 5.35 所示为桥式放大机构的设计参数。从 5.2 节中桥式放大机构的几何放大倍数公式可知,影响机构放大倍数的参数本质上是桥臂角 α,因此所分析的结构参数也可表示为

$$\alpha = \arctan \frac{h}{l_0 + l} \tag{5.45}$$

桥臂角 α 同时包含了结构参数 l 和 h。

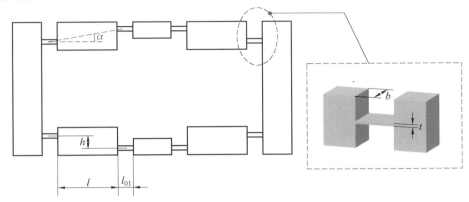

图 5.35　桥式放大机构的设计参数

考虑到二级桥式放大机构的设计参数过多,下面采用控制变量法进行参数分析。当被分析的参数变化时,其余参数保持不变,二级桥式放大机构的结构参数如表 5.5 所示。分析时所用材料均为铝合金,其弹性模量 E 为 72 GPa,泊松比 ν 为 0.33。当某级放大器铰链形状变化时,另一级铰链为片状铰链。

表 5.5　二级桥式放大机构的结构参数

桥式放大机构	l_0/mm	t/mm	b/mm	l/mm	h/mm
第一级	14	0.6	20	40	10.6
第二级	10	0.6	24	42	6

(1)第一级桥式放大机构中柔性铰链对放大倍数的影响。

图 5.36(a)、(b)所示为第一级桥式放大机构中柔性铰链对放大倍数和相对放大倍率的影响。从图中可以看出,当采用不同铰链形状时,放大倍数随铰链结构参数的变化趋势不同。具体来说,当第一级采用运动刚度最小的片状铰链时,放大倍数对铰链设计参数非常敏感,需要通过增加铰链厚度 t 和降低长度 l_0 来增加放大倍数和相对放大倍率。此时两级放大机构均为片状铰链,因此需要通过第一级铰链的结构参数来增加系统刚度比。当第一级采用运动刚度较大的圆形铰链和 V 形铰链时,放大倍数对铰链设计参数不敏感,相对放大倍率接近 1。可见,尽管通过参数调节也可以实现系统刚度的配置,但是这种方法限制了铰链参数的取值空间,使得机构的整体设计受到局限。混合铰链则更容易实现系统刚度分配,降低系统性能对铰链参数的依赖,拓宽参数取值空间,是一种更直接、更有效的刚度设计方法。

(2)第一级桥式放大机构桥臂角对放大倍数的影响。

图5.36(c)、(d)所示为第一级桥式放大机构中桥臂角α_1对放大倍数和相对放大倍率的影响。从图中可以看出,无论采用何种铰链形式,随着桥臂角的减小,放大倍数均先增大后减小,出现放大极限现象。不同的是,当采用混合铰链设计时,放大极限值明显得到提高。这说明放大极限现象是柔顺桥式放大机构的固有特性,混合铰链可以提高极限值,但不能消除该现象。这印证了5.2节中关于放大极限的分析。相对放大倍率方面,桥臂角的增加有助于发挥机构的放大潜力。当采用单一铰链时,相对放大倍率只能达到一个较低值,很难接近1;混合铰链方案,相对放大倍率在桥臂角较小时迅速增加并接近1。这说明混合铰链方案可以使放大机构的放大潜力得到充分释放。这也解释了Kim的设计方案,尽管后期采用了参数优化设计,放大倍数也无法得到明显提升的原因。

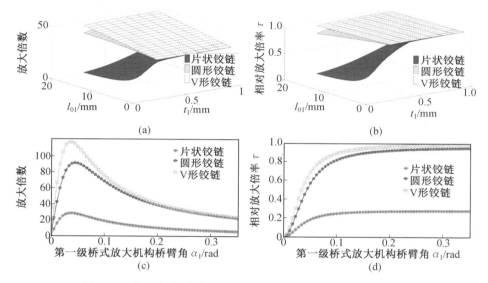

图5.36　第一级桥式放大机构结构参数与放大性能的关系图

值得注意的是,从放大倍数角度来看,只需找到放大极限对应的桥臂角,就能确定机构的"最佳"结构参数。从相对放大倍率来看,桥臂角应该越大越好。实际上,放大极限是桥式机构在柔性铰链轴漂效应下,结构异化的临界点,因此实际设计中,应该在满足放大倍数的前提下,尽量增大桥臂角,使放大倍数远离放大极限。

(3)第二级桥式放大机构中柔性铰链对放大倍数的影响。

图5.37(a)、(b)所示为第二级桥式放大机构中结构设计参数对放大倍数和相对放大倍率的影响。从图中可以看出,当采用片状铰链时,放大倍数和相对放大倍率都表现得比其他铰链更好。

（4）第二级桥式放大机构中桥臂角对放大倍数的影响。

图 5.37（c）、（d）所示为第二级桥式放大机构中桥臂角 α_2 对放大倍数和相对放大倍率的影响。从图中可以看出，在桥臂角变化时，铰链形状对放大性能的影响同样显著。当第二级桥式放大机构采用运动刚度最小的片状铰链时，无论放大倍数还是相对放大倍率表现均优于其他两种铰链。

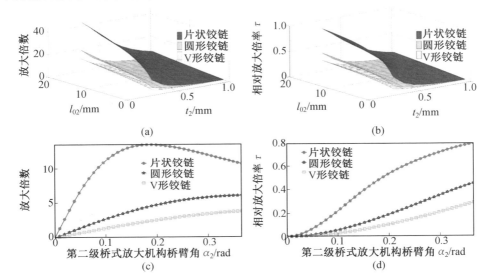

图 5.37　第二级桥式放大机构结构参数与放大性能的关系图

（5）总结。

从上面的分析结果不难发现，刚度分析对二级桥式放大机构性能的改善起到关键作用。就增大放大倍数而言，提高二级桥式放大机构刚度比是设计的关键。混合铰链是改变柔顺机构刚度配置的重要方法。相较于单一铰链下的参数设计，混合铰链可以更直接达到刚度设计要求，使得之后的参数选择具有更宽松的设计空间。

4. 仿真与实验

为了进一步验证上述关于系统刚度分析和混合铰链设计的有效性，这一节用有限元仿真和实物实验的方式，测试了二级放大机构的放大倍数。

（1）有限元仿真。

选取二级桥式放大机构结构参数如表 5.5 所示。先用 SolidWorks 绘制机构三维模型，并将模型导入 Abaqus 中。网格采用 C3D10 单元划分，并对变形较大的柔性铰链进行网格细化。图 5.38 所示为二级桥式放大机构的有限元仿真图。仿真时，在机构基座施加固定约束，位移输入端施加位移 0.01 mm。将仿真获得的输出位移代入放大倍数公式，求得其仿真值。

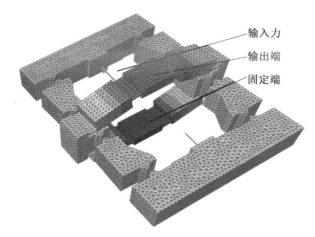

图 5.38　二级桥式放大机构的有限元仿真图

　　这里,是想验证系统刚度分析结论的正确性,即二级放大倍数设计的关键是增加两级放大机构的刚度比。上面设计中,已经采用混合铰链的方式实现了刚度比的增加。实际上,还可以通过改变材料弹性模量来实现刚度的调节。下面利用有限元仿真的方法,分析不同弹性模量配合下,二级桥式放大机构的放大性能。

　　仿真过程中,第一级桥式放大机构的弹性模量是 200 GPa,第二级桥式放大机构的弹性模量分别是 5 GPa、50 GPa、100 GPa 和 200 GPa。表 5.6 列出了不同弹性模量下的有限元仿真结果。可以看出,随着第二级桥式放大机构弹性模量的增加(两级放大机构刚度比减小),放大倍数降低。这与刚度分析的结论一致,证明了刚度比对放大倍数的剧烈影响以及运动刚度分析对柔顺机构设计的重要性。此外,单一铰链设计(Leaf＋Leaf)对弹性模量的变化十分敏感,混合铰链(Leaf＋V)则始终保持较高放大倍数,这说明混合铰链在改变两级放大机构刚度比方面仍然起主要作用。另外,实际应用中,可供选择的材料相对较少,弹性模量也不能任意设计,所以混合材料只是刚度设计的辅助手段。

表 5.6　不同弹性模量下的有限元仿真结果

二级桥式放大机构的 弹性模量/GPa	放大倍数(相对放大倍率)	
	单一铰链 (Leaf＋Leaf)	混合铰链 (Leaf＋V)
5	40.25(0.912)	44.12(0.999)
50	24.24(0.549)	43.27(0.980)
100	16.81(0.381)	42.83(0.970)
200	10.02(0.227)	41.59(0.942)

（2）实验样机制造与测试。

为了验证混合铰链设计的可行性，按照表 5.5 所示的结构参数加工制造了一个放大机构实验样机。机械结构采用 Al－7075 板材，用线切割方式加工而成。机构输入位移由压电陶瓷驱动器（Piezomechanik，PSt/150/10/160/S15，行程为 160 μm，分辨率为 1 nm）提供。为了检测输入位移，在机构输入端放置电容测微仪（Micro－Epsilon，行程为 500 μm，分辨率为 50 nm）。考虑到输出位移达到毫米级，超过电容测微仪测量范围，因此采用工业相机（DAHENG，MER－200－20 GM）进行视觉测量。实验系统在隔振平台上进行，最大程度隔绝外界环境干扰。图 5.39 为二级桥式放大机构实验图。

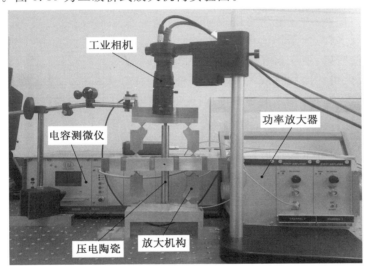

图 5.39　二级桥式放大机构实验图

实验中，为了获得不同行程放大倍数，将输入电压分为三种情况，分别是 15～75 V，75～135 V，0～150 V，表 5.7 所示为二级桥式放大机构实验结果。可以看出，情况 1 中，机构放大倍数为 41.29，与理论模型误差为 2.01%。情况 2 和情况 3 中，机构放大倍数下降到 38.5 左右。这是因为二级桥式放大机构非一体加工，第一级放大机构和第二级放大机构之间存在装配间隙，因此多次实验会引入系统误差。无论如何，实验结果与设计值基本吻合，达到了提高放大倍数和相对放大倍率的目的，证明了混合铰链方案的可行性。

表 5.7　二级桥式放大机构实验结果

情况	输入电压/V	输入位移/μm	输出位移/μm	放大倍数	理论误差/%
1	15 ～ 75	46.2	1 908	41.29	2.01
2	75 ～ 135	42.6	1 648	38.69	8.25
3	0 ～150	122.2	4 688	38.43	8.87

5.3.3 桥式－杠杆放大机构

1.构型设计及运动刚度分析

上一小节,在运动刚度分析的指导下,提出混合铰链的方法,对二级桥式放大机构进行了优化设计,提高了其放大倍数和相对放大倍率,实验结果也证明了运动刚度分析方法的有效性。这一节,继续利用刚度分析法,设计一种新型放大机构。

一般来说,理想的行程放大机构需要满足如下特性。

(1)对称性好,可以减少寄生运动。

(2)构型多样,便于构造多级放大器。

(3)结构紧凑,便于尺寸的小型化。

桥式放大机构和杠杆放大机构是两种常用的放大机构。桥式放大机构的特点是结构紧凑、对称性好,但是构型单一,难以构造出多级结构,这也是二级桥式放大机构是一种空间结构的原因;杠杆放大机构则是结构灵活多变,易于构造多级放大器,但是其放大倍数与臂长成正比,因此结构往往臃肿复杂。图 5.40 所示为三种不同放大机构的包络面积,三种放大机构几何放大倍数均为 10,采用同样长度的压电陶瓷堆。可以看出,桥式放大机构包络面积最小,结构最为紧凑,然而,其二级放大结构只能是空间构型,限制了使用范围。设计一款同时满足上述三个特点的行程放大机构对微纳驱动领域的发展具有重要意义。

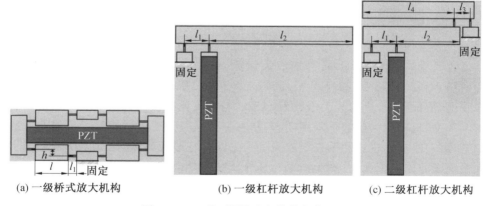

(a)一级桥式放大机构   (b)一级杠杆放大机构   (c)二级杠杆放大机构

图 5.40　三种不同放大机构的包络面积

由上面的分析可知,桥式放大机构和杠杆放大机构各具优势,如果将二者结合,则可以同时继承二者优势,满足理想放大机构的三个条件。图 5.41(a)所示为传统桥式放大机构示意图,由 5.2 节推导的桥式放大机构几何放大倍数公式可知,其放大倍数与位移输入端的刚性梁无关。因此,可以对其进行改造,将其替换为一个杠杆放大机构,这样桥式放大机构的结构尺寸不会有明显提升,保持了对称性,而且放大倍数可以得到数倍提高。

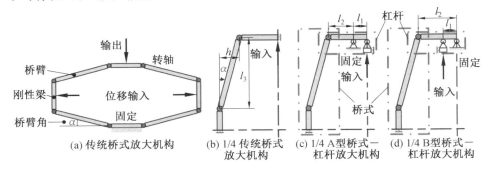

图 5.41　放大机构示意图

基于这个思路,根据杠杆放大机构类型的不同,可以构造出两种桥式－杠杆放大机构,将图 5.41(c)所示构型称为 A 型桥式－杠杆放大机构,图 5.41(d)所示构型称为 B 型桥式－杠杆放大机构。其中,杠杆部分的几何放大倍数可用下式表示:

$$A_{ml} = \frac{l_2}{l_1} \tag{5.46}$$

将两种构型的桥式－杠杆放大机构用柔性铰链替换后,结构图如图 5.42 所示。可以看出,在机构几何放大倍数相同的情况下,构型 B 的尺寸比构型 A 更紧凑。但是构型 B 的支撑梁和结构主体不在同一平面,无法实现一体加工,因此,后续设计和实验均以构型 A 为对象。

桥式－杠杆放大机构是一种二级放大机构,因此 5.3.2 节中的系统刚度分析结论在这里同样有效,即柔性铰链设计时,应该尽量提高两级放大机构的刚度比。图 5.43 所示为杠杆放大机构的位移损失。与桥式放大机构不同的是,第一级杠杆放大机构的位移损失主要来自柔性铰链的轴向压缩,也就是说,桥式－杠杆放大机构的位移损失,来自柔性铰链的寄生运动。因此,尽管桥式－杠杆放大机构和二级放大机构的系统刚度都可以用图 5.30 的模型分析,但桥式放大机构等效弹簧的刚度是柔性系统的运动刚度,而杠杆放大机构则是铰链非运动方向(轴向)刚度。图 5.44 所示为三种常见柔性铰链运动刚度,从图中可以看出,尽管三种铰链运动刚度有差异,但其绝对值远远大于运动刚度,因此无论选择何种形式的铰链,其位移损失均不严重。

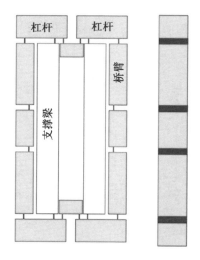

(a) A型桥式－杠杆放大机构

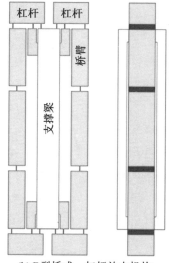

(b) B型桥式－杠杆放大机构

图 5.42　基于柔性铰链的桥式－杠杆放大机构结构图

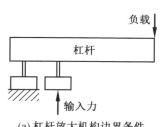

(a) 杠杆放大机构边界条件

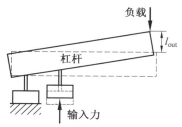

(b) 理想位移输出

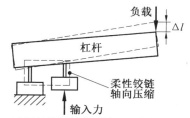

(c) 由柔性铰链轴向压缩导致的位移损失

图 5.43　杠杆放大机构的位移损失

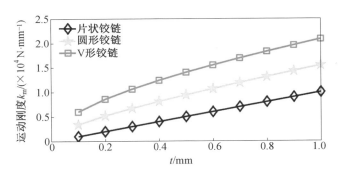

图 5.44　三种常见柔性铰链运动刚度

以上是对桥式－杠杆放大机构运动刚度的定性分析,下面利用理论模型对该机构进行定量分析和设计。

2. 理论模型建立

桥式－杠杆放大机构是双轴对称机构,静力学模型只需选取结构的 1/4 分析。如图 5.45(a)所示,由于引入了杠杆放大机构,分析模型可以等效为一个并联柔性链,其边界条件和局部坐标如图 5.45(b)、(c)所示。根据 5.2 节推导的柔顺放大机构静力学通用模型,可以得到输入点 A 和输出点 D 位移计算公式:

$$\boldsymbol{\varepsilon}_a = \left(\sum_{i=1}^{3} \left[\boldsymbol{T}_{ai} \right]^{\mathrm{T}} \left[\boldsymbol{R}_{ai} \right]^{\mathrm{T}} \boldsymbol{C}_{Li} \left[\boldsymbol{R}_{ai} \right] \left[\boldsymbol{T}_{ai} \right] \right) \boldsymbol{F}_a + \left[\boldsymbol{T}_{ab} \right]^{\mathrm{T}} \left[\boldsymbol{R}_{ab} \right]^{\mathrm{T}} \boldsymbol{C} \left[\boldsymbol{R}_{db} \right] \left[\boldsymbol{T}_{db} \right] \boldsymbol{F}_d$$

$$\boldsymbol{\varepsilon}_d = \left(\sum_{i=1}^{6} \left[\boldsymbol{T}_{ai} \right]^{\mathrm{T}} \left[\boldsymbol{R}_{ai} \right]^{\mathrm{T}} \boldsymbol{C}_{Li} \left[\boldsymbol{R}_{ai} \right] \left[\boldsymbol{T}_{ai} \right] \right) \boldsymbol{F}_d + \left[\boldsymbol{T}_{db} \right]^{\mathrm{T}} \left[\boldsymbol{R}_{db} \right]^{\mathrm{T}} \boldsymbol{C} \left[\boldsymbol{R}_{ab} \right] \left[\boldsymbol{T}_{ab} \right] \boldsymbol{F}_a$$

$$(5.47)$$

式中

$$\begin{aligned}
\boldsymbol{\varepsilon}_a &= \begin{bmatrix} 0 & u_{ay} & 0 \end{bmatrix} \\
\boldsymbol{\varepsilon}_d &= \begin{bmatrix} u_{dx} & 0 & 0 \end{bmatrix} \\
\boldsymbol{F}_a &= \begin{bmatrix} f_{ax} & f_{\mathrm{in}} & m_a \end{bmatrix} \\
\boldsymbol{F}_d &= \begin{bmatrix} f_{\mathrm{out}} & f_{dy} & m_d \end{bmatrix}
\end{aligned} \qquad (5.48)$$

式(5.47)中有 4 个未知数,4 个齐次方程,方程组可解。将所解得的未知数代入式(5.47),可求出想要的输入位移 u_{ay} 和输出位移 u_{dx}。

3. 性能分析

与二级桥式放大机构类似,选取图 5.33 列出的柔性铰链构造不同形式的混合铰链桥式－杠杆放大机构。分析运动刚度对结构放大倍数的影响。分析过程中,结构参数如表 5.8 所示。

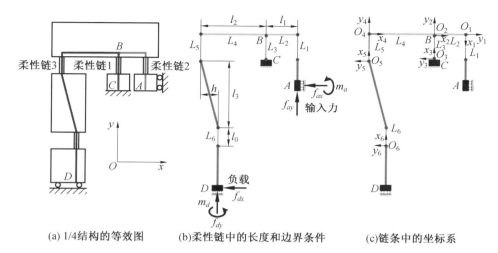

(a) 1/4结构的等效图　　(b)柔性链中的长度和边界条件　　(c)链条中的坐标系

图 5.45　1/4 放大机构的简化图

表 5.8　桥式－杠杆放大机构的结构参数

放大机构	l_0/mm	t/mm	b/mm	$l_1(l_3)$/mm	$l_2(h)$/mm
杠杆	6	0.6	30	9	32
桥式	6	0.6	30	68	5

(1)杠杆放大机构参数对放大性能的影响。

图 5.46(a)、(c)所示为杠杆放大机构中柔性铰链对放大倍数和相对放大倍率的影响。从图中可以看出,在铰链正常取值范围内,铰链形状对机构放大倍数性能影响很小,只有在铰链长度增加时,片状铰链才会降低放大倍数和相对放大倍率。这是因为长度的增加对片状铰链轴向刚度影响更大。杠杆放大机构结构参数对放大性能的影响如图 5.46(b)、(d)所示。同样可以看出,无论采用何种铰链形式,结构参数的改变对放大性能改变趋势一致,三种铰链的放大倍数差异不大。这与前面系统刚度分析的结论一致。值得注意的是,随着杠杆放大机构放大倍数的增加,其相对放大倍率减小。这是因为杠杆放大机构是通过调节长臂和短臂长度比来改变理论放大倍数的,理论放大倍数越大,铰链承受的轴向压力越大,寄生变形导致的位移损失也越大。此外,杠杆理论放大倍数的增加也会增大机构的结构尺寸。因此具体设计时,杠杆放大机构的几何放大倍数需要综合各方因素综合考虑确定。

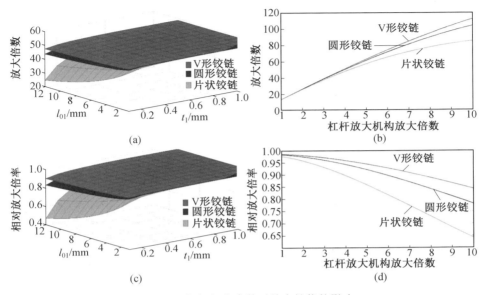

图 5.46　杠杆机构参数对放大性能的影响

（2）桥式放大机构参数对放大性能的影响。

图 5.47（a）、（c）所示为桥式放大机构中柔性铰链对放大倍数和相对放大倍率的影响。有趣的是,结果显示桥式放大机构的铰链形状对机构放大性能没有太大影响,这似乎不符合运动刚度分析中增大刚度比的结论。实际上在结构尺寸合理的情况下,杠杆放大机构中铰链的轴向刚度远远大于桥式放大机构的运动刚度,此时桥式放大机构选择何种铰链形状对结构刚度比的改变都不明显。需要注意的是,如果桥式放大机构桥臂角接近极限位置,驱动桥式放大机构运动所需的力极限上升,此时铰链形状带来的刚度差异会为机构放大性能带来明显影响,如图 5.47（b）、（d）所示。一般情况下,所做设计都希望避开极限桥臂角,所以铰链在这部分的差异并不影响实际设计。

（3）总结。

通过对混合铰链的桥式—杠杆放大机构进行分析,发现铰链对机构放大性能影响不大,这印证了 5.2 节中二级杠杆放大机构对铰链形状不敏感的结论,也符合系统刚度分析结论。

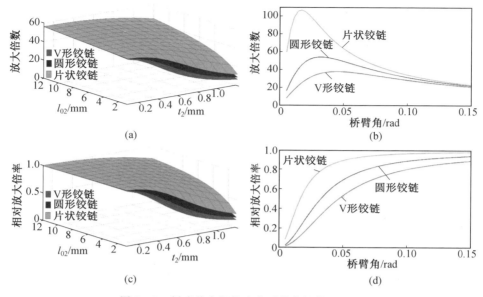

图 5.47 桥式放大机构参数对放大性能的影响

4. 仿真与实验

下面用有限元仿真比较桥式－杠杆放大机构和传统桥式放大机构在放大倍数上的优势,然后用实物实验验证桥式－杠杆放大机构的可行性。

(1)有限元仿真。

采用 Workbench 仿真软件进行有限元仿真。桥式－杠杆放大机构结构参数如表 5.8 所示,尽管分析认为铰链形状对桥式－杠杆放大机构放大性能影响不大,但考虑到片状铰链抗屈曲能力较差,所以杠杆放大机构部分铰链通常采用 V 形铰链形式。作为对比,同时仿真了同样结构参数的传统桥式放大机构。图 5.48(a)、(b)分别展示了两种放大机构在有限元环境中的结构模型。可以看出,和传统桥式放大机构相比,桥式－杠杆放大机构不仅保持了结构的对称性,而且包络尺寸没有明显增加。

仿真过程中,网格采用 Anasys 的 Automatic 自动划分技术,它能够根据几何体特征在四面体与扫掠型划分之间自动切换,实现最优划分方式。对变形最大的柔性铰链进行了网格细化。图 5.48(c)、(d)展示了两种放大机构仿真之后的有限元云图。仿真时,变换了杠杆放大机构的铰链形式,比较了三种不同铰链形式的桥式－杠杆放大机构和传统桥式放大机构的放大倍数和相对放大倍率。

桥式放大机构有限元仿真结果如表 5.9 所示。与传统桥式放大机构相比,桥式－杠杆放大机构放大倍数明显提高。另外,不同铰链形状下,桥式－杠杆放大机构放大性能接近,与理论分析结论一致。

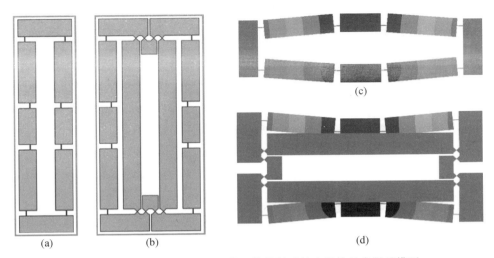

图 5.48　桥式－杠杆放大机构和传统桥式放大机构的有限元模型

表 5.9　桥式放大机构有限元仿真结果

片状＋片状		圆形＋片状		V 形＋片状		传统桥式放大机构	
A_m	τ	A_m	τ	A_m	τ	A_m	τ
45.61	0.867	47.12	0.895	48.12	0.914	14.7	0.993

（2）实验验证。

为了进一步验证桥式－杠杆放大机构的可行性,对有限元中的仿真模型进行了实物加工。机械结构采用 Al－7075 板材,用线切割方式加工而成。机构输入位移由压电陶瓷驱动器（Piezomechanik, PSt/150/10/160/S15,行程为 160 μm,分辨率为 1 nm）提供。输入位移采用电容测微仪（Micro－Epsilon,行程为 500 μm,分辨率为 50 nm）测量。输出位移同样使用工业相机（DAHENG, MER－200－20 GM）进行视觉测量。实验系统在隔振平台上进行,最大程度隔绝外界环境干扰。图 5.49 所示为桥式－杠杆放大机构实验图。

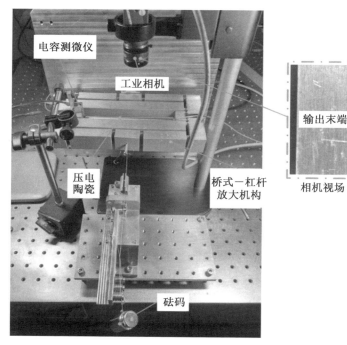

图 5.49　桥式－杠杆放大机构实验图

实验中分别测试了放大机构在不同恒力负载下的放大倍数情况。实验发现，就相对位移而言，机构的放大倍数与负载大小无关，该值均为 48.1。这与 5.2 节的分析结论一致。桥式－杠杆放大机构实验结果如表 5.10 所示。

表 5.10　桥式－杠杆放大机构实验结果

负载/N	4.9	9.8	14.7	19.6	24.5
放大倍数	48.14	48.15	48.17	48.13	48.15

5.3.4　基于负刚度的高效桥式放大机构

上述案例证明系统刚度分析对柔顺机构运动性能提升具有重要意义。实际上，柔性铰链的运动刚度对机械系统的能量效率同样会产生负面影响。下面，从柔顺机构系统刚度分析出发，通过刚度设计，提高柔顺机构效率。

1. 柔顺放大机构的能量效率分析

从机械做功角度来看，柔顺放大机构的输入能来自于压电陶瓷伸长过程的机械做功，即

$$E_i = W_i = \int_0^{u_{in}} f_{in}(x)\,dx \tag{5.49}$$

式中　f_{in}——压电陶瓷运动过程中的输出力；

　　　u_{in}——柔顺机构输入端的位移。

针对不同负载,压电陶瓷输出力是关于输入位移 x 的不同函数。由于柔性铰链是通过自身弹性变形实现运动传递的,因此机构运动过程中,柔性铰链会将部分输入能转换为形变所需的弹性势能,即

$$E_e = \sum_{i=1}^{n} \frac{1}{2} k_i \Delta x_i^2 \tag{5.50}$$

式中　n——系统中柔性铰链个数；

　　　$k_i, \Delta x_i$——柔性铰链的刚度和应力方向的变形量。

另外,还可以从系统刚度的角度去计算弹性势能。由于运动刚度的存在,柔顺机构可以被看作一个线性弹簧,机构运动时,系统所需弹性势能可用下式计算:

$$E_e = \frac{1}{2} \cdot k_{in} \cdot u_{in}^2 \tag{5.51}$$

式(5.50)和式(5.51)分别从局部和全局两个角度分析,得到的弹性势能计算公式,二者是完全等价的。从计算成本角度看,式(5.51)更有优势。图 5.50 所示为柔顺机构能量分配示意图。

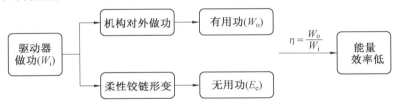

图 5.50　柔顺机构能量分配示意图

机械系统有用功是系统输出端的对外做功

$$E_o = W_o = \int_0^{u_{out}} f_{out}(x) dx \tag{5.52}$$

根据定义,柔顺机构的能量效率为

$$\eta = \frac{W_o}{W_i} = \frac{W_o}{W_o + E_e} = \frac{1}{1 + \dfrac{E_e}{W_o}} \tag{5.53}$$

从式(5.53)可以看出,柔顺机构能量效率与铰链弹性势能和对外做功的比值相关。对外做功是需要的有用功,不能改变。因此,提高柔顺机构能量效率的唯一办法就是消除柔性铰链运动过程中所需的弹性势能 E_e,这样,系统能量效率就可以达到 100%。

通过式(5.51)可知,弹性势能 E_e 与系统输入刚度直接相关,如果在柔顺机构末端并联一个刚度为 k_n 的弹性机构,弹性势能变为

$$E_e = \frac{1}{2}(k_{in} + k_n) u_{in}^2 \tag{5.54}$$

可以通过设计 k_n 来调节系统刚度。有趣的是,要想减小弹性势能 E_e,所并联的机构刚度 k_n 必须为负值,而且当负刚度绝对值与柔顺机构输入刚度相等时,弹性势能为零。

$$k_n = -k_{in} \tag{5.55}$$

实际上,可以将并联的负刚度机构看作是一个能量存储器。当铰链形变时,弹性势能由能量存储器中预存的能量提供;当铰链恢复形变时,柔性铰链中的弹性势能注入存储器中,实现势能的循环利用。图 5.51 所示为具有能量存储器的柔顺机构能量分布。可知提高柔顺放大机构能量效率的关键,就是找到并设计合适的负刚度机构形式。

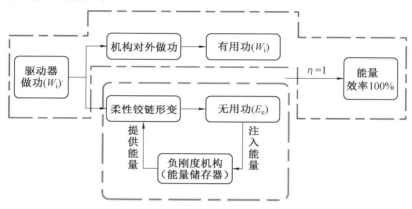

图 5.51　具有能量存储器的柔顺机构能量分布

2. 负刚度机构基本概念

负刚度机构就是刚度为负值的弹性机构。根据常识,当一个弹簧被压缩时,弹簧产生的弹力与弹簧压缩端的运动方向相反。如果有一个弹性机构,在弹性作用下,刚度产生的弹力与压缩端运动方向一致,则称这种机构为负刚度机构。图 5.52 所示为预压缩弹簧产生的负刚度。

设想,有一个垂直压缩的线性弹簧,其上端固定,下端为一个水平导向约束的滑块。此时,机构是不稳平衡状态。当机构受到一个向右的微小扰动,使下端滑块向右运动,则滑块受到的水平力可表示为

$$F_x = -k \cdot u_x \cdot \left(\frac{l}{\sqrt{l_0^2 + u_x^2}} - 1 \right) \tag{5.56}$$

式中　l——弹簧自由状态长度;

　　　l_0——弹簧初始位置长度;

　　　k——弹簧刚度系数。

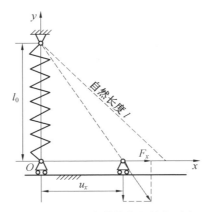

图 5.52　预压缩弹簧产生的负刚度

负号表示弹力 F_x 与位移 u_x 方向一致。根据刚度定义,机构在 x 方向的刚度为

$$k_x = \frac{\delta F_x}{\delta u_x} = -k\left(\frac{l}{\sqrt{l_0^2 + u_x^2}} - 1\right) + \frac{k \cdot l \cdot u_x^2}{(l_0^2 + u_x^2)^{\frac{3}{2}}} \tag{5.57}$$

利用式(5.56)和式(5.57),很容易得到压缩弹簧在水平方向上的力和刚度曲线。压缩弹簧水平方向的力和刚度曲线如图 5.53 所示,图中给出了弹簧达到自然长度之前的力和刚度与水平位移的关系图。根据刚度曲线特征,可以将图 5.53 分为三个部分。初始阶段(阶段Ⅰ),刚度为恒定的负值,此时负刚度可认为是线性的;随着水平位移的增加(阶段Ⅱ),刚度绝对值以非线性方式递减,此时负刚度表现出强烈的非线性。最后,当水平力达到最大值并开始减小时(阶段Ⅲ),负刚度变成正刚度。

压缩弹簧水平方向表现出来的负刚度是各种负刚度机构的原理模型,而柔顺机构运动范围小,其工作空间往往在阶段Ⅰ内,因此可以看作是线性负刚度,这为负刚度机构在柔顺机构中的设计和实用带来方便。

产生负刚度的机构有很多,常见的有倒立摆负刚度机构、折叠摆负刚度机构,以及屈曲欧拉梁机构。与前两种机构相比,屈曲欧拉梁机构简单紧凑,可以由细长的片状铰链构造,因此易与柔顺机构整合。

图 5.54 所示为屈曲欧拉梁示意图。当梁自然伸展时,其长度为 L,此时可以将其看作普通的片状铰链。在梁的右端施加竖直方向导向约束,左端水平压缩 dL 时,梁的输出端在竖直方向表现出负刚度。将两个屈曲欧拉梁布置在一起,可以实现结构对称,同时易于安装,如图 5.54(b) 所示。

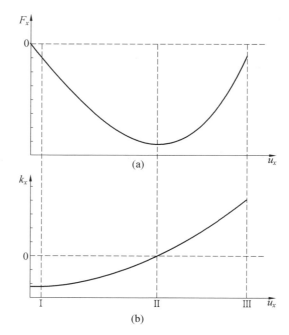

图 5.53　压缩弹簧水平方向的力和刚度曲线

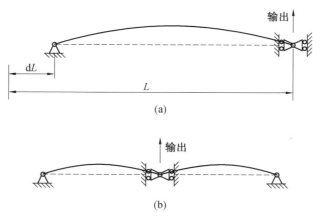

图 5.54　屈曲欧拉梁示意图

3.高效桥式放大机构的结构设计与实验验证

为了验证高效桥式放大机构概念的可行性,这一节设计并制造了一个高效桥式放大机构,进行实验验证。高效桥式放大机构实验样机包括一级桥式放大机构、负刚度机构和测量系统。

（1）桥式放大机构和负刚度机构设计。

桥式放大机构可以通过上述推导的通用公式进行设计，其设计参数如表 5.11 所示。

表 5.11　桥式放大机构的设计参数

机构参数					材料参数		性能	
l_0/mm	t/mm	b/mm	l_2/mm	h/mm	E/GP	ν	放大倍数	输入刚度
10	0.5	20	60	12	72	0.33	5.8	20.8 N/mm

负刚度则采用对称屈曲欧拉梁的形式。根据材料力学公式，很容易推导屈曲欧拉梁的负刚度计算公式：

$$k_n = -8\pi^2 \cdot \frac{E \cdot I}{L^3} \tag{5.58}$$

式中

$$I = \frac{bt^3}{12} \tag{5.59}$$

式中　　I——欧拉梁的转动惯量；

　　　　E——材料弹性模量；

　　　　L——欧拉梁长度；

　　　　t,b——欧拉梁界面厚度和宽度。

为了防止屈曲破坏，还要关注梁形变过程中的弯曲应力，即

$$\sigma_n = 2\pi \cdot E \cdot \frac{t}{L} \cdot \sqrt{\frac{\mathrm{d}L}{L}} \tag{5.60}$$

从式（5.58）～（5.60）可以发现，屈曲欧拉梁的负刚度只与梁的结构参数长 L、宽 b 和厚 t 有关。弯曲应力除了受到结构参数的影响，还与预压缩量 $\mathrm{d}L$ 有关。为了方便结构参数的选取，利用式（5.58）和式（5.60）绘制了图 5.55。由于桥式放大机构的输入刚度为 20.8 N/mm，所以将负刚度机构的负刚度值的取值范围定为 18～20.8 N/mm，负刚度机构采用弹簧钢制造，因此设定梁的最大弯曲应力为 0～700 MPa。综合两个因素，负刚度机构的结构参数如表 5.12 所示。

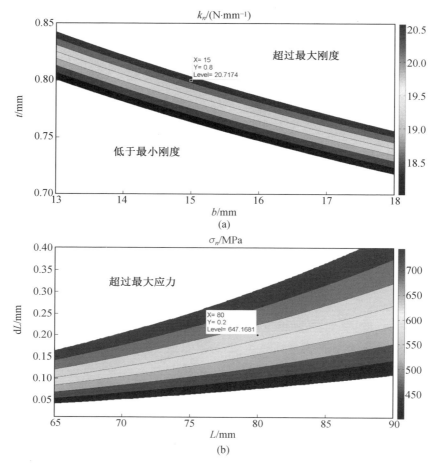

图 5.55 负刚度机构结构参数取值过程(彩图见附录)

表 5.12 负刚度机构的结构参数

L/mm	h/mm	b/mm	dL/mm
79.5	0.8	15	0.2

(2)高效桥式放大机构实验样机搭建。

图 5.56 所示为高效桥式放大机构实验样机三维模型图。为了避免重力带来的测量误差,桥式放大机构水平放置。负刚度机构固定端与竖直基座相连,输出端通过解耦器与放大机构输出端链接。此处解耦器的作用是避免放大机构输入端 y 方向运动对负刚度机构造成的运动干涉。负刚度机构通过调节螺栓预紧,实现屈曲状态,压电陶瓷与放大机构输入端之间放置力传感器测量陶瓷输入力。

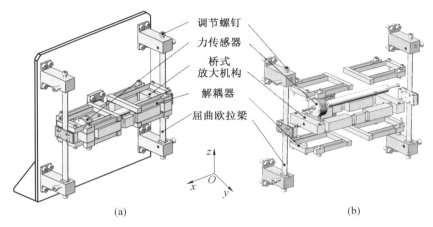

（a）　　　　　　　　　　　　　　　　　　　　（b）

图 5.56　高效桥式放大机构实验样机三维模型图

图 5.57 所示为高效桥式放大机构实验样机实物图。柔性铰链采用线切割一体成型。压电驱动器放置在放大机构内，并用预紧螺钉固定。力传感器（ATI，mini40，分辨率为 0.02 N）通过设计的机械接口固定在放大机构输入端和压电陶瓷之间。机构输出位移用电容测微仪测量。外界弹性负载用标准弹簧模拟。

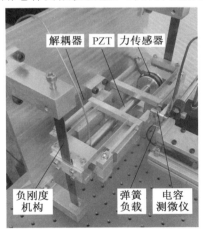

图 5.57　高效桥式放大机构实验样机实物图

测试能量效率时，压电陶瓷通过闭环控制缓慢匀速伸长，传感器实时记录机构的输入位移、输出位移和输入力。能量效率可以通过定义式直接获得。更换不同刚度的负载弹簧，重复上述测量过程，获得多组实验结果。

图 5.58 所示为高效桥式放大机构能量效率测试实验结果。从图中可以看出，在常见的负载区间（0.1～0.5 N/mm），高效桥式放大机构的能量效率可达94.1%，而传统的桥式放大机构能量效率仅有 59.2%。尤其是当负载为

0.1 N/mm时,能量效率在负刚度机构作用下提升了4.38倍。值得注意的是,无负刚度情况下,实验数据和理论数据误差只有4.5%;而配合负刚度之后,实验数据和理论数据最大误差达到了21.2%。这是因为负刚度机构的结构参数对负刚度影响巨大,少量加工误差会对负刚度机构刚度值产生严重影响。此外,由于模型中没有考虑解耦器的刚度值,因此实验系统输入刚度大于理论值。无论如何,本实验目的是验证负刚度机构对柔顺放大机构能量效率提升的有效性。实验结果已经充分证明该方案的可行性。

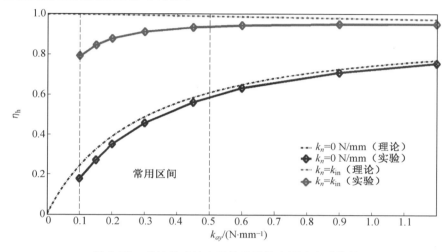

图 5.58　高效桥式放大机构能量效率测试实验结果

5.3.5　结语

本节首先对比了传统铰链和柔性铰链的运动传递方式,针对柔性铰链存在运动刚度的特点,深入探究了运动刚度对行程放大机构放大倍数的影响,并在此基础上提出了以混合铰链、混合材料及参数优化为主要手段,以系统刚度优化为指导思想,以运动性能和动力学性能优化为核心目标的行程放大机构运动刚度设计方法。利用该方法,分析了二级柔顺放大机构的系统刚度,得到提高放大倍数需要增大两级放大机构刚度比的结论。在此基础上,利用混合铰链改进了经典的二级桥式放大机构,将其相对放大倍率提高到0.9以上。考虑到平面放大机构的结构紧凑性,提出了基于混合铰链的桥式-杠杆二级放大机构,通过有限元仿真和样机实验证明了其在放大倍数和结构紧凑上的优越性。为了提高柔顺放大机构的能量效率,从系统刚度分析出发,探讨了运动刚度与能量效率的关系,分析了通过刚度配置提高能量效率的方法,提出了基于负刚度机构的高效桥式放大机构概念,并用实验验证了设计的可行性。

5.4　基于柔顺放大机构的宏微驱动系统及其控制方法研究

　　放大倍数是行程放大机构最重要的性能参数。5.3 节利用系统刚度分析法提升了放大机构的放大性能,使柔顺放大机构的放大倍数得到极大的提升。为了进一步挖掘二级放大机构的性能潜力,本节在刚度分析指导下,对混合铰链型二级桥式放大机构进行多目标优化设计,综合协调放大倍数、固有频率、位移损失和负载能力等性能指标,探索二级放大机构所能达到的最优综合性能。考虑到放大效应对分辨率的影响,引入宏微驱动概念,用次级陶瓷补偿精度损失,使行程放大驱动系统在实现毫米级行程的同时,保持纳米级的定位精度。针对宏微柔顺驱动器的系统特性,本节还提出了"宏开微闭"的控制策略,即宏动部分采用开环控制,利用高斯过程回归和输入整形技术解决系统的迟滞和振动问题;微动部分采用闭环控制,利用传感器的位置反馈保证驱动末端的高精度定位和长期稳定性。

5.4.1　基于行程放大机构的宏微驱动系统刚度分析与设计

1.毫米级行程放大驱动系统背景与意义

　　以压电陶瓷为基础的驱动器可以分为压电叠堆驱动器、压电行程放大驱动器和压电电机三种类型。压电叠堆驱动器的输出行程与材料相关,一般为其长度的 0.1%,由于工艺和应用空间的限制,常用的压电叠堆输出行程不超过 $100~\mu m$;压电行程放大驱动器通过放大效应将压电叠堆输出行程放大,由于放大极限的存在,其输出行程一般不超过 1 mm;压电电机通过压电陶瓷的高频往复运动,利用摩擦效应驱动动子运动,其行程可达数十毫米[121-124]。表 5.13 总结了上述压电驱动技术的性能。

　　从表 5.13 可以看出,传统的压电驱动技术中,压电直驱(压电叠堆驱动器、压电行程放大驱动器)只能用于行程范围小于 1 mm 的情况;压电电机则适用于行程大于 5 mm 的情况。对于中大行程范围(1～5 mm),传统压电直驱方式难以兼顾行程和结构尺寸两个指标;压电电机则会极大地增加系统复杂性和制造成本。事实上,随着技术发展,中大行程微纳驱动需求与日俱增,如空间拼接光学系统要求在 3 mm 范围内实现 $1~\mu m$ 定位精度[42];光栅拼接要求在毫米级范围内实现纳米级精度[5]。

表 5.13 三种压电驱动技术性能总结

类型	适用行程	最小分辨率	优点	缺点
压电叠堆驱动器	小于 100 μm	优于 1 nm	无结构、可靠性高、输出力大、成本低	运动范围小
压电行程放大驱动器	与放大倍数相关,一般小于 1 mm	与放大倍数相关	结构简单、成本低	运动范围不足、分辨率粗糙
压电电机	大于 5 mm	优于 1 nm	行程大、分辨率高	结构复杂、成本高

5.3 节提出的刚度分析方法提高了传统二级放大机构的放大倍数,使得压电行程放大驱动器的运动行程可以在不增加结构尺寸的前提下得到进一步提升,覆盖微纳驱动的中大行程范围,为该范围运动提供简单、廉价的驱动方式。基于这个目的,本节利用刚度分析法,在二级行程放大机构的基础上,设计一个行程可达 5 mm 的驱动系统。为了保持结构紧凑性,放大机构放大倍数大于 80 倍;为了拓展驱动系统使用范围,驱动器位移分辨率优于 20 nm;为了使驱动器能在高频状态下工作,结构固有频率大于 50 Hz。可以预见,这款行程放大驱动系统将拓展行程放大机构的应用范围,使得其行程范围覆盖 1~5 mm,为中大行程微纳驱动提供新的方式。

2. 宏微放大驱动系统总体设计

放大驱动系统的主体是行程放大机构。这里,选择结构相对成熟的二级桥式放大机构作为位移放大机构。放大机构在实现行程放大的同时,还会增大压电陶瓷的位移分辨率。为了补偿这部分位移损失,在放大机构输出端串联一个压电陶瓷片用于精度补偿,使系统以宏微驱动的形式同时实现大行程和高精度。为了实现闭环控制,位移输出末端放置光栅位移传感器检测位移信息,使系统在毫米级范围内实现纳米级精度测量。为了使驱动系统具有较强的抗干扰能力,在位移输出端设置柔顺导向器。图 5.59 所示为宏微放大驱动系统逻辑框图。从图中可以看出,宏微放大驱动系统并不仅仅是桥式放大机构的优化设计,而是针对机械结构、控制算法、控制硬件的整体系统设计,这与 5.3 节的内容有本质区别,是在 5.3 节设计理论基础上的一次综合应用。

根据 5.3 节放大驱动系统的设计目标,利用 5.2 节的几何学理论模型,可以快速地给出二级桥式放大机构结构参数的预设值,如表 5.14 所示,其几何放大倍数为 94 倍。值得注意的是,根据 5.3 节混合铰链的分析结果,二级桥式放大机构最佳的铰链搭配是 V 形铰链加片状铰链。本设计中,综合考虑刚度比和应力集中效应,选择了圆形铰链加片状铰链的铰链搭配形式。此外,为了进一步增加刚度比,第一级桥式放大机构采用弹性模量较大的弹簧钢,第二级桥式放大机构采用弹性模量较小的铝合金。

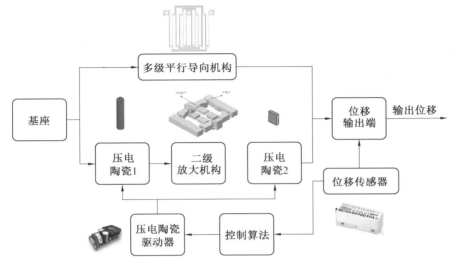

图 5.59　宏微放大驱动系统逻辑框图

表 5.14　二级桥式放大机构初步设计参数

桥式放大机构	l_0/mm	l_1/mm	h/mm	t/mm	b/mm	铰链	材料
第一级	4	21	3	0.6	20	圆形	弹簧钢
第二级	6	16	3	0.6	20	V 形	铝合金

压电陶瓷行程被放大的同时,分辨率也被放大,其值可表示为

$$u_{二级放大器} = A_{m二级放大器} \cdot u_{陶瓷1} \tag{5.61}$$

$$r_{二级放大器} = A_{m二级放大器} \cdot r_{陶瓷1} \tag{5.62}$$

式中　u, r——行程和分辨率。

由此可知,当放大倍数为 94 倍,压电陶瓷 1 的分辨率为 1 nm 时,放大机构的分辨率会被放大到 0.1 μm。被弱化的分辨率可以通过压电陶瓷 2 补偿,压电陶瓷 2 的行程需要大于放大器的分辨率 0.1 μm。经过初步设计,宏微放大驱动系统三维模型如图 5.60 所示。

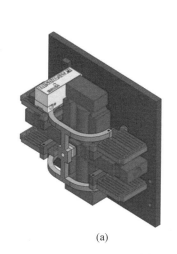

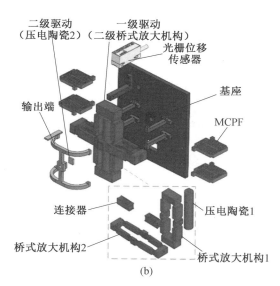

二级驱动
（压电陶瓷2）

一级驱动
（二级桥式放大机构）

光栅位移
传感器

基座

MCPF

输出端

连接器

压电陶瓷1

桥式放大机构2

桥式放大机构1

(a)　　　　　　　　　　(b)

图 5.60　宏微放大驱动系统三维模型

3.宏微放大驱动系统刚度分析与参数设计

与单纯的二级桥式放大机构不同,宏微放大驱动系统的柔顺结构中,除了两个串联的桥式放大机构,还有一个并联连接的柔顺导向结构。因此,其系统刚度更加复杂,需要进一步分析。此外,宏微驱动中的微动单元处在放大机构和导向机构之间,系统刚度对微动部分运动的影响形式也需要重点探究和分析。另外,由于导向机构的引入,驱动系统的结构参数增多,无法通过简单的数值分析和有限元仿真找到合适的结构尺寸参数,协调各项性能指标。因此,需要建立系统的理论模型,利用多目标优化的方法,确定最佳的结构参数。

（1）宏微放大机构理论模型。

5.3 节已经建立了二级桥式放大机构的静力学模型,这里可以直接使用。分别用符号 k_1、k_2、$k_{amplifier}$ 表示计算所得的第一级桥式放大机构、第二级桥式放大机构和二级桥式放大机构的刚度值。需要注意的是,理论计算时,导向器的刚度值被看作弹性负载放入静力学模型中,所以需要推导导向器的刚度计算公式。导向机构与放大机构是并联关系,其输入位移与放大机构的输出位移相同,系统刚度是放大机构刚度和导向机构刚度之和。

柔顺导向机构是利用平行四边形原理实现的一种直线运动输出柔性单元,如图 5.61(a) 所示。其驱动行程可以通过叠加平行四边形层数来实现,如图 5.61(b) 所示,这里将其称为多级平行导向机构。根据文献[125],多级导向机构的链接端的理论运动完全相同,因此可以将其刚性链接,减少寄生运动对导向机构的影响,增强其抗干扰能力,如图 5.61(c) 所示。为了使导向机构能一体成型,本节对多级平行导向机构做了如图 5.61(d) 所示的结构改进。

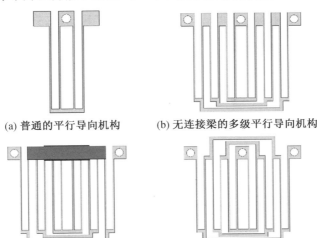

(a) 普通的平行导向机构　　　(b) 无连接梁的多级平行导向机构

(c) 分体连接梁复合平行导向机构　(d) 一体连接梁复合平行导向机构

图 5.61　几种典型的柔性导向机构

多级平行导向机构具有良好的轴对称特性,每根形变梁,都有相同的受力状态。多级平行导向机构的变形特征如图 5.62 所示,图中给出的是一个 6 层平行四边形组成的导向机构,受到水平力 F_x 后的形变情况。其中每一根形变梁都可以看作一个一端固定、一端被导向约束且受外力 F 的悬臂梁。这里将其称为导向机构的基本变形单元。由于基本变形单元具有中心对称性,轴向分割后,每一半都可以看作一个一端固定、一端自由的悬臂梁且该悬臂梁所受竖直力 F' 与 F相等。

根据材料力学,悬臂梁自由端位移计算公式为

$$\delta' = \frac{F'\left(\frac{1}{2}l\right)^3}{3EI} \tag{5.63}$$

式中　　l—— 变形单元的长度;

　　　　E—— 材料的弹性模量;

　　　　I—— 变形单元的惯性矩,$I = bt^3/12$。

由对称性可知,变形单元的位移是悬臂梁自由端位移的两倍,即

$$\delta = 2\delta' = \frac{Fl^3}{12Ebt^3} \tag{5.64}$$

根据刚度定义式,多级平行导向机构的刚度是运动端的受力 F_x 和位移 u_x 的比值,则

$$k_{\text{guider}} = \frac{F_x}{u_x} = \frac{2F}{6\delta} = \frac{Ebt^3}{3l^3} \tag{5.65}$$

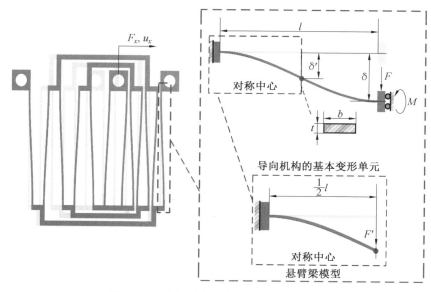

图 5.62 多级平行导向机构的变形特征

将计算所得的刚度值作为弹性负载代入二级桥式放大机构的静力学模型中,就可以计算出驱动系统的放大倍数。

设计中,还要关注系统的动力学性能。根据 5.2 节推导的动力学统一模型,如果输入位移 u_{in} 为广义坐标,系统的动能和势能表达式为

$$T = \frac{1}{2}\left(M_{\text{amplifier}} + M_{\text{guider}}\right)\dot{u}^2$$

$$V = \frac{1}{2}\left(k_{\text{amplifier}} + k_{\text{guider}}\right)u^2 \tag{5.66}$$

式中 M, k —— 广义坐标下的等效质量和等效刚度,其计算方法参考 5.2 节内容。

根据固有频率计算公式,系统频率可表示为

$$f = \frac{1}{2\pi}\sqrt{\frac{k_{\text{amplifier}} + k_{\text{guider}}}{M_{\text{amplifier}} + M_{\text{guider}}}} \tag{5.67}$$

(2)宏微放大驱动系统的位移损失。

下面对宏微放大驱动系统的刚度进行分析。与 5.3 节中二级桥式放大机构的分析过程类似,将系统中的弹性元件都等效为线性弹簧。图 5.63 所示为宏微放大驱动系统刚度分析示意图,图中给出的是主驱动和次驱动在运动刚度作用下的运动特征。从图中可以看出,主驱动与 5.3 节中二级桥式放大机构的运动特征类似,第一级桥式放大机构的位移损失 ΔS_1 用刚度比表示为

$$\Delta S_1 = \frac{S_2'}{U_{2+\text{guider}}^1} \tag{5.68}$$

式中　　$U_{2+\text{guider}}^1$——桥式放大机构 1 的刚度与桥式放大机构 2 和导向机构的刚度比；

　　　　S_2'——桥式放大机构 2 的实际形变量。

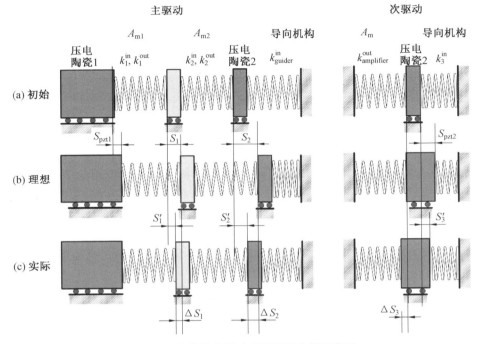

图 5.63　宏微放大驱动系统刚度分析示意图

对于次驱动,可以将放大机构整体等效为一个线性弹簧。次驱动陶瓷夹在两个线性弹簧之间的,当压电陶瓷 2 伸长时,位移损失和实际位移可通过胡克定律计算:

$$\begin{cases} \Delta S_3 = \dfrac{F_3}{k_{\text{amplifier}}} \\ S_3' = \dfrac{F_3}{k_3} \end{cases} \tag{5.69}$$

式中　f_3——压电陶瓷 2 伸长时,两个线性弹簧受到的压力。

将式(5.69)中两个等式作商,消去压力 f_3,位移损失可表示为

$$\Delta S_3 = \frac{S_3'}{U_3^{\text{amplifier}}} \tag{5.70}$$

式(5.68)和式(5.70)具有完全相同的形式。说明两个地方的位移损失均与刚度比相关。需要注意的是,桥式放大机构 1 的位移损失影响着行程放大机构的放大倍数;而次驱动中的位移损失除了影响放大倍数,还影响着微动部分的有效行

程。减小两种位移损失对系统驱动性能都有重要意义。

下面,利用推导的理论模型,定量分析刚度比对放大倍数的具体影响。由于柔性铰链厚度只影响放大机构刚度值而不影响几何放大倍数,因此,在分析过程中,通过调节柔性铰链厚度,即 t_1、t_2、h_{guide} 来改变各个柔顺机构的刚度值。分析采用控制变量法,其中放大机构的参数如表5.14所示,导向机构的参数如表5.15所示。

表 5.15 数值分析中导向机构的参数

l_{guide}/mm	t_{guide}/mm	b_{guide}/mm	材料
22	0.4	4	铝合金

图 5.64 所示为放大倍数与刚度比关系图。从图中可以看出,当刚度比增加时,放大倍数增加,这与前面系统刚度分析结论吻合。当刚度比较小时,放大倍数增加明显,当刚度比超过一个阈值后,放大倍数增加速度降低,达到极限值。值得注意的是,刚度比 $U_3^{amplifier}$ 的阈值远远大于刚度比 U_2^1 的阈值。这是因为放大效应除了可以正向放大位移,还可以反向放大输出端负载。导向机构的刚度经过二级放大机构的反向放大,负载效应大大增加,因此对刚度比更加敏感。

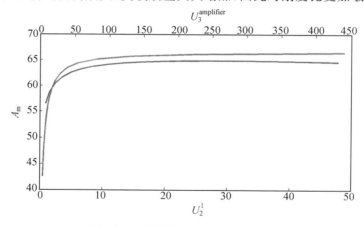

图 5.64 放大倍数与刚度比关系图

此外,也探讨各个柔性体的运动刚度对驱动系统机械性能的影响。图 5.65(a) 所示为运动刚度值与放大倍数的关系曲线。从图中可以看出,第一级桥式放大机构刚度的增加在一定程度上有利于提高放大倍数,但是因为混合铰链和混合材料的设计使得刚度比 U_2^1 已经超过图 5.64 中的阈值,因此放大倍数对铰链厚度 t 的变化不再敏感。第二级桥式放大机构刚度增加时,机构放大倍数先增加后减小,这是因为 k_2 的增加,即会增大刚度比 $U_3^{amplifier}$ 也会减小 U_2^1,这与机构放大倍数的增加相互矛盾,因此会出现拐点。导向机构刚度增加时,机构放大倍数单调减少,且作用明显。这与前面分析的反向放大效应结论吻合。由此可见,在进行铰链参数设计时,第二级桥式放大机构和导向机构是需要关注的重点。

　　图 5.65(b) 所示为各级柔性体运动刚度与结构固有频率的关系曲线。从图中可以看出,所有柔性体的运动刚度增加都有利于结构固有频率的提高,其中,导向机构和第二级桥式放大机构的刚度影响更为明显。需要注意的是,对导向机构而言,运动刚度对放大倍数和固有频率的影响是相反的,因此导向机构参数的设计需要综合各个指标,在相互妥协中找到最佳参数值。

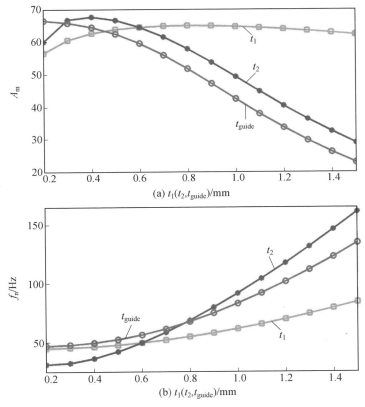

图 5.65　各级柔性体运动刚度对放大倍数和固有频率的影响

（3）多目标优化。

　　由于宏微放大驱动系统需要设计的结构参数较多,另外,系统的放大性能和动力学性能相互矛盾,所以需要采用多目标优化的方法对系统结构参数进行确定。设计时需要考虑的结构参数组成的向量如下:

$$\boldsymbol{x} = (l_{01}, h_1, t_1, l_1, b_1, l_{02}, h_2, t_2, l_2, b_2, t_{\text{guide}}, l_{\text{guide}}, b_{\text{guide}})$$

作为柔顺放大机构,希望系统同时具有较大的放大倍数 A_{m} 和固有频率 f_{n},

两参数可通过前面推导的理论模型获得。作为驱动器,希望机构有较强的负载能力。为了表征柔顺放大机构的负载能力,定义指标阻塞力,记为 F_B 则

$$F_B = u_{out} \cdot k \tag{5.71}$$

式中　　k——驱动系统的输出刚度。它等于放大机构和导向机构刚度之和:

$$k = k_{amplifier} + k_{guide} \tag{5.72}$$

由定义式可知,阻塞力是压电陶瓷输出最大位移时,使系统输出端位移为零所需要的反作用力。

希望上述三个指标同时取得最大值,因此优化设计的目标函数可表示为

$$f(x) = \left\{ \frac{1}{A_m}, \quad \frac{1}{f_n}, \quad \frac{1}{F_{block}} \right\} \to \min \tag{5.73}$$

多目标优化过程中,除了需要明确优化目标,还需要考虑各种限制条件。首先,桥式放大机构 1 的尺寸受压电陶瓷 1 长度的限制,其长度应该应满足方程:

$$l_{PZT} = 2l_2 + 4l_{01} + l_{13} \tag{5.74}$$

其次,受制造水平的影响,铰链的最小厚度必须大于 0.3 mm,即

$$t_1, t_2, t_{guide} \geqslant 0.3 \text{ mm} \tag{5.75}$$

然后,由于柔性铰链是利用弹性变形来传递运动的,因此铰链处的应力应控制在屈服应力范围内,即

$$\begin{cases} \sigma_{A_m}^t + \sigma_{A_m}^r \leqslant \dfrac{\sigma_y}{n_a} \\[3mm] \sigma_{guide} \leqslant \dfrac{\sigma_y}{n_a} \end{cases} \tag{5.76}$$

式中

$$\begin{cases} \sigma_{A_m}^r = \dfrac{E(1+\beta)^{\frac{9}{20}}}{\beta^2 f(\beta)} \theta_{max1} \\[3mm] \sigma_{A_m}^t = \dfrac{\max\{F_{in}\}}{b_1 t_1} \\[3mm] \sigma_{guide} = \dfrac{3E t_{guide} u_{out}}{n l_{guide}^2} \end{cases} \tag{5.77}$$

式中　　n_a——安全系数;

$\sigma_{A_m}^r$,$\sigma_{A_m}^t$——第一级桥式放大机构铰链最薄处的拉应力和切应力。

最后,为了保证宏微系统中微驱动的有效行程,放大器与导向机构之间的刚度比 $U_3^{amplifier}$ 必须大于某个阈值以抑制位移损失现象。在本设计中,该阈值设置为 10,则有

$$U_3^{amplifier} = \frac{k_{amplifier}}{k_3} \geqslant 10 \tag{5.78}$$

有了上述目标函数和限制条件后,就可以进行优化设计了。利用 MATLAB

优化工具箱中的优化算法对参数进行优化。表 5.16 列出了驱动系统优化结果。其中,1 号结果拥有最大放大比 195.7,这是以较低的频率和刚度比为代价的。另外,4 号结果具有最大的固有频率 90.5 Hz,这是以较低的放大比和刚度比为代价的。很明显,放大倍数和频率两者相互矛盾,希望选出满足设计目标,并且各个性能指标相对均衡的结果。综合评价后,3 号结果放大倍数为 94,固有频率为 55.9 Hz,刚度比为 60.2,阻塞力为 363 N,被认为是最佳优化结果。

表 5.16　驱动系统优化结果

设计参数	参数范围		优化结果			
	下限	上限	1	2	3	4
l_{01}/mm	4	8	4.27	4.43	4.32	4.0
h_1/mm	1	5	1.64	1.52	1.87	2.81
t_1/mm	0.3	0.8	0.76	0.78	0.77	0.78
b_1/mm	10	20	18.04	18.06	17.84	15.23
l_{02}/mm	4	8	6.33	6.03	5.66	4.10
l_{22}/mm	10	30	23.75	19.17	19.54	27.81
h_2/mm	1	5	1.23	2.43	2.26	1.82
t_2/mm	0.3	0.8	0.41	0.53	0.53	0.8
b_2/mm	10	20	12.39	12.70	14.68	15.21
$l_{\mathrm{guide}}/\mathrm{mm}$	20	30	28.19	27.70	27.57	18.89
$t_{\mathrm{guide}}/\mathrm{mm}$	0.3	0.8	0.33	0.47	0.36	0.45
$b_{\mathrm{guide}}/\mathrm{mm}$	3	10	4.83	4.63	5.01	5.95
A_{m}	—	—	195.7	100.1	94.0	56.5
$f_{\mathrm{n}}/\mathrm{Hz}$	—	—	28.60	55.6	55.9	90.5
U	—	—	15.2	22.9	60.2	11.2
$F_{\mathrm{B}}/\mathrm{N}$	—	—	138.6	306.5	363.0	314.4

5.4.2　宏微放大驱动系统控制策略

一般来说,压电驱动的柔顺机构在控制上需要解决两个问题。首先,为了提高控制的定位精度,需要对压电陶瓷的迟滞曲线进行线性化;其次,为了提高运动过程中的稳定性,需要对柔顺机构的残余振动进行抑制。

1. 压电陶瓷迟滞行为的前馈补偿

（1）压电陶瓷的迟滞曲线。

压电陶瓷是通过材料中压电单晶体的电致伸缩效应实现位移输出的，这个过程被称为逆压电效应[126-129]。理想情况下，压电陶瓷形变量 Δu 和外加电场 U 以及外力 F 呈线性关系：

$$\Delta u = k_1 U + k_2 F \tag{5.79}$$

式中　　k_1, k_2——比例系数。

在实际应用中，由于压电陶瓷复杂的极化机理和机电耦合效应的影响，压电陶瓷的输出并不是理想的，存在着迟滞和非线性特性，如图 5.66(a) 所示。迟滞特性使得陶瓷升压曲线和降压曲线存在位移差，非线性使得每条位移曲线与外加电压关系复杂。放大机构的位移放大效应会加重迟滞带来的偏差，如图 5.66(b) 所示。压电陶瓷开环控制时，迟滞非线性是系统定位误差的主要来源；闭环控制时，虽然定位精度可以得到保障，但是迟滞非线性会严重影响控制器的动态特性。工程上常用的线性控制算法，如 PID，很难获得理想的控制效果。

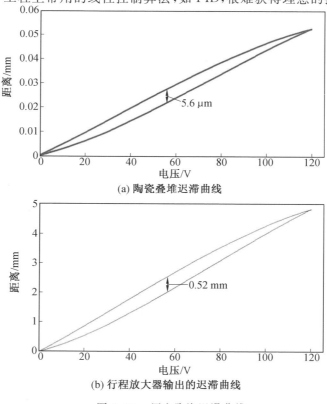

(a) 陶瓷叠堆迟滞曲线

(b) 行程放大器输出的迟滞曲线

图 5.66　压电陶瓷迟滞曲线

获得迟滞曲线模型是实现迟滞非线性系统线性化的前提。为了描述压电陶瓷的迟滞非线性特性,有学者提出了很多基于迟滞现象的数学模型,例如多项式模型、P—I模型、Bouc—Wen模型等。这些模型对陶瓷的迟滞非线性进行精确刻画,其逆模型还可用于前馈控制器中的压电陶瓷线性化补偿。然而,压电陶瓷的迟滞曲线除了与电压增减方向有关,还与电压幅值、频率有关,此外,迟滞环是不对称的。不同频率下的压电迟滞曲线如图 5.67 所示,图中展示的是幅值、频率均不同的正弦信号激励下的放大机构位置响曲线,从图中可以看出,每个迟滞环均不相同。这些特性使得上述数学模型在复杂性和精确性上难以均衡,为逆模型在开环控制中的应用带来不便。

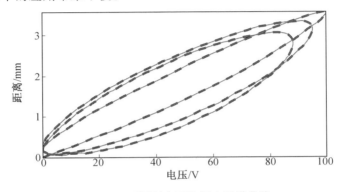

图 5.67　不同频率下的压电迟滞曲线

近年来,机器学习技术的兴起为压电陶瓷迟滞非线性建模带来新的思路。机器学习可以用于分类和回归,其中回归是一个监督型学习问题,其目的是在给定输入/输出构成的训练集时,学习输入到对应输出值之间的映射关系。与固定的数学模型不同,机器学习下的回归类似于寻找一个参数集,以提供数据最好的解释,学习过程中,设计者无须关心映射的具体形式和模型参数,只需要通过模型检测确定模型准确性。而通过特征向量的设定,模型可以很轻松地将幅值、频率、方向等信息融合到映射规则中去。此外,回归模型的求逆过程也仅需要通过调整输入和输出的位置即可,无须复杂的数学推导。

(2)高斯过程回归算法。

高斯过程回归(Gaussian Process Regression,GPR)算法是近年来发展起来的一种基于高斯随机函数的机器学习方法,属于机器学习中监督学习的一种回归方法[130-133]。通过高斯过程相关理论去解决生产、生活实际问题,成为一种逐渐被人们所重视的算法,广泛应用于导航卫星中偏差预测、表情动态跟踪、风速预测等诸多领域。在处理预测回归或分类问题时,通过假设学习样本服从高斯过程的先验概率,再结合贝叶斯理论得到相应的后验概率,然后通过最大似然法得到相应的最优超参数,最后用得到的模型进行测试样本的预测,这就是高斯过程回归预测的基本思路。

一个带噪声的回归模型可以表示为

$$y = x^{\mathrm{T}}w + \varepsilon \quad (\varepsilon \sim N(0, \sigma_n^2)) \tag{5.80}$$

式中　ε——噪声呈高斯分布；

　　　x——输入向量；

　　　w——模型的参数；

　　　y——观测目标值。

对于训练集中的输入向量 x 而言，观测值满足联合分布，其概率密度可表示为

$$p(y \mid x, w) = \frac{1}{(2\pi\sigma_n^2)^{n/2}} \exp\left(-\frac{1}{2\sigma_n^2} \mid y - x^{\mathrm{T}}w \mid^2\right) = N(x^{\mathrm{T}}w, \sigma_n^2 I) \tag{5.81}$$

高斯过程是一个随机变量的集合，任何有限数量的高斯过程都具有联合高斯分布。根据统计学知识，一个高斯过程可以由均值函数 $m(x)$ 和协方差函数 $k(x, x')$ 唯一确定。因此，一个高斯过程可以表示为

$$f(x) \sim \mathrm{GPR}(m(x), k(x, x')) \tag{5.82}$$

式中

$$\begin{cases} m(x) = E[f(x)] \\ k(x, x') = E[(f(x) - m(x))(f(x') - m(x'))] \end{cases} \tag{5.83}$$

高斯过程模型中，协方差矩阵表示先验知识的平滑性。从定义上看，协方差函数展示了两个函数值的相识度，它们仅依赖于相应的输入向量。高斯过程的目的是得到一个概率分布的回归模型，根据贝叶斯方法，高斯过程问题可以分为 4 个部分。

① 定义先验分布。

② 定义似然 $p(x, y \mid f)$。

③ 计算后验分布 $p(f \mid x, y)$。

④ 模型辨识，其中包括协方差函数的选取和超参数的学习。

模型训练过程中，超参数可以通过最大似然的优化方法确定。协方差需要通过自己选取，其中常用的是包含平方指数项的核函数：

$$k(x_p, x_q) = \exp\left(-\frac{1}{2} \mid x_p - x_q \mid^2\right) \tag{5.84}$$

当高斯回归模型开始预测时，模型中的超参数将会随数据的训练逐渐优化，并加入到模型中。作为一种有监督的学习方法，测试过程是必不可少的，测试的输入设为 x^*，测试输出和训练输出的联合分布可表示为

$$\begin{bmatrix} y \\ f^* \end{bmatrix} \sim N\left(0, \begin{bmatrix} k(x, x) + \sigma_n^2 I & k(x, x) \\ k(x^*, x) & k(x^*, x^*) \end{bmatrix}\right) \tag{5.85}$$

在已知观察数据条件下,应用高斯分布的边缘性和条件规则,可以得到预测分布为

$$f \mid \boldsymbol{x}, y, \boldsymbol{x}^* \sim N(\overline{f^*}, \mathrm{cov}(f^*)) \tag{5.86}$$

式中

$$\begin{cases} \overline{f^*} = \boldsymbol{k}_*^{\mathrm{T}} (k+I)^{-1} y \\ \mathrm{cov}(f^*) = k(\boldsymbol{x}^*, \boldsymbol{x}^*) - \boldsymbol{k}_*^{\mathrm{T}} (k+\sigma_{\mathrm{n}}^2 I) \end{cases} \tag{5.87}$$

2. 宏微放大驱动系统的振动抑制

柔性铰链的引入会使结构系统刚度降低,出现明显的残余振动。针对这个问题,有学者提出了很多针对柔顺机构的主动抑制方法。但是主动抑振算法需要传感器提供实时的位置或速度信息,而且控制算法往往相对复杂。

输入整形控制(Input Shaping Technique, IST)是一种开环前馈控制技术,它可以被看作是一个包含不同幅值和时滞的脉冲序列的组合,系统的原始输入在经过整形器后与其包含的脉冲序列进行卷积生成新的控制输入信号来激励被控对象。与其他控制方法相比,输入整形控制具有无须精确数学模型、结构简单、不改变原有控制系统结构、不影响系统稳定性和具有较强鲁棒性等优点[134-136]。

输入整形脉冲序列的时域表达为

$$C(t) = \sum_{i=1}^{n} A\delta(t-t_i) \tag{5.88}$$

任何一个线性系统都可以由一个二阶系统来近似,而压电陶瓷线性化后,可以看作一个线性系统。假设其传递函数为

$$G(s) = \frac{\omega_{\mathrm{n}}^2}{s^2 + 2\xi\omega_{\mathrm{n}}s + \omega_{\mathrm{n}}^2} \tag{5.89}$$

那么系统的脉冲响应可以表示为

$$g_i(t) = \left[\frac{A_i\omega_{\mathrm{n}}}{\sqrt{1-\xi^2}} \mathrm{e}^{-\xi\omega_{\mathrm{n}}(t-t_i)} \right] \sin\left[\omega_{\mathrm{n}}\sqrt{1-\xi^2}(t-t_i) \right] \tag{5.90}$$

脉冲序列是一系列脉冲响应之和:

$$g(t) = \sum_{i=1}^{n} g_i(t) = A_{\mathrm{Total}} \sin(\omega_{\mathrm{d}}t - \psi) \tag{5.91}$$

式中

$$\begin{cases} A_{\mathrm{Total}} = \sqrt{\left[\sum_{i=1}^{n} B_i \cos\varphi_i \right]^2 + \left[\sum_{i=1}^{n} B_i \sin\varphi_i \right]^2} \\ B_i = \left[\frac{A_i}{\sqrt{1-\xi^2}} \mathrm{e}^{-\xi\omega_{\mathrm{n}}(t-t_i)} \right] \end{cases} \tag{5.92}$$

将输入整形控制器所产生的脉冲序列幅值归一化,则有以下约束:

$$\begin{cases} A_{\text{Total}} = 0 \\ \sum_{i=1}^{n} A_i = 1 \quad (A_i > 0) \\ t_1 = t_0 = 0 \end{cases} \tag{5.93}$$

这样,就可以在知道系统固有频率和阻尼比的情况下设计输入整形器了。

3. 宏微系统的"宏开微闭"控制策略

宏微系统是典型的双输入单输出系统。对这类系统,设计者往往采用双闭环控制模式[137-140]。图5.68所示为典型的双闭环控制框图。从图中可以看出,系统的宏动和微动拥有各自的传感器和控制器。宏动部分采用闭环控制,是主控制环,负责驱动器大行程运动。宏动结束后,其位置误差输入给微动控制器,进行补偿。微动部分具有独立的闭环控制器,是次控制环,负责驱动器定位精度。双环控制方法保持了宏微双驱动的相对独立性,避免双输入单输出控制系统的耦合问题。但是双闭环需要两个独立的位置传感器,硬件复杂,成本高;此外,双传感器安装误差也会为驱动器绝对定位精度引入系统误差。

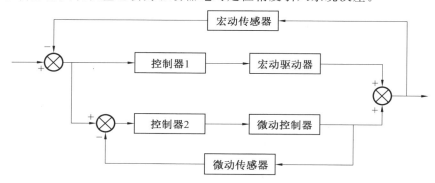

图5.68 典型的双闭环控制框图

为了解决这个问题,本节提出针对宏微放大驱动系统的"宏开微闭"控制策略,图5.69所示为宏微驱动器控制框图。考虑到宏动部分主要目的是实现大范围运动,对精度要求不高,因此采用开环控制方案。具体来说,利用高斯过程回归和输入整形器构成的双前馈开环控制解决宏动部分的压电迟滞和残余振动。微动部分主要目的是保证系统定位精度,因此采用闭环控制,即在宏动双前馈基础上,加上经典的PID控制,保证微动控制的精确性和稳定性。这样,整个驱动系统就可以只用一个位置传感器,简化结构,并且无传感器装配带来的系统误差。

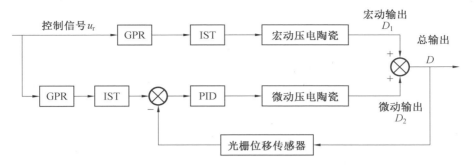

图 5.69　宏微驱动器控制框图

5.4.3　宏微放大驱动系统性能测试实验

1.宏微放大驱动系统实验样机

为了验证上述设计的可行性,本实验加工制造了宏微放大驱动系统的实验样机,如图 5.70 所示。

放大机构 1 材料为弹簧钢 Mn65,其他零部件材料为铝合金 YL12。所有弹性元件均采用线切割一体加工而成。装配过程中,压电陶瓷 1(NOLIAC,Pst150/10/80-vs15,行程为 80 μm)和压电陶瓷 2(NOLIAC,Pst150/7×7/2,行程为 3 μm)采用 AB 胶粘接,所有螺栓装配均涂抹螺纹胶放松。为了使系统结构更加紧凑,光栅位移传感器(RENISHAW,RCH24H,分辨率为 10 nm)安置在输出架左上方。尽管这种布置方式破坏了系统外观对称性,但光栅传感器属于非接触传感器,因此不会影响系统运动性能。系统安放在隔振平台上,避免地面振动对系统测量带来的影响。控制系统方面,利用多功能 I/O 板卡(National Instruments,PCI-6229)中的数字输入通道 DI 采集光栅位移传感器的数据。控制算法在 LabVIEW 环境下编辑运行,计算得到的控制量通过同一张 I/O 板卡的模拟输出通道 AO 发出,并经过功率放大器放大后,施加到相应压电陶瓷上。

2.宏微放大驱动系统控制器实验

(1)基于高斯过程回归的压电陶瓷迟滞模型。

有了高斯过程回归模型,就可以对压电陶瓷的迟滞曲线进行训练了。首先是采集训练数据集。由于压电迟滞曲线同时与电压幅值、频率及电压方向有关,所以训练数据集的输入向量需要包含这三种特征。为了更具一般性,训练数据集在幅值、频率可变的正弦信号激励下产生:

$$u(t) = 2e^{-0.3t}\left[\sin(2\pi t e^{-0.05t} - \pi) + 1\right] \tag{5.94}$$

训练数据采集过程中,采样频率设定为 1 kHz,信号激励时间为 10 s。上述激励下,机构的驱动行程可达 2 mm,为了采集位移数据,用激光位移传感器

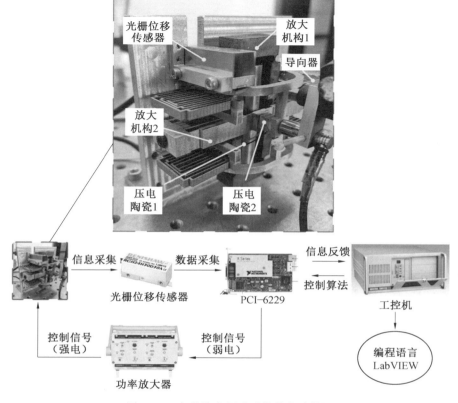

图 5.70 宏微放大驱动系统的实验样机

(KEYENCE,LK－G5000,行程为 20 mm,分辨率为 20 nm)测量系统末端位置响应,如图 5.71 所示。

从采集到的所有数据中,等间隔选取 730 个采样点作为训练样本,并做如下数据处理:

$$\text{data\_train} = [\text{Feature}_1, \text{Feature}_2, \text{Output}] \tag{5.95}$$

式中

$$\text{Feature}_1 = u(kT)$$

$$\text{Feature}_2 = \frac{u(kT) - u(kT - T)}{T}$$

$$\text{Output} = \text{Displacement}(kT)$$

Feature_1 是输入电压,包含幅值信息;Feature_2 是输入电压的差分,包含频率和方向信息。训练过程中,采用 10 折交叉验证获得最佳模型。

数据处理及模型训练是在 MATLAB 中实现的。将获得的最佳模型通过组件对象模型(COM)技术生成 COM 组件,然后利用 LabVIEW 中的 ActiveX 技

激光位移
传感器

图 5.71　系统输出位移测量

术调用组件中的 dll 文件,实现 MATLAB 和 LabVIEW 联合编程。控制算法主体在 LabVIEW 中运行,GPR 模型在 MATLAB 中计算后传递给 LabVIEW。

有了迟滞非线性模型后,接下来验证模型的准确性。GPR 模型训练结果如图 5.72 所示,图中给出的是理想位置响应、GPR 预测结果以及两者误差值。从图中可以看出,模型最大偏差为 3 μm,出现在运动换向点。该处偏差的出现是柔顺机构残余振动造成的,如果忽略该因素,由模型带来的实际误差小于 2 μm。该结果充分证明了迟滞模型的有效性。

上述训练过程输入的是理想电压,输出的是陶瓷实际位移。这类模型被称为压电迟滞正模型。而前馈控制中的迟滞补偿器输入的是理想位移,输出的是压电陶瓷需要给定的实际电压。这类模型被称为压电迟滞逆模型。传统的基于数学公式推导的迟滞逆模型是通过对正模型求逆得到的,其过程相对复杂。基于 GPR 的迟滞逆模型,只需要将训练向量中的输入输出对换,即

$$\text{data\_train}_N = [\text{Feature}_{1\_N}, \text{Feature}_{2\_N}, \text{Output}_N] \qquad (5.96)$$

式中

$$\text{Feature}_{1\_N} = \text{Displacement}(kT)$$
$$\text{Feature}_{2\_N} = \frac{\text{Displacement}(kT) - \text{Displacement}(kT - T)}{T}$$

$$\text{Output}_N = u(kT)$$

接下来的训练过程与正模型完全相同。

利用逆模型,可以对压电迟滞曲线进行补偿,为了便于观察,采用频率和幅值可变的三角波作为期望输出。图 5.73(a)是不考虑迟滞补偿,压电陶瓷上的电压控制信号;图 5.73(b)是在 GPR 前馈补偿器计算之后,施加到压电陶瓷上的实

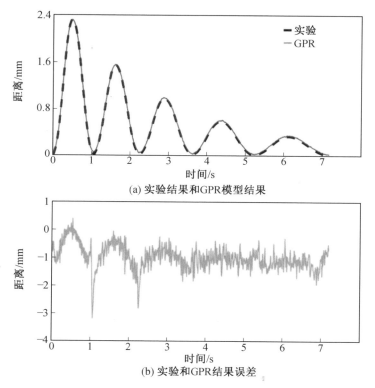

(a) 实验结果和GPR模型结果

(b) 实验和GPR结果误差

图 5.72　GPR 模型训练结果

际控制信号;图 5.73(c)是前馈补偿后的线性化结果图。从实验结果可以看出,非线性度(偏差值/最大幅值×100%)从 6.8% 降低到 0.1%,线性化后的输出与期望输出最大偏差小于 3 μm。

(2)振动抑制实验。

输入整形控制器阶数 n 是重要性能参数。当 n 过小时,抑振效果不明显;当 n 过大时,控制器时滞增加,响应时间延长。综合两个因素,这里采用二阶 IST 进行放大机构的振动抑制。

根据式(5.93),将 $n=2$ 代入,可得输入脉冲的时间和幅值计算式为

$$t_1 = 0, \quad t_2 = \frac{\pi}{\omega_d}, \quad A_1 = \frac{1}{1+k}, \quad A_2 = \frac{k}{1+k} \tag{5.97}$$

式中

$$k = \mathrm{e}^{-\frac{\xi\pi}{\sqrt{1-\xi^2}}}, \quad \omega_d = \omega_n \sqrt{1-\xi^2}$$

式中　　ξ,ω_n ——系统的阻尼比和频率。

接下来,系统辨识的方法通过实验测量结构的阻尼比和频率。柔顺机构是典型的二阶线性系统,其传函如式(5.89)所示。可以用阶跃响应法辨识传函中

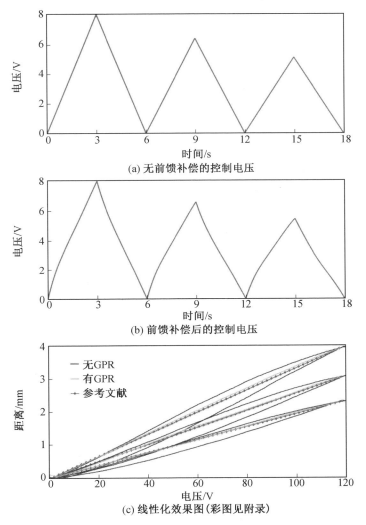

(a) 无前馈补偿的控制电压

(b) 前馈补偿后的控制电压

(c) 线性化效果图(彩图见附录)

图 5.73　迟滞线性化实验

的参数。首先用幅值为 10 V 的电压激励压电陶瓷 1,用激光位移传感器记录系统位移响应。将数据样本导入 MATLAB System Identification Toolbox 工具箱,对传函进行辨识。结果显示阻尼比为 $\xi = 0.2, \omega_n = 51$ Hz,模型吻合度为 92.4%。将辨识结果代入式(5.97),即可完成 IST 控制器设计。

　　图 5.74 所示为振动抑制前后宏微放大驱动系统的阶跃响应结果图。从图中可以看出,使用 IST 前馈控制后,系统在幅值为 0.5 V 的阶跃激励下,稳定时间从 1.9 s 降到 0.3 s,系统的残余振动得到明显抑制。

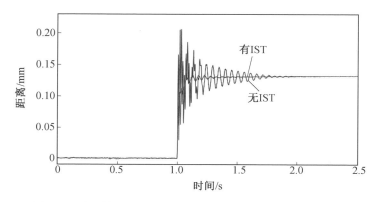

图 5.74　振动抑制前后宏微放大驱动系统的阶跃响应结果图

3. 宏微放大驱动系统性能测试实验

完成了实验样机加工和控制器设计后,这一节对宏微放大驱动系统的性能进行测试。驱动系统负载特性测试实验如图 5.75 所示。

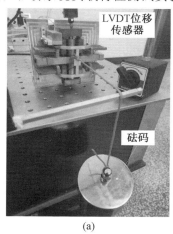

图 5.75　驱动系统负载特性测试实验

(1)放大倍数和负载特性测试。

作为驱动系统,负载特性是最重要的性能指标之一。一般来说,柔顺机构驱动器会承受两种负载,即恒力负载和弹性负载。由 5.2 节可知,恒力负载会影响放大机构原点位置,不会影响放大倍数;弹性负载不会影响原点位置,但会改变放大倍数。实验过程中,分别用标准砝码和压缩弹簧模拟驱动器的恒力负载和弹性负载。为了计算放大机构在不同负载下的放大倍数,实验中分别用线性可变差动变压器,即 LVDT 线性位移传感器(DONGDO,DP－S1,范围为 1 mm,分辨率为 1 μm)测量压电陶瓷的输出位移。用系统内部的光栅位移传感器测量驱动系统的输出位移。测量时,将砝码(弹簧)安装在系统中后,用幅值为 150 V、斜率为 15 V/s 的正比例信号激励压电陶瓷 1。将记录的输出位置和输入位置作商,得到驱动系统的实际放大倍数。

图 5.76 所示为不同负载下系统实验测得的放大倍数。图 5.76(a)中,在标准砝码为 0.5 kg、1 kg、1.5 kg 和 2 kg 作用下,机构测得的放大倍数为 91.6 倍,与有限元仿真结果 88.5 偏差为 3.4%,与理论计算结果 94 偏差为 2.6%。结构几何放大倍数为 129,其相对放大倍率为 0.71。图 5.76(b)展示了驱动系统在负载为 1 N/mm、2 N/mm、3 N/mm 和无负载的情况下,机构放大倍数分别为 80.5、74.1、67.5 和 91.6。可见,弹性负载对系统放大倍数影响较大。图中,EXP(91.6)为实验结果,THE(94.0)为理论模型结果,FEM(88.5)为有限元仿真结果,EXP(129)为几何模型结果。

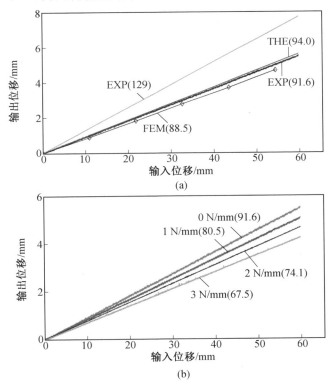

图 5.76　不同负载下系统实验测得的放大倍数

除了负载对放大倍数的影响外,还希望了解驱动系统的最大负载能力。柔顺放大机构最大负载指的是最大目标位移输出状态下,柔性铰链最大应力达到材料屈服极限时的负载大小。由于实验条件限制,很难实时测量柔性铰链的应力状态。因此,最大负载通过有限元仿真的方式测量。图 5.77 所示为最大恒力负载和最大弹性负载下的最大负载仿真结果。结果显示,当结构在 50 N 恒力负载下,输出端达到 5 mm 行程时,材料 Mn65 最大应力为 532 MPa,材料 LY12 最大应力为 206 MPa;弹性负载为 20 N/mm,输入 80 μm 时(压电陶瓷 1 理论最大伸长量),材料 Mn65 最大应力为 512 MPa,材料 LY12 最大应力为 200 MPa。结合材料最大屈服应力极限,认为结构的最大负载分别为 50 N 和 20 N/mm。

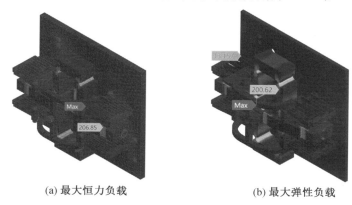

(a) 最大恒力负载　　　　　　　　(b) 最大弹性负载

图 5.77　最大负载仿真结果

(2)行程和分辨率测试。

行程和分辨率是微纳驱动系统最核心的两个性能指标。测试行程范围时,先利用系统内的光栅位移传感器构造基于 PID 的闭环控制。采用第三方位移传感器测量输出位移(激光位移传感器),如图 5.71 所示。向闭环控制器发送幅值为 3.5 mm、偏移量为 3.5 mm 的正弦信号。图 5.78 所示为行程测试结果,从位移结果可以看出,当驱动系统输出为 6.13 mm 时,正弦信号出现"平顶",说明此时系统达到最大位移。

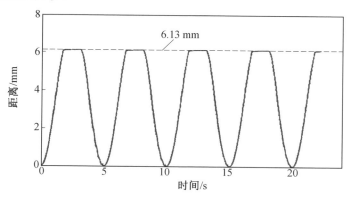

图 5.78　行程测试结果

分辨率测试时,需要用到更"精密"的第三方位移传感器:电容测微仪

(Micro—Epsilon,capaNCDT6530)。该传感器测量行程由探头决定,有从 20 μm 到500 μm多种型号,其测量分辨率为测量行程的 0.01%。

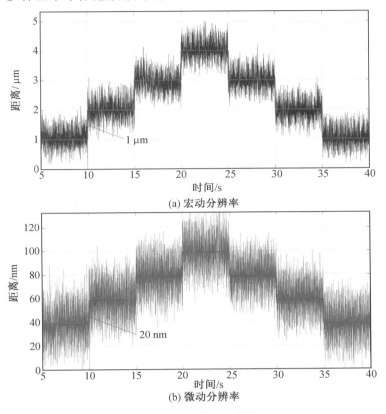

(a) 宏动分辨率

(b) 微动分辨率

图 5.79 分辨率测试结果

分辨率测量过程中,在压电陶瓷上施加一系列不同幅值的阶梯信号测量,当驱动系统末端输出稳定清晰的最小阶梯响应时,对应的阶梯值就是测量的位移分辨率。图 5.79(a)是宏动部分(放大机构)输出的最小位移响应,值为 1 μm。这代表放大机构的实际输出分辨率,比理论分辨率 0.1 μm 大了 10 倍。这是因为影响分辨率的因素很多,除了放大机构的放大效应外,柔顺机构的残余振动,测量环境等都会使分辨率变差。图 5.79(b)对应的微动压电陶瓷的最小位移响应为 20 nm。这代表驱动系统能达到的最小分辨率。

(3)轨迹跟踪测试。

轨迹跟踪特性是评价微纳驱动系统综合性能的重要指标。考虑到采用的压电陶瓷 1 具有较大的电容值,为了避免功率过大导致的陶瓷发热破坏,采用频率为 1 Hz、幅值为 2 mm 的正弦信号作为轨迹测试信号。图 5.80 所示为轨迹跟踪测试结果,其误差的峰峰值小于 0.4 μm,为运动幅值的 0.02%。

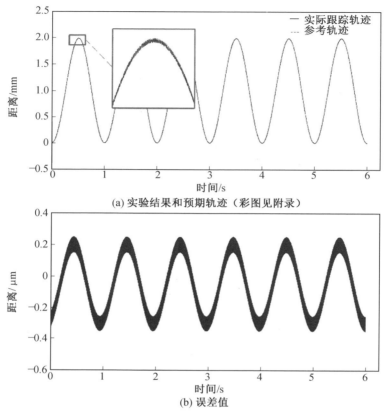

(a) 实验结果和预期轨迹（彩图见附录）

(b) 误差值

图 5.80　轨迹跟踪测试结果

5.4.4　结语

本节首先利用运动刚度分析探讨了二级桥式放大驱动系统位移损失与系统刚度的关系,对 5.3 节设计的混合铰链式二级桥式放大机构进行多目标优化设计,综合协调了放大倍数、固有频率、位移损失和负载能力等性能指标,使机构实现了 90 倍放大倍数、5 mm 运动行程、50 Hz 一阶频率和 50 N 负载能力。为了补偿放大效应对定位精度的影响,引入宏微驱动概念,用次级陶瓷片实现系统纳米级定位精度。然后考虑到系统多输入单输出特点,提出"宏开微闭"控制策略。控制器中,利用高斯过程回归对压电迟滞曲线建模并进行非线性补偿,利用输入整形技术在开环环境下对残余振动进行抑制。实验结果显示,宏微驱动系统定位精度可达 20 nm,低速下的轨迹跟踪精度为 0.2 μm。

5.5　柔顺放大驱动系统在压电驱动型微夹持器中的应用

随着科技发展,微纳操控技术的应用日益广泛。作为连接宏观系统与微观系统的关键部件,微夹持器在微装配与微操作应用中起着至关重要的作用。小型化是压电驱动型微夹持器发展瓶颈之一。为了解决这个问题,本节将系统刚度分析方法应用在微夹持器结构设计中,提高夹持机构的行程放大倍数,减小结构尺寸;将被动柔顺夹爪和基于混合前馈补偿的力位切换控制相结合,简化系统硬件;将平行四边形机构引入夹爪设计,实现操作全过程平行夹持。最后,本节提出紧凑度的概念,定量衡量夹持机构的紧凑性,并通过与其他夹持器比较,体现本节的设计在小型化方面的优越性。

5.5.1　压电驱动型微夹持系统设计目标

1. 微夹持器的应用与分类

微操作是相对于传统机器人操作系统来定义的,操作对象尺寸为 0.1～1 000 μm,操作力精度要求达到毫牛级的操作任务。一个完整的微操作系统,一般包括承载系统、显微视觉系统、微夹持系统和控制驱动系统。其中,微夹持系统作为夹持和操作微目标的工具,是微操作任务成败的关键。根据驱动方式不同,微夹持器可以分为压电驱动微夹持器、静电驱动微夹持器、电磁驱动微夹持器、热驱动微夹持器等。其中,压电驱动型夹持器具有响应速度快、分辨率高、精度高等优点,在工程中得到广泛应用。然而,压电陶瓷运动行程短,微夹持器需要采用位移放大机构实现夹爪毫米级的开合运动;压电陶瓷迟滞非线性使得夹持系统必须通过闭环控制实现精确的力位控制。这些缺点不仅增加系统复杂性,而且导致微夹持系统结构尺寸臃肿,限制了其应用范围。

2. 压电驱动型微夹持器小型化方法

压电驱动型微夹持系统,包括压电陶瓷驱动器、柔顺放大机构、夹爪、传感系统、控制系统。系统尺寸主要由压电陶瓷长度以及放大机构尺寸决定。在夹爪开合运动要求不变的情况下,减小压电陶瓷长度就意味着需要增加放大机构放大倍数;而减小柔顺机构结构尺寸可以通过减少传感器集成数量实现。因此,压电驱动型微夹持器小型化可以从两方面入手。

(1)增大机构放大倍数,减小压电陶瓷长度。

(2)减少传感器集成数量,减小柔顺机构尺寸。

为了实现这个目的,本节利用系统刚度分析方法,设计一个放大倍数大于 50

的微夹持机构,要求其在长度不超过 20 mm 的压电叠堆驱动下,实现 1 mm 夹爪开合运动;通过引入被动柔顺的设计方法,降低位置控制的精度要求,使系统摆脱对位置传感器的依赖,简化系统构成;通过力位控制算法,使夹持器能够实现对微目标(最大夹持力不超过 80 mN)的恒力夹持,且夹持力的精度优于 1 mN;通过运动分析,利用平行四边形结构实现夹爪的平行夹持,增加操作稳定性。

5.5.2 微夹持器的机械结构设计

1.构型设计

由 5.3 节内容可知,桥式一杠杆放大机构是一种同时结合了桥式放大机构和杠杆放大机构两种优点的平面放大机构。它不仅结构紧凑,而且在系统刚度分析法的设计下,可以实现 50 倍以上的放大倍数。下面,结合夹持机构运动特点,将桥式放大机构和杠杆放大机构组合,构造用于微夹持器的桥式一杠杆放大机构,其原理图如图 5.81 所示。放大机构第一级为传统的桥式放大机构,第二级是两个杠杆放大机构,分别连接桥式放大机构两个输出端。这种组合保持结构对称性,一个陶瓷驱动可使两个杠杆放大机构输出端末端相向运动,实现夹持功能。

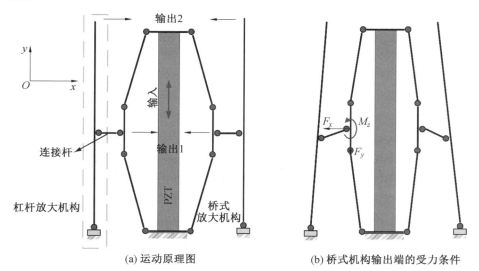

(a) 运动原理图 (b) 桥式机构输出端的受力条件

图 5.81 桥式一杠杆放大机构原理图

2.微夹持器系统刚度分析及柔性铰链个性化设计

5.3 节提出的刚度分析设计方法指出,在柔顺机构设计中,采用混合铰链、混合材料及参数优化等手段实现系统刚度的调节和优化。其中混合铰链是指在具体设计过程中,通过运动副受力分析,结合设计目标的性能需求,选择合适的铰链形式,这个过程称为柔性铰链个性化设计。前面的放大机构设计更多体现了刚度比分析,而运动副的受力分析相对较少。本节将重点依托铰链受力分析,对关键的柔性铰链进行个性化分析和设计。

(1)微夹持器的系统刚度分析。

由 5.3 节内容可知,二级放大机构可以看作两个串联的线性弹簧,提高放大倍数的方法是增大二级弹簧的刚度比。前面是利用混合铰链的方式增大刚度比,实现了放大倍数的提升。然而对于本设计,核心目的是减小系统的结构尺寸,复杂的柔性铰链形状不仅增大加工难度,而且不利于小型化设计,因此本设计统一采用最易加工的片状铰链。刚度比采用混合材料的方式增加。具体来说,桥式放大机构采用弹性模量较大的弹簧钢作为材料,杠杆放大机构采用铝合金作为材料。

(2)桥式放大机构的受力分析及设计。

当压电陶瓷伸长时,桥式放大机构输出端主要沿 x 方向向内运动,同时 y 方向伴随有微小移动,其值为压电陶瓷伸长量的一半。杠杆机构在桥式机构"牵引"下,绕固定点轴向转动,因此杠杆输入端是半径为短臂的圆弧运动。两种运动作用下,桥式放大机构输出端必然同时受到平面三自由度的力和力矩,即沿 x、y 方向的力和绕 z 轴的力矩,如图 5.81(b)所示。

柔性铰链在非运动方向的运动称为柔性铰链的寄生运动,由柔性铰链寄生运动导致的柔顺机构非理想运动称为柔顺机构的寄生运动。桥式放大机构输出端受到三个方向的力和力矩,机构中的铰链受力也极为复杂,会出现严重的寄生运动,桥式放大机构的对称性因此被破坏,输出端出现机构的寄生运动,如图 5.82(a)所示。柔性铰链的寄生运动会加重铰链的应力集中效应,降低机构使用寿命;桥式放大机构的寄生运动会导致机构位移损失,降低机构放大倍数。

根据桥式放大机构的受力状态分析,可以采用双桥臂增加桥式放大机构的侧向刚度,进而改善铰链和机构的寄生运动,如图 5.82(b)所示。双桥臂本质上是将传统的桥臂换成了一种平行四边形桥臂,使得每条桥臂都具有抵抗侧向力的能力。有限元分析结果显示,双臂桥式放大机构输出端的寄生运动被明显抑制。

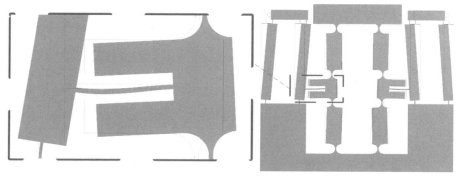

(a) 传统桥式放大机构输出端的奇异变形

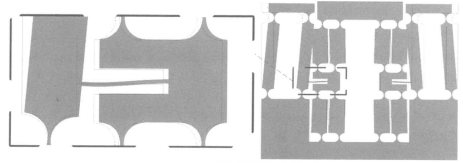

(b) 双臂桥式放大机构的理想平动

图 5.82　传统桥式放大机构和双臂桥式放大机构的比较

（3）连接杆的受力分析与设计。

前面分析了二级放大机构运动时，桥式放大机构输出端做平面的二维平动，杠杆放大机构的输入端做圆弧运动。从运动学角度分析，可用一个二自由度梁连接两个点的运动，实现理想的运动传递。图 5.83（a）展示了这种连接杆的柔性铰链形式。虽然这种连接杆可以满足运动传动任务，不会出现结构层面的寄生运动，但是这种结构的运动刚度较大，不利于二级放大机构运动刚度的合理分配。实际上，由于连接杆的存在，二级放大机构位移损失公式变为

$$\Delta S_1 = \frac{F_f}{k_1} = \frac{k_2 + k_l}{k_1} S_2' = \frac{S_2'}{U_{2+l}^1} \tag{5.98}$$

式中　　k_l——连接杆运动刚度（转动刚度）。

从式（5.98）可以看出，对于带连杆的二级放大机构，连杆运动刚度越小，系统刚度比越大，结构放大倍数越大。

为此，可以将二自由度梁换成柔性细长梁（细长的片状铰链），如图 5.83（b）所示。从运动学角度来说，柔性细长梁可以看作具有多个转动副的梁。与二自由度梁相比，同样运动下，每个铰链的变形量减小，所需外力减小，宏观来看就是

梁的转动刚度降低。

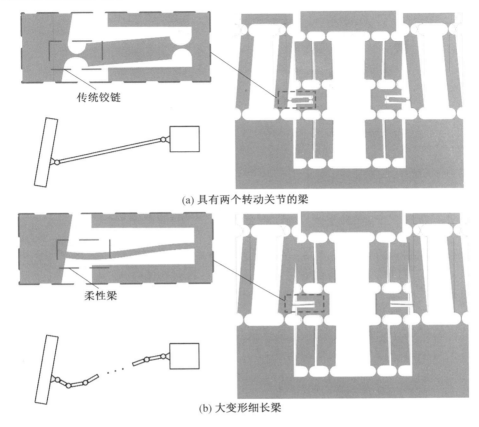

(a) 具有两个转动关节的梁

(b) 大变形细长梁

图 5.83　传统连接铰链与大变形细长梁

3. 被动柔顺夹爪

一般情况下,微夹持任务可分为三个阶段:靠拢阶段、夹持阶段和放开阶段,如图 5.84 所示。当机械臂将夹爪送到被夹持物附近时,夹爪处于原始开合状态,即夹爪的初始位置。夹持动作开始后,夹爪通过位置控制,匀速闭合,进入靠拢阶段。直到夹爪触碰被夹持物,夹持器实现柔顺接触和稳定夹持,夹爪处于闭合状态。被夹持物通过机械臂的运动被送到目标位置或完成特定操作,该过程中夹持系统为恒力控制,夹爪进入夹持阶段。当操作任务完成后,夹持系统进入放开阶段,夹爪通过位置控制实现稳定的放开操作。

可以看出,微操作任务不同阶段的控制要求不同。力控制和位置控制在不同阶段实现各自功能,相互独立;夹爪闭合瞬间,力位控制配合,实现柔顺接触。传统微夹持器为了实现上述控制效果,往往采用两个传感器,通过力位混合控制或阻抗控制实现主动柔顺。然而这种控制算法复杂、耦合性强,而且需要两个传

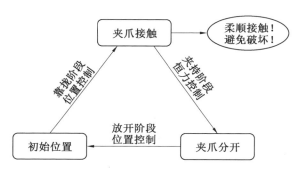

图 5.84　微夹持器操作过程中的三个阶段

感器,使系统构成臃肿,不利于结构小型化。实际上,真正决定操作任务成败的是接触瞬间的柔顺接触和夹持阶段的恒力控制,靠拢和放开阶段的位置控制精度要求不高。因此,可以利用被动柔顺避免接触瞬间的碰撞破坏,利用闭环力控制,保证夹持阶段的可靠夹持,通过开环控制实现其他阶段的位置控制。整个操作过程的控制只需要力传感器,无须位置传感器,使结构简化。此外,利用力位切换的方式,可以保证力控制和位置控制的相对独立性,简化控制算法。

被动柔顺,顾名思义就是机构在与环境接触时,能够利用弹簧、阻尼等储能或吸能元件对外部作用力产生自然顺从。可以将夹爪末端的夹持臂柔顺处理,使其夹持瞬间产生被动柔顺的效果。根据胡克定律,夹持臂的刚度可由被夹持物最大接触力 $f_{接触}$ 和位置控制精度 $r_{位置控制}$ 确定:

$$k_{夹爪} = \frac{f_{接触}}{r_{位置控制}} \tag{5.99}$$

被加持物接触力可通过被夹持目标的属性确定,位置控制精度是控制系统和操作环境共同决定的。夹持臂可用一个细长的片状铰链构造,其运动方向刚度计算公式为

$$k_{夹爪} = \frac{2Eb_{夹爪} t_{夹爪}^3}{l_{夹爪}^3} \tag{5.100}$$

式(5.1)和式(5.2)就是被动柔顺夹爪的设计公式。

实际上,将夹持臂柔性处理并非本设计首创。为了进行夹持力测量,很多微夹持器都采用了柔性夹持臂,利用应变片测量夹持臂在夹持过程中的形变来间接测量夹持力。然而,本设计对柔性夹持臂的运动刚度进行了被动柔顺设计,从机电一体化角度优化系统的整体设计。这与之前的柔性夹持臂有本质区别。

4. 平行杠杆放大机构和平行夹爪设计

微夹持器的核心作用是实现被夹持物的稳定夹持。一般来说,被夹持物和夹爪直接的接触力与夹爪接触面垂直时,夹持状态最稳定,如图 5.85(c)所示。然而,杠杆放大机构的运动末端是圆弧运动,因此夹持臂在夹持状态时,会出现

旋转,这会导致产生沿 y 轴向下的夹持力分量,如图 5.85(a)所示;另外,柔性夹持臂在夹持状态时,会出现被动柔顺变形,这将导致产生沿 y 轴向上的夹持分量,如图 5.85(b)所示。两种夹持力分量都会降低夹持操作的稳定性,出现被夹持物滑落的现象,导致操作失败。

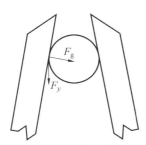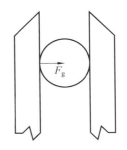

(a) 杠杆放大机构末端旋转　　(b) 柔性夹持臂导致的末端旋转　　(c) 平行夹持

图 5.85　夹爪的三种夹持状态

　　平行四边形机构可以消除上述两种运动中的旋转分量,实现理想平动。图 5.86(a)、(b)分别展示了传统杠杆放大机构和双臂杠杆放大机构夹爪在靠拢阶段的运动状态。夹爪末端的旋转被明显抑制。同理,采用平行四边形机构构造柔性夹持臂后,夹持阶段的旋转运动也被明显抑制,如图 5.86(c)、(d)所示。

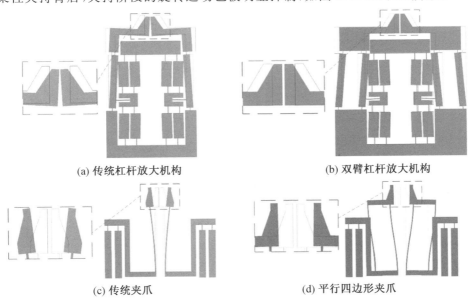

(a) 传统杠杆放大机构　　　　　　　　(b) 双臂杠杆放大机构

(c) 传统夹爪　　　　　　　　　　(d) 平行四边形夹爪

图 5.86　传统夹爪和平行夹爪设计

5. 微夹持器结构参数的确定

经过前面的分析与设计,这款新型压电驱动微夹持器的最终形式如图 5.87 所示。下面借助有限元仿真的方式,确定具体的结构参数。结合前面的设计目标,经过多次迭代仿真后,微夹持器的结构参数如表 5.17 所示。最后仿真结果显示,在该参数下,夹爪的运动范围可达 1 004 μm;二级放大器的放大倍数为 50.2 倍;运动过程中最大应力为 184 MPa,出现在柔性铰链 A 的最大变形处。此外,夹持臂的刚度为 1 670 N/m。模态分析显示,机构的一阶频率为 204 Hz,一阶模态在工作与夹持器工作方向一致。

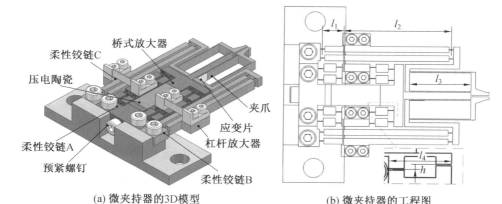

(a) 微夹持器的3D模型 (b) 微夹持器的工程图

图 5.87 微夹持器的最终形式

表 5.17 微夹持器的结构参数

符号		参数名	值/mm
l_1		杠杆放大机构短臂长度	7
l_2		杠杆放大机构长臂长度	35
l_3		夹持臂长度	20
l_4		桥式放大机构臂长度	8
h		桥式放大机构铰链高	0.6
b		机构厚度	7
柔性铰链 A	t_a	铰链最薄处厚度	0.2
	l_a	铰链长度	2
	b_a	铰链厚度	7

续表 5.17

符号		参数名	值/mm
柔性铰链 B	t_b	铰链最薄处厚度	0.2
	l_b	铰链长度	1.5
	b_b	铰链厚度	3.5
柔性铰链 C	t_c	铰链最薄处厚度	0.3
	l_c	铰链长度	9
	b_c	铰链厚度	3

　　从仿真结果可以看出,这款新型微夹持器具有极高的放大倍数和紧凑的包络尺寸。此外,被动柔顺夹爪的设计在微夹持器中是一次大胆尝试,其本质上是通过增加结构设计的方式,降低控制系统的性能需求,在保证操作稳定性和精确性的前提下,简化系统复杂性。这种方式为微夹持系统进一步小型化提供可能。

5.5.3　微夹持器的力位切换控制

　　根据前面对微夹持器工作流程的介绍可知,夹持系统的控制可以分为三个部分:靠拢和放开阶段的位置控制;接触瞬间的柔顺控制;恒力夹持阶段的力控制。位置控制的目的是实现可控的开合运动,运动过程对位置精度要求不高。柔顺控制的目的是避免接触瞬间被夹持物的碰撞破坏,需要精确的力位控制。本设计通过被动柔顺的方式降低了碰撞冲击风险,进一步降低位置控制精度要求。力控制的目的是实现可靠而稳定的恒力夹持,避免操作过程对被夹持物造成破坏,需要使用精确的闭环控制。此外,在不同阶段位置控制和力控制在碰撞瞬间通过设定阈值进行切换,实现控制器的平稳过渡。

　　图 5.88 所示为力位切换控制的逻辑框图。开始时设定阈值力 f_r,并对力和位置信息初始化。运动开始后,控制器判定力传感器返回值是否超过阈值 f_r,如果没有超过,采用位置模式控制夹爪开合运动,如果超过阈值 f_r,控制权交给力控制器,实现恒力控制。

　　对于位置控制器,由于是开环控制,需要解决压电陶瓷的迟滞非线性和柔顺机构的残余振动问题,因此采用 5.4 节提出的基于 GPR 和 IST 的混合前馈控制方法,其控制框图如图 5.89(a)所示。力控制则是在混合前馈的基础上加上增量式 PID 控制,实现精确闭环控制。增量式 PID 控制输出的是控制量增量,算式中不需要累加计算,控制增量 $\Delta u(k)$ 的确定仅与最近 3 次的采样值有关,容易通过加权处理获得比较好的控制效果。由于计算机每次只输出控制增量,因此增量式 PID 控制器切换时冲击小。下面是增量式 PID 控制算法表达式:

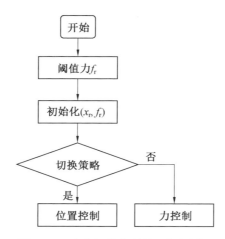

图 5.88　力位切换控制的逻辑框图

$$u(k)=u(k-1)+K_{\mathrm{P}}[e_{\mathrm{p}}(k)-e_{\mathrm{p}}(k-1)]+K_{\mathrm{I}}e_{\mathrm{p}}(k)+$$
$$K_{\mathrm{D}}[e_{\mathrm{p}}(k)-2e_{\mathrm{p}}(k-1)+e_{\mathrm{p}}(k-2)] \tag{5.101}$$

式中

$$e_{\mathrm{p}}(k)=x(k)-x_{\mathrm{r}}(k)$$

$u(k-1)$是上一步的控制指令,$e_{\mathrm{p}}(k)$是位置偏差,K_{P}、K_{I}、K_{D}是 PID 的控制参数。

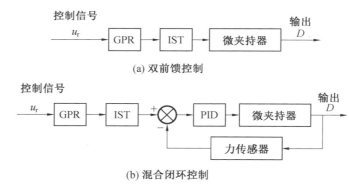

图 5.89　位置控制和力控制框图

5.5.4　微夹持器的实验研究

1. 实验系统的搭建

为了验证上述设计的可行性,本节搭建了用于实验探究的被动柔顺微夹持器原理样机。夹持器机械本体采用线切割方式加工,其中双臂桥式机构采用弹簧钢 Mn65 制造,其他零部件采用铝合金 LY12 制造。为防止运动过程中螺纹连接的松动,螺纹连接处均涂抹螺纹胶。压电陶瓷(NOLIAC,NAC2014－H16,行程为 21.3 μm,分辨率为 1 nm)采用 AB 胶固连。夹持力通过电阻应变片(Weshay,EA－13－125BZ－350)对柔性夹持臂形变感知间接测量。应变片信号通过应变仪(Weshay,StudentDAQ,单通道)处理并采集。应变片和应变仪共同组成力传感器,其测量精度及转变系数需要通过标定获得。控制算法由 LabVIEW 和 MATLAB 联合编程,并在 LabVIEW 环境中运行。控制量通过多功能 I/O 板卡(NI,PCI－6229)中的 AO 通道发出,并传递给压电陶瓷驱动器(PiezoDriver,MX200)。信号功率放大后施加到压电陶瓷驱动器上。

实验过程中,压电堆叠位移由线性可变差动变压器 LVDT(DONGDU,DP－S1,行程为 1 mm,分辨率为 1 μm)测量。夹爪末端位移采用激光位移传感器(KEYENCE,LK－G5000,行程为 20 mm,分辨率为 20 nm)测量。激光位移传感器的非接触式测量方式可以避免测头反作用力对低刚度夹爪运动的影响。夹爪操作过程中的图像信息采用工业相机 CCD(DAHENG,MER－125－30GM)检测记录。实验样机放置在隔振平台上,避免了外界振动对实验数据的干扰。图 5.90 所示为微夹持器实验样机及其测量系统。

2. 力传感器的标定

力传感器需要经过最终的标定实验才能使用。由于夹持臂的变形量十分有限,认为应变片在测量范围内具有足够的线性度,所以标定过程就是求取夹持臂受力与输出电压的转换系数。实验中,夹持臂一端固定在基座上,另一端通过尼龙线与标准砝码连接。砝码垂直悬空,利用重力为夹爪提供标准拉力,如图 5.91(a)所示。此时记录应变片输出电压,利用下式计算出力传感器的转换系数:

$$G_{\text{force}}=\frac{f_{\text{weight}}}{V_{\text{strain}}} \tag{5.102}$$

式中　f_{weight}——砝码提供的标准重力;

　　　V_{strain}——应变片输出的电压值。

图 5.91(b)所示为 5 g 砝码作用下,应变片的力输出响应(右侧刻度)。通过数据分析,得到力传感器转换系数为 3.465 mN/mV。

标定实验中,同时利用激光位移传感器记录夹爪末端在不同砝码作用下的位移值。由刚度的定义公式可计算出夹持臂的刚度值。图 5.91(b)左侧刻度展示了 5 g 砝码作用下,夹持臂的位移响应。通过计算,夹持臂刚度为 1 724 N/m,与仿真值偏差为 3.2%。值得注意的是,设计目标中,被夹持物能承受的最大夹持力是 50 mN,位置控制所允许的最大偏差值为 28.9 μm。

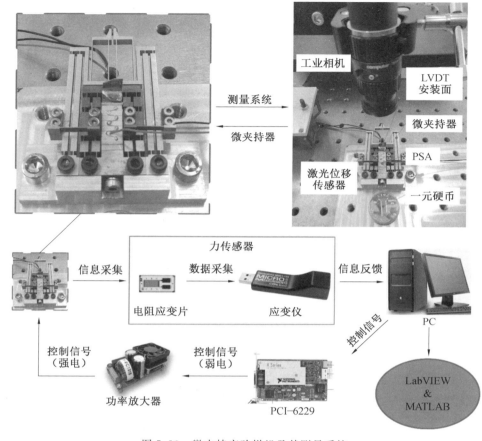

图 5.90　微夹持实验样机及其测量系统

3. 微夹持器性能测试

（1）放大倍数与运动行程测试。

放大倍数是夹持机构最重要的机械性能指标。夹持器放大倍数是指两个夹爪位移之和与压电陶瓷伸长量之比。由于夹爪是轴向对称的，实验中测量其中一个夹爪位移即可。测量过程中，用一个系数为 6 V/s、幅值为 150 V 的正比例信号激励压电陶瓷。LVDT 和激光位移传感器同时记录压电陶瓷和夹爪的位移量。图 5.92 所示为放大倍数测试实验及结果。由放大倍数定义可知，图 5.92(b) 中，曲线斜率即为一半的放大倍数，该值为 26.3。微夹持器总的放大倍数为 52.6。与设计阶段的仿真结果相比，实验结果偏差 4.5%，这主要由加工和装配误差造成的。

值得注意的是，当电压达到最大的 150 V 时，所测的输入位移（压电陶瓷位移）为 17.3 μm，小于陶瓷堆的名义位移 21.3 μm。这是因为夹持器驱动过程中

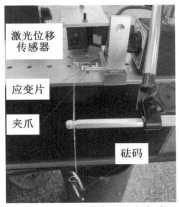

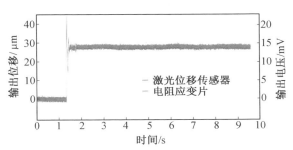

(a) 刚度测试及应变片标定实验　　　(b) 刚度测试及应变片标定实验结果（彩图见附录）

图 5.91　力传感器标定及夹持臂刚度测试实验

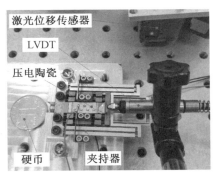

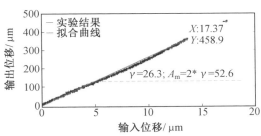

(a) 放大倍数测试实验　　　(b) 放大倍数测试结果（彩图见附录）

图 5.92　放大倍数测试实验及结果

的反作用力使压电堆叠出现了较为明显的位移损失。而这部分损失在过去的设计中往往被忽略。本次测试可以看出，这部分位移损失对机构输出端行程会产生较严重影响，在未来柔顺机构设计中，需要引起重视。就本次设计来说，单侧夹爪末端行程为 458.9 μm，满足设计目标。

（2）闭环控制性能测试。

力控制器中 PID 参数采用反复实验调整确定，最终值为 $K_P=15$，$K_I=0.01$，$K_D=0.000\ 04$。矩形信号响应可以反映闭环控制器的稳定性、整定时间及稳态误差。首先将夹持器闭合并持续产生 10 mN 的夹持力。在此基础上施加一个幅值为 25 mN，频率为 0.5 Hz 的矩形波。图 5.93(a) 所示为矩形响应信号。与期望信号相比，可以看出，每次"跳跃"的整定时间为 32 ms，超调量为 0.15%，稳态误差为 ±0.5 mN。

分辨率反映的是控制器、机械系统和测试环境的综合特性。这里采用步进

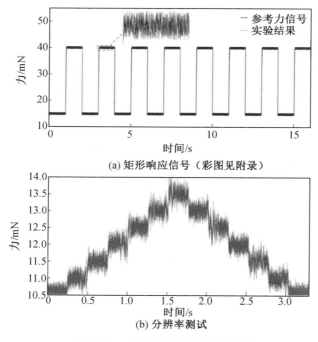

(a) 矩形响应信号（彩图见附录）

(b) 分辨率测试

图 5.93　力控制器性能测试结果

信号测量夹持器力控制下的分辨率。同样先用一个 10 mN 偏执信号使夹爪闭合，然后用一系列不同幅值的阶梯信号激励夹持器，观察夹爪的力响应数据。出现稳定输出的最小幅值力被认为是夹持器的力分辨率。图 5.93(b) 展示的是幅值为 0.5 mN 时，力传感器的输出响应，该值可以认为是系统的力分辨率。

（3）夹持操作测试。

微夹持器的操作对象通常只有百微米。本实验中，用一个直径为 300 μm 的金丝模拟操作对象。图 5.94 所示为夹持操作过程中传感器反馈的监测信息。需要注意的是，为了观察接触之后，放大器末端的位置信息，激光位移传感器将监测点放在了夹爪根部（放大器末端）。

初始阶段，夹持器采用位置控制，两个夹爪以 85 μm/s 的速度匀速靠拢，直到夹爪与金线接触且力传感器输出达到阈值。实验中阈值设定为 $f_r = 3$ mN（阈值的选择过小会导致噪声或外界干扰触发力控制，过大则减少切换控制反映时间导致夹持力失控）。此后，控制器切换为力控制，夹爪以 50 mN 的力保持夹持状态 4.6 s。之后控制器重新切换为位置控制，夹爪松开，操作任务结束。从图 5.94(a) 中可以明显看出，当控制器第一次从位置控制切换为力控制瞬间，夹爪根部出现了一个 29.5 μm 的阶跃，这说明夹爪要达到 50 mN 的夹持效果，夹爪根部在位置上还需要移动 29.5 μm，这也意味着切换瞬间，被夹持物只有在位置

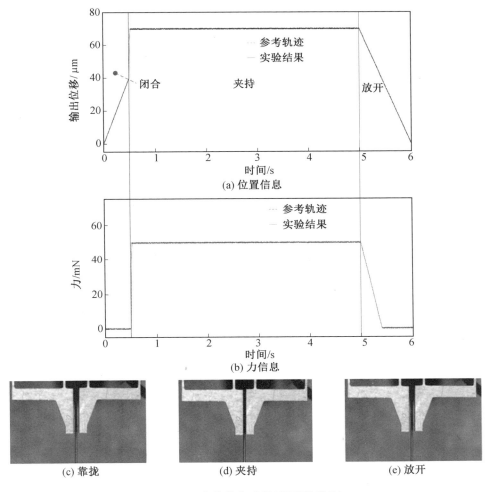

图 5.94　夹持操作过程(彩图见附录)

控制出现该量级的偏差时,夹持力才有可能超过预设值,造成任务失败。该现象与被动柔顺夹爪的设计目的完美契合,说明被动柔顺的引入可以有效保护被夹持物的安全。最后,图 5.94(c)~(e)是工业相机记录的夹持三阶段的视觉图像。从图中可以看出,夹持任务的各个阶段,夹爪均保持了平行状态。

　　与传统的微夹持器相比,本节设计的压电驱动型微夹持器同时具有紧凑的结构尺寸和足够的开合空间。为了定量衡量微夹持器的紧凑性,提出一个新的指标,紧凑度 γ,作为评价标准,其定义式如下:

$$\gamma = \frac{S_{\text{夹爪}}}{A_{\text{面积}}} \tag{5.103}$$

式中　$S_{\text{夹爪}}$ —— 两个夹爪的总位移量,μm;

$A_{面积}$——夹持器的正投影面积，mm^2。

表 5.18 列出了几个经典的微夹持器各个结构参数与本设计的比较。部分文献没有通过文字说明夹持器的平面尺寸，通过所提供的工程图，按比例计算获得。夹爪开合运动是通过所提供的放大倍数和压电陶瓷名义位移计算而得。从表中可以看出，本节设计的微夹持器在放大倍数和紧凑度上具有明显优势。

表 5.18　与其他微夹持器的对比

放大倍数	夹爪开合 $S_{夹爪}/\mu m$	放大机构类型	平面尺寸 /(mm×mm)	紧凑度 γ /(nm·mm^{-2})	传感器数量	文献
16	288	二级	50×23.2	248.2	2	[141]
14.8	214.6	二级	1335×60	2.68	2	[142]
13.9	249.8	二级	50×22	270.1	2	[143]
15.5	133.6	二级	42×36	88.35	—	[144]
52.6	915.2	二级	62×42	351.4	1	本设计

5.5.5　结语

本节探讨了运动刚度分析法在压电驱动式微夹持器设计中的优越性。本节在运动刚度分析指导下，首先利用铰链个性化设计方法对微夹持机构进行结构改进，使机构放大倍数达到 50 倍以上；其次引入被动柔顺的设计思想，使夹持碰撞瞬间实现被动柔顺保护，降低了位置控制的精度要求；然后采用平行四边形机构实现夹爪平行夹持，提高了夹持操作平稳性。控制方面，结合"宏开微闭"控制策略，提出基于双前馈开环位置控制和基于混合闭环力控制的力位切换控制，增强夹持瞬间的柔顺效果。最后，实验结果显示，夹持器夹持在结构尺寸、运动性能和夹持操作上有明显优势。

5.6　本章小结

基于柔顺放大机构的压电驱动系统与控制研究是精密驱动的探索方向之一，对中大行程精密驱动具有十分重要的理论研究意义和实用价值。本章对柔顺放大驱动机构的理论建模、运动刚度分析、性能优化和行程放大压电驱动系统的系统实现、迟滞补偿、振动抑制、宏微控制等关键技术进行了研究。本章完成的主要工作总结如下。

（1）从机构学角度出发，将桥式放大机构和杠杆放大机构分别简化为串联柔性链和并联柔性链。利用 D−H 法则将柔性铰链的柔度矩阵统一到全局坐标系中,在小变形假设下,通过线性叠加获得柔性链力位表达式,推导出柔性链运动学和静力学通用模型。在此基础上,再利用拉格朗日法建立柔顺放大机构动力学方程,采用等效刚度和等效质量计算结构固有频率。通过通用模型,比较了二级桥式放大机构和二级杠杆放大机构的运动性能和负载特性,分析了柔性铰链切口形状和结构参数对放大倍数的影响。

(2) 从柔性铰链运动刚度出发,分析了柔顺放大机构中系统刚度和放大倍数的关系,提出了以混合铰链、混合材料及参数优化为主要手段,以系统刚度优化为指导思想,以运动性能和动力学性能优化为核心目标的行程放大机构运动刚度设计方法。利用该方法,分别设计、优化了二级桥式放大机构和桥式−杠杆放大机构,使柔顺放大机构的相对放大倍率提高到 0.9 以上,显著提高了放大机构的放大潜力。利用运动刚度分析法,探讨了运动刚度与能量效率的关系,分析了通过刚度配置提高能量效率的方法,提出了基于负刚度机构的高效行程放大机构概念,并用实验验证了设计的可行性。

(3) 在运动刚度分析指导下,对混合铰链型二级桥式放大机构进行多目标优化,综合协调放大倍数、固有频率、位移损失和负载能力等多项性能指标,使该构型同时实现 90 倍放大倍数、5 mm 运动行程、50 Hz 一阶频率和 50 N 负载能力,展示了该构型的最佳运动性能。引入宏微驱动概念,用次级陶瓷驱动补偿机构的放大效应带来的位移损失,保持了驱动系统纳米级定位精度。考虑到系统多输入单输出的特点,提出“宏开微闭”控制策略,并利用高斯过程回归实现压电迟滞非线性的补偿,利用输入整形技术实现柔性铰链的残余振动抑制。通过实验证明,系统闭环分辨率可达 20 nm,轨迹跟踪精度可达 0.2 μm。

(4)将刚度分析法引入压电驱动式微夹持器的设计中,通过铰链个性化设计提高传统夹持机构的放大倍数,利用刚度设计实现夹爪被动柔顺功能,采用平行四边形机构实现夹爪平行夹持。为了实现夹爪开环位置控制,使用基于高斯过程回归和输入整形技术的双前馈控制;为了获得精确的恒力控制,采用前馈补偿控制＋PID 的混合控制;为了增强夹持瞬间的柔顺效果,采用力位切换的控制策略。通过微夹持器的夹持实验,验证了设计的微夹持器在结构紧凑性、运动性能和夹持操作上具有优势。

本章的主要创新性成果如下。

(1)提出了柔顺放大机构的运动刚度设计方法。该方法以混合铰链、混合材料及参数优化为主要手段,以系统刚度优化为指导思想,以运动性能和动力学性能优化为核心目标。利用运动刚度设计方法,设计了相对放大倍率在 0.9 以上,放大倍数超过 50 倍的二级放大机构。

(2)提出了基于负刚度的高效桥式放大机构概念,并用实验证明了设计的可行性。从系统刚度分析出发,探究了提高柔顺放大机构能量效率的方法。通过引入负刚度机构,调整柔顺放大机构能量传递形式,使系统的能量效率达到80%以上。

(3)提出了基于柔顺放大机构的宏微驱动系统设计和控制方法。利用运动刚度分析、多目标参数优化和宏微驱动设计等方法,设计了一款在放大倍数、运动性能、动力学性能和定位精度均有明显优势的柔顺放大机构。提出"宏开微闭"的控制策略使宏微柔顺放大机构性能得到充分发挥,拓展了基于放大机构的压电驱动系统的应用范围。

(4)研究了柔顺放大机构及其控制方法在微夹持器中的应用。将运动刚度分析设计和行程放大压电驱动系统控制方法用于压电驱动式微夹持器设计中,使微夹持器放大倍数和结构紧凑性明显改善。引入被动柔顺思想,简化了微夹持系统传感系统和控制系统。为解决微夹持器"大行程小结构"的矛盾提供新的思路。

本章针对柔顺放大机构的理论建模、运动刚度分析、能量效率、压电驱动系统控制等方面的研究取得了预期的成果,但在以下几个方面还可以进行进一步的拓展研究。

(1)本章所提出的柔顺放大机构通用模型精度和适用范围严重依赖柔度矩阵的相关特性,对复杂外力下铰链力位关系的预测精度有待提高,表现在放大机构中,则是模型对极端尺寸下的放大机构预测精度下降。在后续研究中可以进一步开展非线性条件下放大机构的通用建模方法。

(2)对柔性铰链及其所构建而成的柔顺放大机构的疲劳特性分析、可靠性建模等方面可以进行进一步研究,为柔顺放大机构的寿命预测提供理论依据。

(3)本章主要着眼于柔顺放大机构的大行程研究,后续研究可以开展提高柔顺放大机构速度的方法及其在高速状态下的运动控制研究。

本章参考文献

[1] DONG Y, GAO F, YUE Y. Modeling and experimental study of a novel 3-RPR parallel micro-manipulator[J]. Robotics and Computer-Integrated Manufacturing,2016,37:115-124.

[2] 史若冲. 精密柔性并联指向机构的优化设计与系统研制[D]. 哈尔滨:哈尔滨工业大学,2013.

[3] KIM B S, PARK J S, KANG B H, et al. Fabrication and property analysis of a MEMS micro-gripper for robotic micro-manipulation[J]. Robotics and

Computer-Integrated Manufacturing，2012,28(1)：50-56.

[4] ZAREINEJAD M，REZAEI S M，ABDULLAH A，et al. Development of a piezo-actuated micro-teleoperation system for cell manipulation［J］. International Journal of Medical Robotics & Computer Assisted Surgery，2009,5(1)：66-76.

[5] SHAO Z X，WU S L，FU H Y. Stiffness analysis of a novel flexible positioning mechanism for large-aperture grating tiling［J］. Journal of Mechanical Engineering，2018,54(13)：117-125.

[6] 李海民. 基于压电陶瓷的快刀伺服车削加工研究［D］. 广州：广东工业大学，2016.

[7] DONG W，SUN L N，DU Z J. Design of a precision compliant parallel positioner driven by dual piezoelectric actuators［J］. Sensors and Actuators A：Physical，2007,135(1)：250-256.

[8] SHINNO H，YOSHIOKA H，SAWANO H. A newly developed long range positioning table system with a sub-nanometer resolution［J］. CIRP Annals - Manufacturing Technology，2011,60(1)：403-406.

[9] WANG J S，ZHU C A. Dual-drive long-travel precise positioning stage of grating ruling engine［J］. The International Journal of Advanced Manufacturing Technology，2017,93(9)：3541-3550.

[10] LIU Y J，LI T，SUN L N. Design of a control system for a macro-micro dual-drive high acceleration high precision positioning stage for IC packaging［J］. Science in China，2009,52(7)：1858-1865.

[11] ZHU X，XU X，WEN Z，et al. A novel flexure-based vertical nanopositioning stage with large travel range［J］. Review of Scientific Instruments，2015,86(10)：105112.

[12] 李森. 压电陶瓷微位移驱动器输出特性的研究［D］. 合肥：合肥工业大学，2007.

[13] 曹江. 叠堆型压电陶瓷特性测试及建模［D］. 哈尔滨：哈尔滨工业大学，2013.

[14] 程文德,孙宝光,杨文艳. 直流驱动电压下的压电陶瓷特性研究［J］. 压电与声光，2015,37(4)：643-645.

[15] CHANG J J，LIAO X X，ZHOU Y N，et al. Design of an adaptive stator for bundled piezo-walk motors［J］. Review of Scientific Instruments，2019,90(4)：45004.

[16] TIAN X，ZHANG B，LIU Y，et al. A novel U-shaped stepping linear pi-

ezoelectric actuator with two driving feet and low motion coupling：Design, modeling and experiments[J]. Mechanical Systems and Signal Processing，2019,124：679-695.

[17] TENZER P E, MRAD R B. A systematic procedure for the design of piezoelectric inchworm precision positioners[J]. IEEE/ASME Transactions on Mechatronics，2004,9(2)：427-435.

[18] CHEN W S, LIU Y Y, LIU Y X, et al. Design and experimental evaluation of a novel stepping linear piezoelectric actuator[J]. Sensors and Actuators A：Physical，2018,276：259-266.

[19] SALISBURY S P, WAECHTER D F, MRAD R B, et al. Design considerations for complementary inchworm actuators［J］. IEEE/ASME Transactions on Mechatronics，2006,11(3)：265-272.

[20] WANG S P, RONG W B, WANG L F, et al. A novel inchworm type piezoelectric rotary actuator with large output torque：Design, analysis and experimental performance[J]. Precision Engineering，2018,51：545-551.

[21] LIU Y X, DENG J, SU Q. Review on multi-degree-of-freedom piezoelectric motion stage[J]. IEEE Access，2018,6：59986-60004.

[22] XU Q S, LIU Y M. Analytical modeling, optimization and testing of a compound bridge-type compliant displacement amplifier[J]. Mechanism and Machine Theory，2011,46(2)：183-200.

[23] KIM J J, CHOI Y M, AHN D, et al. A millimeter-range flexure-based nano-positioning stage using a self-guided displacement amplification mechanism[J]. Mechanism and Machine Theory，2012,50(3)：109-120.

[24] CHOI K B, LEE J J, HATA S. A piezo-driven compliant stage with double mechanical amplification mechanisms arranged in parallel［J］. Sensors and Actuators A：Physical，2010,161(1-2)：173-181.

[25] NABAE H, HIGUCHI T. A novel electromagnetic actuator based on displacement amplification mechanism［J］. IEEE/ASME Transactions on Mechatronics，2015,20(4)：1607-1615.

[26] 黄卫清，史小庆，王寅. 菱形压电微位移放大机构的设计[J]. 光学精密工程，2015,23(3)：803-809.

[27] 蒋州，曹军义，凌明祥，等. 新型双臂菱形压电柔性机构理论设计与建模[J]. 中国机械工程，2017,28(21)：2557-2561，2566.

[28] LALANDE F, CHAUDHRY Z, ROGERS C A. A simplified geometrically nonlinear approach to the analysis of the moonie actuator

[J]. IEEE Transactions on Ultrasonics, Ferroelectrics, and Frequency Control, 1995,42(1): 21-27.

[29] 王兴松,王湘江,毛燕. 基于超磁致伸缩材料的折弯型压曲放大机构设计、分析与控制[J]. 机械工程学报,2007(11): 27-33.

[30] 吕国辉,周泊宁,王朝钲,等. 基于椭圆位移放大结构的光纤光栅位移传感器[J]. 光子学报,2018,47(11): 9-14.

[31] 方小东. 基于新型菱形放大机构的微位移工作台结构研究[D]. 大连:大连理工大学,2011.

[32] CHEN C M, HSU Y C, FUNG R F. System identification of a Scott—Russell amplifying mechanism with offset driven by a piezoelectric actuator[J]. Applied Mathematical Modelling, 2012,36(6): 2788-2802.

[33] AI W J, XU Q S. New structural design of a compliant gripper based on the Scott—Russell mechanism[J]. International Journal of Advanced Robotic Systems, 2014,11(12):192.

[34] MALOSIO M, GAO Z. Multi-stage piezo stroke amplifier[C]//2012 IEEE/ASME International Conference on Advanced Intelligent Mechatronics (AIM). Kaohsiung:IEEE, 2012:1086-1092.

[35] KIM J H, KIM S H, KWAK Y K. Development of a piezoelectric actuator using a three-dimensional bridge-type hinge mechanism[J]. Review of Scientific Instruments, 2003,74(5): 2918-2924.

[36] KIM J H, KIM S H, KWAK Y K. Development and optimization of 3-D bridge-type hinge mechanisms[J]. Sensors and Actuators A: Physical, 2004,116(3): 530-538.

[37] WULFSBERG J P, LAMMERING R, SCHUSTER T, et al. A novel methodology for the development of compliant mechanisms with application to feed units[J]. Production Engineering, 2013,7(5): 503-510.

[38] MURAOKA M, SANADA S. Displacement amplifier for piezoelectric actuator based on honeycomb link mechanism[J]. Sensors and Actuators A: Physical, 2010,157(1): 84-90.

[39] LEE H J, KIM H C, KIM H Y, et al. Optimal design and experiment of a three-axis out-of-plane nano positioning stage using a new compact bridge-type displacement amplifier[J]. Review of Scientific Instruments, 2013,84(11):115103.

[40] XU Q S, LI Y M. Design and analysis of a totally decoupled flexure-based

XY parallel micromanipulator[J]. IEEE Transactions on Robotics，2009，25(3)：645-657.

[41] CHEN W，CHEN S H，LUO D. Design and experimental investigations of a two-dimensional laser scanner based on piezoelectric actuators[J]. Optical Engineering，2015,54(2):25110.

[42] CHEN F X，DONG W，YANG M，et al. A PZT actuated 6-DOF positioning system for space optics alignment［J］. IEEE/ASME Transactions on Mechatronics，2019,24(6)：2827-2838.

[43] 黄志威，梅杰，明廷鑫，等. 基于柔性铰链的微位移机构的设计与分析[J]. 起重运输机械，2017(3)：15-19.

[44] CHEN G M，MA Y K，LI J J. A tensural displacement amplifier employing elliptic-arc flexure hinges［J］. Sensors and Actuators A：Physical，2016,247(15)：307-315.

[45] 李佳杰，陈贵敏. 柔性二级差动式微位移放大机构优化设计[J]. 机械工程学报，2019,55(21)：21-28.

[46] 刘敏，张宪民. 基于类 V 型柔性铰链的微位移放大机构[J]. 光学精密工程，2017,25(4)：467-476.

[47] TANG H，LI Y M，XIAO X. New Yθ compliant micromanipulator with ultra-large workspace for biomanipulations［C］//2013 International Conference on Manipulation，Manufacturing and Measurement on the Nanoscale. Suzhou：IEEE，2013：156-161.

[48] TANG H，LI Y M，XIAO X. A novel flexure-based dual-arm robotic system for high-throughput biomanipulations on micro-fluidic chip[C]// 2013 IEEE/RSJ International Conference on Intelligent Robots and Systems. Tokyo：IEEE，2013：1531-1536.

[49] ZHANG D P，ZHANG Z T，GAO Q，et al. Development of a monolithic compliant SPCA-driven micro-gripper[J]. Mechatronics，2015,25(2)：37-43.

[50] DSOUZA R D，NAVIN K P，THEODORIDIS T，et al. Design，fabrication and testing of a 2 DOF compliant flexural microgripper[J]. Microsystem Technologies，2018,24(9)：3867-3883.

[51] YONG Y K，APHALE S S，MOHEIMANI S R. Design，identification，and control of a flexure-based XY stage for fast nanoscale positioning[J]. IEEE Transactions on Nanotechnology，2009,8(1)：46-54.

[52] TANG H，LI Y M. Design，analysis，and test of a novel 2-DOF nanopo-

sitioning system driven by dual mode〔J〕. IEEE Transactions on Robotics，2013，29（3）：650-662.

〔53〕BHAGAT U，SHIRINZADEH B，CLARK L，et al. Design and analysis of a novel flexure-based 3-DOF mechanism〔J〕. Mechanism and Machine Theory，2014，74：173-187.

〔54〕LIANG Q K，ZHANG D，CHI Z Z，et al. Six-DOF micro-manipulator based on compliant parallel mechanism with integrated force sensor〔J〕. Robotics and Computer-Integrated Manufacturing，2011，27（1）：124-134.

〔55〕JUUTI J，KORDAS K，LONNAKKO R，et al. Mechanically amplified large displacement piezoelectric actuators〔J〕. Sensors and Actuators A：Physical，2005，120（1）：225-231.

〔56〕MENG Q L，LI Y M，XU J. A novel analytical model for flexure-based proportion compliant mechanisms〔J〕. Precision Engineering，2014，38（3）：449-457.

〔57〕OUYANG P R，ZHANG W J，GUPTA M M. A new compliant mechanical amplifier based on a symmetric five-bar topology〔J〕. Journal of Mechanical Design，2008，130（10）：104501.

〔58〕WANG F J，LIANG C M，TIAN Y L，et al. Design and control of a compliant microgripper with a large amplification ratio for high-speed micro manipulation〔J〕. IEEE/ASME Transactions on Mechatronics，2016，21（3）：1262-1271.

〔59〕WANG F J，LIANG C M，TIAN Y L，et al. Design of a piezoelectric-actuated microgripper with a three-stage flexure-based amplification〔J〕. IEEE/ASME Transactions on Mechatronics，2015，20（5）：2205-2213.

〔60〕刘彩霞. 基于压电驱动的二维稳像机构研究〔D〕. 芜湖：安徽工程大学，2019.

〔61〕LOBONTIU N. Compliance-based matrix method for modeling the quasi-static response of planar serial flexure-hinge mechanisms〔J〕. Precision Engineering，2014，38（3）：639-650.

〔62〕NOVEANU S，LOBONTIU N，LAZARO J，et al. Substructure compliance matrix model of planar branched flexure-hinge mechanisms：Design，testing and characterization of a gripper〔J〕. Mechanism and Machine Theory，2015，91：1-20.

〔63〕DU Z J，SHI R C，DONG W. A piezo-actuated high-precision flexible parallel pointing mechanism：Conceptual design，development，and experiments[J]. IEEE Transactions on Robotics, 2014,30(1): 131-137.

[64] ROUHANI E, NATEGH M J. An elastokinematic solution to the inverse kinematics of microhexapod manipulator with flexure joints of varying rotation center[J]. Mechanism and Machine Theory, 2016,97: 127-140.

[65] SELIG J M, DING X. A screw theory of static beams[C]//Proceedings 2001 IEEE/RSJ International Conference on Intelligent Robots and Systems. Expanding the Societal Role of Robotics in the the Next Millennium (Cat. No. 01CH37180). Maui: IEEE, 2001, 1: 312-317.

[66] SU H J, SHI H L, YU J J. A symbolic formulation for analytical compliance analysis and synthesis of flexure mechanisms[J]. Journal of Mechanical Design, 2012, 134(5): 51009.

[67] SU H J. A pseudorigid-body 3R Model for detmining large deflection of cantilever beams subject to tip loads [J]. Journal of Mechanisms & Robotics, 2009,1(2):21008.

[68] 李茜,余跃庆,常星. 基于 2R 伪刚体模型的柔顺机构动力学建模及特性分析[J]. 机械工程学报, 2012,048(13): 40-48.

[69] LOBONTIU N, GARCIA E. Analytical model of displacement amplification and stiffness optimization for a class of flexure-based compliant mechanisms [J]. Computers & Structures, 2003, 81(32): 2797-2810.

[70] MA H W, YAO S M, WANG L Q, et al. Analysis of the displacement amplification ratio of bridge-type flexure hinge[J]. Sensors and Actuators A: Physical, 2006,132(2): 730-736.

[71] LAI L J, ZHU Z N. Modeling and analysis of bridge-type compliant mechanism with elliptical shell[C]//2016 23rd International Conference on Mechatronics and Machine Vision in Practice (M2VIP). Nanjing: IEEE, 2016: 1-6.

[72] QI K Q, XIANG Y, FANG C, et al. Analysis of the displacement amplification ratio of bridge-type mechanism [J]. Mechanism and Machine Theory, 2015,87: 45-56.

[73] LIU P B, YAN P. A new model analysis approach for bridge-type amplifiers supporting nano-stage design[J]. Mechanism and Machine Theory, 2016,99: 176-188.

[74] LING M X, CAO J Y, ZENG M H, et al. Enhanced mathematical modeling of the displacement amplification ratio for piezoelectric

compliant mechanisms[J]. Smart Materials and Structures，2016,25(7)：75022-75032.

[75] 李佳杰. 平面柔性铰链机构自动化建模方法研究[D]. 西安：西安电子科技大学，2019.

[76] FRIEDRICH R，LAMMERING R，RÖSNER M. On the modeling of flexure hinge mechanisms with finite beam elements of variable cross section[J]. Precision Engineering，2014,38(4)：915-920.

[77] 陈为林，卢清华，乔健，等. 柔顺桥式位移放大机构的非线性建模与优化[J]. 光学精密工程，2019,27(4)：849-859.

[78] 刘小院. 基于柔性铰链通用模型的柔性位移放大机构建模方法研究[D]. 西安：西安电子科技大学，2014.

[79] ZHOU K，LI Y M. Development of a 2-DOF micro-motion stage based on lever amplifying mechanism[C]//2014 IEEE International Conference on Mechatronics and Automation. Tianjin：IEEE，2014：78-83.

[80] SHEN J Y，ZHOU Q H. Displacement loss of flexure-hinged amplifying mechanism [C]//The Proceedings of the Multiconference on " Computational Engineering in Systems Applications". Beijing：IEEE，2006，2：1864-1867.

[81] CHOI S B，HAN S S，HAN Y M，et al. A magnification device for precision mechanisms featuring piezoactuators and flexure hinges：Design and experimental validation[J]. Mechanism and Machine Theory，2007，42(9)：1184-1198.

[82] 郑洋洋，宫金良，张彦斐. 基于传递矩阵法的柔性杠杆放大机构刚度分析[J]. 北京航空航天大学学报，2017,43(4)：849-856.

[83] 卢倩，黄卫清，孙梦馨. 基于柔度比优化设计杠杆式柔性铰链放大机构[J]. 光学精密工程，2016,24(1)：102-111.

[84] 沈剑英，张海军，赵云. 压电陶瓷驱动器杠杆式柔性铰链机构放大率计算方法[J]. 农业机械学报，2013,44(9)：267-271.

[85] SU X P，YANG H S. Design of compliant microleverage mechanisms[J]. Sensors and Actuators A：Physical，2001,87(3)：146-156.

[86] JOUANEH M，YANG R Y. Modeling of flexure-hinge type lever mechanisms[J]. Precision Engineering，2003,27(4)：407-418.

[87] 林盛隆. 高带宽两自由度柔顺精密定位系统研究[D]. 广州：华南理工大学，2019.

[88] YU Y H，NAGANATHAN N，DUKKIPATI R. Preisach modeling of

hysteresis for piezoceramic actuator system[J]. Mechanism and Machine Theory, 2002,37(1):49-59.

[89] 谷国迎. 压电陶瓷驱动微位移平台的磁滞补偿控制理论和方法研究[D]. 上海:上海交通大学,2012.

[90] GU G Y, ZHU L M, SU C Y. Integral resonant damping for high-bandwidth control of piezoceramic stack actuators with asymmetric hysteresis nonlinearity[J]. Mechatronics,2014,24(4):367-375.

[91] GU G Y, ZHU L M, SU C Y. Modeling and compensation of asymmetric hysteresis nonlinearity for piezoceramic actuators with a modified Prandtl-Ishlinskii model[J]. IEEE Transactions on Industrial Electronics, 2014, 61(3):1583-1595.

[92] WANG D H, ZHU W. A phenomenological model for pre-stressed piezoelectric ceramic stack actuators[J]. Smart Materials & Structures, 2011,20(3):35018.

[93] ZHU W, WANG D H. Non-symmetrical Bouc-Wen model for piezoelectric ceramic actuators[J]. Sensors and Actuators A:Physical, 2012,181(2):51-60.

[94] 朱炜. 压电陶瓷叠堆执行器及其系统的迟滞现象模拟、线性化及控制方法的研究[D]. 重庆:重庆大学,2012.

[95] LI C T, TAN Y H. A neural networks model for hysteresis nonlinearity [J]. Sensors and Actuators A:Physical, 2004,112(1):49-54.

[96] KAUPPINEN M, RÖNING J. Software-based neural network assisted movement compensation for nanoresolution piezo actuators [C]// Intelligent Robots and Computer Vision XXIX:Algorithms and Techniques. California:SPIE, 2012, 8301:9-22.

[97] CAS J, ŠKORC G, ŠAFARIĆ R. Neural network position control of XY piezo actuator stage by visual feedback [J]. Neural Computing and Applications, 2010,19(7):1043-1055.

[98] 张新良,贾丽杰,付陈琳. 神经网络 NARX 压电陶瓷执行器迟滞建模[J]. 控制工程,2019,26(5):806-811.

[99] XU Q S, WONG P K. Hysteresis modeling and compensation of a piezostage using least squares support vector machines[J]. Mechatronics, 2011,21(7):1239-1251.

[100] WONG P K, XU Q S, VONG C M, et al. Rate-dependent hysteresis modeling and control of a piezostage using online support vector machine

and relevance vector machine[J]. IEEE Transactions on Industrial Electronics，2012，59(4)：1988-2001.

[101] 秦海辰. 压电陶瓷驱动的运动平台建模与控制研究[D]. 武汉：华中科技大学，2014.

[102] 曾佑轩，马立，钟博文，等. 压电驱动平台的自适应 PID 控制[J]. 微特电机，2019，47(8)：54-57.

[103] SU C Y，STEPANENKO Y，SVOBODA J，et al. Robust adaptive control of a class of nonlinear systems with unknown backlash-like hysteresis[J]. IEEE Transactions on Automatic Control，2002，45(12)：2427-2432.

[104] EDARDAR M，TAN X B，KHALIL H K. Design and analysis of sliding mode controller under approximate hysteresis compensation[J]. IEEE Transactions on Control Systems Technology，2015，23(2)：598-608.

[105] XU Q S. Digital integral terminal sliding mode predictive control of piezoelectric-driven motion system[J]. IEEE Transactions on Industrial Electronics，2016，63(6)：3976-3984.

[106] XU Q S，CAO Z W. Piezoelectric positioning control with output-based discrete-time terminal sliding mode control[J]. IET Control Theory & Applications，2017，11(5)：694-702.

[107] XU Q S. Precision motion control of piezoelectric nanopositioning stage with chattering-free adaptive sliding mode control [J]. IEEE Transactions on Automation Science and Engineering，2017，14 (1)：238-248.

[108] ZHANG Y L，XU Q S. Adaptive sliding mode control with parameter estimation and Kalman filter for precision motion control of a piezo-driven microgripper [J]. IEEE Transactions on Control Systems Technology，2017，25(2)：728-735.

[109] XU Q S. Continuous integral terminal third-order sliding mode motion control for piezoelectric nanopositioning system [J]. IEEE/ASME Transactions on Mechatronics，2017，22(4)：1828-1838.

[110] XU Q S，Tan K K. Advanced control of piezoelectric micro-/nano-positioning systems [M]. Cham，Switzerland：Springer International Publishing，2016.

[111] WANG G W，XU Q S. Adaptive terminal sliding mode control for motion tracking of a micropositioning system [J]. Asian Journal of

Control，2018，20(3)：1241-1252.

[112] SMITH S T. Flexures：Elements of elastic mechanisms［M］. New York：Gordon and Breach Science Publishers，2000.

[113] CHEN G M，SHAO X D，HUANG X B. A new generalized model for elliptical arc flexure hinges[J]. Rev Sci Instrum，2008，79(9)：95103.

[114] BROUWER D M，MEIJAARD J P，JONKER J B. Large deflection stiffness analysis of parallel prismatic leaf-spring flexures[J]. Precision Engineering，2013，37(3)：505-521.

[115] LI Q，PAN C Y，XU X J. Closed-form compliance equations for power-function-shaped flexure hinge based on unit-load method[J]. Precision Engineering，2013，37(1)：135-145.

[116] LOBONTIU N，PAINE J S，GARCIA E，et al. Design of symmetric conic-section flexure hinges based on closed-form compliance equations ［J］. Mechanism and Machine Theory，2002，37(5)：477-498.

[117] KANG D，GWEON D. Analysis and design of a cartwheel-type flexure hinge[J]. Precision Engineering，2013，37(1)：33-43.

[118] WANG R Q，ZHOU X Q，ZHU Z W. Development of a novel sort of exponent-sine-shaped flexure hinges ［J］. Review of Scientific Instruments，2013，84(9)：95008.

[119] YANG M，DU Z J，DONG W. Modeling and analysis of planar symmetric superelastic flexure hinges[J]. Precision Engineering，2016，46：177-183.

[120] TIAN Y L，SHIRINZADEH B，ZHANG D. Closed-form compliance equations of filleted V-shaped flexure hinges for compliant mechanism design[J]. Precision Engineering，2010，34(3)：408-418.

[121] SONG S Y，SHAO S B，XU M L，et al. Piezoelectric inchworm rotary actuator with high driving torque and self-locking ability[J]. Sensors and Actuators A：Physical，2018，282：174-182.

[122] LI J P，HUANG H，MORITA T. Stepping piezoelectric actuators with large working stroke for nano-positioning systems：A review ［J］. Sensors and Actuators A：Physical，2019，292：39-51.

[123] WANG L，CHEN W S，LIU J K，et al. A review of recent studies on non-resonant piezoelectric actuators[J]. Mechanical Systems and Signal Processing，2019，133(106254)：1-18.

[124] WANG S P，RONG W B，WANG L F，et al. A survey of piezoelectric

actuators with long working stroke in recent years：Classifications，principles，connections and distinctions［J］. Mechanical Systems and Signal Processing，2019，123：591-605.

［125］ XU Q S. New flexure parallel-kinematic micropositioning system with large workspace［J］. IEEE Transactions on Robotics，2012，28（2）：478-491.

［126］ 秦亚琳. 铌酸钾钠基无铅压电陶瓷的压电性能与电畴结构的研究［D］. 济南：山东大学，2015.

［127］ 谭永强. 钛酸钡陶瓷的压电晶粒尺寸效应及压电物性改性［D］. 济南：山东大学，2014.

［128］ 曹江. 叠堆型压电陶瓷特性测试及建模［D］. 哈尔滨：哈尔滨工业大学，2013.

［129］ 张鸿名. 0-3 型 PZT/环氧压电复合材料性能预报及应用研究［D］. 哈尔滨：哈尔滨工业大学，2013.

［130］ WILLIAMS C K I，RASMUSSEN C E. Gaussian processes for machine learning［M］. Cambridge，Massachusetts：MIT Press，2006.

［131］ WAN J，MCLOONE S. Gaussian process regression for virtual metrology-enabled run-to-run control in semiconductor manufacturing ［J］. IEEE Transactions on Semiconductor Manufacturing，2018，31（1）：12-21.

［132］ GREGORČIČ G，LIGHTBODY G. Gaussian process approach for modelling of nonlinear systems ［J］. Engineering Applications of Artificial Intelligence，2009，22（4）：522-533.

［133］ AZMAN K，KOCIJAN J. Dynamical systems identification using Gaussian process models with incorporated local models［J］. Engineering Applications of Artificial Intelligence，2011，24（2）：398-408.

［134］ PARK J，CHANG P H，PARK H S，et al. Design of learning input shaping technique for residual vibration suppression in an industrial robot ［J］. IEEE/ASME Transactions on Mechatronics，2006，11（1）：55-65.

［135］ ZHU W，ZHOU Q B，RUI X T. Angle hybrid control for a two-axis piezo-positioning system and its application［J］. Smart Materials and Structures，2016，25（9）：95002.

［136］ KAPUCU S，ALICI G，BAYSEÇ S. Residual swing/vibration reduction using a hybrid input shaping method［J］. Mechanism and Machine Theory，2001，36（3）：311-326.

[137] ZHENG J W, LU H, WEI Q Y, et al. Dual-piezoelectric ceramic micro-positioning control based on the modified prandtl-ishlinskii model[C]// 2016 IEEE International Conference on Information and Automation (ICIA). Ningbo: IEEE, 2016: 2036-2040.

[138] SCHROECK S J, MESSNER W C, MCNAB R J. On compensator design for linear time-invariant dual-input single-output systems[J]. IEEE/ASME Transactions on Mechatronics, 2001,6(1): 50-57.

[139] DONG W, TANG J, ELDEEB Y. Design of a linear-motion dual-stage actuation system for precision control[J]. Smart Materials and Structures, 2009,18(9):95035.

[140] NAGEL W S, CLAYTON G M, LEANG K K. Master-slave control with hysteresis inversion for dual-stage nanopositioning systems[C]// 2016 American Control Conference (ACC). Boston: IEEE, 2016: 655-660.

[141] WANG D H, YANG Q, DONG H M. A monolithic compliant piezoelectric-driven microgripper: Design, modeling, and testing[J]. IEEE/ASME Transactions on Mechatronics, 2013,18(1): 138-147.

[142] XU Q S. Design and smooth position/force switching control of a miniature gripper for automated microhandling[J]. IEEE Transactions on Industrial Informatics, 2014,10(2): 1023-1032.

[143] LIANG C M, WANG F J, SHI B C, et al. Design and control of a novel asymmetrical piezoelectric actuated microgripper for micromanipulation [J]. Sensors and Actuators A: Physical, 2018,26(9): 227-237.

[144] SUN X T, CHEN W H, TIAN Y L, et al. A novel flexure-based micro-gripper with double amplification mechanisms for micro/nano manipulation[J]. Review of Entific Instruments, 2013, 84(8): 85002.

名词索引

附录　部分彩图

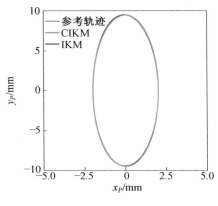

图 4.93

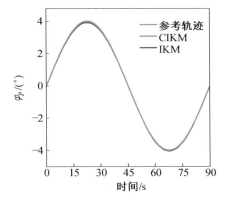

图 4.94

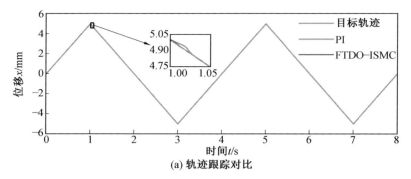

(a) 轨迹跟踪对比

图 4.100

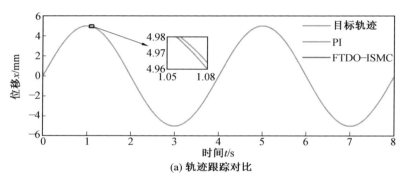

(a) 轨迹跟踪对比

图 4.101

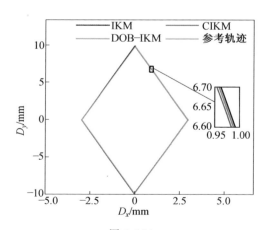

图 4.104

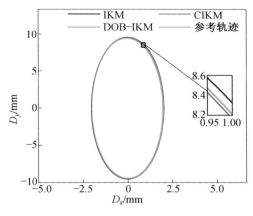

图 4.108

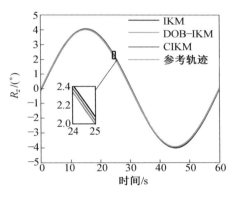

图 4.109

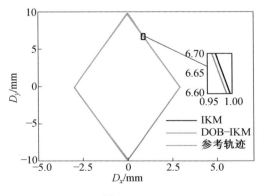

图 4.113

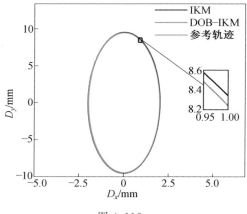

图 4.116

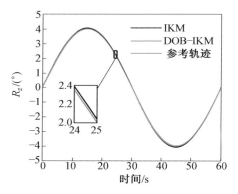

图 4.117

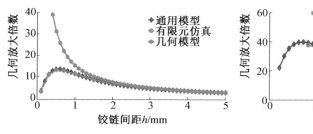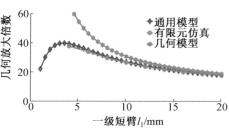

图 5.20

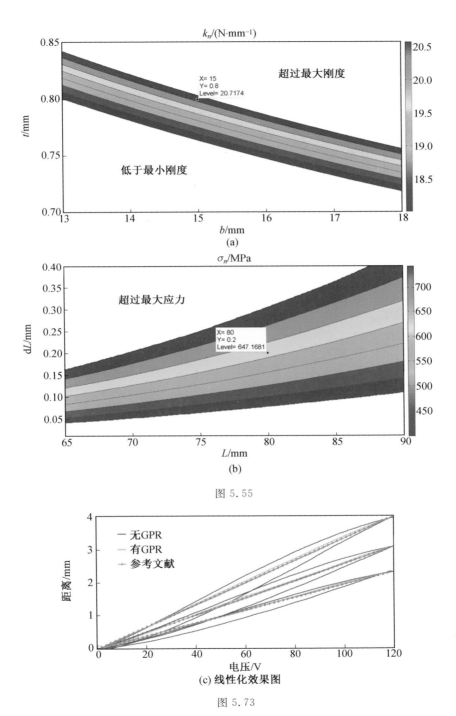

图 5.55

(c) 线性化效果图

图 5.73

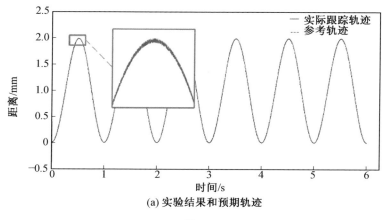

(a) 实验结果和预期轨迹

图 5.80

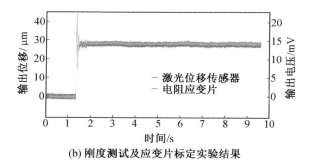

(b) 刚度测试及应变片标定实验结果

图 5.91

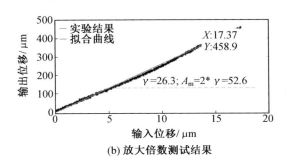

(b) 放大倍数测试结果

图 5.92

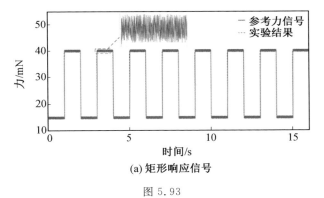

(a) 矩形响应信号

图 5.93

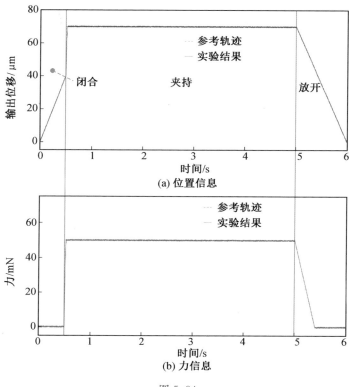

(a) 位置信息

(b) 力信息

图 5.94